普通高等教育"十一五"国家级规划教材

普通高等教育电子通信类特色专业系列教材

通信电子线路

（第三版）

主　编　严国萍
副主编　龙占超　黄佳庆　邓天平

科学出版社

北京

内 容 简 介

本书入选普通高等教育"十一五"国家级规划教材,也是"通信电子线路"国家精品课程、国家级精品资源共享课的配套教材。本书内容符合教育部2018年发布的《普通高等学校本科专业类教学质量国家标准》中电子信息类专业教学质量国家标准的要求。

全书共13章,包括通信系统导论,通信电子线路分析基础,高频小信号放大器,谐振功率放大器,正弦波振荡器,调幅、检波与混频——频谱搬移电路,角度调制与解调——频谱非线性变换电路,数字调制系统,软件无线电中的调制与解调算法,反馈控制电路,频率合成技术,通信系统分析与实验,通信电子电路仿真等内容。书中还介绍了无线通信机的性能指标、参数测量和实验电路。

本书的重点和难点配有例题讲解,每章都有知识点注释和主要内容小结,便于学生掌握要点。通过扫描书上的二维码可以观看老师的授课视频和电路仿真的视频讲解,便于教师参考和学生自主学习。本书配套的各章节讲课视频、课堂讨论、问题答疑均可登录中国大学 MOOC(慕课)进行学习。登录网址为 https://www.icourse163.org/course/HUST-1003157002。

本书可作为高等学校电子信息工程、通信工程等专业的本科生教材,也可作为相关专业工程技术人员的参考书。

图书在版编目(CIP)数据

通信电子线路/严国萍主编. —3 版. —北京:科学出版社,2020.3

(普通高等教育"十一五"国家级规划教材·普通高等教育电子通信类特色专业系列教材)

ISBN 978-7-03-064062-8

Ⅰ.①通… Ⅱ.①严… Ⅲ.①通信电子线路-电子线路-高等学校-教材 Ⅳ.①TN913.3

中国版本图书馆 CIP 数据核字(2019)第 294178 号

责任编辑:潘斯斯 / 责任校对:郭瑞芝
责任印制:霍 兵 / 封面设计:迷底书装

科 学 出 版 社 出版

北京东黄城根北街 16 号
邮政编码:100717
http://www.sciencep.com

三河市骏杰印刷有限公司印刷
科学出版社发行 各地新华书店经销
*
2006 年 8 月第 一 版 开本:787×1092 1/16
2015 年 1 月第 二 版 印张:24 1/4
2020 年 3 月第 三 版 字数:590 000
2024 年 7 月第二十八次印刷
定价:79.80 元
(如有印装质量问题,我社负责调换)

第三版前言

本书是普通高等教育"十一五"国家级规划教材,第一版和第二版分别于 2006 年和 2015 年出版。自出版以来,本书得到众多兄弟院校的肯定,已经多次印刷发行,在此表示衷心的感谢!

本书是国家精品课程和国家级精品资源共享课的配套教材,在课程建设过程中结合教学要求我们在第二版教材的基础上进行了修订。根据新技术的发展,以及教学模式和教学方法的更新,第三版教材中重点增加了二维码授课和仿真视频,读者可以观看视频教学进行自学。对第 8 章数字调制系统做了适当的删减和改编,对其他各章节的内容和习题也做了适当的调整。为了使学生学以致用,培养学生的实践能力和应用能力,将第 12 章"通信系统组成与分析"改为"通信系统分析与实验",增加了模拟通信系统中的各模块实验和系统整机实验。为了让学生更直观地理解相关知识点,本次修改中增加了"通信电子电路仿真"一章内容。附录的最后增加了按字母搜索的"课程词典"二维码,学生可查阅相关知识点的概念。

本书内容符合教育部 2018 年发布的《普通高等学校本科专业类教学质量国家标准》中电子信息类专业教学质量国家标准的要求。书中内容组织从通信系统出发来分析各功能模块的原理和电路组成。通过课程学习学生建立通信系统的整体概念,并了解各功能模块的作用。全书按照线性电路、非线性电路以及频率变换电路来组织教材内容,书中内容讲解力求深入浅出,理论联系实际,注重基本原理、分析方法和典型应用。本书中的重点和难点配有例题讲解,并且每章都有知识点注释和主要内容小结,便于学生掌握要点。

党的二十大报告指出:"推进教育数字化,建设全民终身学习的学习型社会、学习型大国。"本书配套数字资源丰富,课件、习题、实验等国家级精品资源共享课相关资源已上传到爱课程网,便于教师参考和学生自主学习。本书配套的各章讲课视频、课堂讨论、问题答疑均可登录中国大学MOOC(慕课)进行学习,登录网址为https://www.icourse163.org/course/HUST-1003157002。

本书第 1~7 章、第 12 章由严国萍编写,第 8 章、第 10~11 章由龙占超编写,第 9 章由张琼编写,第 13 章内容和仿真视频由邓天平编写。通信电子线路MOOC视频由黄佳庆录制,讲课视频由严国萍、黄佳庆录制。严国萍、龙占超、黄佳庆、邓天平、游超、刘建、贺峰完成相关章节的知识点注释。本书第 3 章、第 6 章由郭鹏校正,第 4 章由彭薇校正,其余章节由严国萍、龙占超、黄佳庆校正,严国萍完成全书统稿。

在教学过程中我校通信电子线路课程组一直使用本书,游超、刘建、贺峰、胡东等也参加了本书的组编工作和国家级精品资源共享课的建设,在此一并表示感谢。

限于编者水平,书中不妥之处在所难免,恳请广大读者批评指正。

本书配有电子课件,可赠送给任课教师,有需要者请与责任编辑联系(电话:010-64034873)。

编 者

2019 年 7 月于华中科技大学

目　　录

第1章 通信系统导论

通信系统
导论

现代通信的主要任务就是迅速而准确地传输信息。随着通信技术的日益发展,组成通信系统的电子电路不断更新,其应用十分广泛。实现通信的方式和手段很多,本书中讨论的通信电子电路主要用于利用电磁波传递信息的无线通信系统。

本章主要介绍通信系统的组成原理、发送设备与接收设备的组成框图,通信系统中信号的表示方法,以及通信系统中信道的分类和无线电波的传播方式。

1.1 通信系统的组成

1.1.1 通信系统组成框图

传输信息的系统统称为通信系统。信息可以是语音、文字、符号、图像或数据等。例如,广播是传输声音的系统,电视是传输图像信息与声音信息的系统,它们都是通信系统。一个完整的通信系统应包括输入变换装置、发送设备、传输信道、接收设备和输出变换装置五部分,如图1-1所示。

图 1-1 通信系统组成框图

输入变换装置(信源) 将要传送的信息变成电信号的装置,如话筒、摄像机、各种传感装置。

发送设备 将基带信号变换成适于信道传输特性的信号。不同的信道具有不同的传输特性,而由于要传送的消息种类很多,它们相应基带信号的特性各异,往往不适于直接在信道中传输。因此,需要利用发送设备对基带信号进行变换,以得到适于信道传输的信号。

传输信道 传输信道是传送信息的通道,又称传输媒介,如电缆、光缆或无线电波。不同的信道有不同的传输特性。

接收设备 接收设备是将信道传送过来的信号进行处理,以恢复出与发送端基带信号相一致的信号。当然,由于在信道传输中和恢复过程中会产生一定的干扰和失真,因此,接收设备恢复的信号也会有一定的失真,应尽量减小这种失真。

输出变换装置(信宿) 将接收设备输出的电信号变换成原来形式的消息的装置,如还原声音的喇叭,恢复图像的显像管等。

在本书中主要研究模拟通信系统中发送设备和接收设备的工作原理和组成,着重讨论构成发送、接收设备的各种单元电路的工作原理、典型线路和分析方法。在具体介绍这些单元电路之前,先扼要介绍无线电信号的发送和接收过程,以及收、发设备的组成,使大家对无线通信系统有一个较全面的认识,了解各部分之间的有机联系。

1.1.2　无线电发送设备的工作过程和基本原理

1. 无线电怎样把声音或图像信号传送出去

人耳能听到的声音的频率为 20Hz～20kHz,通常把这个频率范围称为音频。声波在空

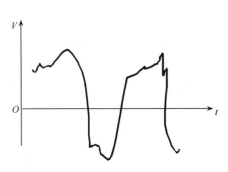

图 1-2　声音信号的波形

气中传播的速度很慢,约 340m/s,而且衰减很快。一个人无论怎样尽力高喊,他的声音也不会传得很远。为了把声音传送到远方,常用的方法是通过压电效应把声音变成电信号,再将电信号进行处理后播送出去。将声音变为电信号的任务一般由话筒(也称为微音器)来承担。当对着话筒说话时,话筒就输出相应的电压,这个变化规律与声音的变化规律相同,如图 1-2 所示。

从话筒得到的电信号的强度一般都很小,通常只有几毫伏至零点几伏,需要用音频放大器加以放大。经过放大后的音频信号可以利用导线传送出去,再经过喇叭恢复出原来的声音。这就是通常的有线广播。怎样才能不用导线将声音的信号由天空传播出去呢? 我们知道,交变的电振荡可以利用天线向空中辐射出去。但是天线的尺寸必须足够长,这种无线电辐射才有效。具体地说,天线长度必须和电振荡的波长可以比拟,才能把电振荡辐射出去。前面讲过,声音信号的频率为 20Hz～20kHz,即其波长为 $1.5 \times 10^4 \sim 1.5 \times 10^7$ m,要制造出与此尺寸相当的天线显然是很困难的。因此直接将音频信号辐射到空中去是很不容易的,而且即使辐射出去,各个电台所发出的信号频率都在 20Hz～20kHz,它们在空中混在一起,收听者也无法选择所要接收的信号。因此,要想不用导线传播声音信号,就必须利用频率更高(即波长较短)的电振荡,并设法把音频信号装载在这种高频振荡之中,然后由天线辐射出去。这样,天线尺寸可以比较小,不同的广播电台也可以采用不同的高频振荡频率,使彼此互不干扰。例如,中央电视台《新闻联播》可用 640kHz 的电振荡发送,而湖北电视台的汉剧可用 870kHz 的电振荡发送,这样就互不产生干扰了。

为了有效地进行发射与接收,发射和接收天线的长度都应根据不同的波长来选取,我们可以看到 8 频道的电视天线短,2 频道的电视天线长,就是这个道理。

通过上面分析,我们知道了无线电是怎样把声音或图像传播出去的。这就是首先把声音变成电信号,然后把这种低频电信号装载到高频电振荡上,通过与高频电振荡波长相当的天线把信号有效地辐射出去。

下面具体分析发送设备的组成。

2. 广播发射机的组成

广播发射机的方框图如图 1-3 所示。

图 1-3 中高频振荡器的作用是产生高频电振荡信号,这种高频电波是用来运载声音信号的,我们把它称为载波。它的频率称为载频。它的作用就像公共汽车一样,是运载工具。公共汽车运载乘客,而载波是运载信息。一般我们收听广播所说的频率就是指的这个频率。例如,湖北广播电台的频率为 870kHz,中央人民广播电台的频率为 640kHz,都是针对载波频率而

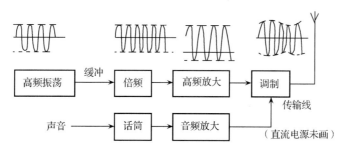

图 1-3 广播发射机的方框图

言的。

倍频器的作用是提高高频振荡频率,高频振荡器所产生的电振荡的频率不一定恰好等于所需要的载波频率,一般低于载波频率若干分之一,这主要是为了保证振荡器的频率稳定度,所以需要用倍频器把载波频率提高到所需要的数值。

高频放大器的作用是把振荡器产生的高频振荡放大到一定的强度。

调制的作用与方法:前面我们已经讲到载波是运载工具,它的作用是运载信息,那么调制就是把图像或声音信息装载到载波上的过程。

我们知道,一个高频正弦振荡可以表示为

$$v_0(t) = V_0 \cos(\omega_0 t + \varphi_0)$$

它的波形如图 1-4(a)所示。

$v_0(t)$ 是高频正弦振荡的瞬时值,V_0 是它的振幅,ω_0 是角频率,φ_0 是初始相角。为了简单起见,这里假定音频信号也是一个单音余弦波,它的表示式是

$$v_\Omega(t) = V_\Omega \cos\Omega t$$

其波形如图 1-4(b)所示。这里 V_Ω 是音频信号的振幅,Ω 是音频角频率,设 $\varphi_\Omega = 0$。

将音频信号装载到高频振荡中的方法有好几种,如调频、调幅、调相等。电视中图像是调幅,伴音是调频。广播电台中常用的方法是调幅与调频。图 1-4(c)是一个单音余弦波对载波调幅的波形图。

调制后高频振荡的振幅可以写成 $V_0(1 + m_a\cos\Omega t)$,相应的高频电振荡称为调幅波,它的表示式为

$$v(t) = V_0(1 + m_a\cos\Omega t)\cos(\omega_0 t + \varphi_0)$$

m_a 是一个小于 1 的常数,称为调幅系数,它只有和音频信号的 V_Ω 成正比,调幅信号才没有失真。

把声音信号对高频载波进行调幅以后,利用实际上可以做得到的、尺寸较小的天线,就可以把它从空中辐射出去,传送给远方的听众。这就是无线电广播发射信号的基本过程。至于振荡器、调幅器的工作原理和具体线路,在以下各章将详细分析。

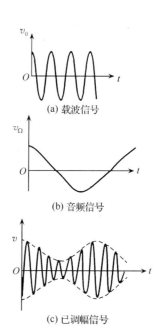

(a) 载波信号

(b) 音频信号

(c) 已调幅信号

图 1-4 调幅波形

1.1.3 无线电接收设备的工作过程和基本原理

下面我们来讨论无线电接收机的工作原理,最简单的接收机可以用图 1-5 的方框图来表示。

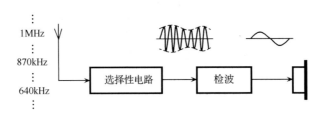

图 1-5 最简单的接收机

1. 最简单的接收机

接收机的工作过程是发射机的逆过程,它的基本任务是将空中传来的带有信息的电磁波接收下来,并把它复原为原来的信号。

接收从空中传来的电磁波的任务是由接收天线来完成的。这里必须注意的是,由于广播电台很多,在同一时间内,接收天线所收到的将不仅是我们希望收听的电台的信号,而且包含若干个来自不同电台的,具有不同载频的无线电信号,前面我们已经讲过,这些广播电台之所以采用各种不同的载频,其目的就是让听众按照电台频率的不同,设法选择出所需要的节目。因此在接收天线之后,应该有一个选择性电路。它的作用就是把所要接收的无线电信号挑选出来,并把不要的信号滤掉,以免产生干扰。

选择性电路是由振荡线圈 L 和电容器 C 组成的。

这种 LC 电路通常称为谐振回路,收听广播时,我们调节接收机里的可变电容器,其作用就是使振荡回路调谐到我们要收听的电台的频率。LC 谐振回路我们将在第 2 章中详细讨论。

选择性电路的输出就是某个电台的高频调幅波。利用它直接去推动耳机(收信装置)是不成的,因为频率太高,耳机薄膜振动跟不上,所以还必须先把它恢复成原来的音频信号。这种从高频调幅波中检取出音频信号的过程称为检波(也称为振幅解调),用来完成解调的部件称为检波器或解调器。把检波器获得的音频信号送到耳机,就可以收听到所需要的广播节目。

2. 直接放大式接收机

上面所讲的只是接收机最基本的工作过程。这种最简单的接收机称为直接检波式接收机。实际上的接收机比较复杂,这是因为:

第一,从接收天线得到的高频无线电信号通常非常微弱,一般只有几十微伏至几毫伏,直接把它送到检波器进行检波不太合适,最好在选择性电路和检波器之间插入一个高频放大器,把高频调幅信号加以放大。通常,送到检波器的高频调幅信号的电压需要几百毫伏,因此高频放大器的电压放大倍数需要有几百倍至几万倍。

第二,即使接收机已经增加了高频放大器,检波器输出的音频信号通常也只有几百毫伏,用耳机收听是足够了,用推动功率大一点的扬声器就太小。所以接收机大多都需要有音频放大器,把检波器的输出信号加以放大,再推动扬声器。这种带有高频放大器的接收机称为高放式接收机,它的灵敏度较高,输出功率也较大。但也有不少缺点,主要是选择性不好,调谐也比较复杂。这是因为要把天线来的高频信号放大到几百毫伏,一般需要用几级高频放大器,而每一级高频放大器大多都需要一个由 LC 组成的谐振回路,当被接收信号的频率改变时,整个接收机的所有 LC 谐振回路都需要重新调谐,很不方便。为了克服这种缺点,现在的接收机几乎都采用超外差式的线路。

3. 超外差式接收机

超外差式接收机的方框图如图 1-6 所示。

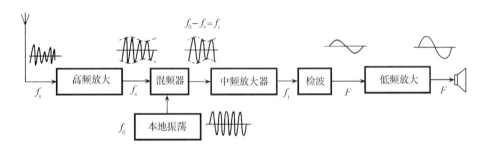

图 1-6 超外差式接收机的方框图

超外差式接收机的主要特点:把被接收的高频已调信号的载波频率 f_s 先变为频率较低的而且是固定不变的中频 f_i,再利用中频放大器加以放大,然后进行检波。由于中频是固定的,因此中频放大器的选择性与增益都与接收的载波频率无关。

把高频信号的载波频率变为中频的任务是由混频器来完成的。在以后介绍混频器时,我们将证明:把一个载频 f_s 的调幅波和一个频率为 f_0 的正弦波同时加到混频器上,经过变频以后所得到的仍是一个调幅波,不过它的载波频率已经不是原来的载频 f_s,而是这两个频率之差(f_0-f_s)或取两个频率之和(f_0+f_s)。

从上面的讨论可以看出,在超外差式接收机中为了产生变频作用,还需要有一个外加的正弦信号。这个信号通常称为外差信号,产生外差信号的部件称为外差振荡器,也称为本地振荡器。外差信号的频率应该随时和被接收信号频率相差一个固定频率,该频率称为中频。经变频后得到的中频信号通过中频放大器放大。由于变频后的载波频率是固定的,因此中频放大器的谐振回路不需要随时调整,不管信号频率怎么变,中频总是不变的,选择性容易做好,这也是超外差式接收机的优点。

前面我们扼要地介绍了无线电广播电台发送信号和接收信号的基本原理。虽然讲的只是语音广播的特殊情况,但它有典型的意义。根据这种原理也可以传送任何其他的信号,例如雷达信号、电报报文、电视图像和测量数据等。所以,这两节所介绍的发射机和接收机的基本原理和方框图对于其他的通信系统来说基本上也是适用的。其通用原理框图如图 1-7 所示。

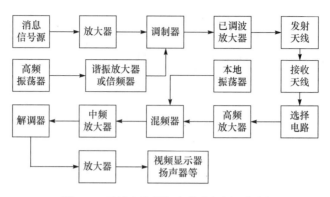

图 1-7　无线电发射机和接收机原理框图

1.2　通信系统中信号的频谱表示法

由于在通信系统实际应用中的信号千变万化,为了便于分析,常采用数学表达式、波形及频谱的方式来描述信号。

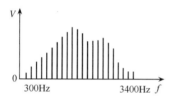

图 1-8　一般话音信号的频谱图

对于波形,数学表达式一般适于表达较简单的信号,而对于大量实际信号,由于规律复杂或无规律,写表达式和画波形都很麻烦,因此,在表示信号频率变换的过程中,为了突出主要矛盾常采用信号频谱表示法。由于任何复杂的信号,都可分解为许多不同频率的正弦信号之和,因此,频谱是指组成信号的各正弦分量按频率分布的情况。为了更直观地了解信号的频率组成和特点,我们通常采用作图的方法来表示频谱。用频率 f 作横坐标,用信号的各正弦分量的相对振幅作纵坐标,通常称为频谱图。例如,声音信号变化规律比较复杂,不容易写出数学表达式。但是用频谱图的方法来分析它,就不难抓住其特点,清楚地表述它。图 1-8 为一般话音信号的频谱图,它的频率为几百赫兹到几千赫兹(通常定为 300~3400Hz),其能量主要集中在 1000Hz 附近。

实际上,由于语音信号包含的频率成分连续变化,因此谱线几乎连成一片,这里为了分析方便,则把谱线距离拉开了。其中每一条线段的位置代表某一正弦波的频率,线段的长度代表该正弦波的强弱(如电压振幅),这种线段称为谱线。每个信号的最高频率与最低频率之差,也就是这个信号所拥有的频率范围,称为该信号的频谱宽度,简称为频宽,也称为带宽。例如,语音信号的频谱带宽为 3400－300＝3100(Hz)。上面我们用频谱法分析了连续信号,那么脉冲信号能不能也用频谱法来分析呢?

下面我们就具体分析重复频率为 F 的矩形脉冲。

脉冲信号和其他复杂信号一样也可以用许多正弦分量来表示。我们先用一个直流电流 I_0 和一个频率 $f_1＝F$ 的正弦波 i_1(称为基波)来表示这个矩形脉冲。显然 I_0 与 i_1 相加之后所得的总电流波形 i 与原来的矩形脉冲差别很大。但是,如果再把一个具有相当幅度,而频率 $f_3＝3F$ 的正弦波 i_3(称为三次谐波)加上去,这样 $I_0＋i_1＋i_3$ 的结果,就和原来的矩形脉冲比较相近了。如图 1-9(a)、(b)所示,由此推论,如果再增加五次谐波 i_5 或者七次谐波 i_7,

如图 1-9(c)与(d)所示,叠加起来的信号就更加逼近脉冲信号的波形了。显然,如果选用更多的高次谐波,合成的结果就与脉冲信号一致。由此可见,一个脉冲信号可以分解为若干个正弦波之和。我们可以画出这种周期性矩形脉冲的频谱图,如图 1-10 所示。

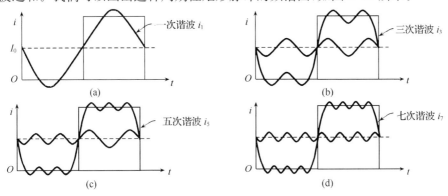

图 1-9　脉冲信号的分解

图 1-10 中 f_1 表示脉冲重复频率,也就是基波频率。f_3,f_5,f_7,⋯分别表示三、五、七⋯⋯次谐波,在 f 轴的 0 点,表示直流分量,这条谱线的长度表示脉冲直流分量(即平衡值)的大小。高次谐波的谱线可以分布到很高的频率,但其幅度已相当小。实际上周期性矩形脉冲包含无穷多个谐波分量。也就是说,这种信号的频谱占据着 $0\sim\infty$ 的整个频率,但是从图 1-10 中可以看出,忽略掉九次以上的谐波,其合成波形仍然和原来的矩形脉冲相当接近。因此在实用中,可以根据对误差的要求,忽略高次谐波分量,信号仍然只占据一段频带。

以上的分析是很粗糙的,不够严格。借助数学的傅里叶级数可以帮助我们分析实际应用中各种脉冲信号的频谱,并根据误差条件的要求给出信号所占据的频谱宽度。

信号的频谱分析对通信电子线路的设计很重要,例如,放大器的通频带要根据信号的频谱宽度来设计,在数据传输设备中,有时需要根据给定的信道带宽来选择适当的信号波形。后面各章我们要用到信号频谱的概念。

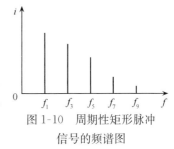

图 1-10　周期性矩形脉冲
信号的频谱图

1.3　无线通信系统中的信道

1.3.1　无线电波段的划分

频率为几十千赫兹至几万兆赫兹的电磁波都属于无线电波,在这样宽广的范围内的无线电振荡虽然具有许多共同的特点,但是频率不同时,高频振荡的产生、放大和接收方法等就不太一样,特别是无线电波的传播特点更不相同。为了便于分析和应用,习惯上将无线电的频率范围划分为若干个区域,称为频段,也称为波段。

无线电波段可以按频率划分,也可以按波长和频率划分。表 1-1 列出了按波长和频率划分的波段名称。

表 1-1　无线电波段划分

波段名称	波长范围	频率范围	频段名称
超长波	10 000～100 000m	30～3kHz	甚低频 VLF
长　波	1 000～10 000m	300～30kHz	低频 LF
中　波	200～1 000m	1 500～300kHz	中频 MF
中短波	50～200m	6 000～1 500kHz	中高频 IF
短　波	10～50m	30～6MHz	高频 HF
米　波	1～10m	300～30MHz	甚高频 VHF
分米波	10～100cm	3 000～300MHz	特高频 UHF
厘米波(微波)	1～10cm	30～3GHz	超高频 SHF
毫米波	1～10mm	300～30GHz	极高频 EHF
亚毫米波	1mm 以下	300GHz 以上	超极高频

米波和分米波有时合称为超短波，波长小于 30cm 的分米波及厘米波称为微波。上述各种波段的划分是相对的，因为波段之间并没有显著的分界线。不过各个不同波段的特点仍然有明显的差别。从使用的元件、器件以及线路结构与工作原理等方面来说，中波、短波和米波波段基本相同，但它们和微波波段则有明显的区别。前者大都采用集中参数的元件，即我们通常所用的电阻、电容和电感线圈等，后者则采用分布参数的元件，如同轴线和波导等。本书主要讨论米波波段以下的高频电路，即采用集中参数元件所组成的各种电路。

1.3.2　无线电波的传播方式

电磁波和光波一样，具有直射、绕射、反射、折射等现象，而无线电波就是一种电磁波，所以它在空中传播的方式也有直射、绕射和反射。下面介绍直射传播、绕射传播以及电离层的折射和反射传播。

1. 直射传播

由于地球是一个曲面，如果天线不高，传播距离就不远，直射传播的电波所能到达的距离，只能在视距范围以内，发射和接收天线越高，能够进行通信的距离也越远，如图 1-11(a)所示。一般超短波和微波在电离层中反射很小，它们的绕射能力也不强，所以通常靠直线传播。它的作用距离限制在视距范围之内，像电视、调频广播、中继通信都是采用超短波，传播距离可达几十公里。

2. 绕射传播

电波绕着地球的表面传播，如图 1-11(b)所示。由于地面不是理想的导体，无线电波沿地面表面传播时，将有一部分能量被消耗掉，这种损耗与电波波长及其他因素有关，波长越长，损耗越小；波长越短，损耗越大。一般中长波是绕射传播。

3. 电离层的折射和反射传播

这样传播的电波称为天空波，也称为天波。

我们知道,地球表面有一层具有一定厚度的大气层,由于受到太阳的照射,大气层上部的气体将发生电离而产生自由电子和离子,这一部分大气层称为电离层。

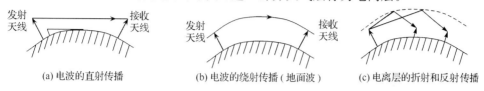

图 1-11　无线电波的传播方式

当无线电波由发射天线发出照射到电离层时,电波传播方向将发生变化,造成电磁波在电离层中的折射与反射,如图 1-11(c)所示。同时也有一部分电磁波的能量被电离层吸收而损失掉。长波、中波在电离层中受到较强的吸收,特别是在白天,这种吸收更厉害,所以中波在白天基本上不能依靠电离层的反射来传播,另外,地面对中波的影响也比长波大,沿地面传播的中波衰减较快。因此中波在白天的传播距离不可能很远。晚上,电离层的作用减弱,对中波的吸收作用减小,这时中波就可以借天空波传播到较远的距离。由此可知,不同波长的电磁波,其传播方式不同。

1.4　数字通信系统

传输数字信号的通信系统称为数字通信系统,其原理框图如图 1-12 所示。

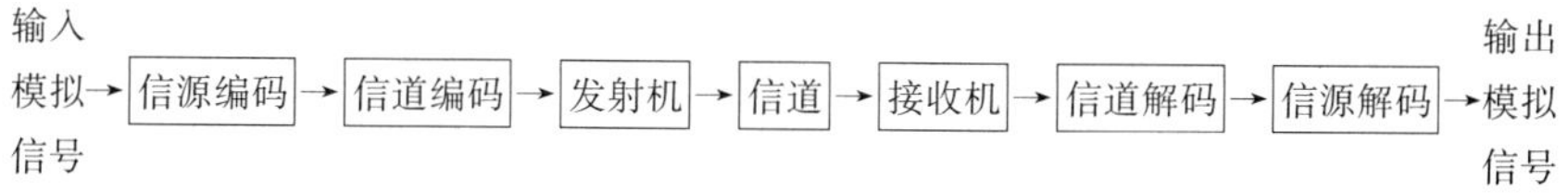

输入
模拟→ 信源编码 → 信道编码 → 发射机 → 信道 → 接收机 → 信道解码 → 信源解码 →模拟
信号　　　　　　　　　　　　　　　　　　　　　　　　　　　　　　　　　　　　　输出
信号

图 1-12　数字通信系统模型

模拟信号经信源编码和信道编码变成数字基带信号,发射机将基带信号调制到高频载波上经信道传输到接收端,接收机还原出数字基带信号,经信道解码和信源解码还原出模拟基带信号。用数字基带信号对高频正弦载波进行的调制称为数字调制。根据基带信号控制载波的参数不同,数字调制通常分为振幅键控调制、相位键控和频率键控三种基本方式。

振幅键控(amplitude shift keying,ASK):载波振幅受基带控制。

相位键控(phase shift keying,PSK):载波相位受基带信号控制,当基带信号 $p(t)=1$ 时,载波起始相位为 0,当 $p(t)=0$ 时载波起始相位为 π。

频率键控(frequency shift keying,FSK):载波频率受基带信号控制,当 $p(t)=1$ 时,载波频率为 f_1;当 $p(t)=1$ 时,载波频率为 f_2,其波形如图 1-13 所示。

数字通信的主要优点:

(1) 有较强的抗干扰能力,通过再生中继技术可以消除噪声的积累,并能对信号传输中因干扰而产生的差错及时发现和纠正,从而提高了信息传输的可靠性。

(2) 数字信号便于保密处理,易于实现保密通信。

(3) 数字信号便于计算机进行处理,使通信系统更加通用和灵活。

(4) 数字电路易于大规模集成,便于设备的微型化。

缺点:数字信号占据频带较宽,频带利用率低,但目前采用了一些新的数字调制技术,不断增大通信容量,提高频率利用率,所以数字通信的发展前景广阔。

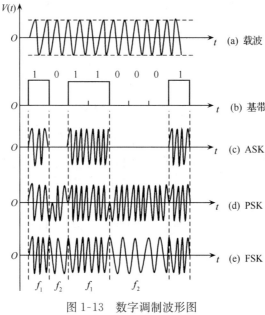

图 1-13　数字调制波形图

1.5　现代通信系统

20 世纪 70 年代以前,通信系统主要是模拟体制,接收机如前面介绍的超外差式接收机,20 世纪 70~80 年代无线电通信实现了模拟到数字的大转变,从系统控制(选台调谐、音量控制、均衡控制等)到信源编码、信道编码,以及硬件实现技术都无一例外地实现了数字化。现代超外差式接收机可用图 1-14 表示,它是一个模拟与数字的混合系统。

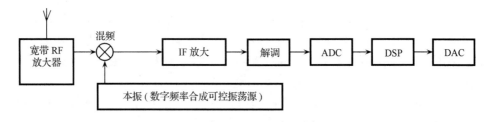

图 1-14　现代超外差式接收机框图

这种接收机的调谐是数字式的,可以进行预调谐和电台储存,同时基带部分也完全实现了数字处理。

进入 20 世纪 90 年代后,通信界开始了一场新的无线电革命,即从数字化走向了软件化,软件无线电(software radio)技术应运而生。支持这场革命的是多种技术的综合,包括多频段天线和 RF 变换宽带 A/D/A 转换,完成基带、比特流处理功能的通用可编程处理器等。软件无线电最初目的是满足军用通信中不同频段、不同信道调制方式和数据方式的各类电台之间的联网需要,因为它可以很容易地解决各种接口标准之间的兼容问题,使得它的优越性很快得到商用通信的青睐,并且在个人移动通信领域发展迅速。软件无线电是特指具有用软件实现各种功能特点的无线电台(如移动通信中的移动电话机、基站电台、军用电台等),它主要由低成本、高性能的 DSP 芯片组成。规范的软件无线电典型结构如图 1-15 所示。

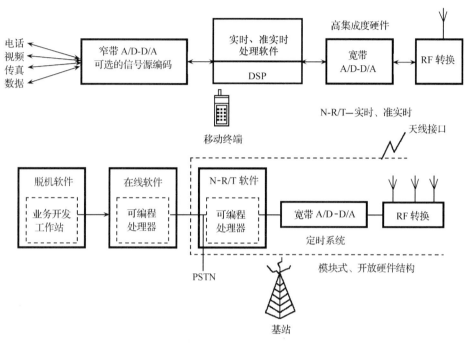

图 1-15　规范的软件无线电典型结构图

软件无线电主要由天线、射频前端、宽带 A/D-D/A 转换器、通用和专用数字信号处理器以及各种软件组成。软件无线电的天线一般要覆盖比较宽的频段,例如,1MHz～2GHz,要求每个频段的特性均匀,以满足各种业务的需求。例如,在军事通信中,可能需要 VHF/UHF 的视距通信、UHF 卫星通信、HF 通信作为备用通信方式。为便于实现,可在全频段甚至每个频段使用几副天线,并采用智能化天线技术。

射频前端在发射时主要完成上变频、滤波、功率放大等任务,接收时实现滤波、放大、下变频等功能。在射频变换部分,宽带、线性、高效射频放大器的设计和电磁兼容问题的处理是较困难的。当然,也可采用射频直接数字化方式,射频前端的功能可以进一步简化,但对数字处理的要求提高。要实现射频直接带通采样,要求 A/D 转换器有足够的工作带宽(2GHz 以上),较高的采样速率(一般在 60MHz 以上),而且要有较高的 A/D 转换位数,以提高动态范围。

模拟信号进行数字化后的处理任务全由 DSP 软件承担。为了减轻通用 DSP 的处理压力,通常把 A/D 转换器传来的数字信号,经过专用数字信号处理器件(如数字下变频器 DDC)处理,降低数据流速率,并把信号变至基带后,再把数据送给通用 DSP 进行处理。通用 DSP 主要完成各种数据率相对较低的基带信号的处理,例如,信号的调制解调,各种抗干扰、抗衰落、自适应均衡算法的实现等,还要完成经信源编码后的前向纠错(FEC)、帧调整、比特填充和链路加密等算法。由于 DSP 技术和器件的发展,高速、超高速的数字信号处理器不断涌现,如 TMS320C6X、ADSP21160 等,DSP 已能基本满足软件无线电的技术需求。如果采用多芯片并行处理的方法,其处理能力还将大大提高。

软件无线电的标志：

（1）无线通信功能是由软件定义并完成的，这种完全的可编程能力包括可编程的射频波段、信道接入方式、信道调制方式与纠错算法等，软件无线电区别于软件控制的数字无线电。

（2）在尽可能靠近天线的地方使用 A/D/A 转换器，因为信号的数字化是实现软件无线电的首要条件。理想软件无线电系统中的 A/D/A 转换器已相当靠近天线，从而可对高频信号进行数字化处理，这也是它与常用的数字通信系统的根本区别所在。

软件无线电的特点：

（1）具有完全的可编程性。通过安装不同的软件来实现不同的电路功能，包括工作模式、系统功能、扩展业务等。

（2）软件无线电基于 DSP 技术。系统所需要的信号处理工作有变频、滤波、调制解调，信道编译码，接口协议与信令处理，加解密、抗干扰处理，以及网络监控管理。

（3）具有很强的灵活性及可扩充性。可以任意转换信道接入方式，改变调制方式或接收不同系统的信号。

（4）具有集中性。由于软件无线电结构具有相对集中和统一的硬件平台，所以多个信道可以享有共同的射频前端与宽带 A/D/A 转换器，从而可以获取每一个信道的相对廉价的信号处理性能。

由于大规模集成电路的数字无线电和软件无线电收发信机，其内部的基本功能、基本原理、工作流程和电路结构与传统的超外式无线电收发信机并无太大差异，经典高频电子线路的分析方法与设计思想仍可作为现代无线电新技术的理论基础。因此，本门课程中仍以基本模拟通信电子电路为主要内容进行分析。

知识点注释

模拟通信系统：信道中传输模拟信号的通信系统称为模拟通信系统。

频谱表示法：频谱指组成信号的各正弦分量按频率分布的情况；为了更直观地了解信号的频率组成和特点，通常采用作图的方法来表示频谱。

无线电波：指在自由空间（包括空气和真空）传播的射频频段的电磁波；频率从几十千赫兹到几万兆赫兹的电磁波都属于无线电波。

调制：调制是将基带信号装载到高频振荡上去的过程。模拟调制可分为三种方式：振幅调制、频率调制和相位调制。

解调：解调是调制的逆过程，即从已调制信号恢复出原基带信号的过程，根据调制信号的不同，它可以分为振幅解调、频率解调和相位解调。

输入变换装置：输入变换装置也称信源，就是将要传送的信息变成电信号的装置，如话筒、摄像机及各种传感装置。

发送设备：发送设备就是将基带信号变换成适于信道传输特性的信号。不同的信道具有不同的传输特性，而由于要传送的消息种类很多，它们相应基带信号的特性各异，往往不适于直接在信道中传输。因此，需要利用发送设备对基带信号进行变换，以得到适于信道传输的信号。

传输信道：传输信道是传送信息的通道，又称传输介质，如电缆、光缆或无线电波。不同的信道有不同的传输特性。

接收设备：接收设备是将信道传送过来的信号进行处理，以恢复出与发送端基带信号相一致的信号。当然，由于在信道传输和恢复过程中会产生一定的干扰和失真，因此接收设备恢复的信号也会有一定的失真，应尽量减小这种失真。

输出变换装置:输出变换装置也称为信宿,是将接收设备输出的电信号变换成原来形式的消息的装置,如还原声音的喇叭、恢复图像的显像管等。

调幅波:高频载波的振幅随被调制信号线性变化的调制波形称为调幅波。

直接放大式接收机:接收机的基本任务是将空中传来的带有信息的电磁波接收下来,并把它复原为原来的信号。仅含有选择性电路、高频放大电路以及检波电路的接收机称为直接放大式接收机。

超外差式接收机:利用本地产生的振荡波与接收到的高频信号混频,将输入信号频率变换为某个固定中频,再利用中频放大器加以放大,然后进行检波,像这样的接收机就称为超外差式接收机。

无线电波的传播方式:无线电波就是一种电磁波,所以它在空中传播的方式也有直射、绕射和反射。

直射传播:直射传播的电波所能到达的距离,只能在视距范围以内,发射和接收天线越高,能够进行通信的距离也越远。

绕射传播:绕射传播是指电波绕着地球的表面传播。由于地面不是理想的导体,无线电波沿着地球表面传播时,将有一部分能量被消耗掉,这种损耗与电波波长及其他因素有关,波长越长损耗越小。

电离层反射与折射:当无线电波由发射天线发出照射到电离层时,电波传播方向将发生变化,造成电磁波在电离层中的折射与反射。

数字通信系统:信道中传输数字信号的通信系统称为数字通信系统。

软件无线电:区别于用软件控制的数字无线电通信,它采用通用的可编程器件(如 DSP)代替专用的数字电路。在一个系统结构相对通用的平台上通过软件编程实现各种功能,使得系统的改进和升级非常方便且代价很小,满足不同系统之间的互通和兼容。

本 章 小 结

本章让我们对无线电通信的过程有了一个粗略的了解。

(1)无线通信系统由输入变换器、发射机、无线信道、接收机和输出变换器所组成,本课程主要研究组成发射机和接收机的电路原理、电路组成和分析方法。

(2)无线电发射设备由高频振荡、倍频、高功放、调制、天线、电源等部分组成。

(3)无线电的接收设备由高频小信号放大、本振、混频、中放、检波、低放、天线、电源等部分组成。

(4)信号的频谱表示法在分析通信电子线路中十分重要,它可以清楚地表达各功能模块处理前后信号的频率分量。

(5)无线电波由于其频率不同具有不同的特点,因此可将其划分为不同的波段,不同波段的无线电波传播的方式可分为直射、绕射、电离层的反射等。

(6)数字通信、软件无线电技术是现代通信技术的发展方向。

思考题与习题

1-1　为什么在无线电通信中要进行调制?什么是调幅?它的作用是什么?

1-2　调幅接收机里为什么要检波?检波前、后的波形有什么变化?请粗略画出检波前后的波形。

1-3　超外差式接收机里混频的作用是什么?如果接收信号的频率是 2100MHz,希望把它变成70MHz 的中频,该怎么办?画出方框图并标明有关频率。

1-4　接收机收到的信号 $v(t)=V(1+m\cos\Omega t)\cos\omega_s t$,本地振荡器信号角频率为 ω_0,经混频作用后输出信号还是不是调幅波,试画出混频前后的波形,频带宽度与 $v(t)$ 相比是否发生变化?

1-5　① 中波广播波段的波长为 187～560m,为避免邻台干扰,两个相邻电台的载频至少要相差10kHz。在此波段中最多能容纳多少电台同时广播?

② 短波广播的波长为 16.7～136.5m,最多能容纳多少电台?

第 2 章　通信电子线路分析基础

由前面可知通信系统中收发射机主要由高频振荡、倍频、高频功率放大、调制解调、混频和高频小信号放大等电路组成。而这些电路的负载均为选频网络。回路的概念在电路课程中已学过,为了给后续各章分析打下基础,本章仍有必要对选频网络进行复习与归纳。

2.1　选 频 网 络

选频网络的作用是选出我们需要的频率分量并滤除不需要的频率分量。选频网络可分为谐振回路和滤波器两大类。

谐振回路　由电感和电容元件组成的振荡回路,振荡回路包含单振荡回路和耦合振荡回路,而单振荡回路又包含串联谐振回路和并联谐振回路。

滤波器　滤波器包含 LC 集中滤波器、石英晶体滤波器、陶瓷滤波器和声表面波滤波器等。

滤波器的优点是稳定性好,电性能好,品质因数高,利于微型化,便于大量生产。

2.1.1　串联谐振回路

串联谐振回路

由电感、电容组成的单振荡回路在谐振频率或谐振频率附近工作时,称为串

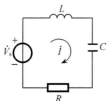

图 2-1　串联谐振回路

联谐振回路或并联谐振回路。什么是谐振频率? 单振荡回路的阻抗在某一个特定频率上有一个最大值或最小值,这特定的频率称为谐振频率。电感、电容、信号源三者串联,称为串联回路,串联谐振回路在谐振频率处阻抗最小。图 2-1 为串联谐振回路,由于 C 的损耗较小,R 近似为线圈的损耗电阻。对于串联回路来说,要求当正弦信号电压作用时,在谐振频率 f_0 附近回路中电流 i 尽可能大,而在离开频率 f_0 两边一定范围以外,回路中电流应尽量小。下面我们归纳串联回路的几个参量来进行分析。

1. 回路阻抗

设 z 为回路阻抗,R 为回路损耗,x 为回路电抗,其中电感的阻抗为 ωL,电容的阻抗为 $\dfrac{1}{\omega C}$,则

$$z = R + \mathrm{j}x = R + \mathrm{j}\left(\omega L - \frac{1}{\omega C}\right) = |z|\,\mathrm{e}^{\mathrm{j}\varphi_z} \tag{2-1}$$

阻抗模为

$$|z| = \sqrt{R^2 + x^2} = \sqrt{R^2 + \left(\omega L - \frac{1}{\omega C}\right)^2} \tag{2-2}$$

电抗为

$$x = \omega L - \frac{1}{\omega C} \tag{2-3}$$

阻抗辐角为

$$\varphi_z = \arctan \frac{x}{R} = \arctan \frac{\omega L - \dfrac{1}{\omega C}}{R} \tag{2-4}$$

x 是随频率 ω 不同而变化的,其电抗曲线如图 2-2(a)所示,其阻抗相角 φ_z 的相频曲线如图 2-2(b)所示。阻抗模曲线如图 2-2(c)所示。

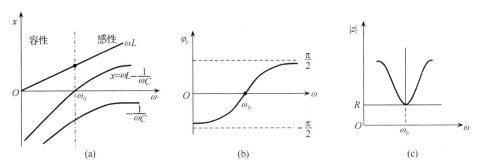

图 2-2　串联谐振回路的阻抗特性

由图 2-2 可知,当 $\omega \neq \omega_0$ 时,$|z| > R$;$\omega > \omega_0$,$x > 0$ 呈感性,电流滞后电压,相位 $\varphi_i < 0$;$\omega < \omega_0$,$x < 0$ 呈容性,电流超前电压,相位 $\varphi_i > 0$;$\omega = \omega_0$,$|z| = R$,$x = 0$ 达到串联谐振。

当回路谐振时的感抗或容抗,称为特性阻抗,用 ρ 表示,即

$$\rho = \omega_0 L = \frac{1}{\omega_0 C} = \sqrt{\frac{L}{C}} \tag{2-5}$$

2. 谐振频率 f_0

若信号源电压 $v_s = V_s \sin \omega t$,则回路电流

$$\dot{I} = \frac{\dot{v}_s}{z} = \frac{\dot{v}_s}{R + \mathrm{j}\left(\omega L - \dfrac{1}{\omega C}\right)} \tag{2-6}$$

当 $\omega L - \dfrac{1}{\omega C} = 0$ 时,$\dot{I}$ 为最大值,即 $\dot{I} = \dfrac{\dot{v}_s}{R}$。

此时回路发生串联谐振,称使 $\omega L - \dfrac{1}{\omega C} = 0$ 的信号频率为谐振频率,以 ω_0 表示,即 $\omega_0 L = \dfrac{1}{\omega_0 C}$,所以

$$\omega_0 = \frac{1}{\sqrt{LC}}, \qquad f_0 = \frac{1}{2\pi \sqrt{LC}} \tag{2-7}$$

因此,也称 $x = \omega_0 L - \dfrac{1}{\omega_0 C} = 0$ 为串联谐振回路的谐振条件。

3. 品质因数 Q

谐振时回路感抗值(或容抗值)与回路电阻 R 的比值称为回路的品质因数,以 Q 表示,

它表示回路损耗的大小。

$$Q = \frac{\omega_0 L}{R} = \frac{1}{\omega_0 CR} = \frac{\rho}{R} = \frac{1}{R} \cdot \sqrt{\frac{L}{C}} \qquad (2\text{-}8)$$

当谐振时

$$\omega_0 L = \frac{1}{\omega_0 C} = \rho$$

$$| \dot{v}_{L0} | = | \dot{v}_{C0} | = I_0 \rho = \frac{V_s}{R} \cdot \rho = V_s \cdot \frac{\rho}{R} = V_s \cdot Q \qquad (2\text{-}9)$$

因此串联谐振时,电感 L 和电容 C 上的电压达到最大值且为输入信号电压 $\dot{v}_s$ 的 Q 倍,故串联谐振也称为电压谐振。因此,必须预先注意回路元件的耐压问题。

4. 广义失谐系数 ξ

广义失谐是表示回路失谐大小的量,其定义为

$$\xi = \frac{\text{失谐时的电抗}}{\text{谐振时的电阻}} = \frac{X}{R} = \frac{\omega L - \dfrac{1}{\omega C}}{R} = \frac{\omega_0 L}{R}\left(\frac{\omega}{\omega_0} - \frac{\omega_0}{\omega}\right) = Q_0\left(\frac{\omega}{\omega_0} - \frac{\omega_0}{\omega}\right) \quad (2\text{-}10)$$

当 $\omega \approx \omega_0$ 即失谐不大时

$$\xi \approx Q_0 \cdot \frac{2\Delta\omega}{\omega_0} = Q_0 \cdot \frac{2\Delta f}{f_0} \qquad (2\text{-}11)$$

当谐振时 $\xi = 0$。

5. 谐振曲线

串联谐振回路中电流幅值与外加电动势频率之间的关系曲线称为谐振曲线。可用 $N(f)$ 表示谐振曲线的函数

$$N(f) = \frac{\text{失谐处电流} \dot{I}}{\text{谐振点电流} \dot{I}_0} = \frac{\dfrac{\dot{v}_s}{R + j\left(\omega L - \dfrac{1}{\omega C}\right)}}{\dfrac{\dot{v}_s}{R}} = \frac{R}{R + j\left(\omega L - \dfrac{1}{\omega C}\right)}$$

$$= \frac{1}{1 + j\dfrac{\omega L - \dfrac{1}{\omega C}}{R}} = \frac{1}{1 + j\xi} \qquad (2\text{-}12)$$

Q 值不同即损耗 R 不同时,对曲线有很大的影响,Q 值大,曲线尖锐,选择性好;Q 值小,曲线钝,通带宽,如图 2-3 所示。

6. 通频带

当回路外加电压的幅值不变时,改变频率,回路电流 I 下降到 I_0 的 $\dfrac{1}{\sqrt{2}}$ 时所对应的频率范围称为谐振回路的通频带,用 B 表示

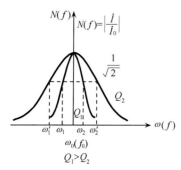

图 2-3　串联谐振回路的谐振曲线

$$B = 2\Delta\omega_{0.7} = \omega_2 - \omega_1 \quad 或 \quad B = 2\Delta f_{0.7} = f_2 - f_1$$

当 $\left|\dfrac{\dot{I}}{\dot{I}_0}\right| = \dfrac{1}{\sqrt{1+\xi^2}} = \dfrac{1}{\sqrt{2}}$ 时, $\xi = \pm 1$, 而 $\xi = Q \cdot \dfrac{2\Delta\omega}{\omega_0}$。所以 $2\Delta\omega_{0.7} = \dfrac{\omega_0}{Q}$, 也可用线频率 f_0 表示, 即

$$B = 2\Delta f_{0.7} = \frac{f_0}{Q} \tag{2-13}$$

其相对带宽为

$$\frac{2\Delta f_{0.7}}{f_0} = \frac{1}{Q} \tag{2-14}$$

因此, B 与 Q 成反比, Q 增大, B 减小, 如图 2-3 中虚线所示。

由于在 $\omega_1(f_1)$, $\omega_2(f_2)$ 两点处的功率

$$P' = \frac{1}{2}\left(\frac{I_0}{\sqrt{2}}\right)^2 R = \frac{1}{2}P_0, \qquad P_0 = \frac{1}{2}I_0^2 R$$

P_0 为谐振点功率, 所以 $\omega_1(f_1)$, $\omega_2(f_2)$ 两点又称为半功率点。

7. 相频特性曲线

回路电流的相角 φ_i 随频率 ω 变化的曲线为相频特性曲线。

由于 $\dfrac{\dot{I}}{\dot{I}_0} = \dfrac{1}{1+\mathrm{j}\xi} = \dfrac{1}{1+\mathrm{j}\dfrac{x}{R}}$, 根据式(2-10)可得回路电流的相频特性曲线为

$$\varphi_i = -\arctan\frac{x}{R} = -\arctan Q \cdot \left(\frac{\omega}{\omega_0} - \frac{\omega_0}{\omega}\right) \approx -\arctan Q \cdot \frac{2\Delta\omega}{\omega_0} = -\arctan\xi \tag{2-15}$$

因为 $\dot{I} = \dfrac{\dot{v}_s}{z} = \dfrac{V_s \mathrm{e}^{\mathrm{j}0°}}{|z|\mathrm{e}^{\mathrm{j}\varphi_z}} = I_m \mathrm{e}^{\mathrm{j}(-\varphi_z)} = I_m \mathrm{e}^{\mathrm{j}\varphi_i}$, 所以回路电流的相角 φ_i 为阻抗辐角 φ_z 的负值, 即 $\varphi_i = -\varphi_z$。

若 $\dot{I}$ 超前 $\dot{v}_s$, 则 $\varphi_i > 0$; 若 $\dot{I}$ 滞后 $\dot{v}_s$, 则 $\varphi_i < 0$。当 Q 值不同时, 相频特性曲线的陡峭程度不同, 如图 2-4 所示。

8. 信号源内阻及负载对串联谐振回路的影响

考虑了信号内阻 R_s 和负载 R_L 的串联谐振回路如图 2-5 所示。

通常把没有接入信号源内阻和负载电阻时回路本身的 Q 值称为无载 Q 值(空载 Q 值)如式(2-8)所示。

$$Q = \frac{\omega_0 L}{R} = Q_0$$

把接入信号源内阻和负载电阻的 Q 值称为有载 Q 值, 用 Q_L 表示, 即

$$Q_L = \frac{\omega_0 L}{R + R_s + R_L} \tag{2-16}$$

式中, R 为回路本身的损耗; R_s 为信号源内阻; R_L 为负载电阻。

由此看出, 串联谐振回路适于 R_s 很小(恒压源)和 R_L 不大的电路, 只有这样 Q_L 才不至于太低, 保证回路有较好的选择性。

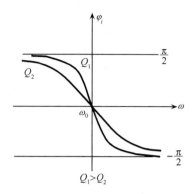

图 2-4　串联谐振回路的
相频特性曲线

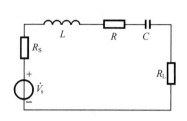

图 2-5　有信号源内阻及负载的
串联谐振回路

2.1.2　并联谐振回路

由电感、电容、信号源三者并联组成的回路称为并联谐振回路,如图 2-6 所示。

并联谐振回路

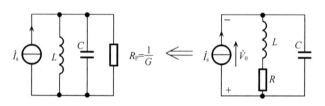

图 2-6　并联谐振回路

前面讨论的串联谐振电路适用于信号源内阻很小的恒压源,但电子电路信号源内阻一般都很大,基本上可看作恒流源,如晶体管放大器的内阻为几千欧至几十千欧,故不能采用串联回路,而应采用并联谐振回路。下面对应串联谐振回路来讨论并联回路。

1. 回路阻抗

由图 2-6 可知,并联谐振回路的阻抗为

$$z = \frac{(R+\mathrm{j}\omega L)\cdot\dfrac{1}{\mathrm{j}\omega C}}{R+\mathrm{j}\omega L+\dfrac{1}{\mathrm{j}\omega C}} = \frac{(R+\mathrm{j}\omega L)\cdot\dfrac{1}{\mathrm{j}\omega C}}{R+\mathrm{j}\left(\omega L-\dfrac{1}{\omega C}\right)} \tag{2-17}$$

一般 $\omega L\gg R$,所以 $z\approx\dfrac{\dfrac{L}{C}}{R+\mathrm{j}\left(\omega L-\dfrac{1}{\omega C}\right)}=\dfrac{1}{\dfrac{RC}{L}+\mathrm{j}\left(\omega C-\dfrac{1}{\omega L}\right)}$,并联回路采用导纳分析比较方便,其导纳 Y 为

$$Y = \frac{1}{z} = \frac{CR}{L}+\mathrm{j}\left(\omega C-\frac{1}{\omega L}\right) = G+\mathrm{j}B \tag{2-18}$$

式中,电导 $G=\dfrac{RC}{L}$;电纳 $B=\omega C-\dfrac{1}{\omega L}$。

2. 谐振频率

由图 2-6 可知,回路电压幅值为

$$V = \frac{I_s}{|Y|} = \frac{I_s}{\sqrt{G^2 + B^2}} = \frac{I_s}{\sqrt{\left(\frac{RC}{L}\right)^2 + \left(\omega C - \frac{1}{\omega L}\right)^2}}$$

当电纳 $B=0$ 时,$\dot{v} = v_0 = \frac{L}{RC} \cdot \dot{I}_s$,回路电压与电流 $\dot{I}_s$ 同相,称为并联回路对外加信号源频率发生并联谐振,即谐振条件为

$$B = \omega_p C - \frac{1}{\omega_p L} = 0$$

由于 $B=0$,则

$$\omega_p C = \frac{1}{\omega_p L}$$

因此并联谐振回路的谐振频率为

$$\omega_p = \frac{1}{\sqrt{LC}}, \qquad f_p = \frac{1}{2\pi\sqrt{LC}}, \qquad \omega L \gg R \tag{2-19}$$

当 ωL 不满足 $\gg R$ 时,可推导

$$\omega_p = \sqrt{\frac{1}{LC} - \frac{R^2}{L^2}} \tag{2-20}$$

当谐振时

$$z = R_p = \frac{1}{G_p} = \frac{L}{RC} = \frac{(\omega_p L)^2}{R}$$

即当 $\omega = \omega_p$ 时,$Y = G_p$,$z = R_p$ 达到最大,为纯阻。

当 $\omega > \omega_p$ 时,$\omega L > \frac{1}{\omega C}$,电容支路的分流作用强,因此回路呈容性。

当 $\omega < \omega_p$ 时,$\omega L < \frac{1}{\omega C}$,此时电感的分流作用强。因此回路呈感性。

$$z = R_e + jx_e$$

这是由于并联回路的合成总阻抗的性质总是由

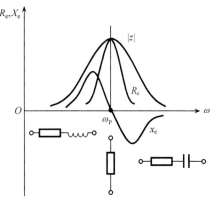

图 2-7　并联回路的阻抗特性

两个支路中阻抗较小的那个支路的阻抗性质决定的。并联回路的阻抗特性如图 2-7 所示。

3. 品质因数

根据 2.1 节对 Q 值的定义

$$Q_p = \frac{\omega_p L}{R} = \frac{R_p}{\omega_p L} = \frac{R_p}{\rho} = R_p \cdot \sqrt{\frac{C}{L}} \tag{2-21}$$

式中,R 为串联在电感支路的损耗电阻;R_P 为并联谐振回路的谐振电阻。

$$R_p = Q_p \cdot \frac{1}{\omega_p C}$$

因此,谐振时并联振荡回路的谐振电阻等于感抗或容抗的 Q_p 倍。并联谐振时,电容支路电流

$$\dot{I}_{cp} = \dot{v}_0 \Big/ \frac{1}{j\omega_p C} = j\omega_p C \cdot \frac{\dot{I}_s}{G_p} = j\omega_p C \cdot \frac{\dot{I}_s}{\dfrac{RC}{L}} = \frac{j\omega_p L}{R} \cdot \dot{I}_s = jQ_p \dot{I}_s \tag{2-22}$$

电感支路电流

$$\dot{I}_{lp} = \dot{v}_0 / (R + j\omega_p L) \approx \dot{v}_0 / j\omega_p L = \frac{\dot{I}_s}{G_p} \cdot \frac{1}{j\omega_p L}$$

$$= \frac{\dot{I}_s}{RC} \cdot \frac{L}{j\omega_p L} = -j\dot{I}_s \cdot \frac{1}{\omega_p C \cdot R} = -jQ_p \cdot \dot{I}_s \tag{2-23}$$

由式(2-22)和式(2-23)得知支路电流为信号源电流的 Q 倍,因此,并联谐振称为电流谐振。

4. 广义失谐

如前面所述,并联谐振回路中的广义失谐也是表示回路失谐大小的量。广义失谐可表示为

$$\xi = \frac{B}{G} = \frac{失谐时的电纳}{谐振时的电导} = \frac{\omega C - \dfrac{1}{\omega L}}{G} = \frac{\omega_p C}{G}\left(\frac{\omega}{\omega_p} - \frac{\omega_p}{\omega}\right) \tag{2-24}$$

当失谐不大时

$$\xi \approx Q_p \cdot \frac{2\Delta\omega}{\omega_p} \tag{2-25}$$

5. 谐振曲线

回路端电压在信号源电流不变时与频率之间的关系,称为并联回路的谐振曲线。串联回路用电流比来表示串联谐振曲线,并联回路则用回路端电压比来表示谐振曲线。

因为回路端电压

$$\dot{v} = \dot{I}_s Z = \frac{\dot{I}_s}{Y} = \frac{\dot{I}_s}{G_p + j\left(\omega C - \dfrac{1}{\omega L}\right)} \tag{2-26}$$

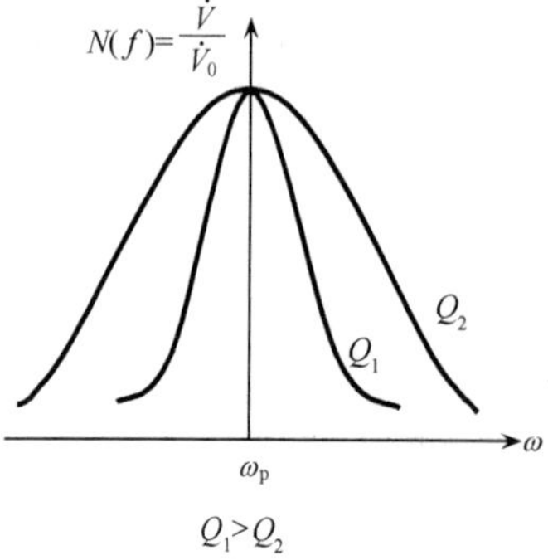

谐振时回路端电压

$$\dot{v}_0 = \dot{I}_s \cdot R_p = \dot{I}_s / G_p$$

所以

$$N(f) = \frac{\dot{V}}{\dot{V}_0} = \frac{\dot{I}_s / Y}{\dot{I}_s / G_p} = \frac{G_p}{Y} = \frac{G_p}{G_p + j\left(\omega C - \dfrac{1}{\omega L}\right)}$$

$$= \frac{1}{1 + jQ_p\left(\dfrac{\omega}{\omega_p} - \dfrac{\omega_p}{\omega}\right)} = \frac{1}{1 + j\xi} \tag{2-27}$$

由此可做出并联回路的谐振曲线如图 2-8 所示。

图 2-8　并联回路的谐振曲线

6. 通频带

当回路端电压下降到最大值的 $\dfrac{1}{\sqrt{2}}$ 时所对应的频率范围称为并联谐振回路的通频带,用

B 表示(图 2-9)

$$B = f_2 - f_1 = 2\Delta f_{0.7}$$

当 $\dfrac{\dot{V}}{\dot{V}_0} = \dfrac{1}{\sqrt{1+\xi^2}} = \dfrac{1}{\sqrt{2}}$ 时

$$\xi = Q_p \cdot \dfrac{2\Delta f_{0.7}}{f_p} = 1$$

即绝对通频带

$$2\Delta f_{0.7} = \dfrac{f_p}{Q_p} = B \qquad (2\text{-}28)$$

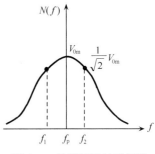

图 2-9　并联回路的通频带

相对通频带

$$\dfrac{2\Delta f_{0.7}}{f_p} = \dfrac{1}{Q_p} \qquad (2\text{-}29)$$

7. 相频特性

因为

$$\dfrac{\dot{v}}{\dot{v}_0} = \dfrac{1}{1 + \mathrm{j}Q_p\left(\dfrac{\omega}{\omega_p} - \dfrac{\omega_p}{\omega}\right)} \approx \dfrac{1}{1 + \mathrm{j}Q_p\dfrac{2\Delta\omega}{\omega_p}}$$

所以相角

$$\varphi_v \approx -\arctan Q_p \cdot \dfrac{2\Delta\omega}{\omega_p} = -\arctan\xi = -\arctan Q_p\left(\dfrac{\omega}{\omega_p} - \dfrac{\omega_p}{\omega}\right) \qquad (2\text{-}30)$$

其相频特性曲线如图 2-10 所示。

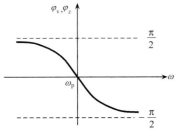

串联电路里 φ 是指回路电流 $\dot{I}$ 与信号源电压 $\dot{v}_s$ 的相角差。而并联电路里 φ 是指回路端电压与信号源电流 $\dot{I}_s$ 的相角差

$$\dot{v} = \dot{I}_s z = I_{sm}\mathrm{e}^{\mathrm{j}0°}\ |\ z\ |\ \mathrm{e}^{\mathrm{j}\varphi_z} = v_m\mathrm{e}^{\mathrm{j}\varphi_v}$$

因此,$\omega = \omega_p$ 时 $\varphi_v = 0$;$\omega > \omega_p$ 时 $\varphi_v < 0$,容性;$\omega < \omega_p$ 时 $\varphi_v > 0$,感性。

图 2-10　并联谐振回路的相频特性曲线

以上讨论的是 Q 较高的情况。

8. 信号源内阻和负载电阻对并联谐振回路的影响

考虑了信号源内阻 R_s 和负载电阻 R_L 后电路如图 2-11 所示,则有

$$R_s = \dfrac{1}{G_s}, \qquad R_p = \dfrac{1}{G_p}$$

此时有载 Q 值为

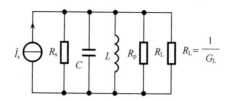

图 2-11　考虑信号源内阻和负载后的并联谐振回路

$$Q_{\mathrm{L}} = \frac{1}{\omega_{\mathrm{p}}L(G_{\mathrm{p}}+G_{\mathrm{s}}+G_{\mathrm{L}})} = \frac{1}{\omega_{\mathrm{p}}LG_{\mathrm{p}}\left(1+\dfrac{G_{\mathrm{s}}}{G_{\mathrm{p}}}+\dfrac{G_{\mathrm{L}}}{G_{\mathrm{p}}}\right)} \tag{2-31}$$

由于

$$Q_{\mathrm{p}} = \frac{1}{\omega_{\mathrm{p}}LG_{\mathrm{p}}} = \frac{\omega_{\mathrm{p}}C}{G_{\mathrm{p}}}$$

故

$$Q_{\mathrm{L}} = \frac{Q_{\mathrm{p}}}{1+\dfrac{R_{\mathrm{p}}}{R_{\mathrm{s}}}+\dfrac{R_{\mathrm{p}}}{R_{\mathrm{L}}}}$$

由式(2-31)可知,当 R_{s} 和 R_{L} 较小时, Q_{L} 也减小,所以对并联回路而言,并联的电阻越大越好。因此并联谐振回路适用于恒流源。

例 2-1　有一个并联谐振回路如图 2-12 所示,并联回路的无载 Q 值 $Q_{\mathrm{p}}=80$,谐振电阻 $R_{\mathrm{p}}=25\mathrm{k\Omega}$,谐振频率 $f_{\mathrm{p}}=30\mathrm{MHz}$,信号源电流幅度 $I_{\mathrm{s}}=0.1\mathrm{mA}$ 。

(1) 若信号源内阻 $R_{\mathrm{s}}=10\mathrm{k\Omega}$,当负载电阻 R_{L} 不接时,问通频带 B 和谐振时输出电压幅度 V_0 是多少?

(2) 若 $R_{\mathrm{s}}=6\mathrm{k\Omega}$, $R_{\mathrm{L}}=2\mathrm{k\Omega}$,求此时的通频带 B 和 V_0 是多少?

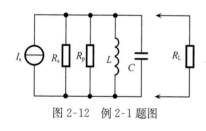

图 2-12　例 2-1 题图

解　(1) 因为 $R_{\mathrm{s}}=10\mathrm{k\Omega}$,所以

$$V_0 = I_{\mathrm{s}} \cdot \frac{R_{\mathrm{s}} \times R_{\mathrm{p}}}{R_{\mathrm{s}}+R_{\mathrm{p}}} = 0.1\mathrm{mA} \times \frac{10 \times 25}{10+25}\mathrm{k\Omega} = 0.72\mathrm{V}$$

而

$$Q_{\mathrm{L}} = \frac{Q_{\mathrm{p}}}{1+\dfrac{R_{\mathrm{p}}}{R_{\mathrm{s}}}} = \frac{80}{1+\dfrac{25}{10}} \approx 23$$

所以

$$B = \frac{f_{\mathrm{p}}}{Q_{\mathrm{L}}} = \frac{30}{23} = 1.3(\mathrm{MHz})$$

(2) 因为

$$R_{\mathrm{s}} = 6\mathrm{k\Omega}, \quad R_{\mathrm{L}} = 2\mathrm{k\Omega}$$

所以

$$V_0 = I_{\mathrm{s}} \cdot \frac{1}{\dfrac{1}{R_{\mathrm{p}}}+\dfrac{1}{R_{\mathrm{s}}}+\dfrac{1}{R_{\mathrm{L}}}} = 0.1 \times \frac{1}{\dfrac{1}{25}+\dfrac{1}{6}+\dfrac{1}{2}} \approx 0.14(\mathrm{V})$$

因为

$$Q_{\mathrm{L}} = \frac{Q_{\mathrm{p}}}{1 + \dfrac{R_{\mathrm{p}}}{R_{\mathrm{s}}} + \dfrac{R_{\mathrm{p}}}{R_{\mathrm{L}}}} = \frac{80}{1 + \dfrac{25}{6} + \dfrac{25}{2}} \approx 4.5$$

所以

$$B = \frac{f_{\mathrm{p}}}{Q_{\mathrm{L}}} = \frac{30}{4.5} = 6.7(\mathrm{MHz})$$

故并联电阻越小，即 Q_{L} 越低，通带越宽。

2.1.3　串、并联阻抗等效互换与回路抽头时的阻抗变换

1. 串、并阻抗的等效互换

在实际电路中有时为了分析电路方便，需进行串、并联电路的等效互换。

等效是指当电路的谐振频率等于工作频率时，从图 2-13(a)、(b)中 A、B 和 A′、B′ 两端看进去的阻抗（或导纳）相等。

若　$Z_{\mathrm{AB}} = Z_{\mathrm{A'B'}}$

则

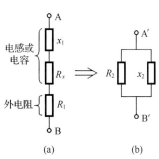

图 2-13　串、并联阻抗等效互换

$$(R_1 + R_x) + \mathrm{j}x_1 = \frac{R_2(\mathrm{j}x_2)}{R_2 + \mathrm{j}x_2}$$

$$= \frac{R_2 x_2^2}{R_2^2 + x_2^2} + \mathrm{j}\frac{R_2^2 x_2}{R_2^2 + x_2^2}$$

两电路的实部与虚部分别相等

$$R_1 + R_x = \frac{R_2 x_2^2}{R_2^2 + x_2^2}, \qquad x_1 = \frac{R_2^2 x_2}{R_2^2 + x_2^2}$$

由此可知 x_1 与 x_2 的性质相同。而

$$Q_{\mathrm{L1}} = \frac{x_1}{R_1 + R_x}, \qquad Q_{\mathrm{L2}} = \frac{R_2}{x_2}, \qquad Q_{\mathrm{L1}} = Q_{\mathrm{L2}} = Q_{\mathrm{L}}$$

所以

$$R_1 + R_x = \frac{R_2 x_2^2}{R_2^2 + x_2^2} = \frac{R_2}{1 + \dfrac{R_2^2}{x_2^2}} = \frac{R_2}{1 + Q_{\mathrm{L}}^2}$$

即

$$R_2 = (1 + Q_{\mathrm{L}}^2)(R_1 + R_x) \tag{2-32}$$

$$x_1 = \frac{x_2}{1 + \dfrac{x_2^2}{R_2^2}} = \frac{x_2}{1 + \dfrac{1}{Q_{\mathrm{L1}}^2}}$$

即

$$x_2 = x_1\left(1 + \frac{1}{Q_{\mathrm{L}}^2}\right) \tag{2-33}$$

当 $Q_{\mathrm{L}} \gg 1$ 时

$$R_2 \approx (R_1 + R_x)Q_{\mathrm{L}}^2 \tag{2-34}$$

$$x_2 \approx x_1 \tag{2-35}$$

这个结果表明，串联电路转换等效并联电路后，电抗 x_2 的性质与 x_1 相同，在 Q_{L} 较高的

情况下,其电抗 x 基本不变,而并联电路的电阻 R_2 比串联电路的电阻 (R_1+R_x) 大 Q_L^2 倍。

串联形式电路中串联的电阻越大,则损耗越大,并联形式电路中并联的电阻越小,则分流越大,损耗越大,反之亦然。所以两种电路是完全等效的。

2. 回路抽头时阻抗的变化(折合)关系

选频网络抽头

从前面分析可知,R_s、R_L 对回路 Q 值有影响,实际应用中为了减小信号源内阻和负载对回路的影响。常采用抽头接入方式(也称为部分接入方式)如图 2-14 所示。下面对该电路进行分析,首先引入接入系数的概念。

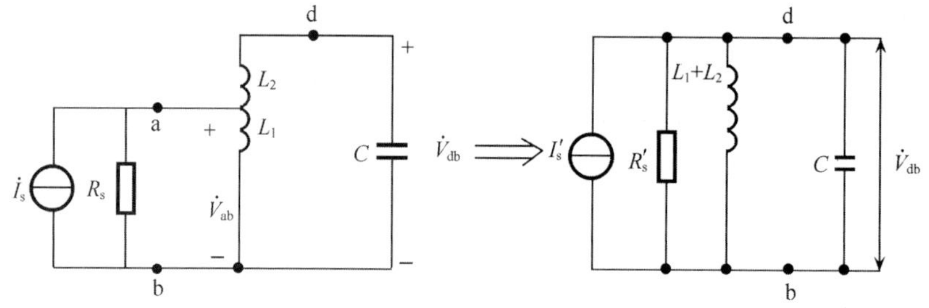

图 2-14　回路抽头接入方式

1) 接入系数

接入系数 P 为抽头点电压与端电压的比

$$P = \frac{V_{ab}}{V_{db}} \tag{2-36}$$

根据能量等效原则

$$V_{ab}^2 \cdot G_s = V_{db}^2 \cdot G_s'$$

因此

$$G_s' = \left(\frac{V_{ab}}{V_{db}}\right)^2 \cdot G_s = P^2 G_s, \qquad R_s' = \frac{1}{P^2} R_s \tag{2-37}$$

由于 $V_{ab} < V_{db}$,因此 P 是小于 1 的正数,即 $R_s' > R_s$,即由低抽头向高抽头转换时,等效阻抗提高 $\frac{1}{P^2}$ 倍。

若已知电感 L,则

$$P = \frac{L_1}{L_1 + L_2} = \frac{N_1}{N_1 + N_2} \tag{2-38}$$

式中,N 为匝数,式(2-38)中未考虑互感。

若考虑互感,则

$$P = \frac{L_1 \pm M}{L_1 + L_2 \pm 2M} \tag{2-39}$$

若采用电容抽头,如图 2-15 所示,则接入系数

$$P = \frac{\dfrac{1}{\omega C_2}}{\dfrac{1}{\omega C}} = \frac{C}{C_2} = \frac{C_1}{C_1 + C_2}, \qquad C = \frac{C_1 C_2}{C_1 + C_2} \tag{2-40}$$

应该指出接入系数 $P=\dfrac{L_1}{L_1+L_2}$ 或 $P=\dfrac{C_1}{C_1+C_2}$ 都是假定外

接在 ab 端的阻抗远大于 ωL_1 或 $\dfrac{1}{\omega C_2}$ 时才成立。

根据以上分析得出结论：

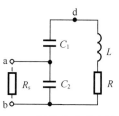

图 2-15　回路电容抽头接入

（1）抽头改变时，$\dfrac{V_{ab}}{V_{db}}$ 或 $\dfrac{L_1}{L_1+L_2}$、$\dfrac{C_1}{C_1+C_2}$ 的比值改变，即接

入系数 P 改变。

（2）由低抽头折合到回路高端时，等效导纳降低为原来的 P^2，即等效电阻提高了 $\dfrac{1}{P^2}$，Q

值提高许多（并联电阻加大，Q 值提高）。

因此，负载电阻和信号源内阻小时应采用串联方式；负载电阻和信号源内阻大时应采用
并联方式；负载电阻和信号源内阻不大不小时采用部分接入方式（即抽头接入方式）。如晶
体管做信号源，其输出阻抗就常采用这种方式。

2）电流源的折合

图 2-16 表示电流源的折合关系。因为是等效变换，变换前后其功率不变。

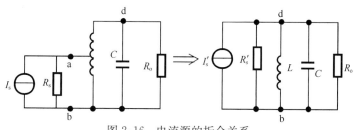

图 2-16　电流源的折合关系

由于

$$I_s \cdot V_{ab} = I'_s \cdot V_{db}$$

因此

$$I'_s = \frac{V_{ab}}{V_{db}} \cdot I_s = P \cdot I_s \qquad (2\text{-}41)$$

从 ab 端到 db 端电压变换比为 $\dfrac{1}{P}$，在保持功率相同的条件下，电流变换比就是 P 倍。即由

低抽头向高抽头变化时，电流源减小为原来的 P。

3）负载电容的折合

图 2-17 为负载电容的折合关系。根据前面可知

$$R'_L = \frac{1}{P^2}R_L, \qquad \frac{1}{\omega C'_L} = \frac{1}{P^2}\frac{1}{\omega C_L}$$

因此

$$C'_L = P^2 C_L \qquad (2\text{-}42)$$

由式（2-42）可知折合后电容减小，阻抗加大。

例 2-2　图 2-18 为紧耦合的抽头电路，其接入系数的计算可参照前面的分析。

给定回路谐振频率 $f_p=465\text{kHz}$，$R_s=27\text{k}\Omega$，$R_p=172\text{k}\Omega$，$R_L=1.36\text{k}\Omega$，空载 $Q_0=100$，
$P_1=0.28$，$P_2=0.063$，$I_s=1\text{mA}$。求回路通频带 B 和 I'_s。

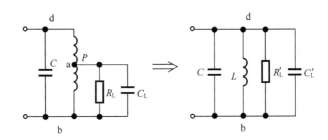

图 2-17　负载电容的折合关系

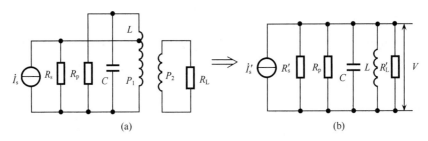

(a)　　　　　　　　　　　　　　　(b)

图 2-18　紧耦合的抽头电路

解　先分别将 R_s、R_L 折合到回路两端,如图 2-18(b)所示。

$$R_s' = \left(\frac{1}{P_1^2}\right) \cdot R_s = \frac{1}{0.28^2} \times 27 = 12.76 \times 27 \approx 344.52 (\text{k}\Omega)$$

$$R_L' = \left(\frac{1}{P_2^2}\right) \cdot R_L = \frac{1}{0.063^2} \times 1.36 = 342.65 (\text{k}\Omega)$$

$$Q_L = \frac{Q_p}{1 + \dfrac{R_p}{R_s'} + \dfrac{R_p}{R_L'}} = \frac{100}{1 + \dfrac{172}{344.52} + \dfrac{172}{342.65}} \approx \frac{100}{1 + \dfrac{1}{2} + \dfrac{1}{2}} \approx 50$$

由 f_p、Q_L 求得 B

$$B = \frac{f_p}{Q_L} = \frac{465\text{kHz}}{50} = 9.3\text{kHz}$$

若 $I_s = 1\text{mA}$,则 $I_s' = P_1 I_s = 0.28 \times 1\text{mA} = 0.28\text{mA}$。

4)插入损耗

由于回路存在谐振电阻 R_p,它会消耗功率,因此信号源送来的功率不能全部送给负载 R_L,有一部分功率被回路电导 G_p 所消耗了。回路本身引起的损耗,称为插入损耗,用 K_l 表示

$$K_l = \frac{\text{回路无损耗时的输出功率 } P_1}{\text{回路有损耗时的输出功率 } P_1'}$$

图 2-19 是考虑信号源内阻、负载电阻和回路损耗的并联电路。

若 $R_p = \infty$,　$G_p = 0$ 则为无损耗。无损耗时的功率

$$P_1 = V_0^2 G_L = \left(\frac{I_s}{G_s + G_L}\right)^2 \cdot G_L \tag{2-43}$$

有损耗时的功率

$$P'_1 = V_1^2 G_L = \left(\frac{I_s}{G_s + G_L + G_p}\right)^2 \cdot G_L \quad (2\text{-}44)$$

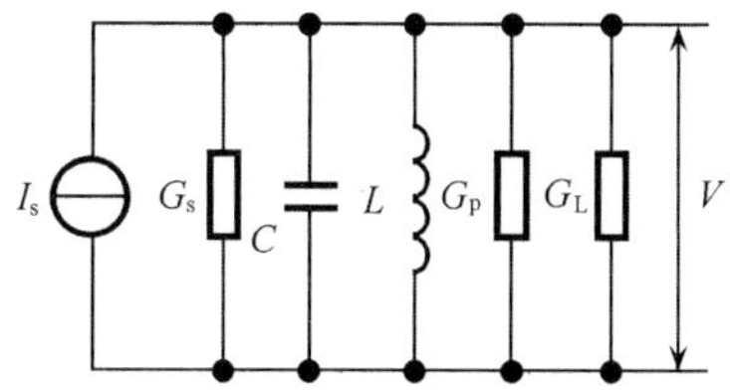

图 2-19　考虑插入损耗的电路

所以

$$K_1 = \frac{P_1}{P'_1} = \frac{(G_s + G_L + G_p)^2}{(G_s + G_L)^2} = \left[\frac{1}{\dfrac{G_s + G_L}{G_s + G_L + G_p}}\right]^2$$

$$= \left[\frac{1}{1 - \dfrac{G_p}{G_s + G_p + G_L}}\right]^2 \quad\quad (2\text{-}45)$$

回路本身的 $Q_0 = \dfrac{1}{G_p \omega_0 L}$，而

$$Q_L = \frac{1}{(G_s + G_p + G_L)\omega_0 L}$$

因此插入损耗

$$K_1 = \frac{P_1}{P'_1} = \left[\frac{1}{1 - \dfrac{Q_L}{Q_0}}\right]^2 \quad\quad (2\text{-}46)$$

若用分贝表示

$$K_1(\text{dB}) = 10\lg\left[\frac{1}{1 - \dfrac{Q_L}{Q_0}}\right]^2 = 20\lg\left[\frac{1}{1 - \dfrac{Q_L}{Q_0}}\right] \quad\quad (2\text{-}47)$$

通常在电路中我们希望 Q_0 大点即损耗小。

2.1.4　耦合回路

耦合回路是由相互间有影响的两个回路组成的，其中接入信号源的回路称为初级回路，与它相互耦合的第二个回路连接负载，称为次级回路。如果初、次级回路都是谐振回路，则称为耦合振荡回路。耦合振荡回路可以改善谐振曲线，使其选频特性更接近理想的矩形曲线，如图 2-20 所示。

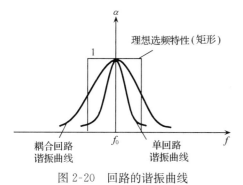

图 2-20　回路的谐振曲线

1. 耦合回路的形式

初、次级之间的耦合可以有几种不同的方式，常用的有互感耦合和电容耦合，如图 2-21 所示，调整 C_M 和 M 值可以改变两个回路的耦合程度，从而改变谐振曲线的形状和阻抗的变比。

为了说明回路间耦合程度的强弱，引入耦合系数的概念并以 k 表示。对电容耦合回路，有

$$k = \frac{C_M}{\sqrt{(C_1 + C_M)(C_2 + C_M)}} \quad\quad (2\text{-}48)$$

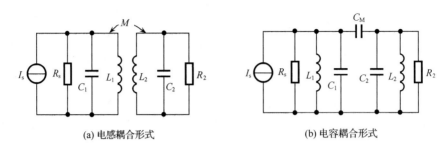

(a) 电感耦合形式　　　　　　　　　　(b) 电容耦合形式

图 2-21　耦合回路的形式

一般 $C_1 = C_2 = C$，所以

$$k = \frac{C_M}{C + C_M} \tag{2-49}$$

通常 $C_M \ll C$，所以

$$k \approx \frac{C_M}{C}, \qquad k < 1$$

对图 2-21 电感耦合回路，有

$$k = \frac{M}{\sqrt{L_1 L_2}} \tag{2-50}$$

若 $L_1 = L_2$，则

$$k = \frac{M}{L} \tag{2-51}$$

互感 M 的单位与自感 L 相同，高频电路中 M 的量级一般是 μH。由耦合系数的定义可知，任何电路的耦合系数不但都是无量纲的常数，而且永远是个小于 1 的正数。

2. 反射阻抗与耦合回路的等效阻抗

反射阻抗用来说明一个回路对耦合的另一回路电流的影响。对初次级回路的相互影响，可用一个反射阻抗来表示。

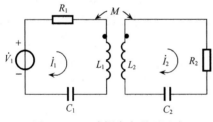

图 2-22　互感耦合串联型回路

现以图 2-22 所示的互感耦合串联回路为例来分析耦合回路的阻抗特性。在初级回路接入一个角频率为 ω 的正弦电压 V_1，初、次级回路中的电流分别以 i_1 和 i_2 表示，并标明了各电流和电压的正方向以及线圈的同名端关系。

初、次级回路电压方程可写为

$$Z_{11} \dot{I}_1 - j\omega M \dot{I}_2 = \dot{V}_1 \tag{2-52}$$

$$-j\omega M \dot{I}_1 + Z_{22} \dot{I}_2 = 0 \tag{2-53}$$

式中，Z_{11} 为初级回路的自阻抗，即

$$Z_{11} = R_{11} + jX_{11}, \quad R_{11} = R_1, \quad X_{11} = \left(\omega L_1 - \frac{1}{\omega C_1}\right)$$

Z_{22} 为次级回路的自阻抗，即

$$Z_{22} = R_{22} + jX_{22}, \quad R_{22} = R_2, \quad X_{22} = \left(\omega L_2 - \frac{1}{\omega C_2}\right)$$

由式(2-52)和式(2-53)可分别求出初级和次级回路电流的表示式

$$\dot{I}_1 = \frac{\dot{V}_1}{Z_{11} + \dfrac{(\omega M)^2}{Z_{22}}} \tag{2-54}$$

$$\dot{I}_2 = \frac{j\omega M \dfrac{\dot{V}_1}{Z_{11}}}{Z_{22} + \dfrac{(\omega M)^2}{Z_{11}}} \tag{2-55}$$

式中

$$Z_{f1} = \frac{(\omega M)^2}{Z_{22}} \tag{2-56}$$

称为次级回路对初级回路的反射阻抗

$$Z_{f2} = \frac{(\omega M)^2}{Z_{11}} \tag{2-57}$$

称为初级回路对次级回路的反射阻抗。而 $j\omega M \dfrac{\dot{V}_1}{Z_{11}}$ 为次级开路时,初级电流 $\dot{I}_1' = \dfrac{\dot{V}_1}{Z_{11}}$ 在次级线圈 L_2 中所感应的电动势,用电压表示为

$$\dot{V}_2 = j\omega M \dot{I}_1' = j\omega M \frac{\dot{V}_1}{Z_{11}} \tag{2-58}$$

经过上述分析之后,我们可以根据式(2-54)和式(2-55)画出图 2-23 所示的初级回路和次级回路的等效电路。

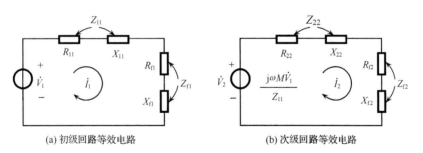

(a) 初级回路等效电路　　　　　　　(b) 次级回路等效电路

图 2-23　耦合回路的等效电路

必须指出,在初级回路和次级回路中,并不存在实体的反射阻抗。反射阻抗只不过用来说明一个回路对另一个相互耦合回路的影响。例如,Z_{f1} 表示次级电流 $\dot{I}_2$ 通过线圈 L_2 时,在初级线圈 L_1 中所引起的互感电压 $\pm j\omega M \dot{I}_2$ 对初级电流 $\dot{I}_1$ 的影响,且此电压用一个在其上通过电流的阻抗来代替,这就是反射阻抗的物理意义。

将自阻抗 Z_{22} 和 Z_{11} 各分解为电阻分量和电抗分量,分别代入式(2-56)和式(2-57),得到初级和次级反射阻抗表示式为

$$Z_{f1} = \frac{(\omega M)^2}{R_{22}+jX_{22}} = \frac{(\omega M)^2}{R_{22}^2+X_{22}^2}R_{22} + j\frac{-(\omega M)^2}{R_{22}^2+X_{22}^2}X_{22} = R_{f1} + j\,X_{f1} \qquad (2-59)$$

$$Z_{f2} = \frac{(\omega M)^2}{R_{11}+jX_{11}} = \frac{(\omega M)^2}{R_{11}^2+X_{11}^2}R_{11} + j\frac{-(\omega M)^2}{R_{11}^2+X_{11}^2}X_{11} = R_{f2} + j\,X_{f2} \qquad (2-60)$$

可见,反射阻抗由反射电阻 R_f 与反射电抗 X_f 所组成。由以上反射电阻和反射电抗的表示式(式(2-59)和式(2-60))可得出如下几点结论:

(1) 反射电阻永远是正值。这是因为,无论是初级回路反射到次级回路,还是从次级回路反射到初级回路,反射电阻总是代表一定能量的损耗。

(2) 反射电抗的性质与原回路总电抗的性质总是相反的。以 X_{f1} 为例,见式(2-59),当 X_{22} 呈感性($X_{22}>0$)时,则 X_{f1} 呈容性($X_{f1}<0$);反之,当 X_{22} 呈容性($X_{22}<0$)时,则 X_{f1} 呈感性($X_{f1}>0$)。

(3) 反射电阻和反射电抗的值与耦合阻抗的平方值$(\omega M)^2$ 成正比。当互感量 $M=0$ 时,反射阻抗也等于零。这就是单回路的情况。

(4) 当初、次级回路同时调谐到与激励频率谐振(即 $X_{11}=X_{22}=0$)时,反射阻抗为纯阻。其作用相当于在初级回路中增加一个电阻分量$\frac{(\omega M)^2}{R_{22}}$,且反射电阻与原回路电阻成反比。

考虑到反射阻抗对初、次级回路的影响,最后可以写出初、次级等效电路的总阻抗的表示式

$$Z_{e1} = \left[R_{11} + \frac{(\omega M)^2}{R_{22}^2+X_{22}^2}R_{22}\right] + j\left[X_{11} - \frac{(\omega M)^2}{R_{22}^2+X_{22}^2}X_{22}\right] \qquad (2-61)$$

$$Z_{e2} = \left[R_{22} + \frac{(\omega M)^2}{R_{11}^2+X_{11}^2}R_{11}\right] + j\left[X_{22} - \frac{(\omega M)^2}{R_{11}^2+X_{11}^2}X_{11}\right] \qquad (2-62)$$

以上分析尽管以互感耦合回路为例,但所得结论具有普遍意义。它对纯电抗耦合系统都是适用的,只要将相应于各电阻的自阻抗和耦合阻抗代入式(2-61)、式(2-62),即可得到该电路的阻抗特性。

3. 耦合回路的调谐

考虑反射阻抗的耦合回路如图 2-24 所示。

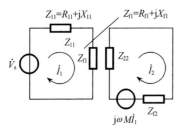

图 2-24 考虑反射阻抗的耦合回路

对于耦合谐振回路,凡是达到了初级等效电路的电抗为零,或次级等效电路的电抗为零或初、次级回路的电抗同时为零,都称为回路达到了谐振。调谐的方法可以是调节初级回路的电抗,调节次级回路的电抗及两回路间的耦合量。由于互感耦合使初、次级回路的参数互相影响(表现为反映阻抗)。所以耦合谐振回路的谐振现象比单谐振回路的谐振现象要复杂一些。根据调谐参数不同,可分为部分谐振、复谐振和全谐振三种情况。

1) 部分谐振

如果固定次级回路参数及耦合量不变,调节初级回路的电抗使初级回路达到 $x_{11}+x_{f1}=0$,即回路本身的电抗＝－反射电抗,称初级回路达到部分谐振,这时初级回路的

电抗与反射电抗互相抵消,初级回路的电流达到最大值

$$I_{1\max} = \frac{V_s}{R_{11} + \frac{(\omega M)^2}{|z_{22}|^2}R_{22}} \tag{2-63}$$

初级回路在部分谐振时所达到的电流最大值,仅是在所规定的调谐条件下达到的,即规定次级回路参数及耦合量不变的条件下所达到的电流最大值,并非回路可能达到的最大电流。耦合量改变或次级回路电抗值改变,则初级回路的反射电阻也将改变,从而得到不同的初级电流最大值。此时,次级回路电流振幅为 $I_2 = \frac{\omega M I_1}{|z_{22}|}$ 也达到最大值,这个最大值是相对初级回路没有谐振时而言,但并不是回路可能达到的最大电流。

若初级回路参数及耦合量固定不变,调节次级回路电抗使 $x_{22}+x_{f2}=0$,则次级回路达到部分谐振,次级回路电流达最大值

$$I_{2\max} = \frac{\omega M \dfrac{V_s}{|z_{11}|}}{R_{22} + R_{f2}} = \frac{\omega M V_s}{|z_{11}|\left[R_{22} + \dfrac{(\omega M)^2}{|z_{11}|^2}R_{11}\right]} \tag{2-64}$$

次级电流的最大值并不等于初级回路部分谐振时次级电流的最大值。

2) 复谐振

在部分谐振的条件下,再改变互感量,使反射电阻 R_{f1} 等于回路本身电阻 R_{11},即满足最大功率传输条件,使次级回路电流 I_2 达到可能达到的最大值,称为复谐振,这时初级电路不仅发生了谐振而且达到了匹配。反射电阻 R_{f1} 将获得可能得到的最大功率,即次级回路将获得可能得到的最大功率,所以次级电流也达到可能达到的最大值 $I_{2\max,\max}$。可以推导

$$I_{2\max,\max} = \frac{V_s}{2\sqrt{R_{11}R_{22}}} \tag{2-65}$$

注意,在复谐振时初级等效回路及次级等效回路都对信号源频率谐振,但单就初级回路或次级回路来说,并不对信号源频率谐振。这时两个回路或者都处于感性失谐或者都处于容性失谐。

3) 全谐振

调节初级回路的电抗及次级回路的电抗,使两个回路都单独地达到与信号源频率谐振,即 $x_{11}=0$,$x_{22}=0$,这时称耦合回路达到全谐振。在全谐振条件下,两个回路的阻抗均呈电阻性。$z_{11}=R_{11}$,$z_{22}=R_{22}$,但 $R_{11}\neq R_{f1}$,$R_{f2}\neq R_{22}$。

如果改变 M,使 $R_{11}=R_{f1}$,$R_{22}=R_{f2}$,满足匹配条件,则称为最佳全谐振。此时

$$R_{f1} = \frac{(\omega M)^2}{R_{22}} = R_{11} \quad 或 \quad R_{f2} = \frac{(\omega M)^2}{R_{11}} = R_{22} \tag{2-66}$$

次级电流达到可能达到的最大值

$$I_{2\max} = \frac{V_s}{2\sqrt{R_{11}R_{22}}}$$

可见,最佳全谐振时次级回路电流值与复谐振时相同。由于最佳全谐振既满足初级匹配条件,也满足次级匹配条件,所以最佳全谐振是复谐振的一个特例。

由最佳全谐振条件可得最佳全谐振时的互感为

$$M_c = \frac{\sqrt{R_{11}R_{22}}}{\omega} \tag{2-67}$$

最佳全谐振时初、次级间的耦合称为临界耦合,与此相应的耦合系数称为临界耦合系数,以 k_c 表示

$$k_c = \frac{M_c}{\sqrt{L_{11}L_{22}}} = \sqrt{\frac{R_{11}R_{22}}{\omega L_{11}\omega L_{22}}} \approx \frac{1}{\sqrt{Q_1 Q_2}} \tag{2-68}$$

$Q_1 = Q_2 = Q$ 时

$$k_c = \frac{1}{Q} \tag{2-69}$$

我们把耦合谐振回路两回路的耦合系数与临界耦合系数之比 $\eta = \dfrac{k}{k_c} = kQ$ 称为耦合因数,η 是表示耦合谐振回路耦合相对强弱的一个重要参量。

$\eta < 1$ 称为弱耦合;$\eta = 1$ 为临界耦合;$\eta > 1$ 称为强耦合。

各种耦合电路都可定义 k,但是只能对双调谐回路才可定义 η。

4. 耦合回路的频率特性

当初、次级回路 $\omega_{01} = \omega_{02} = \omega_0$,$Q_1 = Q_2 = Q$ 时,广义失调 $\xi_1 = \xi_2 = \xi$,可以证明次级回路电流比

$$\alpha = \frac{I_2}{I_{2\max}} = \frac{2\eta}{\sqrt{(1+\eta^2-\xi^2)^2 + 4\xi^2}} \tag{2-70}$$

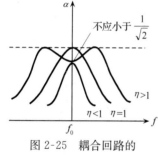

图 2-25 耦合回路的频率特性曲线

式中,ξ 为广义失谐;η 为耦合因数;α 表示耦合回路的频率特性。

当回路谐振频率 $\omega = \omega_0$ 时,$\eta < 1$ 称为弱耦合,当 $\xi = 0$ 时,$\alpha = \dfrac{2\eta}{1+\eta^2}$ 为最大值;$\eta = 1$ 称为临界耦合,当 $\xi = 0$ 时,$\alpha = 1$ 为最大值;$\eta > 1$ 称为强耦合,谐振曲线出现双峰,谷值 $\alpha < 1$,在 $\xi = \pm\sqrt{\eta^2-1}$ 处,$x_{11} + x_{f1} = 0$,$R_{f1} = R_{11}$ 回路达到匹配,相当于复谐振,谐振曲线呈最大值,$\alpha = 1$。耦合回路的频率特性曲线如图 2-25 所示。

5. 耦合回路的通频带

根据前面单回路通频带的定义,当

$$\alpha = \frac{I_2}{I_{2\max}} = \frac{1}{\sqrt{2}}, \quad Q_1 = Q_2 = Q, \quad \omega_{01} = \omega_{02} = \omega$$

可导出

$$2\Delta f_{0.7} = \sqrt{\eta^2 + 2\eta - 1} \cdot \frac{f_0}{Q} \tag{2-71}$$

若 $\eta = 1$ 时

$$2\Delta f_{0.7} = \sqrt{2}\,\frac{f_0}{Q} \tag{2-72}$$

一般采用 η 稍大于1,这样可以得到较为理想的幅频特性。

2.1.5　选择性滤波器

在通信电子线路中,除应用上述单振荡回路及耦合振荡回路作为选频网络外,目前还广泛地应用各种滤波器。下面分别介绍 LC 集中选择性滤波器、石英晶体滤波器、陶瓷滤波器和声表面波滤波器的工作原理、特性和优点。

1. LC 集中选择性滤波器

LC 集中选择性滤波器可分为低通、高通、带通和带阻等形式。这里只分析带通滤波器的特点,带通滤波器在某一指定的频率 $f_{p1} \sim f_{p2}$ 之中,信号能够通过,而在此范围之外,信号不能通过。

图 2-26 是由五节单节滤波器组成的,有六个调谐回路的带通滤波器。图 2-26 中每个谐振回路都谐振在带通滤波器的频率 f_2 上,耦合电容 C_0 的大小决定了耦合强弱,因而又决定了滤波器的传输特性,始端和末端的电容 C_0' 分别连接信源和负载,调节它们的大小,可以改变信源内阻 R_s、负载 R_L 与滤波器的匹配,匹配好了,可以减少滤波器的通带衰减。节数多,则带通曲线陡。理想带通滤波器的特性如图 2-27(a)所示,实际带通滤波器的特性如图 2-27 (b)所示。

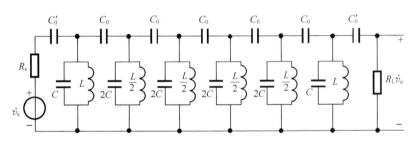

图 2-26　LC 集中选择性滤波器

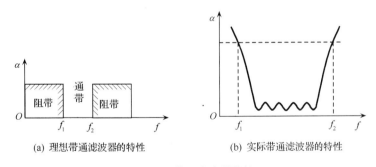

(a) 理想带通滤波器的特性　　　　　　(b) 实际带通滤波器的特性

图 2-27　带通滤波器特性

下面对单节滤波器阻抗进行分析。

该滤波器的传通条件为 $0 \geqslant \dfrac{z_1}{4z_2} \geqslant -1$,即在通带内要求阻抗 z_1 和 z_2 异号,并且 $|4z_2| > |z_1|$。根据此条件分析图 2-28(a)所示单节滤波器的通带和阻带。

设 C_0 的阻抗为 z_1,LC 的阻抗为 $4z_2$,做电抗曲线如图 2-28(b)所示。

从电抗曲线看出当 $f > f_2$ 时 z_1、z_2 同号为容性,因此为阻带。当 $f_1 < f < f_2$ 时,z_1、z_2 异号,且满足 $|4z_2| > |z_1|$,因此在该范围内为通带。当 $f < f_1$ 时,虽然 z_1 和 z_2 异号,但

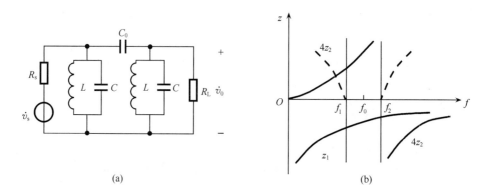

图 2-28　单节滤波器电路及阻抗特性

$|4z_2|<|z_1|$，所以也为阻带。多节滤波器是由单节组成的，因此上面五节集中滤波器的滤波特性如图 2-28（b）中虚线所示，其截止频率为 f_1、f_2，中心频率为

$$f_0 = \sqrt{f_1 \cdot f_2}, \qquad \Delta f = f_2 - f_1$$

该滤波器简单设计公式如下所示。

当 $f_0 \gg \Delta f$ 时

$$f_2 = 1/2\pi \sqrt{LC} \tag{2-73}$$
$$C_0/C = \Delta f/f_0 \tag{2-74}$$

$R_s = R_L = R = (2\pi f_0^2)L/\Delta f$，$R$ 为滤波器在 $f = f_0$ 时的特性阻抗，是纯电阻。

一般已知 f_1、f_2 或 f_0、Δf，设计时给定 L 的值，则

$$C = 1/(2\pi f_2)^2 L, \qquad C_0 = \frac{\Delta f}{f_0} C$$

这种滤波器的传输系数 $\dfrac{v_0}{v_s}$ 为 $0.1 \sim 0.3$，单节滤波器的衰减量（$f_0 \pm 10\text{kHz}$ 处）为 $10 \sim 15\text{dB}$。

2. 石英晶体滤波器

在性能指标高的电子设备中，要求滤波器元件的品质因数 Q 很高。而前面讨论的 LC 集中选择性滤波器，由于 L 的品质因数 Q 很难做高（一般为 $100 \sim 200$），因此很难满足要求。而用特殊方式切割的石英晶体片构成的石英晶体谐振器，其品质因数 Q 很高，数值可达几万。因此，用石英晶体谐振器组成滤波器元件来代替 LC 能得到工作频率稳定度很高、阻带衰减特性陡峭、通带衰减很小的滤波器。

1）石英晶体的物理特性

石英是矿物质硅石的一种（也可人工制造），化学成分是 SiO_2，其形状为结晶的六角锥体。图 2-29（a）表示自然结晶体，图 2-29（b）表示晶体的横截面。为了便于研究，人们根据石英晶体的物理特性，在石英晶体内画出三种几何对称轴，连接两个角锥顶点的一根轴 ZZ，称为光轴，在图 2-29（b）中沿对角线的三条 XX 轴，称为电轴，与电轴相垂直的三条 YY 轴，称为机械轴。

沿着不同的轴切下，有不同的切型，X 切型、Y 切型、AT 切型、BT 切型、CT 切型等。

石英晶体具有正、反两种压电效应。当石英晶体沿某一电轴受到交变电场作用时，就能沿机械轴产生机械振动，反过来，当机械轴受力时，就能在电轴方向产生电场。且换能性能

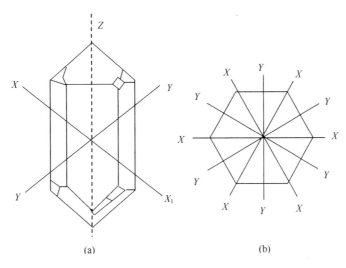

(a)　　　　　　　　　　　　　　(b)

图 2-29　石英晶体的自然结晶体和横截面

具有谐振特性,在谐振频率,换能效率最高。因为石英晶体和其他弹性体一样,具有惯性和弹性,因而存在着固有振动频率,当晶体片的固有频率与外加电源频率相等时,晶体片就产生谐振。谐振频率等于晶体机械振动的固有频率。谐振频率的高低取决于晶体切割成型的几何尺寸。石英晶体的基频频率最高可达 20MHz,频率再高就工作在泛音频率(即工作在机械振动谐波上)。

2) 石英晶体谐振器的等效电路和符号

石英片相当一个串联谐振电路,可用集中参数 L_q、C_q、r_q 来模拟,L_q 为晶体的质量(惯性),C_q 为等效弹性模数,r_q 为机械振动中的摩擦损耗。这种模拟在晶体谐振点附近比较适合。图 2-30 表示石英谐振器的基频等效电路。图 2-30 中右边支路的电容 C_0 称为石英谐振器的静电容。C_0 是以石英为介质在两极板间所形成的电容,其容量主要取决于石英片尺寸和电极面积。$C_0 = \dfrac{\varepsilon s}{d}$,一般 C_0 在几皮法至几十皮法。其中,ε 为石英介电常数,s 为极板面积,d 为石英片厚度。

石英晶体的特点如下所示。

(1) 等效电感 L_q 特别大,等效电容 C_q 特别小,因此,石英晶

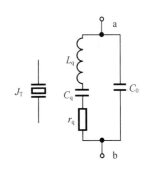

图 2-30　石英谐振器的
基频等效电路

体的 Q 值 $Q_q = \dfrac{1}{r_q}\sqrt{\dfrac{L_q}{C_q}}$ 很大,一般为几万到几百万。这是普通 LC 电路无法比拟的。

(2) 由于 $C_0 \gg C_q$,这意味着图 2-30 所示等效电路(图 2-31)中的接入系数 $P \approx \dfrac{C_q}{C_0}$ 很小,因此外电路影响很小。

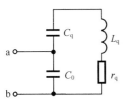

图 2-31　图 2-30 的等效电路

3) 石英谐振器的等效电抗(阻抗特性)

由图 2-30 可见,该电路有两个谐振角频率。一个是左边支路的串联谐振角频率 ω_q,即石英片本身的自然角频率。另一个为石英谐振器的并联谐振角频率 ω_p。

串联谐振频率

$$\omega_q = \frac{1}{\sqrt{L_q C_q}} \tag{2-75}$$

并联谐振频率

$$\omega_p = \frac{1}{\sqrt{L_q \dfrac{C_0 C_q}{C_0 + C_q}}} = \frac{1}{\sqrt{L_q C}} \tag{2-76}$$

显然 $\omega_p > \omega_q$，由于 $C_q \ll C_0$，因此 ω_p 与 ω_q 很接近，即

$$\omega_p = \omega_q \sqrt{1 + \frac{C_q}{C_0}} = \omega_q \sqrt{1 + P} \tag{2-77}$$

接入系数 P 很小，一般为 10^{-3} 数量级，所以 ω_p 与 ω_q 很接近。图 2-30 所示等效电路的阻抗一般表示为

$$z_0 = \frac{z_1 \cdot z_2}{z_1 + z_2} = \frac{-j \dfrac{1}{\omega_0 C_0} \left[r_q + j \left(\omega L_q - \dfrac{1}{\omega C_q} \right) \right]}{r_q + j \left(\omega L_q - \dfrac{1}{\omega C_q} \right) - j \dfrac{1}{\omega C_0}} \tag{2-78}$$

式(2-78)忽略 r_q 后可简化为

$$z_0 = j x_0 \approx -j \frac{1}{\omega C_0} \frac{1 - \omega_q^2 / \omega^2}{1 - \omega_p^2 / \omega^2} \tag{2-79}$$

由式(2-79)可知，当 $\omega = \omega_q$ 时，$z_0 = 0$，L_q，C_q 串谐谐振；当 $\omega = \omega_p$，$z_0 = \infty$ 时，回路并谐谐振。

当 $\omega > \omega_p$，$\omega < \omega_q$ 时，$j x_0$ 为容性；当 $\omega_p > \omega > \omega_q$ 时，$j x_0$ 为感性。石英谐振器的电抗曲线如图 2-32 所示。

必须指出，在 ω_q 与 ω_p 的角频率之间，谐振器所呈现的等效电感

$$L_e = -\frac{1}{\omega^2 C_0} \frac{1 - \omega_q^2 / \omega^2}{1 - \omega_p^2 / \omega^2} \tag{2-80}$$

并不等于石英晶体片本身的等效电感 L_q。石英晶体滤波器工作时，石英晶体两个谐振频率之间感性区的宽度决定了滤波器的通带宽度。

为了扩大感性区加宽滤波器的通带宽度，通常可串联一个电感或并联一个电感来实现。

如图 2-33 所示可以证明串联一个电感 L_s 则可以减小 ω_q，并联一个电感 L_s 则可以增大 ω_p，两种方法均扩大了石英晶体的感性电抗范围。

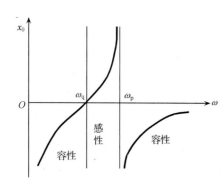

图 2-32　石英谐振器的电抗曲线

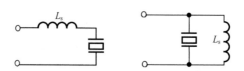

图 2-33　扩大石英晶体滤波器感性区范围的电路

4）石英晶体滤波器

图 2-34 是差接桥式石英晶体滤波器电路。它的滤波原理可通过图 2-35 所示的石英晶体滤波器的电抗曲线定性地说明。晶体 J_{T1} 的电抗曲线如图 2-35 中实线所示，电容 C_N 的电抗曲线如图 2-35 中虚线所示。根据前面滤波器的传通条件，在 ω_q 与 ω_p 之间，晶体与 C_N 的电抗性质相反，故为通带，在 ω_1 与 ω_2 频率点，两个电抗相等，故滤波器衰减最大。

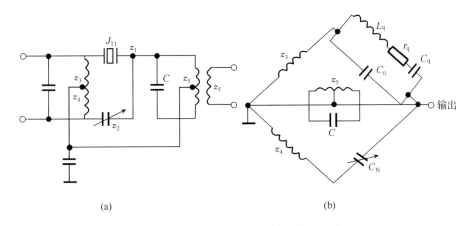

(a)　　　　　　　　　　　　　　　(b)

图 2-34　差接桥式石英晶体滤波器电路

由图 2-34（a）可见，J_T、C_N、z_3、z_4 组成图 2-34(b)所示的电桥。当电桥平衡时，其输出为零。

改变 C_N 即可改变电桥平衡点位置，从而改变通带，z_3、z_4 为调谐回路对称线圈，z_5 和 C 组成第二调谐回路。

3. 陶瓷滤波器

利用某些陶瓷材料的压电效应构成的滤波器，称为陶瓷滤波器。它常用锆钛酸铅[Pb(ZrTi)O$_3$]压电陶瓷材料（简称 PZT）制成。

这种陶瓷片的两面用银作为电极，经过直流高压极化之后具有和石英晶体相类似的压电效

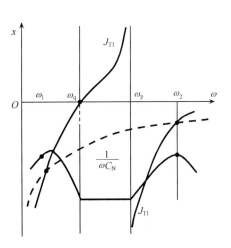

图 2-35　石英晶体滤波器的电抗曲线

应，因此可以代替石英晶体作为滤波器使用。和石英晶体相比，陶瓷滤波器的优点是容易焙烧，可制成各种形状，适于小型化，耐热耐湿性好。

它的等效品质因数 Q_L 为几百，比石英晶体低但比 LC 滤波器高。目前陶瓷滤波器广泛地用于接收机和其他仪器中。

1）符号及等效电路

单片陶瓷滤波器的等效电路和表示符号如图 2-36所示。图中 C_0' 等效为压电陶瓷谐振子的固定电容，L_q' 为机械振动的等效质量，C_q' 为机械振动的等效弹性模数，R_q' 为机械振动的等效阻尼电阻，其等效电路与晶体相同。

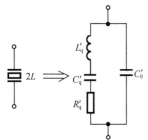

图 2-36　单片陶瓷滤波器的
等效电路和表示符号

其串联谐振频率

$$\omega_q = \frac{1}{\sqrt{L_q' C_q'}} \qquad (2\text{-}81)$$

并联谐振频率

$$\omega_p = \frac{1}{\sqrt{L_q' \dfrac{C_q' C_0'}{C_q' + C_0'}}} = \frac{1}{\sqrt{L_q' C'}} \qquad (2\text{-}82)$$

式中，C' 为 C_0' 和 C_q' 串联后的电容。

2）陶瓷滤波器电路

（1）四端陶瓷滤波器。将陶瓷滤波器连成如图 2-37 所示的形式，即四端陶瓷滤波器。图 2-37(a)为由两个谐振子组成的滤波器，图 2-37(b)为由五个谐振子组成的四端滤波器。谐振子数目越多，滤波器的性能越好。

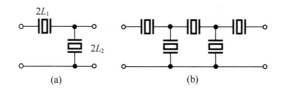

图 2-37　四端陶瓷滤波器

图 2-38 表示图 2-37 (a)所示的陶瓷滤波器的等效电路。适当地选择串臂和并臂陶瓷滤波器的串、并联谐振频率，就可得到理想的滤波特性。若 $2L_1$ 的串联频率等于 $2L_2$ 的并联频率，则对要通过的频率 $2L_1$ 阻抗最小，对要通过的频率 $2L_2$ 阻抗最大。

若要求滤波器通过 $456 \pm 5\text{kHz}$ 的频带，则要求 $f_{q1} = 465\text{kHz}$，$f_{p2} = 465\text{kHz}$，$f_{p1} = (465 + 5)\text{kHz}$，$f_{q2} = (465 - 5)\ \text{kHz}$。

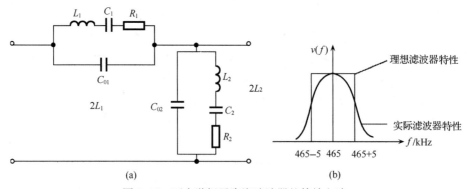

图 2-38　两个谐振子陶瓷滤波器的等效电路

对 465kHz 的载频信号来说，串臂陶瓷片产生串联谐振，阻抗最小；并臂陶瓷片产生并联谐振，阻抗最大，因此能让信号通过。对 $(465+5)\text{kHz}$ 的信号，串臂陶瓷片产生并联谐振，阻抗最大，信号不能通过；对 $(465-5)\text{kHz}$ 的信号，并臂陶瓷片产生串联谐振，阻抗最小，使信号旁路无输出。其滤波特性如图 2-38(b)所示。该滤波器仅能通过频带为 $(465\pm5)\text{kHz}$ 的信号。

（2）采用单片陶瓷滤波器的中频放大器电路。图 2-39 为采用单片陶瓷滤波器的中频放大器电路。陶瓷滤波器接在中频放大器的发射极电路里取代旁路电容器。由于陶瓷滤波器 2L 工作在 465kHz 上，因此对 465kHz 信号呈现极小的阻抗，此时负反馈最小，增益最大。而对离 465kHz 稍远的频率，滤波器呈现较大的阻抗，使负反馈加大，增益下降，因而提高了此中频放大器电路的选择性。

4. 声表面波滤波器

声表面波滤波器（surface acoustic wave fil-ter，SAWF）是一种以铌酸锂、石英或锆钛酸铅等压电材料为衬底（基体）的一种电声换能元件。下面我们简要分析它的结构和原理。

1）结构与原理

声表面波滤波器是在经过研磨抛光的极薄的压电材料基片上，用蒸发、光刻、腐蚀等工艺制成两组叉指状电极，其中与信号源连

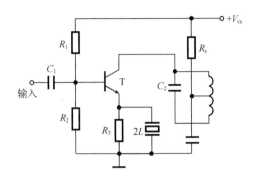

图 2-39 采用单片陶瓷滤波器的中频放大器电路

接的一组称为发送叉指换能器，与负载连接的一组称为接收叉指换能器。当把输入电信号加到发送叉指换能器上时，叉指间便会产生交变电场。由于逆压电效应的作用，基体材料将产生弹性变形，从而产生声波振动。向基片内部传送的体波会很快衰减，而表面波则向垂直于电极的左、右两个方向传播。向左传送的声表面波被涂于基片左端的吸声材料所吸收，向右传送的声表面波由接收叉指换能器接收，由于正压电效应，在叉指对间产生电信号，并由此端输出。

声表面波滤波器的滤波特性，如中心频率、频带宽度、频响特性等一般由叉指换能器的几何形状和尺寸决定。这些几何尺寸包括叉指对数、指条宽度 a、指条间隔 b、指条有效长度 B 和周期长度 M 等。图 2-40 是声表面波滤波器的基本结构图。严格地说，传输的声波有表面波和体波，但主要是表面波。在压电衬底的另一端可以用第二个叉指换能器将声波器转换成电信号。

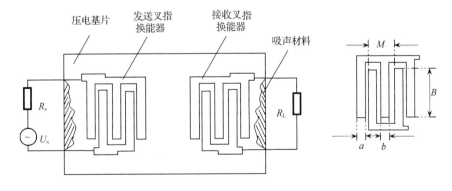

图 2-40 声表面波滤波器的基本结构图

2）符号及等效电路

声表面波滤波器的符号如图 2-41（a）所示，图 2-41（b）为它的等效电路。

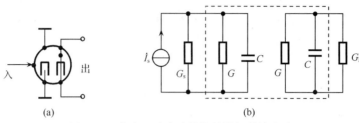

图 2-41　声表面波滤波器的符号与等效电路

图 2-41(b)左边为发送换能器，$\dot{I}_s$ 和 G_s 表示信号源。G 中消耗的功率相当于转换为声能的功率。右边为接收换能器，G_L 为负载电导，G_L 中消耗的功率相当于再转换为电能的功率。

3）特点

（1）工作频率高，中心频率为 10MHz～1GHz，且频带宽，相对带宽为 0.5%～50%。

（2）尺寸小，质量小，动态范围大，可达 100dB。

（3）由于利用晶体表面的弹性波传送，不涉及电子的迁移过程，所以抗辐射能力强。

（4）温度稳定性好。

（5）选择性好，矩形系数可达 1.2。

4）实际应用

由于声表面波有以上优点，其广泛地应用于通信、电视、卫星设备中。为了保证对信号的选择性要求，声表面波滤波器在接入实际电路时必须实现良好的匹配。图 2-42 所示为一个带有声表面波滤波器的预中放电路。图 2-42 中，T 为放大管，R_2、R_3、R_4 组成偏置电路，其中 R_4 还产生交流负反馈以改善幅频特性。L 的作用是提高晶体管的输入电阻（在中心频率附近与晶体管输入电容组成并联谐振电路）以提高前级（对接收机来说是变频级）负载回路的有载 Q_L 值，这有利于提高整机的选择性和抗干扰能力。为了保证良好的匹配，其输出端一般经过一个匹配电路后再接到有宽带放大特性的主中频放大器上。

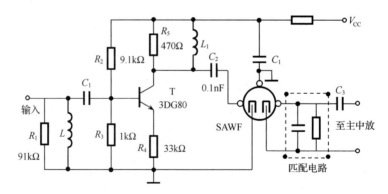

图 2-42　带有声表面波滤波器的预中放电路

2.2　非线性电路分析基础

现代通信及各种电子设备中，广泛地采用了频率变换电路和功率变换电路，如调制、解调、变频、倍频、振荡、谐振功放等,还可以利用电路的非线性特性实现系统的反馈控制,如自动增益控制(AGC)、自动频率控制(AFC)、自动相位控制(APC)等。

本节主要分析非线性电路的特性、作用及其与线性电路的区别,介绍非线性电路的几种分析方法。

2.2.1　非线性电路的基本概念与非线性元器件的特性

1. 非线性电路的基本概念

常用的无线电元件有三类:线性元件、非线性元件和时变参量元件。线性元件的主要特点是元件参数与通过元件的电流或施加于其上的电压无关。例如,通常大量应用的电阻、电容和空心电感都是线性元件。而非线性元件的参数与通过它的电流或施加于其上的电压有关。例如,通过二极管的电流大小不同,二极管的内阻值便不同;晶体管的放大系数与工作点有关;带磁芯的电感线圈的电感量随通过线圈的电流而变化。时变参量元件与线性和非线性元件有所不同,它的参数不是恒定的而是按照一定规律随时间变化的,但是这样的变化与通过元件的电流或元件上的电压没有关系。可以认为时变参量元件是参数按照某一方式随时间变化的线性元件。例如,混频时,可以把晶体管看成一个变跨导的线性元件。

常用电路是若干无源元件或(和)有源元件的有序联结体,它可以分为线性与非线性两大类。

线性电路是由线性元件构成的电路。它的输入输出关系用线性代数方程或线性微分方程表示。线性电路的主要特征具有叠加性和均匀性。若 $v_{i1}(t)$ 和 $v_{i2}(t)$ 分别代表两个输入信号,$v_{o1}(t)$ 和 $v_{o2}(t)$ 分别代表相应的输出信号,即 $v_{o1}(t)=f[v_{i1}(t)]$,$v_{o2}(t)=f[v_{i2}(t)]$,这里 f 表示函数关系。若满足 $av_{o1}(t)=f[v_{i1}(t)+v_{i2}(t)]$,则称为具有叠加性。若满足 $av_{o1}(t)=f[av_{i1}(t)]$,$av_{o2}(t)=f[av_{i2}(t)]$,则称为具有均匀性,这里 a 是常数。若同时具有叠加性和均匀性,即 $a_1f[v_{i1}(t)]+a_2f[v_{i2}(t)]=f[a_1v_{i1}(t)+a_2v_{i2}(t)]$,则称函数关系 f 所描述的系统为线性系统。

非线性电路中至少包含一个非线性元件,它的输出输入关系用非线性函数方程或非线性微分方程表示。同时,非线性电路不具有叠加性与均匀性。这是它与线性电路的重要区别。

由于非线性电路的输入输出关系是非线性函数关系,当信号通过非线性电路后,在输出信号中将会产生输入信号所没有的频率成分,也可能不再出现输入信号中的某些频率成分。这是非线性电路的重要特性。

2. 非线性元器件的特性

一个器件究竟是线性还是非线性是相对的。线性和非线性的划分,很大程度上取决于器件静态工作点及动态工作范围。当器件在某一特定条件下工作时,若其响应中的非线性效应小到可以忽略的程度时,则可认为此器件是线性的。但是,当动态范围变大,以至于非线性效应占据主导地位时,此器件就应视为非线性的。例如,当输入信号为小信号时,晶体管可以看成线性器件,因而允许用线性四端网络等效,用一般线性系统分析方法分析其性能;但是,当输入信号逐渐增大,以至于使其动态工作点延伸至饱和区或截止区时,晶体管就表现出与其在小信号状态下极不相同的性质,这时就应把晶体管看作非线性器件。

广义地说,器件的非线性是绝对的,而其线性是相对的。线性状态只是非线性状态的一种近似或一种特例而已。

非线性器件种类很多,归纳起来,可分为非线性电阻(NR)、非线性电容(NC)和非线性电感(NL)三类。如隧道二极管、变容二极管及铁心线圈等。

本节以非线性电阻为例,讨论非线性元件的特性。其特点是工作特性的非线性,不满足叠加原理,具有频率变换能力。所得结论也适用于其他非线性元件。

1) 非线性元件的工作特性

线性元件的工作特性符合直线关系,例如,线性电阻的特性符合欧姆定律,即它的伏安特性曲线是一条直线,如图 2-43 所示。

与线性电阻不同,非线性电阻的伏安特性曲线不是直线。例如,半导体二极管是一个非线性电阻元件,加在其上的电压 v 与通过其中的电流 i 不呈正比关系(即不满足欧姆定律)。半导体二极管的伏安特性曲线如图 2-44 所示,其正向工作特性按指数规律变化,反向工作特性与横轴非常近。

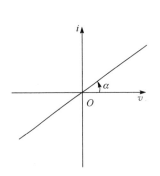

图 2-43　线性电阻的伏安特性曲线

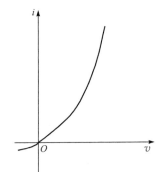

图 2-44　半导体二极管的伏安特性曲线

在实际应用中的非线性电阻元件除上面所举的半导体二极管外,还有许多别的器件,如晶体管、场效应管等。在一定的工作范围内,它们均属于非线性电阻元件。

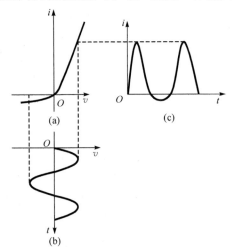

图 2-45　正弦电压作用于半导体二极管产生非正弦周期电流

2) 非线性元件的频率变换作用

图 2-45(a)所示为半导体二极管的伏安特性曲线。当某一个频率的正弦电压作用于该二极管时,根据 $v(t)$ 的波形和二极管的伏安特性曲线,即可用做图的方法求出通过二极管的电流 $i(t)$ 的波形,如图 2-45(c)所示。显然,它已不是正弦波形(但它仍然是一个周期性函数)。所以非线性元件上的电压和电流的波形是不相同的,如图 2-45(b)所示。

$$v = V_m \sin\omega t \tag{2-83}$$

如果将电流 $i(t)$ 用傅里叶级数展开,可以发现,它的频谱中除包含电压 $v(t)$ 的频率成分 ω(即基波)外,还新产生了 ω 的各次谐波及直流成分。也就是说,半导体二极管具有频率变换的能力。若设非线性电阻的伏安特性曲线具有抛物线形

状,即

$$i = Kv^2 \tag{2-84}$$

式中,K 为常数。

当该元件上加有两个正弦电压 $v_1 = V_{1m}\sin\omega_1 t$ 和 $v_2 = V_{2m}\sin\omega_2 t$ 时,即

$$v = v_1 + v_2 = V_{1m}\sin\omega_1 t + V_{2m}\sin\omega_2 t \tag{2-85}$$

将式(2-85)代入式(2-84),即可求出通过元件的电流为

$$i = KV_{1m}^2\sin^2\omega_1 t + KV_{2m}^2\sin^2\omega_2 t + 2KV_{1m}V_{2m}\sin\omega_1 t\sin\omega_2 t \tag{2-86}$$

用三角恒等式将式(2-86)展开并整理,得

$$i = \frac{K}{2}(V_{1m}^2 + V_{2m}^2) - KV_{1m}V_{2m}\cos(\omega_1 + \omega_2)t + KV_{1m}V_{2m}\cos(\omega_1 - \omega_2)t -$$

$$\frac{K}{2}V_{1m}^2\cos2\omega_1 t - \frac{K}{2}V_{2m}^2\cos2\omega_2 t \tag{2-87}$$

式(2-87)说明,电流中不仅出现了输入电压频率的二次谐波 $2\omega_1$ 和 $2\omega_2$,而且还出现了由 ω_1 和 ω_2 组成的和频 $\omega_1 + \omega_2$ 与差频 $\omega_1 - \omega_2$ 以及直流成分 $\frac{K}{2}(V_{1m}^2 + V_{2m}^2)$。这些都是输入电压 V 中所没包含的。

一般来说,非线性元件的输出信号比输入信号具有更为丰富的频率成分。在通信、广播电路中,正是利用非线性元件的这种频率变换作用来实现调制、解调、混频等功能的。

3) 非线性电路不满足叠加原理

对于非线性电路来说,叠加原理不再适用了。例如,将式(2-85)所表征的电压作用于式(2-84)伏安特性所表示的非线性元件时,得到如式(2-86)所表征的电流。如果根据叠加原理,电流 i 应该是 v_1 和 v_2 分别单独作用时所产生的电流之和,即

$$i = Kv_1^2 + Kv_2^2 = KV_{1m}^2\sin^2\omega_1 t + KV_{2m}^2\sin^2\omega_2 t \tag{2-88}$$

比较式(2-86)与式(2-88),显然是很不相同的。这个简单的例子说明,非线性电路不能应用叠加原理。这是一个很重要的概念。

2.2.2　非线性电路的分析方法

下面简单介绍几种本书将用到的非线性电路分析方法,具体分析见相关章节。

1. 幂级数分析法

为了分析简单,突出非线性电路的主要功能作用,在输入信号电压比较小时,可将非线性器件的非线性特性函数表达式用幂级数近似表示,即幂级数分析法。

例如,对于非线性元件的伏安特性曲线可用式(2-89) 表示

$$i = f(v) = a_0 + a_1 v + a_2 v^2 + a_3 v^3 + \cdots \tag{2-89}$$

该级数的各系数与函数 $i = f(v)$ 的各阶导数有关。

若函数 $i = f(v)$ 在静态工作点 V 附近的各阶导数都存在,则函数 $i = f(v)$ 可以在静态工作点 V 附近展开为幂级数。这样得到的幂级数为泰勒级数,如式(2-90)所示。函数的取项数量则根据具体要求决定。

$$i = f(v) = f(V_o) + f'(V_o)(v - v_o) + \frac{f''(V_o)}{2!}(v - V_o)^2 + \frac{f'''(V_o)}{3!}(v - V_o) + \cdots$$

$$= a_0 + a_1(v - V_o) + a_2(v - V_o)^2 + a_3(v - V_o)^3 + \cdots \tag{2-90}$$

幂级数分析法在本书中主要用于平方律调幅电路和二极管混频电路,具体分析见相关章节。

2. 折线分析法

当输入信号电压足够大时,通常采用折线近似分析法进行电路功能分析。即将非线性器件的实际特性曲线用几个直线段所组成的折线来代替,然后再采用解析法分析其输出信号与输入信号之间的关系,这种方法为折线分析法。

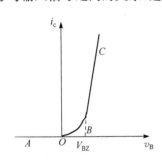

图 2-46　晶体三极管的转移
特性曲线用折线近似

当信号较大时,所有实际的非线性元件,几乎都会进入饱和或截止状态。此时,元件的非线性特性的突出表现是截止、导通、饱和等几种不同状态之间的转换。图 2-46 为晶体三极管的转移特性曲线,若用折线近似法,在大信号条件下,忽略 i_C-v_B 非线性特性尾部的弯曲,可用由 OB、BC 两个直线段所组成的折线来近似代替实际的特性曲线,而不会造成多大的误差。由于折线的数学表示式比较简单,所以折线近似后使分析大大简化。当然,如果作用于非线性元件的信号很小,而且运用范围又正处在我们所忽略了的特性曲线的弯曲部分,这时若采用折线法进行分析,就必然产生很大的误差。所以折线法只适用于大信号情况,例如,谐振功率放大器和大信号检波器的分析都可以采用折线分析法。

当晶体三极管的转移特性曲线在其运用范围很大时,折线的数学表示式为

$$\begin{cases} i_c = 0, & v_B < V_{BZ} \\ i_c = g_c(v_B - V_{BZ}), & v_B > V_{BZ} \end{cases} \tag{2-91}$$

式中,V_{BZ} 是晶体管特性曲线折线化后的截止电压;g_c 是跨导,即直线 BC 的斜率。

折线法的具体应用讨论,将在第 4 章谐振功率放大器中进行。

3. 线性时变参量电路分析法

在 2.2.1 节中我们已阐述时变参量元件是参数按照某一个方式随时间变化的线性元件。例如,有大小两个信号同时作用于晶体管的基极,此时由于大信号的控制作用,晶体管的静态工作点随它发生变动,这就使晶体管的跨导也随时间不断变化。这样,对小信号来说,可以把晶体管看成一个变跨导的线性元件,跨导的变化主要取决于大信号,基本上与小信号无关。由时变参量元件所组成的电路,称为参变电路,有时也称为时变线性电路。第 6 章混频器中的晶体管就是这种时变参量元件。由此组成的电路为线性时变参量电路,具体分析见 6.5.1 节。

以上我们简单介绍了非线性电路中常用的几种分析方法。实际上,非线性电路分析是一个比较复杂的问题,方法较多。幂级数分析法、折线分析法、线性时变参量电路分析法仅是结合本书讨论内容的几种分析方法,对这些方法,本书中只做了较浅显的分析介绍。读者

如果有需要,请参阅有关资料。

2.2.3 非线性电路的应用

在电子电路系统中,非线性电路的应用十分广泛,而本书中涉及的应用可归纳为以下几方面。

1. 实现信号频谱的线性变换(频谱搬移)

线性频率变换即在频率变换前后,信号频谱结构不变,只是将信号频谱无失真地在频率轴上搬移,如图 2-47(a) 所示。第 6 章将要讲述的调幅、检波和混频电路为线性频率变换电路。

2. 实现信号频谱的非线性变换

非线性频率变换即频率变换前后,信号的频谱结构发生变换,不是简单的频谱搬谱过程,如图 2-47(b)所示。第 7 章将要讲述的角度调制与解调过程为非线性频率变换电路。

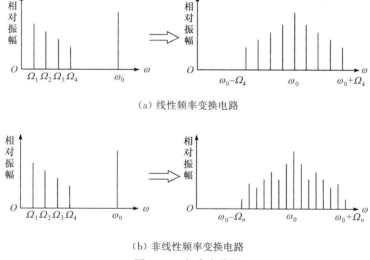

(a) 线性频率变换电路

(b) 非线性频率变换电路

图 2-47 频率变换图

3. 实现变参量电路

这是非线性电路的一种特殊应用,本书中不讲述。

线性和非线性频率变换电路的原理和分析在后面各章详细分析。

2.2.4 模拟相乘器及其频率变换作用

模拟相乘器是一种时变参量电路。在高频电路中,相乘器是实现频率变换的基本组件,与一般非线性器件相比,相乘器可进一步地克服某些无用的组合频率分量,使输出信号频谱得以净化。

在通信系统及高频电子技术中应用最广的乘法器有两种,一种是二极管平衡相乘器,另一种是由双极型或 MOS 器件构成的四象限模拟相乘器。随着集成电路的发展,这些相乘器还具有工作频带宽、温度稳定性好等优点，广泛地应用于调制、解调及混频电路中。

四象限模拟乘法器又分为两种。一种是在集成高频电路中经常用到的乘法器，它们大多属于非理想乘法电路，是为了完成某种功能而制成的一种专用集成电路，如电视接收机中的视频信号同步检波电路、相位检波电路以及调频立体声接收机中的立体声解码电路等。这种乘法电路均采用差动电路结构。另一种是较为理想的模拟乘法器，属于通用的乘法电路，用户可用这种乘法器按需要进行设计，完成其功能。常用的集成化模拟乘法器的产品有BG314、MC1494L/MC1594L、MC1495L/MC1595L、XR-2208/XR2208M、AD530、AD532、AD533、AD534、AD632、BB4213、BB4214 等。

1. 相乘器的基本特性及实现方法

若输入信号分别用 $v_1(t)$ 和 $v_2(t)$ 表示，输出信号用 $v_o(t)$ 表示，则理想模拟乘法器的传输特性方程可表示为

$$v_o(t) = Kv_1(t)v_2(t) \tag{2-92}$$

式中，K 是乘法器的比例系数或增益系数。式(2-92)表明，对一个理想的相乘器，其输出电压的瞬时值 $v_o(t)$ 仅与两个输入电压在同一时刻的瞬时值 $v_1(t)$ 和 $v_2(t)$ 的乘积成正比，而不包含任何其他分量。输入电压 $v_1(t)$ 和 $v_2(t)$ 可以是任意的，即其波形、幅度、极性和频率（包括直流）均不受限制。

理想模拟相乘器的符号如图 2-48 所示。

根据乘法运算的代数性质，相乘器有四个工作区域，它们是由相乘器的两个输入电压的极性确定的，并可用 X-Y 平面中的四个象限表示，如图 2-49 所示。

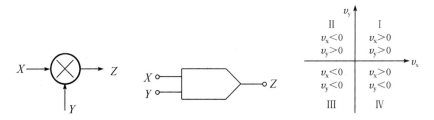

图 2-48　理想模拟相乘器符号　　　　　图 2-49　四象限工作区

相乘器根据适应输入信号极性的不同可分为单象限相乘器、二象限相乘器和四象限相乘器。

单象限相乘器：对两个输入电压都只能适应一种极性。

二象限相乘器：只对一个输入电压能适应正、负极性，而对另一个输入电压只能适应一种极性。

四象限相乘器：能够适应两个输入电压四种极性组合的相乘器，即允许两个输入信号的极性任意选定。

目前采用的模拟相乘器，大多数为四象限相乘器。

因为相乘器有两个独立的输入信号，不同于一般放大器只有一个输入信号，所以，相乘器的特性经常是以一个输入信号为参变量，确定另一个输入信号与输出信号之间的特性。因此，模拟乘法器电路也是一种时变参量电路，它具有以下主要特性。

1) 线性与非线性特性

相乘器本质是一个非线性电路。例如,若相乘器两输入端电压分别是

$$v_1(t) = V_{1m}\cos\omega_1 t$$
$$v_2(t) = V_{2m}\cos\omega_2 t$$

根据式(2-92),相乘器的输出电压为

$$v_o(t) = KV_{1m}V_{2m}\cos\omega_1 t \cdot \cos\omega_2 t$$
$$= \frac{1}{2}KV_{1m}V_{2m}[\cos(\omega_1+\omega_2)t + \cos(\omega_1-\omega_2)t] \qquad (2\text{-}93)$$

式中,既无 ω_1 分量,也无 ω_2 分量,而出现了两个新的频率分量 $\omega_1 \pm \omega_2$,即实现了非线性电路的频率变换作用,表现了它的非线性特性。

但是,在特定情况下,例如,当相乘器的一个输入电压为某一个恒定值,即 $v_1(t) = V_1$,另一个输入电压为交流信号 $v_2(t)$ 时,其输出电压为

$$v_o(t) = KV_1 v_2(t) \qquad (2\text{-}94)$$

这时,相乘器相当于一个增益为 KV_1 的线性交流放大器。这个例子说明,在特定情况下,即两个输入电压中有一个是直流信号时,相乘器可以看成一个线性电路,表现了它的线性特性。

2) 四象限输出特性

以相乘器的一个输入电压作为参变量,可以得到另一个输入电压与输出电压的关系,称为四象限输出特性。理想相乘器的四象限输出特性如图 2-50 所示。

从图 2-50 中可以看出:

(1) 相乘器的输入、输出电压对应的极性满足数学运算规则。

(2) 只要输入信号中有一个电压为零,则相乘器的输出电压恒为零。

(3) 若输入信号中,一个输入信号为非零直流电压时,对另一个输入信号来说,相乘器相当于一个放大器。放大器的增益与该直流电压有关。

图 2-50 所示曲线的斜率反映了放大器的增益。

注意,在实际相乘器中,由于各种原因,其实际特性往往与理想特性有区别。主要表现为两点:①零输入信号电压的输出不为零。②输出特性的非线性。

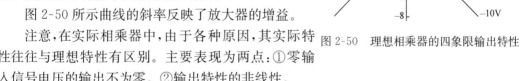

图 2-50   理想相乘器的四象限输出特性

2. 四象限双差分对模拟相乘器原理

实现模拟相乘的方法很多,这里只介绍用得最广泛的四象限双差分对模拟相乘器,其原理图如图 2-51 所示。由图 2-51 可见,T_1 与 T_2、T_3 与 T_4 组成两对差分电路,作为上述两对差分电路的恒流源 T_5 与 T_6 也是一对差分电路,其恒流源为 I。两个输入信号 v_x 和 v_y 分别加到 $T_1 \sim T_4$ 和 $T_5 \sim T_6$ 管的基极,可以平衡输入,也可以将其中任意一端接地变成单端输入。T_1 与 T_3 集电极接在一起当作一个输出端,T_2 与 T_4 集电极接在一起当作另一个输出端,可以平衡输出,也可以将其中任意一端接地变成单端输出。

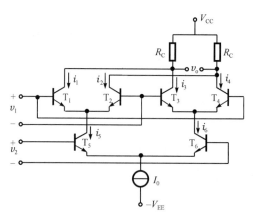

图 2-51　双差分对模拟相乘器原理图

可以证明,双差分对模拟相乘器在 v_1、v_2 较小时可近似实现两信号的相乘,即

$$v_o \approx -\frac{R_c I_o}{4V_T^2}v_1 v_2 = K v_1 \cdot v_2 \tag{2-95}$$

式中,$K = -\dfrac{R_c I_o}{4V_T^2}$;$V_T \approx 26\text{mV}$。

如果设 $v_1 = v_{1m}\cos\omega_1 t$,$v_2 = v_{2m}\cos\omega_2 t$,则

$$v_o \approx K(v_{1m}\cos\omega_1 t)(v_{2m}\cos\omega_2 t)$$
$$= \frac{1}{2}KV_{1m}V_{2m}\cos(\omega_1 + \omega_2)t + \frac{1}{2}KV_{1m}V_{2m}\cos(\omega_1 - \omega_2)t \tag{2-96}$$

式(2-96)表明双差分对模拟相乘器的输出端存在两个输入信号的和、差频分量,可实现频率变换功能。同时也说明相乘器输出端的频率分量相对非线性器件频率变换后的频率分量少得多,即输出频谱得以净化,这是相乘器实现频率变换的主要优点。

当然,图 2-51 所示的模拟相乘器只是一个原理电路。该电路要实现较理想的相乘特性,必须使输入电压幅值远小于 $2V_T$($2\times26\text{mV}$),因而输入信号电压动态范围较小。如果输入信号的电压幅值接近或大于 $2V_T$,会引入非线性误差。假设要求相乘器输出信号的误差小于 1%,近似分析表明,v_1、v_2 的幅值应小于 $0.25V_T$,即常温下两个输入信号电压的幅值应小于 6mV,而如此小的输入信号动态范围不能适应大多数实际工作条件。为克服以上缺点,人们对图 2-51 所示电路进行了改进,这里不做详细分析,只简明指出:一是在 T_1、T_5 管的发射极接入负反馈电阻,可以扩大理想相乘运算的输入电压 v_2 的动态范围;二是在双差分对的输入端加一个非线性补偿网络,以扩大输入信号 v_1 的动态范围,它是利用电流-电压转换电路所具有的反双曲正切函数特性来补偿双差分对管的双曲正切函数特性,使其总的合成输出与输入之间呈线性关系,从而制造出理想乘法器。

常用的通用模拟相乘器 MC1495/MC1595 外围元件连接如图 2-52 所示。若要求 v_x、v_y 的动态范围均为 $\pm10\text{V}$ 时,元件参数可按下列步骤计算。

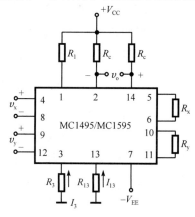

图 2-52　外围元件连接图

（1）偏置电阻 R_3 和 R_{13}。R_3、R_{13} 分别为 3 脚和 13 脚的外接电阻，通常选择电流

$$I_3 = I_{0x} = 1\text{mA}; I_{13} = I_{0y} = 1\text{mA}$$

当 $-V_{EE} = -15\text{V}$ 时

$$R_3 = R_{13} = \frac{|-V_{EE}| - 0.7}{I_3} - 500$$

$$= \frac{15 - 0.7}{1 \times 10^{-3}} - 500 = 13.8(\text{k}\Omega)$$

（2）负反馈电阻 R_x 和 R_y。根据电源流 $I_3 = I_{13} = 1\text{mA}$，应使 i_x, i_y 的最大值满足

$$(i_x)_{\max} = \frac{V_{x\max}}{R_x} \leqslant I_3 \quad 即 \quad R_x \geqslant \frac{v_{x\max}}{I_3} = 10(\text{k}\Omega)$$

$$(i_y)_{\max} = \frac{V_{y\max}}{R_y} \leqslant I_{13} \quad 即 \quad R_y \geqslant \frac{v_{y\max}}{I_{13}} = 10(\text{k}\Omega)$$

（3）负载电阻 R_c。当 I_3、R_x、R_y 确定后，增益系数 K 仅与 R_c 有关，当 $K = \dfrac{1}{10(\text{V})}$ 时，可得到

$$R_c = \frac{1}{2}KI_3R_xR_y = \frac{1}{2} \times \left(\frac{1}{10}\right) \times (10^{-3}) \times (10 \times 10^3)^2 = 5(\text{k}\Omega)$$

（4）电阻 R_1 的选择。R_1 是 V_{CC} 与 1 脚之间的电阻，当 $V_{CC} = +15\text{V}$ 时，通常 1 脚对地的电压至少要 $+7\text{V}$，现取 $V_1 = +9\text{V}$，则 R_1 为

$$R_1 = \frac{V_{CC} - V_1}{2I_3} = \frac{15 - 9}{2 \times 10^{-3}} = 3(\text{k}\Omega)$$

模拟乘法器的实用电路如图 2-53 所示。图 2-53 中，运算放大器接成单位增益放大器，将乘法器双端输出电压转换成单端输出电压。乘法器电路由于工艺技术、元器件特性不一致，将会产生乘积误差。图 2-53 中电位器 R_{w1}、R_{w2}、R_{w3} 用来调整失调误差，尽可能地实现零输入时零输出。具体调整步骤如下。

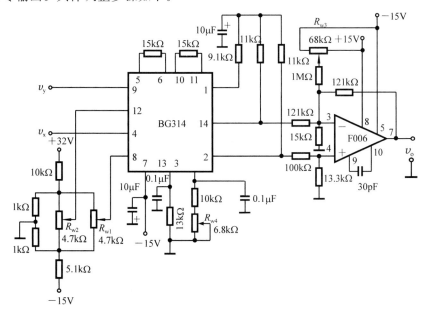

图 2-53　模拟乘法器的实用电路

① $v_x = v_y = 0$,调节电位器 R_{w3},使 $v_o = 0$;

② 令 $v_x = 5V$, $v_y = 0V$,调节电位器 R_{w2},使 $v_o = 0$;

③ 令 $v_x = 0V$, $v_y = 5V$,调节电位器 R_{w1},使 $v_o = 0$;

重复上述步骤,使 $v_o = 0$。

④ 令 $v_x = v_y = 5V$,调节电位器 R_{w4},使 $v_o = 5V$,即调整增益系数 $K = \dfrac{1}{10(V)}$;令 $v_x = v_y = -5V$,校准 $v_o = 2.5V$。若有偏差,可重复步骤(1)~(4)。

2.2.5 二极管平衡相乘器

利用二极管的非线性特性也可以构成相乘器,并且多采用平衡、对称的电路形式,以保证调幅及其他频率变换的性能要求。这类相乘器主要用于高频范围。

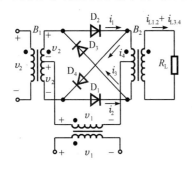

图 2-54 二极管双平衡相乘器
的原理性电路

图 2-54 是二极管双平衡相乘器的原理性电路(也可将四只二极管画成环行,称为环行相乘器,它由图 2-54 所示的两个平衡相乘器组成)。图 2-54 中要求各二极管特性完全一致,电路也完全对称,分析时忽略变压器的损耗。

当输入信号较小时,二极管的非线性表现为平方特性;而当信号较大时,二极管特性主要表现为导通与截止状态的相互转换,即开关式工作状态。

设二极管工作在大信号状态,大信号是指输入的信号电压振幅大于 $0.5V$,此时二极管特性主要表现为导通和截止状态的互相转换,即开关工作状态,可采用开关特性进行分析。实际应用中也比较容易满足大信号要求。

如果输入信号 $v_1 = V_{1m}\cos\omega_1 t$, $v_2 = V_{2m}\cos\omega_2 t$, $V_{1m} \gg V_{2m}$, $V_{1m} > 0.5V$,二极管特性主要受 v_1 控制。当 v_1 正半周时 D_1、D_2 导通,D_3、D_4 截止;当负半周时,D_1、D_2 截止,D_3、D_4 导通。根据图 2-55(a)中所示电压极性,忽略输出电压的反作用,可写出加在 D_1、D_2 两管上的电压

$$v_{D_1} = v_1 + v_2, \quad v_{D_2} = v_1 - v_2$$

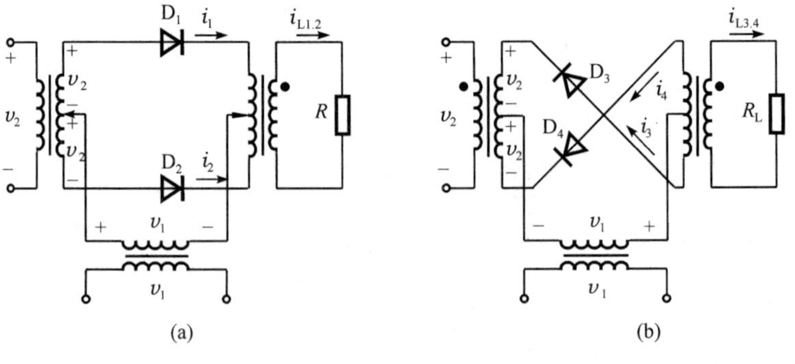

图 2-55 由 D_1、D_2 和 D_3、D_4 分别组成的电路

流过的电流为

$$\begin{cases} i_1 = g_{\mathrm{D}} v_{\mathrm{D}_1} S_1(\omega_1 t) = g_{\mathrm{D}}(v_1 + v_2) S_1(\omega_1 t) \\ i_2 = g_{\mathrm{D}} v_{\mathrm{D}_2} S_1(\omega_2 t) = g_{\mathrm{D}}(v_1 - v_2) S_1(\omega_1 t) \end{cases} \tag{2-97}$$

i_1、i_2 以相反方向流过输出端变压器初级,使变压器次级负载电流 $i_{l1,2} = i_1 - i_2$,将式(2-97)代入可得

$$i_{L1,2} = 2g_{\mathrm{D}} v_2 S_1(\omega_1 t) \tag{2-98}$$

对于图 2-55(b)进行同样的分析,由于 D_3、D_4 在 v_1 的负半周导通,故描述二极管的开关函数相位相差 π,写为 $S_1(\omega_1 t - \pi)$。故

$$i_{L3,4} = -2g_{\mathrm{D}} v_2 S_1(\omega_1 t - \pi) \tag{2-99}$$

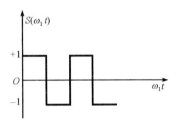

图 2-56 双向开关函数波形图

再看图 2-54,流过负载的总电流为

$$i_L = i_{L1,2} + i_{L3,4} = 2g_{\mathrm{D}} v_2 [S_1(\omega_1 t) - S_1(\omega_1 t - \pi)] \tag{2-100}$$

式中,$[S_1(\omega_1 t) - S_1(\omega_1 t - \pi)]$ 称为双向开关函数,其波形如图 2-56 所示。其傅里叶级数展开式为

$$S(\omega_1 t) = \frac{4}{\pi}\left[\cos\omega_1 t - \frac{1}{3}\cos 3\omega_1 t + \frac{1}{5}\cos 5\omega_1 t + \cdots\right]$$

$$= \sum_{n=1}^{\infty} (-1)^{n-1} \frac{4}{(2n-1)\pi} \cos(2n-1)\omega_1 t \tag{2-101}$$

将式(2-101)代入式(2-100)得

$$i_L = 2g_{\mathrm{D}} V_{2\mathrm{m}} \cos\omega_2 t \left[\frac{4}{\pi}\cos\omega_1 t - \frac{4\pi}{3}\cos 3\omega_1 t + \frac{4\pi}{5}\cos 5\omega_1 t + \cdots\right] \tag{2-102}$$

可见输出电流中仅含有 ω_1 的各奇次谐波与 ω_2 的组合频率分量 $(2n+1)\omega_1 \pm \omega_2$,其中 $n = 0, 1, 2, \cdots$。若 ω_1 较高,则 $3\omega_1 \pm \omega_2$,$5\omega_1 \pm \omega_2$ 等组合频率分量很容易被滤除,故环形电路的性能更接近理想相乘器。

在平衡相乘器的输出端接上不同的带通滤波器或低通滤波器,可以完成不同功能的频率变换,如调幅、检波、混频等。相乘器在频率变换技术中的应用将在后面各章中介绍。

知识点注释

选频:指选出需要的频率分量并且滤除不需要的频率分量。

谐振回路:由电感和电容元件组成的振荡回路,振荡回路包含单振荡回路和耦合振荡回路,而单振荡回路又包含串联谐振回路和并联谐振回路。

单谐振回路:指由信号源、电感线圈和电容器组成的单个振荡回路。

串联谐振回路:指外加信号源与电容和电感串联的振荡回路。

并联谐振回路:指外加信号源与电感和电容相互并联的振荡回路。

电压谐振:串联谐振时,电感线圈与电容器两端的电压模值相等,且等于外加电压的 Q 倍,故串联谐振也称为电压谐振。

电流谐振:并联谐振时,电感支路或者电容支路的电流幅值为外加电流源电流的 Q 倍,故并联谐振也称为电流谐振。

回路的品质因数:等于谐振时回路感抗值(或容抗值)与回路电阻的比值,反映回路损耗的大小,常以 Q 表示。

无载 Q 值(空载 Q 值):指没有接入信号源内阻和负载电阻时回路本身的 Q 值。

有载 Q 值:指接有信号源内阻和负载电阻时回路的 Q 值。

谐振曲线:谐振回路中电流或电压幅值与外加信号频率之间的关系曲线。

广义失谐系数:表示回路失谐大小的量。

串联谐振回路的广义失谐系数:定义为失谐时的电抗除以谐振时电阻。

并联谐振回路的广义失谐系数:定义为失谐时的电纳除以谐振时的电导。

串并阻抗等效互换:等效是指电路工作在某一频率时,不管其内部的电路形式如何,从端口看过去其阻抗或者导纳是相等的。

抽头阻抗变换:减小信号源内阻和负载对回路的影响,由低抽头向高抽头转换时,等效阻抗提高。

接入系数:定义为回路抽头点电压与回路端电压的比值。

特性阻抗:回路谐振时的感抗或容抗,$\rho = \sqrt{\dfrac{L}{C}}$。

串联谐振回路通频带:回路电流下降到峰值电流 0.707 处时所对应的频率范围。

并联谐振回路通频带:回路电压下降到峰值电压 0.707 处时所对应的频率范围。

谐振电阻:并联谐振电阻定义为 $R_P = L/RC$。

耦合谐振回路:是指相互间有影响的两个单谐振回路组成,其中接入信号源的回路称为初级回路,与它相互耦合的第二个回路连接负载,称为次级回路。包括电容耦合回路和电感耦合回路。

电感耦合回路:初级回路与次级回路之间的耦合采用互感耦合的耦合谐振回路。

电容耦合回路:初级回路与次级回路之间的耦合采用电容耦合的耦合谐振回路。

耦合系数:表示回路间耦合强弱程度的量。

反射阻抗:用来说明一个回路对耦合的另一个回路电流的影响。

耦合因数 η:表示耦合谐振回路耦合相对强弱的一个重要参量,定义为耦合谐振回路两个回路的耦合系数与临界耦合系数之比。$\eta < 1$ 称为弱耦合;$\eta = 1$ 为临界耦合;$\eta > 1$ 称为强耦合。

临界耦合:最佳全谐振时初、次级间的耦合,其耦合因数等于 1。

强耦合:指耦合因数大于 1。

弱耦合:指耦合因数小于 1。

部分谐振:如果固定次级(或初级)回路参数及耦合量不变,调节初级(或次级)回路的电抗使初级(或次级)回路本身的电抗 = −反射电抗,称初级(或次级)回路达到部分谐振。

复谐振:在部分谐振的条件下,再改变互感量,使反射电阻等于初级回路本身电阻,即满足最大功率传输条件,使次级回路电流达到可能达到的最大值,称为复谐振,这时初级电路不仅发生了谐振而且达到了匹配。

全谐振:调节初级回路的电抗及次级回路的电抗,使两个回路都单独地达到与信号源频率谐振,称耦合回路达到全谐振。在全谐振条件下,两个回路的阻抗均呈电阻性。

最佳全谐振:全谐振时,通过改变互感量,使反射电阻等于回路本身电阻,即满足匹配条件,称为最佳全谐振。由于最佳全谐振既满足初级匹配条件,同时也满足次级匹配条件,所以最佳全谐振是复谐振的一个特例。

LC 集中滤波器:由多个单节滤波器组成,可分为低通、高通、带通和带阻等形式。

石英晶体滤波器:利用石英晶体的压电效应构成的滤波器,石英晶体的 Q 值很大,一般为几万到几百万,是普通 LC 电路无法比拟的,因而稳定性较高。

陶瓷滤波器:利用某些陶瓷材料的压电效应构成的滤波器,等效品质因数为几百,比石英晶体低但比 LC 滤波高。

声表面滤波器:声表面波滤波器是一种以铌酸锂、石英或锆钛酸铅等压电材料为衬底(基体)的一种电声换能元件。

非线性元件:指元件的参数与通过它的电流或施加于其上的电压有关。

时变参量元件:指元件参数按照一定规律随时间变化的,但是该变化与通过元件的电流或电压没有关系。

变跨导:指晶体管的跨导随时间按一定规律变化。

频率变换:指非线性元件的输出信号与输入信号频率成分不同。

频谱搬移:指线性频率变换,即在频率变换前后,信号频谱结构不变,只是将信号频谱无失真地在频率轴上搬移。调幅、检波和混频电路即线性频率变换电路。

模拟相乘器:模拟相乘器是一种时变参量电路,与一般非线性器件相比,相乘器可进一步地克服某些无用的组合频率分量,使输出信号频谱得以净化。

平衡相乘器:利用二极管的非线性特性采用平衡、对称的电路形式构成的相乘器。

非线性电路分析方法:指幂级数分析法、折线分析法、时变参量电路分析法等。

幂级数分析法:指将非线性元件的函数展开成幂级数表达式进行分析计算的方法。

折线分析法:将非线性器件的实际特性曲线根据需要和可能理想化,用一组折线代替实际特性曲线进行分析的方法。

时变参量电路分析法:当两个信号同时作用于一个电子器件上,将电子器件的某一个参数看成时变参数时进行分析的方法。

本 章 小 结

本章讨论的内容是学习通信电子线路的重要基础。

(1) 各种形式的选频网络在通信电子线路中得到广泛的应用。它能选出我们需要的频率分量和滤除不需要的频率分量,因此掌握各种选频网络的特性及分析方法是很重要的。

(2) 选频网络可分为两大类。第一类是由电感和电容元件组成的谐振回路,它又分为单谐振回路和耦合谐振回路,第二类是各种滤波器,主要有 LC 集中滤波器、石英晶体滤波器、陶瓷滤波器和声表面波滤波器等。

(3) 串联谐振回路是指电感、电容、信号源三者串联;并联谐振回路是指电感、电容、信号源三者并联。串并联谐振回路的共同点如下。

① 当 Q 值很高时,谐振频率均为

$$f_0 = \frac{1}{2\pi\sqrt{LC}}, \qquad \omega_0 = \frac{1}{\sqrt{LC}}$$

② 特性阻抗均可表示为

$$\rho = \omega_0 L = \frac{1}{\omega_0 C} = \sqrt{\frac{L}{C}}$$

③ 广义失谐都是表示回路失谐大小的量,用 ξ 表示。

$$串联时:\xi = \frac{x(回路失谐时电抗)}{R(回路谐振的电阻)} = Q_0 \frac{2\Delta f}{f_0}$$

$$并联时:\xi = \frac{B(回路失谐时的电纳)}{G(回路谐振的电导)} = Q_0 \frac{2\Delta f}{f_0}$$

④ 通频带均可表示为

$$B = \frac{f_0}{Q}$$

串并联谐振回路的不同点如下。

① 品质因数的表示形式不同。

串联谐振回路中:

$$Q_0 = \frac{\omega_0 L}{R} = \frac{1}{\omega_0 RC} = \frac{\rho}{R}, \qquad Q_L = \frac{\omega_0 L}{R + R_s + R_L}$$

并联谐振回路中：

$$Q_0 = \frac{R_p}{\omega_p L}, \qquad Q_L = \frac{Q_0}{1 + \dfrac{R_p}{R_s} + \dfrac{R_p}{R_L}}$$

② 串联谐振回路谐振时，其电感和电容上的电压为信号源电压的 Q 倍，称为电压谐振；并联谐振回路谐振时其电感和电容支路的电流为信号源电流的 Q 倍，称为电流谐振。

③ 串联谐振回路失谐时，当 $f > f_0$ 时回路呈感性，$f < f_0$ 时回路呈容性；并联谐振回路失谐时，当 $f > f_0$ 时回路呈容性，$f < f_0$ 时回路呈感性。

④ 串联谐振回路的频率特性

$$N(f) = \frac{I}{I_0} = \frac{1}{1 + j\xi}$$

并联谐振回路的频率特性

$$N(f) = \frac{V}{V_0} = \frac{1}{1 + j\xi}$$

（4）串并联阻抗等效互换时：$X_串 = X_并$，$R_并 = Q^2 R_串$（Q 较大时）

（5）回路采用抽头接入的目的是减少负载和信号源内阻对回路的影响，由低抽头折合到回路的高端时，等效阻抗提高为原来的 $\dfrac{1}{P^2}$，等效导纳减小为原来的 P^2，即采用抽头接入时，回路 Q 值提高了。

（6）由相互间有影响的两个单谐振回路组成的回路称为耦合回路。以耦合系数 K 表示耦合的强弱，耦合因数 η 表示相对临介耦合时的相对强弱。耦合回路中的反映阻抗是用来说明一个回路对耦合的另一个回路电流的影响。次级回路的电阻反映到初级回路仍为电阻，次级回路的电抗反映到初级回路仍为电抗，但电抗的性质相反。

（7）选择性滤波器主要有 LC 集中选择性滤波器、石英晶体滤波器、陶瓷滤波器和声表面波滤波器。根据其各自特点应用到不同场合。其中石英晶体滤波器的 Q 值最高，选择性最好；声表面波滤波器工作频率高，抗辐射能力强，广泛地用于通信设备中。

（8）非线性元器件是广义概念，其元件参数与通过它的电流或施加于其上的电压有关。它可以是非线性电阻、非线性电抗（电容或电感）；也可以是二极管、三极管，或者是由以上元件组成的完成特定功能的电子电路。

（9）由非线性元件组成的非线性电路，其输出输入关系用非线性函数方程表示，它不具有叠加性和均匀性。非线性电路具有频率变换作用。在输出信号中将会产生输入信号所没有的频率成分。

（10）对非线性电路，工程上往往根据实际情况进行某些合理的近似分析，如幂级数近似分析法、折线分析法及线性时变参量分析法。

（11）相乘器是实现频率变换的基本组件。它有两个独立的输入信号，它的特性是以一个输入信号为参变量确定另一个输入信号与输出信号之间的特性。其实现方法主要有集成模拟相乘器和双平衡式二极管环形相乘器。在合适的工作状态下，可实现两个信号的理想相乘，即输出端只存在两个输入信号的和频、差频。

思考题与习题

2-1 简述选频网络的作用与分类。

2-2 题图 2-1 串联谐振回路中，$f_0 = 1\text{MHz}$，$Q_0 = 50$，若回路电流超前信号源电压相位 $45°$，试求：此时信号源频率 f 是多少？若在回路中再串联一个元件，使回路处于谐振状态，应该加何种元件？

2-3 给定串联谐振回路的 $f_0 = 1.5\text{MHz}$，$C_0 = 100\text{pF}$，谐振时电阻 $R = 5\Omega$。试求 Q_0 和 L_0。又若信号

源电压振幅 $V_s = 1\text{mV}$，求谐振时回路中的电流 I_0 以及回路元件上的电压 V_{L0} 和 V_{c0}。

2-4　已知某一个并联谐振回路的谐振频率 $f_p = 1\text{MHz}$，要求对 990kHz 的干扰信号有足够的衰减，问该并联回路应如何设计？

2-5　试定性分析题图 2-2 所示电路在什么情况下呈现串联谐振或并联谐振状态？

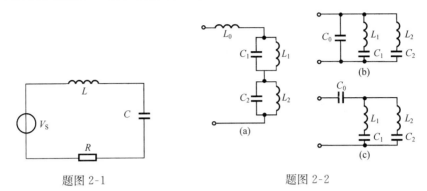

题图 2-1　　　　　　　　　　题图 2-2

2-6　串、并联阻抗等效互换的原则是什么，在 Q_L 较高的情况下，其电抗 x 互换如何变化？并联电路的电阻 $R_{并}$ 与串联电路的电阻 $R_{串}$ 之间有什么关系？

2-7　在一个并联回路的某频段内工作，频段最低频率为 535kHz，最高频率为 1605kHz。现有两个可变电容器，一个电容的最小电容量为 12pF，最大电容量为 100pF；另一个电容器的最小电容量为 15pF，最大电容量为 450pF。试问：

(1) 应采用哪一个可变电容器，为什么？

(2) 回路电感应等于多少？

(3) 绘出实际的并联回路图。

2-8　给定题图 2-3 并联谐振回路的 $f_0 = 5\text{MHz}$，$C = 50\text{pF}$，通频带 $2\Delta f_{0.7} = 150\text{kHz}$。试求电感 L、品质因数 Q_0 以及信号源频率为 5.5MHz 时的失谐系数。若把 $2\Delta f_{0.7}$ 加宽到 300kHz，应在回路两端再并联上一个阻值多大的电阻。

2-9　在题图 2-4 并联谐振回路中，信号源与负载都是部分接入的，已知 R_s、R_L，回路参数 L、C_1、C_2 和空载品质因数 Q_0，若 R_L 不变，要求总负载与信号源匹配，如何调整回路参数。

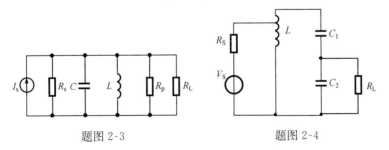

题图 2-3　　　　　　　　　　题图 2-4

2-10　题图 2-5 所示回路中，已知 $L = 0.8\mu\text{H}$，$Q_p = 100$，$C_1 = C_2 = 20\text{pF}$，$C_i = 5\text{pF}$，$R_i = 10\text{k}\Omega$，$C_0 = 2\text{pF}$，$R_0 = 5\text{k}\Omega$。试计算回路谐振频率、谐振阻抗(不计 R_0 与 R_i 时)、有载 Q_L 值和通频带。

2-11　题图 2-6 为紧耦合的抽头电路，给定回路谐振频率 $f_p = 465\text{kHz}$，信号源内阻 $R_s = 27\text{k}\Omega$，回路谐振电阻 $R_p = 172\text{k}\Omega$，负载 $R_L = 1.36\text{k}\Omega$，空载品质因素 $Q_p = 100$，接入系数 $P_1 = 0.28$，$P_2 = 0.063$，信号源 $I_s = 1\text{mA}$，求回路通频带 $B = ?$ 和 $I'_s = ?$

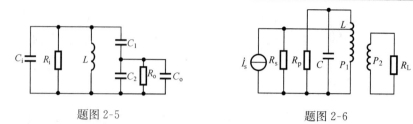

题图 2-5   题图 2-6

2-12 有一个双电感复杂并联回路如题图 2-7 所示。已知 $L_1+L_2=500\mu H$，$C=500pF$，为了使电源中的二次谐波能被回路滤除，应如何分配 L_1 和 L_2？

2-13 为什么耦合回路在耦合大到一定程度时，谐振曲线出现双峰？

2-14 假设有一个中频放大器等效电路如题图 2-8 所示。试回答下列问题：

(1) 如果将次级线圈短路，这时反射到初级的阻抗等于什么？初级等效电路(并联型)应该怎么画？

(2) 如果次级线圈开路，这时反射阻抗等于什么？初级等效电路应该怎么画？

(3) 如果 $\omega L_2=\dfrac{1}{\omega C_2}$，反射到初级的阻抗等于什么？

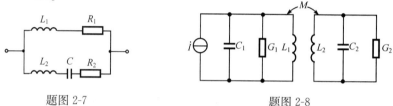

题图 2-7   题图 2-8

2-15 有一个耦合回路如题图 2-9 所示。已知 $f_{01}=f_{02}=1MHz$；$\rho_1=\rho_2=1k\Omega$；$R_1=R_2=20\Omega$，$\eta=1$。试求：

(1) 回路参数 L_1、L_2、C_1、C_2 和 M；

(2) 图中 a、b 两端的等效谐振阻抗 Z_p；

(3) 初级回路的等效品质因数 Q_1；

(4) 回路的通频带 B；

(5) 如果调节 C_2 使 $f_{02}=950kHz$(信号源频率为 1MHz)。

求反射到初级回路的串联阻抗，它呈感性还是容性？

2-16 常用的选择性滤波器有哪些，分别说明其特点和用途。

2-17 非线性元件的特性有哪几点？试简述之。

2-18 非线性电路的分析方法主要有哪几种？分别在什么情况下应用？

2-19 某非线性器件可用幂级数表示为 $i=a_0+a_1v+a_2v^2+a_3v^3$，信号 v 是频率 150kHz 和 200kHz 两个余弦波，问电流 i 中能否出现 50kHz，100kHz，250kHz，300kHz，350kHz 的频率分量？

2-20 题图 2-10 的电路中，设二极管 D_1，D_2，D_3，D_4 特性相同，均为 $i=b_0+b_1v+b_2v^2+b_3v^3$，已知 v_1，v_2 为小信号电压，试求输出电压 v_o 的表达式。

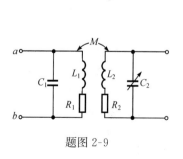

题图 2-9

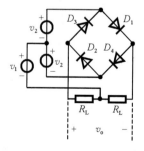

题图 2-10

2-21　理想模拟乘法器的特点是什么,写出它的传输特性方程。

2-22　双差分对四象限模拟相乘器,如题图 2-11 所示,设其具有理想相乘特性。两输入信号分别为 $v_1 = \cos\omega_1 t$, $v_2 = \cos\omega_2 t$,

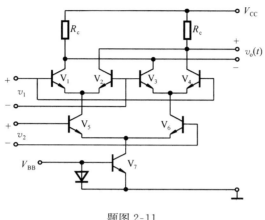

题图 2-11

(1) 如果 v_1 为大信号,使相乘器中的 V_1、V_2、V_3、V_4 管工作在开关状态,而 v_2 为小信号。画出输出波形图。

(2) 如果 v_2 为大信号,使 V_5、V_6 管工作在开关状态,而 v_1 为小信号,画出输出信号波形图。

2-23　如果题图 2-11 所示的理想相乘器用作集成接收机中的混频电路,输入信号 $v_2 = 0.005\cos2\pi \times 1.2 \times 10^6 t$,另一个输入信号(本振) $v_1 = 0.5\cos2\pi \times 1.665 \times 10^6 t$,相乘器的增益系数为 1。讨论输出电压 $v_o(t)$ 中含有哪些频谱分量。

第3章 高频小信号放大器

3.1 概 述

中心频率在几百千赫兹至几百兆赫兹,信号频谱宽度在几千赫兹至几十兆赫兹,放大微弱信号的放大器称为高频小信号放大器。高频小信号放大器工作在电子器件的线性区域,放大器输入与输出信号的频谱完全相同,因此可采用前面的有源线性四端网络来分析。

1. 高频小信号放大器的分类

高频小信号放大器若按器件分可分为晶体管放大器、场效应管放大器、集成电路放大器;若按通带分可分为窄带放大器、宽带放大器;若按负载分可分为谐振放大器、非谐振放大器。

本章主要讨论单级窄带负载为 LC 调谐回路的谐振放大器,这种放大器不仅具有放大作用,而且具有选频作用。对其他器件的单级谐振放大器、各种级联放大器以及集成电路放大器也略加讨论。

2. 高频小信号放大器的质量指标

1) 增益(放大系数)
放大器输出电压 V_o(或功率 P_o)与输入电压 V_i(或功率 P_i)之比,称为放大器的增益或放大倍数,用 A_V(或 A_P)表示(有时以 dB 数计算)。我们希望每级放大器在中心频率(谐振频率)及通频带处的增益尽量大,使满足总增益时级数尽量少。

电压增益
$$A_V = \frac{V_o}{V_i} \tag{3-1}$$

功率增益
$$A_P = \frac{P_o}{P_i} \tag{3-2}$$

分贝表示
$$A_V = 20\lg \frac{V_o}{V_i} \tag{3-3}$$

$$A_P = 10\lg \frac{P_o}{P_i} \tag{3-4}$$

2) 通频带
放大器的电压增益下降到最大值的 $0.7(1/\sqrt{2})$ 时,所对应的频率范围称为放大器的通频带,用 $B = 2\Delta f_{0.7}$ 表示,如图 3-1 所示。$2\Delta f_{0.7}$ 也称为 3dB 带宽。

由于放大器所放大的一般都是已调制的信号,已调制的信号都包含一定的频谱宽度,所以放大器必须有一定的通频带,以便让必要的信号中的频谱分量通过放大器。

与谐振回路相同,放大器的通频带取决于回路的形式和回路的等效品质因数 Q_L。此外,放大器的总通频带,随着级数的增加而变窄。并且,通频带越宽,放大器的增益越小。

3) 选择性
从各种不同频率信号的总和(有用的和有害的)中选出有用信号,抑制干扰信号的能力称为放大器的选择性,选择性常采用矩形系数和抑制比来表示。

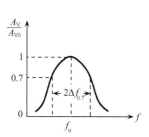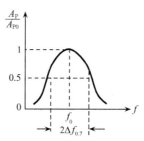

高频小信号放大器
分类和质量指标

图 3-1　高频小信号放大器的通频带

（1）矩形系数。按理想情况,谐振曲线应为一个矩形。即在通带内放大量均匀,在通带外不需要的信号得到完全衰减,但实际上不可能。为了表示实际曲线接近理想曲线的程度,引入矩形系数,它表示对邻道干扰的抑制能力(图 3-2)。矩形系数为

$$K_{r0.1} = \frac{2\Delta f_{0.1}}{2\Delta f_{0.7}} \tag{3-5}$$

$$K_{r0.01} = \frac{2\Delta f_{0.01}}{2\Delta f_{0.7}} \tag{3-6}$$

式中,$2\Delta f_{0.1}$、$2\Delta f_{0.01}$分别为放大倍数下降至 0.1 和 0.01 处的带宽,K_r越接近于 1 越好。

（2）抑制比。表示对某个干扰信号 f_n 的抑制能力(图 3-3),用 d_n 表示。

$$d_n = \frac{A_{V0}}{A_n} \tag{3-7}$$

用分贝表示 $d_n(\mathrm{dB}) = 20\lg d_n$。$A_n$ 为干扰信号的放大倍数;A_{V0} 为谐振点 f_0 的放大倍数。

例 3-1　　　　　　　　　　$A_{V0} = 100$,　　　$A_n = 1$

$$d_n = \frac{100}{1} = 100,　　　d_n(\mathrm{dB}) = 40\mathrm{dB}$$

4）工作稳定性

指在电源电压变化或器件参数变化时,以上三个参数的稳定程度。一般的不稳定现象是增益变化、中心频率偏移、通频带变窄等。不稳定状态的极端情况是放大器自激,以至于使放大器完全不能工作。

为使放大器稳定工作,必须采取稳定措施,即限制每级增益,选择内反馈小的晶体管,应用中和或失配方法等。

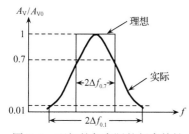

图 3-2　理想的与实际的频率特性

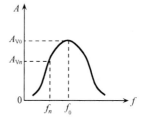

图 3-3　对 f_n 的抑制能力

5）噪声系数

放大器的噪声性能可用噪声系数表示

$$N_F = \frac{P_{si}/P_{ni}(\text{输入信号噪声比})}{P_{so}/P_{no}(\text{输出信号噪声比})},　　　N_F \text{ 越接近 1 越好} \tag{3-8}$$

在多级放大器中,前两级的噪声对整个放大器的噪声起决定作用,因此要求它的噪声系数应尽量小。

以上这些要求,相互之间既有联系又有矛盾。增益和稳定性是一对矛盾,通频带和选择性是一对矛盾。因此应根据需要决定主次,进行分析和讨论。

3.2　晶体管高频小信号等效电路与参数

在低频电路里,我们采用低频 h 参数及其等效电路对晶体管低频放大器进行了分析,在那里忽略了晶体管高频运用的内部物理现象。现在,当我们分析晶体管高频放大器时,就必须采用一种能够反映晶体管在高频工作时的高频参量及其等效电路。

晶体管在高频运用时,它的等效电路不仅包含着一些和频率基本没有关系的电阻,而且还包含着一些与频率有关的电容,这些电容在频率较高时的作用是不能忽略的。

在电路分析中,等效电路是一种很有用的方法,晶体管在高频运用时,它的等效电路主要有两种表示方法,形式等效电路(y 参数等效电路)和物理模拟等效电路(混合 π 型等效电路)。

3.2.1　形式等效电路(Y 参数等效电路)

形式等效电路把晶体管等效看成有源四端网络,如图 3-4 所示。

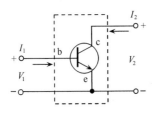

图 3-4　有源四端网络

该四端网络在工作时有 4 个参数,它们是输入电压 V_1、输入电流 I_1、输出电压 V_2、输出电流 I_2。

任选其中两个为自变量,另外两个为参变量可得到不同的参数系,如 h 参数、y 参数、z 参数等。

高频等效电路中主要采用 y 参数进行分析,即 V_1、V_2 为自变量,I_1、I_2 为参变量。

图 3-5 为晶体管共发电路的 y 参数等效电路。y_{ie}、y_{re}、y_{fe}、y_{oe} 为晶体管的短路导纳参数(y 参数),根据图 3-5 等效电路可以写出电路方程

$$\begin{cases} \dot{I}_1 = y_{ie}\dot{V}_1 + y_{re}\dot{V}_2 & (3\text{-}9) \\ \dot{I}_2 = y_{fe}\dot{V}_1 + y_{oe}\dot{V}_2 & (3\text{-}10) \end{cases}$$

式中,$y_{ie} = \dfrac{\dot{I}_1}{\dot{V}_1}\Big|_{\dot{V}_2=0}$ 为输出短路时的输入导纳;　　　　　　　　　　(3-11)

$y_{re} = \dfrac{\dot{I}_1}{\dot{V}_2}\Big|_{\dot{V}_1=0}$ 为输入短路时的反向传输导纳;　　　　　　　(3-12)

$y_{fe} = \dfrac{\dot{I}_2}{\dot{V}_1}\Big|_{\dot{V}_2=0}$ 为输出短路时的正向传输导纳;　　(3-13)

$y_{oe} = \dfrac{\dot{I}_2}{\dot{V}_2}\Big|_{\dot{V}_1=0}$ 为输入短路时的输出导纳。　　(3-14)

注:这是晶体管本身的短路参数,即自参数,它只与晶体管的特性有关,而与外电路无关,所以又称内参数。

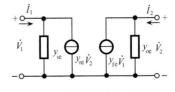

图 3-5　晶体管共发电路的
y 参数等效电路

晶体管当作放大器用时,因为输入端或输出端接有信源与负载,所以 y 参数与外接负载和信号源内阻有关,称为电路 y 参数,又称外参数。根据不同的晶体管型号,不同的工作电压和不同的信号频率,导纳参数可能是实数,也可能是复数。

例 3-2　3CG35 的自参数如下:

$$y_{ie} = (1.2 + j2.2)\ \text{mS}, \qquad y_{re} = (0.06 - j0.3)\ \text{mS}$$
$$y_{fe} = (5.4 - j2.2)\ \text{mS}, \qquad y_{oe} = (0.4 + j1.8)\ \text{mS}$$

高频小信号放大
器等效电路

3.2.2　物理模拟等效电路(混合π等效电路)

上面分析的形式等效电路,没有涉及晶体管的物理结构和工作的物理过程,因此它们不仅适用于晶体管,也适用于任何四端(或三端)器件。

若把晶体管内部的复杂关系,用集中元件 RLC 表示,则每一个元件与晶体管内发生的某种物理过程具有明显的关系。用这种物理模拟的方法所得到的物理等效电路就是混合 π型等效电路。

混合 π型等效电路已在"模拟电子线路"课程中详细讨论过,这里不再重复。在此,仅给出混合 π型等效电路各元件意义和数值,以便以后直接应用。图 3-6 为晶体管混合 π型等效电路。

1) 各参量的物理意义及计算公式

(1) 基极体电阻 $r_{bb'}$。从晶体管内部结构可知,从基极外部引线 b 到内部扩散区中某一个抽象点 b′之间,是一段较长而又薄的 N 型半导体(或P 型),因为掺入杂质很少,因而电导率不高,所以存在一定体电阻,故在 b-b′之间,用集总电阻 $r_{bb'}$ 表示。发射区和集电区掺入杂质多,电导率高,电阻很小,故可略去其体积电阻。不同类型的晶体

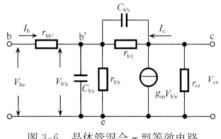

图 3-6　晶体管混合 π型等效电路

管,$r_{bb'}$ 的数值也不一样。$r_{bb'}$ 的存在,使得输入交流信号产生损失,所以 $r_{bb'}$ 的值应尽量减小,一般 $r_{bb'}$ 为 15～50Ω。

(2) 发射结电阻 $r_{b'e}$。晶体管放大时,发射结总工作在正向偏置,所以 $r_{b'e}$ 较小,一般为几百欧。

$$r_{b'e} = \beta_0 \frac{26}{I_e} \qquad (3\text{-}15)$$

式中,I_e 为发射极电流,以毫安为单位;β_0 是低频电流放大系数

$$r_{b'e} = \frac{1}{g_{b'e}}$$

式中,$g_{b'e}$ 为发射结电导。

(3) 发射结电容 $C_{b'e}$。$C_{b'e} = C_j + C_D$,因为发射结为正向工作,所以 $C_{b'e}$ 主要为扩散电容 C_D,一般为 10～500pF。

(4) 集电结电阻 $r_{b'c}$。因为集电结为反偏,所以 $r_{b'c}$ 较大,为 10kΩ～10MΩ,特别是硅管,$r_{b'c}$ 很大,和放大器的负载相比,它的作用往往可以忽略。

(5) 集电结电容 $C_{b'c}$。

$C_{b'c} = C_j + C_D$,因为集电结为反偏置,所以 $C_{b'c} \approx C_j$。

$C_{b'c}$ 为几皮法,$C_{b'c}$ 引起交流反馈,可能引起自激,故希望其小一些。

（6）等效电流发生器 $g_{\mathrm{m}}V_{\mathrm{b'e}}$ 是表示晶体管放大作用的。

当在 b'到 e 之间加上交变电压 $V_{\mathrm{b'e}}$ 时，对集电极电路的作用就相当于有一个电流源 $g_{\mathrm{m}}V_{\mathrm{b'e}}$ 存在。

g_{m} 是晶体管的跨导，反映晶体管的放大能力，即输入对输出的控制能力。根据定义

$$g_{\mathrm{m}} = \frac{I_{\mathrm{C}}}{V_{\mathrm{b'e}}} = \frac{\beta_0}{r_{\mathrm{b'e}}} = \frac{I_{\mathrm{e}}}{26}(\mathrm{S}) \tag{3-16}$$

式中，g_{m} 为几十 mS 的数量。

（7）集射极电阻 r_{ce}。晶体管集电极电流 I_{c} 主要取决于基极电压 $V_{\mathrm{b'e}}$，但集电极电压 V_{ce} 对 I_{c} 也有影响，r_{ce} 较大，常忽略。

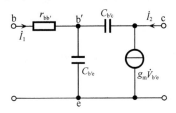

图 3-7　混合 π 等效电路的简化

2）混合 π 等效电路的简化

在一定的工作频率下，$r_{\mathrm{b'c}}$ 与 $C_{\mathrm{b'c}}$ 引起的容抗相比 $r_{\mathrm{b'c}}$ 可视为开路；$r_{\mathrm{b'e}}$ 与 $C_{\mathrm{b'e}}$ 引起的容抗相比 $r_{\mathrm{b'e}}$ 可以忽略，视为开路；r_{ce} 与回路负载比较，可视为开路。根据以上分析，简化后的等效电路如图 3-7所示。

这是工作频率较高时的简化电路，当工作频率范围不同时，等效电路可进行不同的简化。

3.2.3　Y 参数等效电路与混合 π 等效电路参数的转换

当晶体管直流工作点选定以后，混合 π 等效电路各元件的参数也就确定了，但在小信号放大器中，常以 y 参数等效电路作为分析基础。因此，有必要讨论混合 π 等效电路参数与 y 参数的转换，以便根据确定的元件参数进行小信号放大器或其他电路的设计和计算。为了简单起见，在此采用简化混合 π 等效电路，进行分析。

将图 3-5 与图 3-7 等效可推导出用混合 π 参数表示的 Y 参数（在此略去推导过程）。

$$y_{\mathrm{ie}} = \left. \frac{\dot{I}_1}{V_1} \right|_{\dot{v}_2 = 0} = \frac{Y_{\mathrm{b'e}}}{1 + r_{\mathrm{bb'}}Y_{\mathrm{b'e}}} \tag{3-17}$$

$$y_{\mathrm{fe}} = \left. \frac{\dot{I}_2}{V_1} \right|_{\dot{v}_2 = 0} = \frac{g_{\mathrm{m}}}{1 + r_{\mathrm{bb'}}Y_{\mathrm{b'e}}} \tag{3-18}$$

式中

$$Y_{\mathrm{b'e}} = \mathrm{j}\omega(C_{\mathrm{b'e}} + C_{\mathrm{b'c}})$$

$$y_{\mathrm{re}} = \left. \frac{\dot{I}_1}{V_2} \right|_{\dot{v}_1 = 0} = -\frac{\mathrm{j}\omega C_{\mathrm{b'c}}}{1 + r_{\mathrm{bb'}}Y'_{\mathrm{b'e}}} \tag{3-19}$$

$$y_{\mathrm{oe}} = \left. \frac{\dot{I}_2}{V_2} \right|_{\dot{v}_1 = 0} = \mathrm{j}\omega C_{\mathrm{b'c}}\left(1 + \frac{g_{\mathrm{m}}r_{\mathrm{bb'}}}{1 + r_{\mathrm{bb'}}Y'_{\mathrm{b'e}}}\right) \tag{3-20}$$

式中，$Y'_{\mathrm{b'e}} = \mathrm{j}\omega C_{\mathrm{b'e}}$。

若已知 ω，从手册上查得 $r_{\mathrm{bb'}}$、$C_{\mathrm{b'e'}}$、$C_{\mathrm{b'e}}$ 等参数，由此可求得 y_{ie}、y_{re}、y_{fe}、y_{oe}，求得这些参数对计算实际电路是很有用的。

3.3　晶体管谐振放大器

3.3.1　单级单调谐回路谐振放大器

图 3-8 是一个典型的单级单调谐放大器。R_1、R_2、R_3 为偏置电阻，L_F、C_F 为滤波电路，该电路采用负压供电，C_4、L 组成 LC 谐振回路。R_4 是加宽回路频带用的。y_{ie2} 是下一组的输入导纳，R_p 是并联回路本身的损耗，通常在实际电路中不画出来。回路采用了抽头接入方式。单调谐回路共发放大器就是晶体管共发电路和并联回路的组合。所以前面分析的晶体管等效电路和并联回路的结论均可应用。

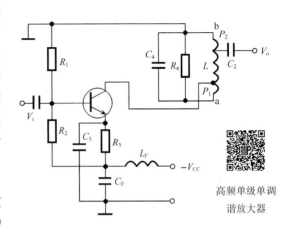

高频单级单调
谐放大器

图 3-8　一个典型的单级单调谐振放大器

1）等效电路分析

因为讨论的是小信号，略去直流参数元件即可用 Y 参数等效电路模拟。图 3-9是单级单调谐放大器的 Y 参数等效电路（图 3-9 中暂未考虑 R_4）。

由图 3-9 可知

$$\left\{\begin{array}{l} \dot{I}_b = y_{ie}\dot{V}_i + y_{re}\dot{V}_c \\[6pt] \dot{I}_c = y_{fe}\dot{V}_i + y_{oe}\dot{V}_c \\[6pt] \dot{I}_c = -\dot{V}_c Y_L' \end{array}\right.$$

$$\text{(3-21)}$$
$$\text{(3-22)}$$
$$\text{(3-23)}$$

Y_L' 代表由集电极 c 向右看去的回路导纳

$$Y_L' = \frac{1}{P_1^2}\left(g_p + j\omega C + \frac{1}{j\omega L} + P_2^2 y_{ie2}\right) \tag{3-24}$$

式（3-22）＝式（3-23），因此

$$\dot{V}_c = -\frac{y_{fe}}{y_{oe} + Y_L'}\dot{V}_i \tag{3-25}$$

将式（3-25）代入式（3-21）得

$$\dot{I}_b = \left(y_{ie} - \frac{y_{re} y_{fe}}{y_{oe} + Y_L'}\right)\dot{V}_i \tag{3-26}$$

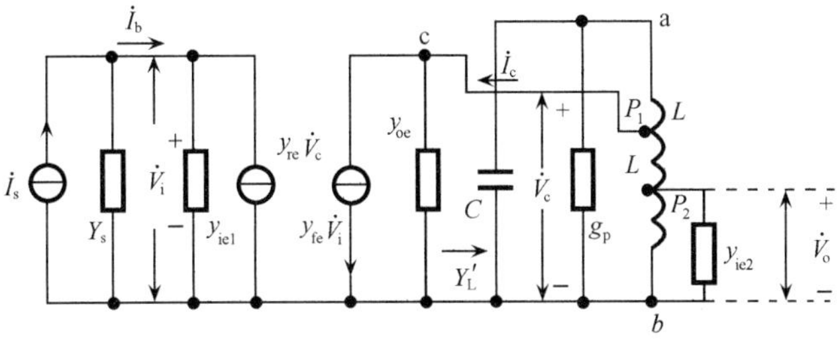

图 3-9　单级单调谐放大器的 Y 参数等效电路

因此放大器的输入导纳

$$Y_i = \frac{\dot{I}_b}{\dot{V}_i} = y_{ie} - \frac{y_{re}y_{fe}}{y_{oe} + Y_L'} \tag{3-27}$$

式中，y_{ie} 为晶体管共发连接时的短路输入导纳；Y_i 为晶体管接成放大器且接有负载 Y_L' 的输入导纳；$\frac{y_{re}y_{fe}}{y_{oe} + Y_L'}$ 为反馈导纳，它会引起放大器的不稳定，在分析放大器的稳定性时将用到，分析其他质量指标时暂不考虑 y_{re}。令 $y_{re} = 0$，即此刻 $Y_i = y_{ie}$。

2）分析质量指标

（1）电压增益。根据定义

$$A_V = \frac{\dot{V}_o}{\dot{V}_i}$$

由图 3-9 可知

$$\dot{V}_o = P_2 \dot{V}_{ab}, \qquad \dot{V}_c = P_1 \dot{V}_{ab}$$

所以

$$\dot{V}_o = \frac{P_2}{P_1}\dot{V}_c \tag{3-28}$$

将式（3-25）代入式（3-28）得

$$\dot{V}_o = -\frac{P_2 y_{fe}}{P_1(y_{oe} + Y_L')}\dot{V}_i \tag{3-29}$$

因此，电压增益

$$\dot{A}_V = \frac{\dot{V}_o}{\dot{V}_i} = -\frac{P_2 y_{fe}}{P_1(y_{oe} + Y_L')} \tag{3-30}$$

由于 $Y_L' = \frac{1}{P_1^2}Y_L$，而

$$Y_L = \left(g_p + j\omega C + \frac{1}{j\omega L} + P_2^2 y_{ie2}\right)$$

Y_L' 为 cb 间导纳，Y_L 为 ab 间导纳。因此

$$\dot{A}_V = \frac{-P_1 P_2 y_{fe}}{P_1^2 y_{oe} + Y_L} = \frac{-P_1 P_2 y_{fe}}{P_1^2 y_{oe} + g_p + j\omega C + \frac{1}{j\omega L} + P_2^2 y_{ie2}} \tag{3-31}$$

设 $\begin{cases} y_{oe} = g_{oe} + j\omega C_{oe} \\ y_{ie2} = g_{ie2} + j\omega C_{ie2} \end{cases}$，代入式（3-31），有

$$\begin{aligned}
\dot{A}_V &= -\frac{P_1 P_2 y_{fe}}{P_1^2 g_{oe} + P_1^2 \cdot j\omega C_{oe} + g_p + j\omega C + \frac{1}{j\omega L} + P_2^2 g_{ie2} + P_2^2 \cdot j\omega C_{ie2}} \\
&= -\frac{P_1 P_2 y_{fe}}{(g_p + P_1^2 g_{oe} + P_2^2 g_{ie2}) + j\omega(C + P_1^2 C_{oe} + P_2^2 C_{ie2}) + \frac{1}{j\omega L}} \\
&= -\frac{P_1 P_2 y_{fe}}{g_\Sigma + j\omega C_\Sigma + \frac{1}{j\omega L}} \tag{3-32}
\end{aligned}$$

一般式表示为

$$\dot{A}_{V} = \frac{-P_1 P_2 y_{\mathrm{fe}}}{g_{\Sigma}\left[1 + \mathrm{j}\dfrac{2Q_L \Delta f}{f_0}\right]} \tag{3-33}$$

式中

$$Q_L = \frac{\omega_0 C_{\Sigma}}{g_{\Sigma}}, \quad f_0 = \frac{1}{2\pi\sqrt{LC_{\Sigma}}}, \quad \Delta f = f - f_0$$

$$g_{\Sigma} = P_1^2 g_{\mathrm{oe}} + g_{\mathrm{p}} + P_2^2 g_{\mathrm{ie2}}, \qquad C_{\Sigma} = C + P_1^2 C_{\mathrm{oe}} + P_2^2 C_{\mathrm{ie2}}$$

式中，f 为工作频率；f_0 为谐振频率。

谐振时，$\Delta f = 0$，因此小信号单级单调谐放大器的谐振电压增益为

$$\dot{A}_{V0} = -\frac{P_1 P_2 y_{\mathrm{fe}}}{g_{\Sigma}} = -\frac{P_1 P_2 y_{\mathrm{fe}}}{g_{\mathrm{p}} + P_1^2 g_{\mathrm{oe}} + P_2^2 g_{\mathrm{ie2}}} \tag{3-34}$$

由式(3-34)可知：

① 输出电压与输入电压相差 $180°$。由于 y_{fe} 本身是一个复数，它也有一个相角 φ_{fe}，实际上输出电压和输入电压之间的相位差应为 $180° + \varphi_{\mathrm{fe}}$。当工作频率较低时，$\varphi_{\mathrm{fe}} \approx 0$，此时输出电压与输入电压相差才等于 $180°$。

② 当要求电压增益加大时，应选择正向传输导纳较大的管子。

③ 电压增益 $\dot{A}_V$ 是频率的函数，当谐振时，电压增益达到最大。

④ 因为有载 $Q_L = \dfrac{\omega_0 C_{\Sigma}}{g_{\Sigma}}$，所以 Q_L 不能太低，否则增益 A_V 较低。

（2）功率增益。

$$A_{P_0} = \frac{\text{负载上获得的功率 } P_0}{\text{信号源送给放大器的功率 } P_i}$$

谐振时可将图 3-9 右边简化为图 3-10。

$$\begin{cases} P_i = V_i^2 g_{\mathrm{ie1}} \\ P_0 = V_{\mathrm{ab}}^2 P_2^2 g_{\mathrm{ie2}} = \left(\dfrac{P_1 y_{\mathrm{fe}} V_i}{g_{\Sigma}}\right)^2 P_2^2 g_{\mathrm{ie2}} \\ A_{P0} = \dfrac{P_0}{P_i} = \dfrac{P_1^2 P_2^2 g_{\mathrm{ie2}} \mid y_{\mathrm{fe}} \mid^2}{g_{\mathrm{ie1}} g_{\Sigma}^2} = (A_{V0})^2 \dfrac{g_{\mathrm{ie2}}}{g_{\mathrm{ie1}}} \end{cases} \tag{3-35}$$

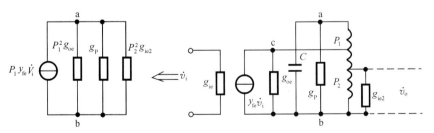

图 3-10　计算功率增益等效电路

若

$$g_{\mathrm{ie1}} = g_{\mathrm{ie2}}$$

则

$$A_{P0} = (A_{V0})^2 \tag{3-36}$$
$$A_{P0}(\text{dB}) = 10\lg A_{P0}$$

当 $P_1^2 g_{oe} = P_2^2 g_{ie2}$ 时达到功率匹配,若不考虑回路本身损耗 g_p,则最大功率增益为

$$(A_{P0})_{\max} = \frac{\mid y_{fe}\mid^2}{4g_{ie}g_{oe}}$$

若考虑回路的插入损耗 K_1,根据第 2 章插入损耗的定义 $K_1 = \dfrac{1}{\left(1 - \dfrac{Q_L}{Q_0}\right)^2}$,则

$$(A_{p0})_{\max} = \frac{\mid y_{fe}\mid^2}{4g_{oe}g_{ie}} \Big/ K_1 = \frac{\mid y_{fe}\mid^2}{4g_{oe}g_{ie}}\left(1 - \frac{Q_L}{Q_0}\right)^2 \tag{3-37}$$

（3）放大器的通频带。放大器 $\dfrac{A_V}{A_{V0}}$ 随 f 而变化的曲线,称为放大器的谐振曲线,如图 3-11 所示。

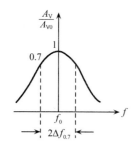

图 3-11　放大器的通频带

根据式（3-33）、式（3-34），有

$$\frac{A_V}{A_{V0}} = \frac{1}{\sqrt{1 + \left(\dfrac{2Q_L\Delta f}{f_0}\right)^2}}$$

当 $\dfrac{A_V}{A_{V0}} = \dfrac{1}{\sqrt{2}}$,得 $2\Delta f_{0.7} = \dfrac{f_0}{Q_L}$ 为放大器的通频带。

下面我们分析带宽与增益的关系。

由第 2 章知

$$Q_L = \frac{\omega_0 C_\Sigma}{g_\Sigma}$$

所以

$$g_\Sigma = \frac{\omega_0 C_\Sigma}{Q_L} = \frac{2\pi f_0 C_\Sigma}{\dfrac{f_0}{2\Delta f_{0.7}}} = 4\pi \Delta f_{0.7} C_\Sigma \tag{3-38}$$

因此放大器的增益可用带宽表示为

$$A_{V0} = \frac{-P_1 P_2 y_{fe}}{g_\Sigma} = \frac{-P_1 P_2 y_{fe}}{4\pi \Delta f_{0.7} \cdot C_\Sigma} \tag{3-39}$$

设 $P_1 = P_2 = 1$,则

$$\mid A_{V0} \cdot 2\Delta f_{0.7} \mid = \frac{\mid y_{fe}\mid}{2\pi C_\Sigma}$$

由此可知带宽与增益的乘积取决于 C_Σ 与 $\mid y_{fe}\mid$,C_Σ 增加则 A_{V0} 下降;当 y_{fe} 和 C_Σ 为定值时（电路定了其值也定了）则带宽与增益乘积为常数。$2\Delta f_{0.7}$ 加宽,则 A_{V0} 下降。

因此选择管子时应选取 y_{fe} 大些的管子,应减少 C_Σ,但 C_Σ 也不能太小,否则不稳定电容的影响会增大。

（4）选择性。根据 3.1 节可知单调谐放大器的选择性用矩形系数来表示为

$$K_{r0.1} = \frac{2\Delta f_{0.1}}{2\Delta f_{0.7}} \tag{3-40}$$

当 $\dfrac{A_V}{A_{V0}} = \dfrac{1}{\sqrt{1 + \left(Q_L\dfrac{2\Delta f_{0.1}}{f_0}\right)^2}} = \dfrac{1}{10}$ 时,$2\Delta f_{0.1} = \sqrt{10^2 - 1}\dfrac{f_0}{Q_L}$,因此

$$K_{r0.1} = \frac{2\Delta f_{0.1}}{2\Delta f_{0.7}} = \sqrt{10^2 - 1} \approx 9.95 \gg 1$$

所以单调谐放大器的矩形系数比 1 大得多,选择性比较差。

例 3-3 在图 3-8 中,设工作频率 $f = 30\text{MHz}$,晶体管的正向传输导纳 $|y_{fe}| = 58.3\text{mS}$,$g_{ie} = 1.2\text{mS}$,$C_{ie} = 12\text{pF}$,$g_{oe} = 400\mu\text{S}$,$C_{oe} = 9.5\text{pF}$,回路电感 $L = 1.4\mu\text{H}$,接入系数 $P_1 = 1$,$P_2 = 0.3$,空载品质因数 $Q_0 = 100$(假设 $y_{re} = 0$,且不考虑 R_4)。

求:单级放大器谐振时的电压增益 A_{V0},通频带 $2\Delta f_{0.7}$,谐振时回路外接电容 C。

解 回路总电容为

$$C_\Sigma = \frac{1}{(2\pi f_0)^2 L} = \frac{1}{(2\pi \times 30 \times 10^6)^2 \times 1.4 \times 10^{-6}} \approx 20(\text{pF})$$

故外加电容 C 应为

$$C = C_\Sigma - (P_1^2 C_{oe} + P_2^2 C_{ie}) = 20 - [9.5 + (0.3)^2 \times 12] \approx 9.4(\text{pF})$$

根据 $Q_0 = \dfrac{\rho_0}{R} = \dfrac{1}{R}\sqrt{\dfrac{L}{C}}$ 得

$$R = \frac{1}{Q_0} \cdot \sqrt{\frac{L}{C}}$$

因此,有载时回路谐振电阻为

$$R_P = \frac{\rho_L^2}{R} = \frac{1}{R} \cdot \left(\sqrt{\frac{L}{C_\Sigma}}\right)^2 = Q_0 \cdot \sqrt{\frac{C}{L}} \cdot \frac{L}{C_\Sigma} = Q_0 \cdot \frac{\sqrt{LC}}{C_\Sigma}$$

$$= 100 \times \frac{\sqrt{1.4 \times 10^{-6} \times 9.4 \times 10^{-12}}}{20 \times 10^{-12}} \approx 18(\text{k}\Omega)$$

则 $g_P = \dfrac{1}{R_P} = \dfrac{1}{18} \times 10^{-3} = 5.5 \times 10^{-5}(\text{S})$

因此,回路总电导

$$g_\Sigma = g_P + P_1^2 g_{oe} + P_2^2 g_{ie2}$$

若下级采用相同晶体管时,即

$$g_{ie1} = g_{ie2} = 1.2\text{mS}$$

则

$$g_\Sigma = 0.055 \times 10^{-3} + 0.4 \times 10^{-3} + (0.3)^2 \times 1.2 \times 10^{-3} \approx 0.56 \times 10^{-3}(\text{S})$$

电压增益为

$$A_{V0} = \frac{P_1 P_2 |y_{fe}|}{g_\Sigma} = \frac{0.3 \times 58.3}{0.56} \approx 31$$

通频带为

$$2\Delta f_{0.7} = \frac{P_1 P_2 |y_{fe}|}{2\pi C_\Sigma A_{V0}} = \frac{0.3 \times 58.3 \times 10^{-3}}{2\pi \times 20 \times 10^{-12} \times 31} \approx 4.49(\text{MHz})$$

3.3.2 多级单调谐回路谐振放大器

若单级放大器的增益不能满足要求,就可以采用多级级联放大器。图 3-12 表示三级中放单调谐回路共发射极放大器。级联后的放大器,其增益、通频带和选择性都将发生变化。

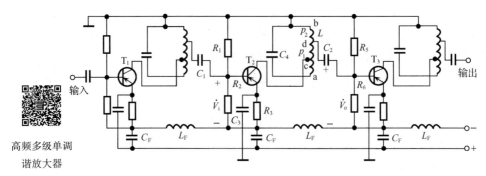

高频多级单调
谐放大器

图 3-12 三级中放单调谐回路共发射极放大器

1. 多级放大器的电压增益

假如,放大器有 m 级,各级的电压增益分别为 $A_{v1},A_{v2},\cdots,A_{vm}$,则总增益 A_m 是各级增益的乘积,即

$$A_m = A_{v1} \cdot A_{v2} \cdots A_{vm} \tag{3-41}$$

如果多级放大器由完全相同的单级放大器组成,则

$$A_m = A_{v1}^m \tag{3-42}$$

m 级相同的放大器级联时,它的谐振曲线可由式(3-43)表示

$$\frac{A_m}{A_{m_0}} = \frac{1}{\left[1 + \left(\dfrac{Q_L 2\Delta f}{f_0}\right)^2\right]^{\frac{m}{2}}} \tag{3-43}$$

它等于各单级谐振曲线的乘积。所以级数越多,谐振曲线越尖锐。

2. 多级放大器的通频带

对 m 级放大器而言,通频带的计算应满足

$$\frac{A_m}{A_{m_0}} = \frac{1}{\left[1 + \left(\dfrac{Q_L 2\Delta f_{0.7}}{f_0}\right)^2\right]^{\frac{m}{2}}} = \frac{1}{\sqrt{2}}$$

解上式,可求得 m 级放大器的通频带 $(2\Delta f_{0.7})_m$ 为

$$(2\Delta f_{0.7})_m = \sqrt{2^{\frac{1}{m}} - 1} \cdot 2\Delta f_{0.7} = \sqrt{2^{\frac{1}{m}} - 1}\,\frac{f_0}{Q_L} \tag{3-44}$$

式中,$2\Delta f_{0.7}$ 为单级放大器的通频带,$\sqrt{2^{\frac{1}{m}}-1}$ 称为带宽缩减因子,它意味着,级数增加后,总通频带变窄的程度。

3. 多级单调谐放大器的选择性(矩形系数)

按矩形系数定义,当 $\dfrac{A_V}{A_{V0}} = 0.1$ 时,求得 $2\Delta f_{0.1}$。对于多级而言,由式(3-43)求得

$$(2\Delta f_{0.1})_m = \sqrt{100^{\frac{1}{m}} - 1}\,\frac{f_0}{Q_L} \tag{3-45}$$

故 m 级单调谐回路放大器的矩形系数为

$$K_{r0.1} = \frac{(2\Delta f_{0.1})_m}{(2\Delta f_{0.7})_m} = \frac{\sqrt{100^{\frac{1}{m}} - 1}}{\sqrt{2^{\frac{1}{m}} - 1}} \tag{3-46}$$

单调谐回路放大器的优点是电路简单,调试容易;其缺点是选择性差(矩形系数离理想的矩形系数 $K_{r0.1}=1$ 较远),增益和通频带的矛盾比较突出。要解决这个矛盾常采用双调谐回路谐振放大器,即放大器的负载采用双调谐耦合回路,读者可参考有关文献。

3.4 谐振放大器的稳定性

高频小信号放大器
稳定性分析

放大器的工作稳定性是重要的质量指标之一,由前面分析可知,放大器的输入导纳

$$Y_i = \frac{I_b}{V_i} = y_{ie} - \frac{y_{re}y_{fe}}{y_{oe}+Y_L'} = y_{ie} + Y_F$$

在前面讨论 A_{V0} 时忽略了内部反馈 y_{re},实际上由于 y_{re} 存在使放大器可能产生自激。本节进一步分析谐振放大器工作不稳定的原因并提出使放大器稳定工作的措施。

3.4.1 自激产生的原因

放大器输入等效电路如图 3-13 所示,Y_s 是信号源导纳。

反馈导纳 $Y_F=g_F+jb_F$,其中,g_F 改变了回路的 Q_L 值,b_F 引起回路失谐。g_F 是频率的函数,在某些频率上可能为负值,即呈负电导性,它使回路的总电导减小,Q_L 值增加,放大器的通频带减小,增益也因损耗的减少而增加。即负电导 g_F 供给回路能量,出现正反馈,若负电导 $g_F = g_s+g_{ie}$,则回路总电导 $g=0,Q_L\rightarrow\infty$,放大器失去放大性能,处于自激振荡工作状态。

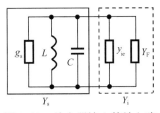

图 3-13 放大器输入等效电路

3.4.2 放大器产生自激的条件

根据以上分析,当 $Y_s + Y_i=0$ 时放大器产生自激,由式中可见放大器的反馈能量抵消了回路损耗能量,且电纳部分也恰好抵消。因此,放大器产生自激的条件是

$$Y_s + y_{ie} - \frac{y_{fe}y_{re}}{y_{oe}+Y_L'} = 0 \tag{3-47}$$

即

$$\frac{(Y_s + y_{ie})(y_{oe}+Y_L')}{y_{fe}y_{re}} = 1 \tag{3-48}$$

晶体管反向传输导纳 y_{re} 越大,则反馈越强,式(3-48)等号左边值就越小。该值越接近于1,放大器越不稳定。因此我们引入稳定系数 S 来表示放大器的稳定性。根据式(3-48)可以推导(见附录1)稳定系数

$$S = \frac{2(g_s + g_{ie})(g_{oe}+g_L')}{\mid y_{fe}\mid\mid y_{re}\mid[1+\cos(\varphi_{fe}+\varphi_{re})]} \tag{3-49}$$

式中,φ_{fe}、φ_{re} 分别为 y_{fe}、y_{re} 的相角;S 表示放大器能稳定工作的条件。

当满足 $Y_s+Y_i=0$ 时,$S=1$ 放大器自激;$S<1$ 时放大器更自激;$S>1$ 时放大器存在潜在不稳定;只有当 $S\gg1$ 时内部反馈最小,放大器才工作稳定。

通常工程设计中取 S 为 5~10。

3.4.3 谐振电压增益 A_{V0} 与稳定系数 S 的关系

根据图 3-9,在工程计算中常做如下近似。

(1) 当工作频率 f_0 远小于特征频率 f_T 时,$y_{fe} = |y_{fe}|$ 即 $\varphi_{fe} = 0$。

(2) 反馈导纳

$$y_{re} = -\frac{j\omega C_{b'c}}{1 + r_{bb'}Y_{b'e}} \approx -j\omega C_{re} \approx -j\omega C_{b'c}$$

即

$$\varphi_{re} = -90°$$

(3)

$$g_s + g_{ie} = g_{oe} + g_L' = g$$

$$g_L' = \frac{1}{P_1^2}(g_p + P_2^2 g_{ie2})$$

当 $P_1 = P_2 = 1$ 时,将以上条件代入式 (3-49),得

$$S = \frac{2g^2}{|y_{fe}|\omega C_{re}} \tag{3-50}$$

而由前面可知

$$A_{V0} = \frac{|y_{fe}|}{g_{oe} + g_L} = \frac{|y_{fe}|}{g} \tag{3-51}$$

将式(3-50)代入式 (3-51)得

$$A_{V0} = \sqrt{\frac{2|y_{fe}|}{S\omega_0 C_{re}}} \tag{3-52}$$

当 $S = 5$ 时

$$(A_{V0})_s = \sqrt{\frac{|y_{fe}|}{2.5\omega_0 C_{re}}} \tag{3-53}$$

$(A_{V0})_s$ 是保持放大器稳定工作所允许的电压增益,称为稳定电压增益,为保证放大器稳定工作,A_{V0} 不允许超过 $(A_{V0})_s$。

注意,$(A_{V0})_s$ 只考虑了内部反馈,未考虑外部其他原因引起放大器工作不稳定的反馈。

以上分析了放大器不稳定的因素及产生自激的条件,下面分析克服自激的方法。

3.4.4 克服自激的方法

由于晶体管有反向传输导纳 y_{re} 存在,实际上晶体管为双向器件。因此我们从管子本身想办法,设计管子时尽量减小 $C_{b'c}$,从而减小 y_{re} 的影响。另外可从电路上想办法,抵消或减小 y_{re} 的作用,使晶体管单向化。

单向化的方法有两种:一种是消除 y_{re} 的反馈作用,称为中和法;另一种是使负载电导 g_L 或信号源电导的数值加大,使得输入或输出回路与晶体管失去匹配,称为失配法。

1) 中和法

在晶体管的输出端和输入端之间插入一个外加的反馈电路,使它的作用恰好和晶体管的内反馈互相抵消。

具体线路如图 3-14(a)所示,C_N 为外接电容。图 3-14(b)为其电桥等效电路。

当电桥平衡时,CD 两端的回路电压 $\dot{V}_0$ 不会反映到 AB 两端,即输出不影响输入,变双

向器件为单向器件。电桥平衡时,两对边阻抗之比相等,即

$$\frac{\omega L_1}{\omega L_2} = \frac{\dfrac{1}{\omega C_{b'c}}}{\dfrac{1}{\omega C_N}}$$

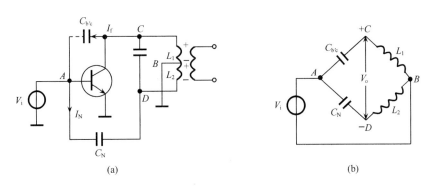

(a)　　　　　　　　　　　　　　　　　(b)

图 3-14　加中和电容的放大器电路

因此外接电容

$$C_N = \frac{L_1}{L_2} C_{b'c} \tag{3-54}$$

由于 y_{re} 与 ω 有关,所以中和法只能在一个频率上完全中和。

2) 失配法

基本思想是信号源内阻不与晶体管输入阻抗匹配,晶体管输出端负载阻抗不与本级晶体管的输出阻抗匹配。

由于阻抗不匹配,输出电压减小,反馈到输入电路的影响也随之减小。因此失配法用牺牲增益来提高放大器的稳定性。

根据前面分析可知放大器等效输入导纳为

$$Y_i = y_{ie} - \frac{y_{fe} \cdot y_{re}}{y_{oe} + Y'_L}$$

要使放大器输入导纳 Y_i 等于晶体管短路输入导纳 y_{ie},即使后项为零,则必须加大 Y'_L。

晶体管实现单向化,只与管子本身参数有关,失配法一般采用共发-共基级联放大器电路,如图 3-15 所示。

因为共发电路中输入、输出阻抗较高,共基电路中输入阻抗低,输出阻抗高,而共基的输入阻抗是共发的负载,故 Y_L 大。

因为共发放大器的 y_{oe} 较小(阻抗大),对 T_2 来说,T_1 的输出导纳就是它的信源内导纳 Y_s,若 $Y_s(y_{oe})$ 小则 T_2 输出导纳 Y_o 就只和共基极晶体管 T_2 本身有关,而不受它的输入电路的影响。所以复合管的输入和输出导纳基本上不再互相依赖,可把它看成单向器件。

另外,共发-共基级联电路能保证小的噪声系数。这类放大器的增益计算方法与单管共发相同。

复合管 y 参数可用式(3-55)近似表示

$$y'_i \approx y_{ie} \tag{3-55}$$

$$y_r' \approx \frac{y_{re}}{y_{fe}}(y_{re} + y_{oe}) \qquad (3-56)$$

$$y_f' \approx y_{fe} \qquad (3-57)$$

$$y_o' \approx - y_{re} \qquad (3-58)$$

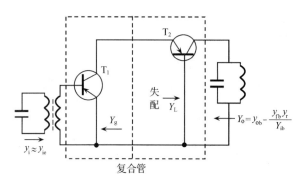

图 3-15　共发-共基级联放大器电路

由此看出，y_i' 和 y_f' 与单管情况相当，而反向传输导纳（反馈导纳）y_r' 和输出导纳 y_o' 则与单管情况差别大，复合管的 y_r' 小于单管 y_{re} 三个数量级，这说明级联后的内部反馈影响已大大减弱，所以，放大器的工作稳定性提高了。复合管的输出导纳 y_o' 也只是单管 y_{oe} 的几分之一，这说明级联放大器的输出端可以直接和阻抗较高的调谐回路相匹配，不再需要抽头接入，有利于提高放大器的增益。

3）中和法与失配法比较

中和法的优点是电路简单，增益不受影响；其缺点是只能在一个频率上完全中和，不适合宽带，因为晶体管离散性大，实际调整麻烦，不适于批量生产。采用中和法对放大器由于温度等原因引起各种参数变化没有改善效果。

失配法的优点是性能稳定，能改善各种参数变化的影响；频带宽，适合宽带放大，适于波段工作；生产过程中无须调整，适于大量生产。

失配法的缺点是增益较低。

4）谐振放大器电路举例

图 3-16 表示国产某调幅通信机接收部分所采用的二级共发-共基级联中频放大器电路。

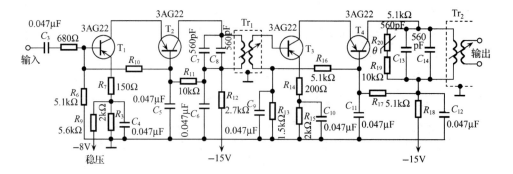

图 3-16　二级共发-共基级联中频放大器电路

第一级中放由晶体管 T_1 和 T_2 组成共发-共基级联电路,电源电路采用串馈供电,R_6、R_{10}、R_{11} 为这两个管子的偏置电阻,R_7 为负反馈电阻,用来控制和调整中放增益。R_8 为发射极温度稳定电阻。R_{12}、C_6 为本级中放的去耦电路,防止中频信号电流通过公共电源引起不必要的反馈。变压器 Tr_1 和电容 C_7、C_8 组成单调谐回路。

C_4、C_5 为中频旁路电容器。人工增益控制电压通过 R_9 加至 T_1 的发射极,改变控制电压($-8V$)即可改变本级的直流工作状态,达到增益控制的目的。

耦合电容 C_3 至 T_1 的基极之间加接的 680Ω 电阻是防止可能产生寄生振荡(自激振荡)用的,是否一定加,这要根据具体情况而定。

第二级中放由晶体管 T_3 和 T_4 组成共发-共基级联电路,基本上和第一级中放相同,仅回路上多并联了电阻,即 R_{19} 和 R_{20} 的串联值。电阻 R_{19} 和热敏电阻 R_{20} 串接后做低温补偿,使低温时灵敏度不降低。

在调整合适的情况下,应该保持两个管子的管压降接近相等。这时能充分发挥两个管子的作用,使放大器达到最佳的直流工作状态。

3.5　场效应管高频小信号放大器

模拟电子技术中已经介绍了场效应管的特性,它具有输入阻抗高、噪声小、线性好、动态范围大等优点,尤其是双栅场效应管的稳定性比较高,适于用作接收机的前端电路。场效应管与晶体三极管电路类似,单管放大器也有三种电路组态形式,即共源极电路、共漏极电路和共栅极电路,也可由两个场效应管组成级联放大器。下面介绍两种稳定性较好的场效应管高频小信号放大器常用电路。

3.5.1　双栅场效应管高频放大器

双栅场效应管也称为双栅 MOS 管,一根管子有两个控制删极。由于增加了第二栅极 g_2,它具有一定的屏蔽作用,使得漏极与第一栅极之间的反馈电容变得很小,一般均小于 $0.05pF$,用这样的管子制作的放大器工作稳定性高。图 3-17 所示是彩色电视机高频调谐器中具有自动增益控制作用的双栅场效应管高频放大器电路。输入信

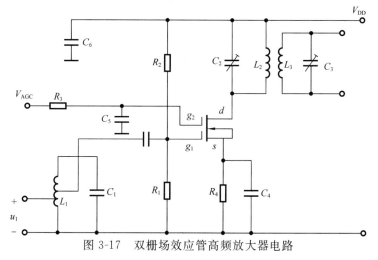

图 3-17　双栅场效应管高频放大器电路

号通过 L_1C_1 组成的单调谐输入回路加到第一栅板 g_1，通过双栅场效应管进行放大。漏极接的负载为互感耦合双调谐回路，耦合度较强，频率特性呈双峰特性。第二栅板 g_2 通过 C_5 交流接地，可认为是构成共栅接法的形式，整个管子构成共源-共栅放大器。第二栅板 g_2 还通过 R_3 加入自动增益控制（AGC）电压，实现放大器的增益控制。其原理是当改变双栅场效应管的第二栅板 g_2 的电压时，改变场效应管正向传输特性的斜率，从而改变高频放大器的增益。

3.5.2　结型场效应管级联电路

　　与晶体管共发-共基级联放大器相似，场效应管也可级联为共源-共栅电路，如图 3-18 所示。级联放大器由于其反向传输导纳很小，内部反馈很弱，所以放大器的稳定性高。场效应管共源-共栅级联放大器由于具有电压增益较高、工作稳定、高频特性好、动态范围大、噪声小、线性好等特点，在通信系统中应用较广泛。

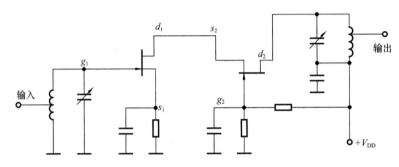

图 3-18　场效应管共源-共栅级联电路

3.6　非调谐式放大器与集成电路放大器

3.6.1　非调谐回路式放大器

　　上面介绍了谐振回路放大器的常用电路。目前还广泛地应用非调谐回路式放大器，即由第 2 章所述的各种滤波器（满足选择性和通频带要求）和线性放大器（满足放大量）组成。参见 2.1.5 节电路分析（图 2-39 和图 2-42）。

　　采用这种形式有如下优点。

　　（1）将选择性回路集中在一起，有利于微型化。例如，采用石英晶体滤波器和线性集成电路放大器后，体积能够做得很小。

　　（2）稳定性好，集中滤波器仅接在放大器的某一级，因此晶体管的影响很小，提高了放大器的稳定性。

　　（3）通常将集中滤波器接在放大器组的低信号电平处（例如，在接收机的混频和中放之间）。这样可使噪声和干扰首先受到大幅度的衰减，提高信号噪声比。

　　（4）便于大量生产。集中滤波器作为一个整体，可单独进行生产和调试，大大缩短了整机生产周期。

3.6.2　集成电路谐振放大器

放大器件用集成电路构成的调谐放大器称为集成调谐放大器。集成电路体积小,外部接线及焊点少,可以提高电路的工作频率、稳定性、可靠性。但高品质因数电感和较大的电容不易在基片上制造,使选频放大器不能全部集成化,通常需外接选频电路和一些相关元件。

在选择集成电路时,首先考虑工作频率范围和 3dB 带宽,再者考虑其增益、噪声系数、输出阻抗等因素。有些器件具有自动增益控制(AGC)功能,从器件 AGC 端施加电压(或电流)可控制其增益。

下面介绍几种集成小信号谐振放大器。

1. 由 MC1590 构成的选频放大器

器件 MC1590 具有工作频率高,不易自激的特点,并带有自动增益控制的功能。其内部结构为一个双端输入、双端输出的全差动式电路,具体组成可参考相关手册。其主要参数如表 3-1 所示。MC1590 应用电路如图 3-19 所示。

表 3-1　MC1590 放大器主要参数

参数名称		符号	参数值	单位
AGC 范围[v(AGC)=5~7V]		MAGC	≥60	dB
单端功率增益 (0.5~10MHz)	A 档	A_P	≥30	dB
	B 档		≥60	dB
带宽		B	10	MHz
噪声系数		N_F	≤7	dB
差动输出摆幅(odBAGC)		v_0	4	V_{pp}
输出电流(I_5端＋I_6端)		I_o	5	mA
输出电流对称度(I_5 端－I_6 端)		ΔI_o	≤0.5	mA
电源电流		I_{cc}	≤20	mA
消耗功率		P_d	≤240	mW

器件的输入和输出各有一个单谐振回路。输入信号 v_i 通过隔直流电容 C_4 加到输入端的引脚“1”,另一输入端的引脚“3”通过电容 C_3 交流接地,输出端之一的引脚“6”连接电源正端,并通过电容 C_5 交流接地,故电路是单端输入、单端输出。由 L_3 和 C_6 构成去耦滤波器,减小输出级信号通过供电电源对输入级的寄生反馈。

图 3-19 所示电路,并非唯一的电路形式。还可以有其他的连接方式。例如,输入回路与输出回路和器件的耦合,可以用部分接入方式连接。若将输出回路电感 L_2 的中心抽头和供电电源正端相接,由于电源正端为交流零电位,电路便成了双端输出。

2. ULN2204 集成电路中的放大器

ULN2204 是单片调频-调幅收音机集成块,其内部包含中频放大器、调幅检波器、调幅混频器、调频鉴频器、AGC(自动增益控制)、AFC(自动频率控制)及音频功率放大器等电路。图 3-20 表示其中的中频放大器。

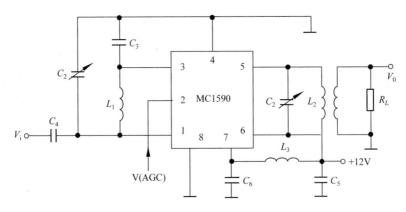

图 3-19　集成选频放大器

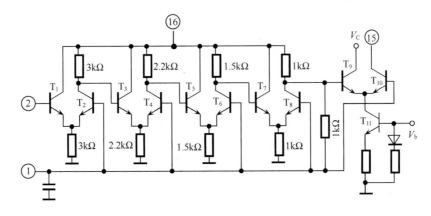

图 3-20　ULN-2204 集成块的中放部分

由于直接耦合差分电路可以克服零点漂移,级联时可以省略大容量隔直流电容,且有好的频率特性,因此在实际较大规模的集成电路时,差分电路用得较多。ULN-2204 集成块的中频放大器,就是由五级差分电路直接级联而成的。前四级差分放大(T_1、T_2、T_3、T_4、T_5、T_6、T_7、T_8)都是以电阻做负载的共集-共基放大电路,它们保证了高频工作时的稳定性;末级差分放大是采用恒流管 T_{11} 的共集-共基放大对管(T_9 和 T_{10})。

从调频或调幅变频器输出的各变频分量中,经过集中选择性滤波器,选出调频中频信号(10.7MHz)或调幅中频信号(465kHz),接到放大器的输入端②、①。经放大后,在 T_{10} 管输出端⑮再用集中选择性滤波器做负载并经鉴频或检波检出音频信号。放大器的各级直流电源接图中的⑯。V_C、V_B 分别由集成电路中的控制电路及稳压电路供给。

知识点注释

高频小信号放大器:放大高频微弱信号的放大器称为高频小信号放大器。高频小信号放大器工作在电子器件的线性区域,放大器输入与输出信号的频谱完全相同。

谐振放大器:负载为 LC 调谐回路的谐振放大器,这种放大器不仅有放大作用,而且有选频作用。

放大器的通频带:通常指放大器的电压增益下降到最大值的 0.707 时,所对应的频率范围,也称为 3dB 带宽。

放大器的电压增益:放大器的输出电压与输入电压之比。

放大器的功率增益:放大器的输出功率与输入功率之比。

放大器的选择性:指大器从各种不同频率的信号的总和(有用的和有害的)中选出有用信号,抑制干扰信号的能力称为放大器的选择性。选择性常采用矩形系数和抑制比来表示。

矩形系数 K_r:表示对邻道干扰的抑制能力。$K_{r0.1}=2\Delta f_{0.1}/2\Delta f_{0.707}$,$K_{r0.01}=2\Delta f_{0.01}/2\Delta f_{0.707}$,其中,$2\Delta f_{0.1}$ 和 $2\Delta f_{0.01}$ 分别为放大倍数下降至 0.1 和 0.01 处的带宽,K_r 越接近于 1 越好。

抑制比 d_n:表示对某个干扰信号 f_n 的抑制能力,用 d_n 表示,定义为 $d_n=\dfrac{A_{V0}}{A_n}$,其中 A_n 为干扰信号的放大倍数,A_{V0} 为谐振点的放大倍数。

放大器的稳定性:指在电源电压变化或器件参数变化时增益、通频带和选择性的稳定程度。

稳定系数 S:定义 $S=\dfrac{(Y_S+y_{ie})(y_{oe}+Y_L')}{y_{fe}y_{re}}$,当 $S=1$ 时产生自激,当 $S\gg1$ 时稳定,一般要求 $S=5\sim10$。

噪声系数:衡量放大器的噪声性能,定义为输入信噪比除以输出信噪比。噪声系数越接近 1 越好。

物理模拟等效电:指混合 π 参数等效电路,把晶体管内部的物理过程用集中器件 RLC 表示。用这种物理模型的方法所涉及的物理等效电路。

Y 参数等效电路:高频小信号放大器由于信号小,可以认为它工作在管子的线性范围内,常采用有源线性四端网络进行分析。Y 参数不仅与静态工作点有关,而且是工作频率的函数。

单调谐回路共发谐振放大器:指晶体管共发电路和并联回路的组合。

多级单调谐回路谐振放大器:指由多个单调谐回路谐振放大器级联组成的放大器。

中和法:在放大器线路中插入一个外加的反馈电路,使它的作用恰好和晶体管的内反馈互相抵消。

失配法:信号源内阻不与晶体管输入阻抗匹配;晶体管输出端负载不与本级晶体管的输出阻抗匹配、由于阻抗不匹配,输出电压减小,反馈到输入电路的影响也随之减小,使增益下降,提高稳定性,即以牺牲电压增益来换取放大器的稳定性。

本 章 小 结

(1) 高频小信号放大器通常分为谐振放大器和非谐振放大器,谐振放大器的负载为串、并联谐振回路或耦合回路。

(2) 小信号谐振放大器的选频性能可由通频带和选择性两个质量指标来衡量。用矩形系数可以衡量实际幅频特性接近理想幅频特性的程度,矩形系数越接近于 1,则谐振放大器的选择性越好。

(3) 高频小信号放大器由于信号小,可以认为它工作在管子的线性范围内,常采用有源线性四端网络进行分析。Y 参数等效电路和混合 π 等效电路是描述晶体管工作状况的重要模型。

Y 参数与混合 π 参数有对应关系,Y 参数不仅与静态工作点有关,而且是工作频率的函数。

(4) 单级单调谐放大器是小信号放大器的基本电路,其电压增益主要取决于管子的参数、信号源和负载,为了提高电压增益,谐振回路与信号源和负载的连接常采用部分接入方式。

(5) 由于晶体管内部存在反向传输导纳 Y_{re},使晶体管成为双向器件,在一定频率下使回路的总电导为零,这时放大器会产生自激。为了克服自激常采用中和法和失配法使晶体管单向化。保持放大器稳定工作所允许的电压增益称为稳定电压增益,用 $(A_{V0})_s$ 表示,$(A_{V0})_s$ 只考虑了内部反馈,未考虑外部其他原因引起的反馈。

(6) 非调谐式放大器由各种滤波器和线性放大器组成,它的选择性主要取决于滤波器,这类放大器的稳定性较好。

(7) 集成电路谐振放大器体积小、工作稳定可靠、调整方便,其有通用集成电路放大器和专用集成电路放大器,也可和其他功能电路集成在一起。

思考题与习题

3-1　晶体管低频放大器与高频小信号放大器的分析方法有什么不同？高频小信号放大器能否用特性曲线来分析，为什么？

3-2　在晶体管混合 π 型等效电路中，参量 $r_{bb'}$ 和 $r_{b'c}$ 的含义是什么？它们对小信号放大器的主要指标会有什么影响？

3-3　高频小信号放大器的负载与低频放大器有什么不同？

3-4　为什么在高频小信号放大器中要考虑阻抗匹配问题？

3-5　小信号放大器的主要质量指标有哪些？设计时遇到的主要问题是什么？解决办法如何？

3-6　3DG6C 型晶体管在 $V_{CE}=10V$，$I_E=1mA$ 时的 $f_T=250MHz$，又 $r_{bb'}=70\Omega$，$C_{b'c}=3pF$，$\beta_0=50$。求该管在频率 $f=10MHz$ 时的共发电路的 y 参数。

3-7　放大器稳定电压增益的含义是什么？如何使放大器稳定工作？

3-8　在高频小信号放大器中，如果负载回路已调好，为了加宽放大器的通频带可采用什么方法？

3-9　在题图 3-1 中，晶体管 3DG39 的直流工作点是 $V_{CE}=+8V$，$I_E=2mA$；工作频率 $f_0=10.7MHz$；调谐回路采用中频变压器 $L_{1\sim3}=4\mu H$，$Q_0=100$，其抽头为 $N_{2\sim3}=5$ 圈，$N_{1\sim3}=20$ 圈，$N_{4\sim5}=5$ 圈。试计算放大器的下列各值：电压增益、通频带、回路插入损耗和稳定系数 S（设放大器和前级匹配 $g_s=g_{ie}$）。晶体管 3DG39 在 $V_{CE}=8V$，$I_E=2mA$ 时参数如下：

$$g_{ie}=2860\mu S,\qquad C_{ie}=18pF$$
$$g_{oe}=200\mu S,\qquad C_{oe}=7pF$$
$$|y_{fe}|=45mS,\qquad \varphi_{fe}=-54°$$
$$|y_{re}|=0.31mS,\qquad \varphi_{re}=-88.5°$$

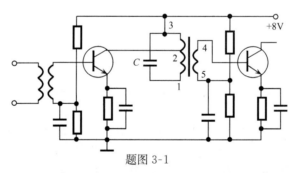

题图 3-1

3-10　题图 3-2 表示一个单调谐回路中频放大器。已知工作频率 $f_0=10.7MHz$，回路电容 $C_2=56pF$，回路空载品质因数 $Q_0=100$，回路电热 $L=4\mu H$，L 的圈数 $N=20$，接入系数 $P_1=P_2=0.3$，$R_5=10k\Omega$。采用晶体管 3DG6C，由手册得得，$g_{ie}=0.15mS$，$C_{ie}=21pF$，$g_{oe}=64.5\mu S$，$C_{oe}=11pF$，$|y_{fe}|=38mS$。静态工作点电流由 R_1、R_2、R_3 决定，现 $I_E=1mA$，对应的 $\beta_0=50$。求：

(1) 单级电压增益 A_{V0}；

(2) 单级通频带 $2\Delta f_{0.7}$；

(3) 四级的总电压增益 $(A_{V0})_4$；

(4) 四级的总通频带 $(2\Delta f_{0.7})_4$；

(5) 如四级的总通频带 $(2\Delta f_{0.7})_4$ 保持和单级的通频带 $2\Delta f_{0.7}$ 相同，则

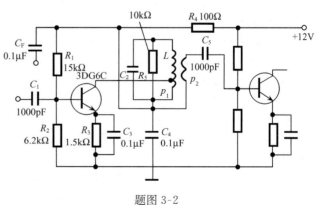

题图 3-2

单级的通频带应加宽多少？四级的总电压增益下降多少？

3-11　为什么晶体管在高频工作时要考虑单向化问题，而在低频工作时，则可不必考虑。

3-12　影响谐振放大器稳定性的因素是什么？反馈导纳的物理意义是什么？

3-13　用晶体管 CG30 做一个 30MHz 中频放大器，当工作电压 $V_{CE}=8V$，$I_E=2mA$ 时，其 y 参数是

$$y_{ie}=(2.86+j3.4)mS,\qquad y_{re}=(0.08-j0.3)mS$$

$$y_{fe}=(26.4-j36.4)mS,\qquad y_{oe}=(0.2+j1.3)mS$$

求此放大器的稳定电压增益 $(A_{V0})_S$，要求稳定系数 $S\geqslant 5$。

3-14　和以常规 LC 谐振回路为选频网络的选频放大器相比，以石英晶体滤波器和以陶瓷滤波器作为选频网络的选频放大器有何主要特点？

3-15　在题图 3-3 中，设工作频率 $f=30MHz$，晶体管的正向传输导纳 $|y_{fe}|=58.3mS$，$g_{ie}=1.2mS$，$C_{ie}=12pF$，$g_{oe}=400\mu S$，$C_{oe}=9.5pF$，回路电感 $L=1.4\mu H$，接入系数 $P_1=1$，$P_2=0.3$，空载品质因数 $Q_0=100$（假设 $y_{re}=0$）。

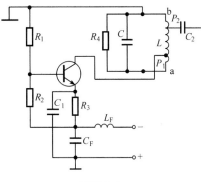

试求：

（1）单级放大器谐振时的电压增益 A_{V0}；

（2）谐振时回路外接电容 C；

（3）通频带 $2\Delta f_{0.7}$；

（4）若 $R_4=10k\Omega$，试计算并比较在回路中并上 R_4 前后的通频带和增益。

题图 3-3

谐振功率放大器作用与特点

第4章 谐振功率放大器

4.1 概　述

谐振功率放大器的主要任务是用来放大高频大信号,主要用于发射机的末级,使其获得足够的高频功率并馈送到天线辐射出去。它在发射机中的位置可参见第1章中发射机原理框图。谐振功率放大器主要解决的问题是高效率和高功率输出。

谐振功率放大器与小信号谐振放大器以及非谐振功率放大器有什么异同之处呢?谐振功率放大器与小信号谐振放大器相同之处是,它们放大的信号均为高频信号,而且放大器的负载均为谐振回路。而不同之处为,激励信号幅度大小不同,放大器工作点不同,晶体管动态范围不同。小信号谐振放大器的激励信号幅度小,工作点取在特性曲线的中间,通过图4-1所示转移特性曲线看到,放大后电流为完整的正弦波,小信号谐振放大器也称为线性谐振放大器。谐振功率放大器的激励信号通常大于1V,工作点一般取在截止偏压以下,由图4-2可见,只有当信号幅度大于管子的截止偏压时管子才导通,它放大后的电流为余弦脉冲状电流波形。

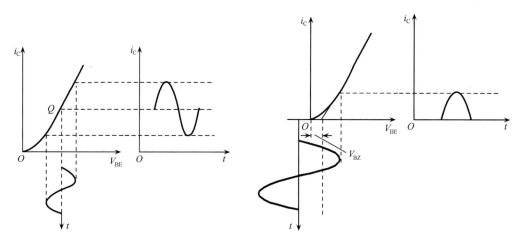

图 4-1　小信号谐振放大器波形图　　　　图 4-2　谐振功率放大器波形图

谐振功率放大器与非谐振功率放大器都要求输出功率大和效率高。功率放大器实质上是一个能量转换器,即把电源供给的直流能量转化为交流能量,能量转换的能力即功率放大器的效率。谐振功率放大器通常用来放大窄带高频信号(信号的通带宽度只有其中心频率的1%或更小),其工作状态通常选为丙类工作状态($\theta_c < 90°$),为了不失真地放大信号,它的负载必须是谐振回路。而非谐振放大器又可分为低频功率放大器和宽带高频功率放大器。低频功率放大器的负载为无调谐负载,如电阻、变压器等,通常工作在甲类或乙类工作状态;宽带高频功率放大器则是以频率响应很宽的传输线作负载,放大器可在很宽的范围内变换

工作频率,而不必重新调谐。

由前面可知,功率放大器一般分为甲类、乙类、甲乙类、丙类、丁类工作方式,为了进一步地提高工作效率还提出了丁类与戊类放大器,这两类放大器工作在开关状态。不同工作状态时放大器的特点见表 4-1。

表 4-1　不同工作状态时放大器的特点

工作状态	半导通角	理想效率	负载	应用
甲类	$\theta_c = 180°$	50%	电阻	低频
乙类	$\theta_c = 90°$	78.5%	推挽,回路	低频,高频
甲乙类	$90° < \theta_c < 180°$	$50\% < \eta < 78.5\%$	推挽	低频
丙类	$\theta_c < 90°$	$\eta > 78.5\%$	选频回路	高频
丁类	开关状态	$90\% \sim 100\%$	选频回路	高频

由于谐振功率放大器通常工作于丙类工作状态,属于非线性电路。因此,不能采用线性等效电路进行分析,通常采用折线近似分析法进行分析。

4.2　谐振功率放大器的工作原理

谐振功率放大器工作原理

4.2.1　谐振功率放大器的原理及电压、电流波形

如图 4-3 所示,该电路由晶体管、LC 谐振回路和直流供电电路组成。晶体管在将供电电源的直流能量转变为交流能量的过程中起开关控制作用。谐振回路 LC 是晶体管的负载,直流供电电路为各级提供适当工作状态和能源。V_{BB} 是基极偏置,V_{CC} 为集电极电源。由于基极为负偏压,晶体管工作状态为丙类工作状态。

在该电路中,它的外部电路关系式为

$$v_{BE} = -V_{BB} + V_{bm}\cos\omega t \tag{4-1}$$

$$v_{CE} = V_{CC} - V_{cm}\cos\omega t \tag{4-2}$$

晶体管的内部特性为

$$i_C = g_c(v_{BE} - V_{BZ}) \tag{4-3}$$

式(4-3)为晶体管的转移特性曲线表达式,由图 4-4 可以得到

$$V_{bm}\cos\theta_c = |V_{BB}| + V_{BZ}$$

故得

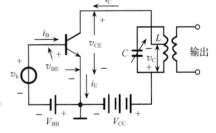

图 4-3　谐振功率放大器的基本电路

$$\cos\theta_c = \frac{|V_{BB}| + V_{BZ}}{V_{bm}} \tag{4-4}$$

图 4-4 中 i_C 为集电极电流,为余弦脉冲状。必须强调指出,集电极电流 i_C 虽然是脉冲状,包含很多谐波,失真很大,但由于在集电极电路内采用的是并联谐振回路,如果使回路在基频谐振,那么它对基频呈现很大的纯电阻性阻抗,而对谐波的阻抗则很小,可以看作短路,因此,并联谐振电路由于通过 i_C 所产生的电位降 v_C 也只含有基频。这样,i_C 的失真虽然很大,但由于谐振回路的这种滤波作用,仍然能得到正弦波形的输出。谐振功率放大器各部分的电压与电流的波形图如图 4-5 所示。

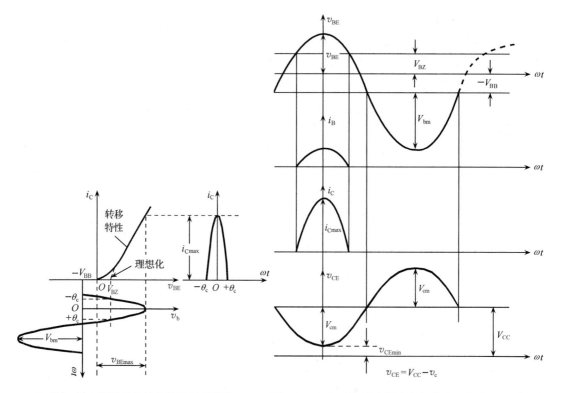

图 4-4　谐振功率放大器的转移特性　　　图 4-5　高频功率放大器中各部分电压与电流的波形图

4.2.2　谐振功率放大器的功率关系和放大器的效率

由前面可知,功率放大器的作用原理是利用输入到基极的信号来控制集电极的直流电源所供给的直流功率,使其转变为交流信号功率输出。这种转换不可能是百分之百的,因为直流电源所供给的功率除了转变为交流输出功率的那一部分外,还有一部分功率以热能的形式消耗在集电极上,成为集电极耗散功率。

设 $P_=$ 为直流电源供给的直流功率,P_o 为交流输出信号功率,P_c 为集电极耗散功率,那么根据能量守恒定律应有

$$P_= = P_o + P_c \tag{4-5}$$

为了说明晶体管放大器的转换能力,采用集电极效率 η_c,其定义为

$$\eta_c = \frac{P_o}{P_=} = \frac{P_o}{P_o + P_c} \tag{4-6}$$

由式(4-6)可以得出以下两点结论。

(1) 尽量降低集电极耗散功率 P_c,则集电极效率 η_c 自然会提高。这样,在给定 $P_=$ 时,晶体管的交流输出功率 P_o 就会增大。

(2) 由式(4-6)得

$$P_o = \left(\frac{\eta_c}{1 - \eta_c}\right)P_c \tag{4-7}$$

如果维持晶体管的集电极耗散功率 P_c 不超过规定值,那么,提高集电极效率 η_c,将使交流输

出功率 P_o 增加。

如果 $\eta_\text{c}=20\%$（甲类放大），则由式(4-7)得 $P_{\text{o}1}=1/4\ P_\text{c}$；如果 $\eta_\text{c}=75\%$（丙类放大），则得到 $P_{\text{o}2}=3P_\text{c}=12P_{\text{o}1}$。由此可见，对于给定的晶体管，在同样的集电极耗散功率 P_c 的条件下，当 η_c 由 20% 提高到 75% 时，输出功率提高 12 倍。可见，提高效率对输出功率有极大的影响。当然，这时输入直流功率也要相应地提高，才能在 P_c 不变的情况下，增加输出功率。谐振功率放大器就是从这方面入手，来提高输出功率与效率的。

如何减小集电极耗散功率 P_c 呢？因为晶体管的集电极耗散功率在任何瞬间总是等于瞬时集电极电压 v_CE 与瞬时集电极电流 i_C 的乘积。其平均耗散功率为 $P_\text{c}=\dfrac{1}{T}\displaystyle\int_0^T i_\text{C}\cdot v_\text{CE}\,\mathrm{d}t$，如果使 i_C 只有在 v_CE 最低时才能通过，那么集电极耗散功率自然会大为减小。由此可见，要想获得高的集电极效率，谐振功率放大器的集电极电流应该是脉冲状。此时，电流 i_C 的流通角小于 $180°$，即丙类工作状态，这时基极直流偏压 V_BB 使基极处于反向偏置状态，对于 NPN 管来说，只有在激励信号 v_b 为正值的一段时间（$-\theta_\text{c}\sim+\theta_\text{c}$）内才有集电极电流产生，如图 4-4 所示，将晶体管的转换特性理想化为一条直线交横轴于 V_BZ（硅管的 $V_\text{BZ}=0.4\sim0.6\text{V}$，锗管的 $V_\text{BZ}=0.2\sim0.3\text{V}$）。$2\theta_\text{c}$ 是在一周期内的集电极电流流通角，因此，θ_c 可称为半流通角或截止角（意即 $\omega t=\theta_\text{c}$ 时，电流被截止）。为方便起见，以后将 θ_c 简称为半通角。不同工作状态时的通角见表 4-1。

谐振功率放大器工作在丙类工作状态时 $\theta_\text{c}<90°$，集电极余弦电流脉冲可分解为傅里叶级数

$$i_\text{C}=I_{\text{C}0}+I_{\text{cm}1}\cos\omega t+I_{\text{cm}2}\cos2\omega t+I_{\text{cm}3}\cos3\omega t+\cdots \tag{4-8}$$

因此，谐振功率放大器中的各功率关系如下，直流电源 V_CC 所供给的直流功率为

$$P_==V_\text{CC}\cdot I_{\text{C}0} \tag{4-9}$$

输出交流功率为

$$P_\text{o}=\frac{1}{2}V_\text{cm}\cdot I_{\text{cm}1}=\frac{V_\text{cm}^2}{2R_\text{p}}=\frac{1}{2}I_{\text{cm}1}^2 R_\text{p} \tag{4-10}$$

式中，V_cm 为回路两端的基频电压振幅；$I_{\text{cm}1}$ 为基频电流振幅；R_p 为回路的谐振阻抗。

直流输入功率 $P_=$ 与回路交流功率 P_o 之差就是晶体管的集电极耗散功率，即

$$P_\text{c}=P_=-P_\text{o} \tag{4-11}$$

此时，放大器的集电极效率为

$$\eta_\text{c}=\frac{P_\text{o}}{P_=}=\frac{\dfrac{1}{2}V_\text{cm}\cdot I_{\text{cm}1}}{V_\text{CC}I_{\text{C}0}}=\frac{1}{2}\xi g_1(\theta_\text{c}) \tag{4-12}$$

式中，$\xi=\dfrac{V_\text{cm}}{V_\text{CC}}$ 称为集电极电压利用系数；$g_1(\theta_\text{c})=\dfrac{I_{\text{cm}1}}{I_{\text{C}0}}$ 称为波形系数，它是半通角 θ_c 的函数，θ_c 越小，则 $g_1(\theta_\text{c})$ 越大。

由式(4-12)可知，ξ 越大（V_cm 越大或 v_CEmin 越小），θ_c 越小，则效率 η_c 越高。因此，丙类谐振功率放大器提高效率 η_c 的途径为减小 θ_c 半通角，并使 LC 回路谐振在信号的基频上，即 i_C 的最大值应对应 v_CE 的最小值。如图 4-5 所示。

由上分析可知，谐振功率放大器的工作特点是，基极偏置为负值；半通角 $\theta_\text{c}<90°$，即丙类工作状态；负载为 LC 谐振回路。

4.3 晶体管谐振功率放大器的折线近似分析法

由 4.2 节功率关系可知,为了对谐振功率放大器进行分析计算,关键在于求出电流的直流分量 I_{c0} 和基频分量 I_{cm1},只要求出这两个量,其他问题就可迎刃而解。通常,工程上都采用近似估算和实验调整相结合的方法对高频功率放大器进行分析和计算。第 2 章提及的折线法就是常用的一种分析法。折线法是将电子器件的特性曲线理想化,用一组折线代替晶体管静态特性曲线后进行分析和计算的方法。

4.3.1 晶体管特性曲线的理想化及其解析式

通常在谐振功率放大器的分析计算时需要对晶体管的转移特性和输出特性的实际特性进行折线理想化,根据理想化原理,晶体管的静态转移特性可用交横轴于 V_{BZ} 的一条直线来表示(V_{BZ} 为截止偏压)。其转移特性和折线化后的特性如图 4-6 所示。由图 4-6 中看出,在输入信号较大时,理想化的折线(虚线)与实际特性曲线基本重合。若用 g_c 代表这条直线的斜率,则

$$i_c = g_c(v_{BE} - V_{BZ}), \qquad v_{BE} > V_{BZ} \tag{4-13}$$

$$g_c = \frac{\Delta i_c}{\Delta v_{BE}} \bigg|_{v_{CE} = 常数}$$

g_c 称为跨导,一般为几十至几百 mS。式(4-13)为晶体管理想化后的转换特性方程。

晶体管的实际输出特性如图 4-7 中实线所示,其理想化特性曲线的原理是,在放大区,集电极电流和基极电流不受集电极电压影响,而仅与基极电压呈线性关系;在饱和区,集电极电流与集电极电压呈线性关系,而不受基极电压的影响。

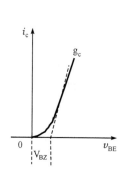

图 4-6 晶体管转移特性的理想化
（虚线为折线化转移特性）

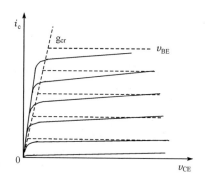

图 4-7 晶体管输出特性的理想化
（虚线为折线化输出特性）

由图 4-7 可见,在饱和区,根据理想化原理,集电极电流只受集电极电压的控制,而与基极电压无关,理想化特性曲线对不同的 v_{BE} 值,重合为一条通过原点的斜线。我们称此斜线为临界线。临界线的左侧为饱和区,在此也称为过压区;临界线的右侧为放大区,也称为欠压区。若临界线的斜率为 g_{cr},则临界线方程可写为

$$i_c = g_{cr}v_{CE} \tag{4-14}$$

　　因此,在非线性谐振功率放大器中,常常根据集电极电流是否进入饱和区,将放大区的工作状态分为欠压工作状态、过压工作状态和临界工作状态。当放大器集电极最大点电流在临界线的右方,交流输出电压较低且变化较大时,我们称放大器工作在欠压工作状态;当放大器集电极最大点电流进入临界线之左的饱和区,交流输出电压较高且变化不大时,我们称放大器工作在过压工作状态;而当集电极最大点电流正好落在临界线上时,我们称放大器工作在临界工作状态。

　　转移特性方程(式(4-13))和临界线方程(式(4-14))是折线近似法分析的重要关系式,应很好地掌握。

4.3.2　集电极余弦电流脉冲的分解

　　由图 4-4 已知,当晶体管特性曲线理想化后,丙类工作状态的集电极电流脉冲是尖顶余弦脉冲。这适用于欠压或临界状态。若为过压状态,则电流波形为凹顶脉冲(理由见动态特性分析)。不论是哪种情况,这些电流都是周期性脉冲序列,可以用傅里叶级数求系数的方法,来求出它的直流、基波与各次谐波的数值。下面只讨论尖顶余弦脉冲电流的分解。参阅图 4-8,一个尖顶余弦脉冲的主要参量是脉冲高度 $i_{C\,max}$ 与通角 θ_c。知道了这两个值,脉冲的形状便可完全确定。因此,我们首先求出 θ_c 与 $i_{C\,max}$ 的公式,然后再对脉冲进行分解。由式(4-14),晶体管的内部特性为

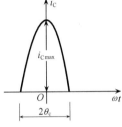

图 4-8　尖顶余弦脉冲

$$i_C = g_c(v_{BE} - V_{BZ})$$

它的外部电路关系式满足式(4-1)、式(4-2),即

$$v_{BE} = -V_{BB} + V_{bm}\cos\omega t$$

$$v_{CE} = V_{CC} - V_{cm}\cos\omega t$$

将式(4-1)代入式(4-14),得

$$i_C = g_c(-V_{BB} + V_{bm}\cos\omega t - V_{BZ}) \tag{4-15}$$

当 $\omega t = \theta_c$ 时, $i_C = 0$,代入式(4-15)得

$$0 = g_c(-V_{BB} + V_{bm}\cos\theta_c - V_{BZ}) \tag{4-16}$$

即

$$\cos\theta_c = \frac{V_{BB} + V_{BZ}}{V_{bm}} \tag{4-17}$$

式(4-17)与式(4-4)完全相同。因此,知道了 V_{bm}、V_{BB} 与 V_{BZ} 各值,θ_c 的值便完全确定。

　　将式(4-15)与式(4-16)相减,即得

$$i_C = g_c V_{bm}(\cos\omega t - \cos\theta_c) \tag{4-18}$$

当 $\omega t = 0$ 时, $i_C = i_{C\,max}$,因此

$$i_{C\,max} = g_c V_{bm}(1 - \cos\theta_c) \tag{4-19}$$

当跨导 g_c、激励电压 V_{bm} 与通角 θ_c 已知后,由式(4-19)即可求出 $i_{C\,max}$ 之值。

　　将式(4-18)与式(4-19)相除,即得

$$\frac{i_C}{i_{Cmax}} = \frac{\cos\omega t - \cos\theta_c}{1 - \cos\theta_c}$$

或

$$i_C = i_{C\max}\left(\frac{\cos\omega t - \cos\theta_c}{1 - \cos\theta_c}\right) \tag{4-20}$$

式(4-20)为尖顶余弦脉冲的解析式,它完全取决于脉冲高度 $i_{C\max}$ 与通角 θ_c。

若将尖顶脉冲分解为傅里叶级数

$$i_C = I_{C0} + I_{cm1}\cos\omega t + I_{cm2}\cos2\omega t + \cdots + I_{cmn}\cos n\omega t + \cdots$$

式中

$$\begin{cases} I_{C0} = \dfrac{1}{2\pi}\displaystyle\int_{-\theta}^{\theta} i_C \mathrm{d}(\omega t) = i_{C\max}\alpha_0(\theta_c) \\[3mm] I_{cm1} = \dfrac{1}{\pi}\displaystyle\int_{-\theta}^{\theta} i_C \cos\omega t \,\mathrm{d}(\omega t) = i_{C\max}\alpha_1(\theta_c) \\[2mm] \qquad\vdots \\[2mm] I_{cmn} = i_{C\max}\alpha_n(\theta_c) \end{cases} \tag{4-21}$$

其中,$\alpha_0, \alpha_1, \cdots, \alpha_n$ 是 θ_c 的函数,称为尖顶余弦脉冲的分解系数,

$$\begin{cases} \alpha_0(\theta_c) = \dfrac{\sin\theta_c - \theta_c\cos\theta_c}{\pi(1 - \cos\theta_c)} \\[3mm] \alpha_1(\theta_c) = \dfrac{\theta_c - \cos\theta_c\,\sin\theta_c}{\pi(1 - \cos\theta_c)} \\[2mm] \qquad\vdots \\[2mm] \alpha_n(\theta_c) = \dfrac{2}{\pi}\cdot\dfrac{\sin n\theta_c\cos\theta_c - n\,\cos n\theta_c\sin\theta_c}{n(n^2 - 1)(1 - \cos\theta_c)} \end{cases} \tag{4-22}$$

$\alpha_0, \alpha_1, \cdots, \alpha_n$ 与 θ_c 的关系见图 4-9。也可以列出表格形式,由已知的 θ_c 查出相应的 α 值(见附录 2)。

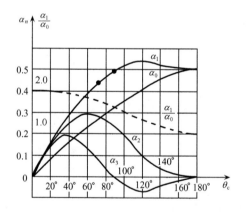

图 4-9　尖顶脉冲的分解系数

由图 4-9 可以看出,α_1 的最大值为 0.536。此时 $\theta_c \approx 120°$。这就是说,当 $\theta_c \approx 120°$ 时,$I_{cm1}/i_{C\max}$ 达到最大值。因此,在 $I_{C\max}$ 与负载阻抗 R_p 为某定值的情况下,输出功率 $P_o = \dfrac{1}{2}I_{cm1}^2 R_p$ 将达到最大值。这样看来,取 $\theta_c = 120°$ 应该是最佳通角了。但事实上,我们是不会取用这个 θ_c 值的,因为这时放大器工作于甲乙类状态,集电极效率太低。这可以由前面式(4-12)来说明

$$\eta_{c} = \frac{P_{o}}{P_{=}} = \frac{1}{2}\frac{V_{cm}}{V_{CC}}\frac{I_{cm1}}{I_{C0}} = \frac{1}{2}\xi\frac{\alpha_{1}(\theta_{c})}{\alpha_{0}(\theta_{c})} = \frac{1}{2}\xi g_{1}(\theta_{c})$$

式中，$g_{1}(\theta_{c}) = \frac{\alpha_{1}(\theta_{c})}{\alpha_{0}(\theta_{c})}$称为波形系数，示于图 4-9。

由这条曲线可知，θ_{c}越小，α_{1}/α_{0}就越大。在极端情况 $\theta_{c}=0$ 时，$g_{1}(\theta_{c}) = \frac{\alpha_{1}(\theta_{c})}{\alpha_{0}(\theta_{c})} = 2$ 达到最大值。如果此时 $\xi=1$，则 η_{c} 可达 100%。当然这种状态是不能有的，因为这时效率虽然最高，但 $i_{c}=0$，没有功率输出。随着 θ_{c} 增大，$g_{1}(\theta_{c})$ 减小，当 $\theta_{c}\approx120°$时，虽然输出功率最大，但 $g_{1}(\theta_{c})$ 又嫌太小，效率太低。因此，为了兼顾功率与效率，最佳通角取 70°左右。

由图 4-9 还可以看出：当 $\theta_{c}=60°$时，α_{2} 达到最大值；当 $\theta_{c}=40°$时，α_{3} 达到最大值。以后我们将会知道，这些数值是设计倍频器的参考值。

4.3.3 谐振功率放大器的动态特性与负载特性

1. 谐振功率放大器的动态特性

动态特性是在考虑了负载的反作用后，晶体管的集电极电流 i_{c} 与 v_{CE}、v_{BE}同时变化时的关系曲线，常称为交流负载线或工作路。

我们知道，晶体管的静态特性是在集电极电路内没有负载阻抗的条件下获得的。例如，维持集电极电压 v_{CE}不变，改变基极电压 v_{BE}，就可求出 i_{C}-v_{BE}静态特性曲线族。如果集电极电路有负载阻抗，则当改变 v_{BE}使 i_{C}变化时，由于负载上有电压降，就必然同时引起 v_{CE}的变化。这样，在考虑了负载的反作用后，所获得的 v_{CE}、v_{BE}与 i_{C}的关系曲线就称为动态特性（曲线）。最常用的是当 v_{BE}、v_{CE}同时变化时，表示 i_{C}-v_{CE}关系的动态特性曲线（有时也称为负载线或工作路）。

由 4.2.1 节分析已知，当放大器工作于谐振状态时，它的外部电路关系式为

$$v_{BE} = -V_{BB} + V_{bm}\cos\omega t$$
$$v_{CE} = V_{CC} - V_{cm}\cos\omega t$$

由以上两式消去 $\cos\omega t$，得

$$v_{BE} = -V_{BB} + V_{bm}\frac{V_{CC} - v_{CE}}{V_{cm}} \tag{4-23}$$

另外，晶体管的折线化方程为

$$i_{C} = g_{c}(v_{BE} - V_{BZ}) \tag{4-24}$$

动态特性应同时满足外部电路关系式(4-23)与内部关系式(4-24)。将式(4-23)代入式(4-24)，即得出在 i_{C}-v_{CE}坐标平面上的动态特性曲线（负载线或工作路）方程

$$\begin{aligned}
i_{C} &= g_{c}\left[-V_{BB} + V_{bm}\frac{(V_{CC} - v_{CE})}{V_{cm}} - V_{BZ}\right] \\
&= -g_{c}\left(\frac{V_{bm}}{V_{cm}}\right)\left[v_{CE} - \frac{V_{bm}V_{CC} - V_{BZ}V_{cm} - V_{BB}V_{cm}}{V_{bm}}\right] \\
&= g_{d}(v_{CE} - V_{0})
\end{aligned} \tag{4-25}$$

显然，式(4-25)表示一个斜率为 $g_{d} = -g_{c}V_{bm}/V_{cm}$，截距为

$$V_{0} = \frac{V_{bm}V_{CC} - V_{BZ}V_{cm} - V_{BB}V_{cm}}{V_{bm}}$$

的直线,如图 4-10 中 AB 线所示。

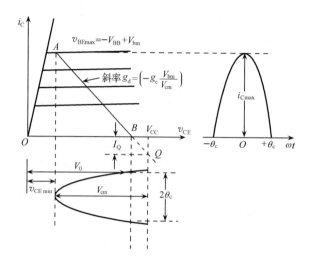

图4-10 i_C-v_{CE} 坐标平面上的动态特性曲线的做法与相应的 i_C 波形

图 4-10 中动态特性曲线的斜率为负值,它的物理意义是从负载方面来看,放大器相当于一个负电阻,即它相当于交流电能发生器,可以输出电能至负载。

动态特性曲线的做法是在 v_{CE} 轴上取 B 点,使 $OB=V_0$。从 B 作斜率为 g_d 的直线 BA,则 BA 为欠压状态的动态特性。

也可以用另外的方法给出动态特性曲线。在静止点 Q:$\omega t = 90°$,$v_{CE}=V_{CC}$,$v_{BE}=-V_{BB}$,因此,由式(4-24)知 $i_C=I_Q=g_c(-V_{BB}-V_{BZ})$。注意,在丙类工作状态时,$I_Q$ 是实际上不存在的电流,称为虚拟电流。I_Q 仅是用来确定 Q 点位置的。在 A 点:$\omega t = 0°$,$v_{CE}=v_{CE\,min}=V_{CC}-V_{cm}$,$v_{BE}=v_{BE\,max}=-V_{BB}+V_{bm}$。求出 A、Q 两点,即可做出动态特性直线,其中 BQ 段表示电流截止期内的动态线,用虚线表示。

用类似的方法,如果式(4-24)中含有 v_{CE},则从式(4-23)与式(4-24)中消去 v_{CE},即可得出在 i_C-v_{BE} 坐标平面的动态特性曲线。它是一条位于图 4-6 所示静态特性曲线下方的一条直线(斜率为正)。因此,这里应补充说明,在图 4-6 中所用的静态转移特性实际上应该是动态特性。但在实际工作中,晶体管工作于放大区和截止区时,i_C 几乎不受集电极电压变化的影响,因而在 i_C-v_{BE} 平面上的动态特性曲线几乎和静态特性曲线重合。

因此,在 i_C-v_{BE} 平面,可以用静态特性来表示动态特性。事实上,式(4-24)中,i_C 只取决于 v_{BE},也可说明这一特点。

2. 谐振功率放大器的负载特性

根据以上动态特性曲线的分析,当谐振功放的负载 R_P 变化时,由于 V_{cm} 与 R_P 有关,则动态特性曲线的斜率 $g_d = \left(-g_c \dfrac{V_{bm}}{V_{cm}}\right)$ 也发生变化,当负载电阻 R_P 由小至大变化时,动态特性曲线的斜率也由小到大变化,如图 4-11 所示。

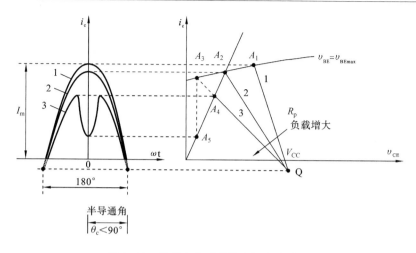

图 4-11　负载变化时的集电极电流波形

当动态特性曲线的斜率变化时,集电极电流也随之变化。由图 4-11 中可见,当负载变化时,电流脉冲 i_c 的高度也发生变化,当工作路与静态特性 $v_{BE}=v_{BEmax}$ 交于放大区和临界线上时,集电极电流脉冲 i_c 呈尖顶余弦脉冲,而当工作路与 $v_{BE}=v_{BEmax}$ 的延长线交于饱和区时,集电极电流脉冲 i_c 沿临界下降呈凹顶脉冲,工作路 3 与临界线的交点 A4 决定了脉冲的高度。由于集电极电流脉冲高度 i_{cmax} 发生变化,根据 4.3.2 节集电极余弦电流脉冲的分解可知,其直流分量、基波分量和各次谐波分量均发生了变化,因而谐振功放的输出电压、功率和效率也随之发生变化。我们将放大器的其他参数(即 V_{CC}、V_{BB}、v_{BE})不变时,输出电压、功率和效率随负载 R_P 变化的特性称为谐振功率放大器的负载特性。掌握负载特性,对分析集电极调幅电路、基极调幅电路的工作原理,对实际调整谐振功率放大器的工作状态和指标是很有帮助的。

下面进行负载特性的具体分析。

(1) 欠压工作状态。当工作路与静态特性的 v_{BEmax} 交于放大区,即工作在欠压工作状态时,集电极电流脉冲 i_c 随负载变化的关系如图 4-12(a)所示。由图 4-12(a)中可以看出,当负载线由 A_1、A_2 变化到 A_3 时,集电极电流脉冲 i_c 的幅值 I_m 及半通角 θ_c 的变化不大,因此,集电极电流脉冲 i_c 的直流分量 I_{c0}、基波分量 I_{c1} 也变化不大。其变化如图 4-13 所示。即在欠压工作状态的放大器其输出电流各分量基本不变。同时,从图 4-12(a)中可以看出,当负载由 A_1、A_2 变化到 A_3 时,放大器的交流输出电压随负载电阻 R_P 的增加而明显增大。

(2) 临界工作状态。当工作路和静态特性的 v_{BEmax} 正好相交于临界线上,即工作在临界工作状态时,集电极电流脉冲 i_c 的波形如图 4-12(b)所示。其输出电流 i_c 波形仍为一个尖顶余弦脉冲,直流分量 I_{c0}、基波分量 I_{c1} 与欠压工作状态时相差不大,而此时对应的交流输出电压 V_{cm} 较大,管子的压降 v_{CEmax} 较小。

(3) 过压工作状态。当工作路与静态特性 v_{BEmax} 的延长线交于饱和区,即工作在过压工作状态时,集电极电流脉冲 i_c 随载变化的关系可由图 4-12(c)所示。由图 4-12(c)中可以看出,此时集电极电流脉冲 i_c 波形由尖顶余弦脉冲变为凹顶脉冲,当负载线由 C_1、C_2 变化到 C_3 时,集电极电流脉冲 i_c 的幅值 I_m 和下凹点均发生明显变化,而放大器的交流输出电压随负载电阻 R_P 的变化却不明显。过压工作状态电流、电压随负载电阻 R_P 变化的关系如

图 4-13 所示。

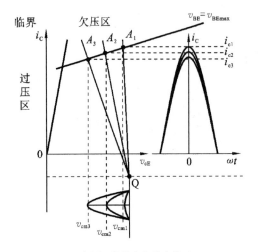

(a)欠压工作状态负载变化时
的电流、电压波形

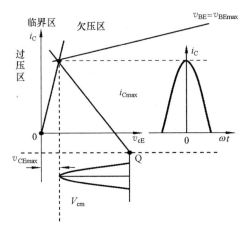

(b)临界工作状态时的电流、电压波形

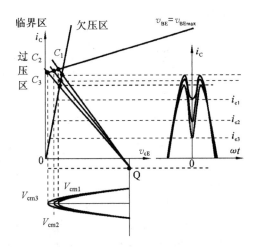

(c)过压工作状态负载变化时的电流、电压波形

图 4-12　欠压、临界和过压状态的电流、电压波形

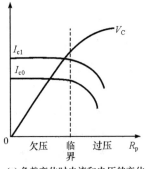

(a) 负载变化时电流和电压的变化

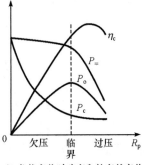

(b) 负载变化时功率和效率的变化

图 4-13　负载特性曲线

根据以上分析可以做出谐振功率放大器的负载特性曲线如图 4-13(a)和(b)所示,图 4-13(a)表示负载变化时电流和电压的变化,由图 4-13(a)可知当负载电阻 R_P 由小到大变化时,放大器的工作状态由欠压经临界进入过压工作状态。在欠压区电流变化很小,可以看成恒流源,输出电压随负载电阻 R_P 的增大而增加;而在过压区输出电压变化很小,可以看成恒压源,输出电流随负载电阻 R_P 的增大而减小。

根据 4.2.2 节分析所得谐振功率放大器的功率、效率关系(式(4-9)～式(4-12))和图 4-13(a)可以做出负载变化时谐振功率放大器功率和效率的变化关系如图 4-13(b)表示,可以看出在欠压工作状态放大器输出功率和效率都比较低,集电极耗散功率也比较大且输出电压随负载阻抗变化而变化,一般功率放大器不采用这种工作状态,只在晶体管基极调幅时需要采用这种工作状态。在过压工作状态放大器输出功率也较低,虽然在弱过压区其效率较高,但随负载电阻 R_P 的增加其效率急剧下降。由于在过压区放大器可以看成恒压源,因此这种工作状态常用于中间级放大。第 6 章中的集电极调幅电路也必须工作在过压工作状态。从图 4-13(b)可以看出在临界工作状态放大器的输出功率最大,效率也较高,称为最佳工作状态,一般谐振功率放大器常采用临界工作状态。

4.3.4　各极电压对工作状态的影响

4.3.3 节已经分析了当放大器的其他参数(V_{CC}、V_{BB}、v_{BE})不变时,谐振功率放大器的负载变化对工作状态的影响。在实际应用中,当放大器的各极电压 V_{CC}、V_{BB}、v_{BE} 改变时,放大器的工作状态也会发生改变。下面分别进行分析。

1. 改变 V_{CC} 对工作状态的影响

当 R_p、V_{bm}、V_{BB} 不变时,动态特性曲线与 V_{CC} 的关系如图 4-14 所示。由图 4-14 中看出,当 V_{CC} 变化时,放大器的工作路与静态特性的 $v_{BE\,max}$ 交于不同的工作区,当图 4-14 中 V_{CC} 由低向高改变时($V_{CC1}<V_{CC2}<V_{CC3}$),放大器由过压工作状态经临界工作状态进入欠压工作状态。其电流随 V_{CC} 变化的关系曲线如图 4-15(a)所示,根据功率 $P_=$、P_o 与 P_c 的计算公式(式(4-9)、式(4-10)与式(4-11))可知,$P_=$ 的曲线形状与 I_{c0} 曲线相同;P_o 曲线形状与 I_{cm1}^2 曲线相同;P_c 则由两者之差求出,得到图 4-15(b)的曲线。

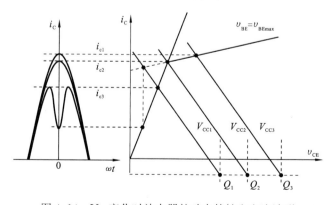

图 4-14　V_{CC} 变化时放大器的动态特性和电流波形

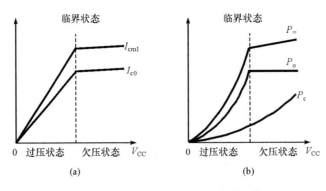

图 4-15 V_{CC} 改变时电流、功率的变化

2. 改变 V_{bm} 对工作状态的影响

当 R_p、V_{cc}、V_{BB} 不变时，由 $v_{BE\,max} = -V_{BB} + V_{bm}$ 可知，动态特性曲线与 V_{bm} 的关系如图 4-16 所示。由图 4-16 中可以看出，当 $v_{BE\,max}$ 由小到大变化时（$v_{BE\,max1} < v_{BE\,max2} < v_{BE\,max3}$），动态特性与 $v_{BE\,max}$ 相交在不同区间。动态特性与 $v_{BE\,max1}$ 相交在放大区，与 $v_{BE\,max2}$ 相交在临界线上，与 $v_{BE\,max3}$ 则相交在饱和区，因此，放大器由欠压工作状态经临界工作状态进入过压工作状态。在过压工作状态 V_{bm} 增加时，虽然脉冲振幅增加，但凹陷深度也增大，故 I_{cm1}、I_{c0} 的增长很缓慢。这样，就得到如图 4-17(a) 所示的电流变化曲线。在过压区，I_{cm1}、I_{c0} 接近于恒定，在欠压区，电流随 V_{bm} 的下降而下降。根据功率 $P_=$、P_o 与 P_c 的计算公式（式(4-9)、式(4-10) 与式(4-11)）可知，$P_=$ 的曲线形状与 I_{c0} 曲线相同；P_o 曲线形状与 I_{cm1}^2 曲线相同；P_c 则由两者之差求出，得到图 4-17(b) 的曲线。

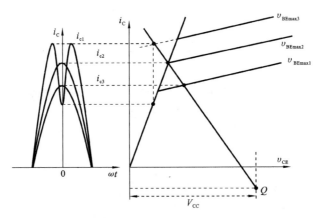

图 4-16 V_{bm} 变化时放大器的动态特性和电流波形

3. 改变 V_{BB} 对工作状态的影响

当 R_p、V_{cc}、V_{bm} 不变时，改变 V_{BB}，其工作状态的变化与改变 V_{bm} 对工作状态的影响是一样的。这是因为无论是 V_{bm} 还是 V_{BB} 的变化，其结果都是引起 v_{BE} 的变化。

由 $v_{BE\,max} = -V_{BB} + V_{bm}$ 可知，增加 V_{bm} 等效于减小 V_{BB} 的绝对值，两者都会使 $v_{BE\,max}$ 产生同样的变化。因此，只要将 V_{bm} 增加的方向改为 $|V_{BB}|$ 减小的方向，即可得出当 V_{CC}、V_{bm} 与

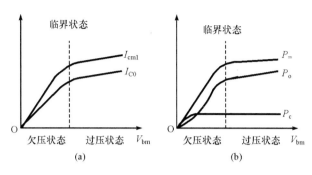

图 4-17　V_{bm} 变化时电流、功率的变化

R_p 不变,只改变 V_{BB} 时,各电流与功率的变化规律。显然,在过压区,V_{BB} 或 V_{bm} 的变化对 I_{cml} 的影响很小。只有在欠压区,V_{BB} 或 V_{bm} 才能有效地控制 I_{cml} 的变化。因此,基极调幅(相当于改变 V_{BB})与已调波放大(相当于改变 V_{bm})都应工作于欠压工作状态。

4.3.5　谐振功率放大器的计算

谐振功率放大器的主要指标是功率和效率。下面以临界工作状态为例,介绍功率放大器的计算。精确计算较为困难,一般只做工程估算。

(1)计算功率放大器的指标时,首先要求得集电极电流脉冲的两个主要参量 $i_{C\,max}$ 和 θ_c。导通角 θ_c 可根据式(4-4)求得,即 $\theta_c = \arccos\dfrac{|V_{BB}|+V_{BZ}}{V_{bm}}$。集电极电流脉冲幅值 $i_{C\,max}$ 则根据式(4-19)求得,即 $i_{C\,max} = g_c V_{bm}(1-\cos\theta_c)$。

(2)根据式(4-21)可求得电流余弦脉冲的各谐波分量

$$I_{C0} = i_{C\,max}\alpha_0(\theta_c)$$
$$I_{cml} = i_{C\,max}\alpha_1(\theta_c)$$
$$\vdots$$
$$I_{cmn} = i_{C\,max}\alpha_n(\theta_c)$$

$\alpha_0(\theta_c),\alpha_1(\theta_c),\cdots,\alpha_n(\theta_c)$ 可查表求得。

(3)根据式(4-9)、式(4-10)、式(4-11)和式(4-12)即可求得对应的功率和效率。

直流功率　$P_= = I_{C0} \cdot V_{CC}$

交流输出功率　$P_o = \dfrac{1}{2}V_{cm} \cdot I_{cml} = \dfrac{1}{2}\xi \cdot V_{CC} \cdot \alpha_1(\theta_c)i_{C\,max}$

集电极效率　$\eta_c = \dfrac{P_o}{P_=} = \dfrac{1}{2}\xi \cdot g_c(\theta_c)$

(4)根据 $P_o = \dfrac{1}{2}\dfrac{V_{cm}^2}{R_P} = \dfrac{1}{2}\dfrac{(\xi V_{CC})^2}{R_P}$,可求得最佳负载电阻

$$R_P = \frac{(\xi V_{CC})^2}{2P_o} \tag{4-26}$$

在临界工作时,ξ 接近于 1,作为工作估算,可设定 $\xi=1$,则式(4-26)近似为

$$R_P = \frac{V_{CC}^2}{2P_o} \tag{4-27}$$

注意,由式(4-26)所确定的负载常称为最佳负载,最佳的含义在于采用这一个负载值时,调

谐功率放大器的效率较高,输出功率较大。另外,这里的 R_P 并不是动态负载线的斜率倒数,它们的关系可由式(4-25)导出。可以证明,放大器所要求的最佳负载是随导通角 θ_c 改变而变化的。θ_c 小,R_P 大,因此要提高放大器的效率,就要求放大器具有大的最佳负载电阻值。

在实际电路中,放大器所要求的最佳电阻需要通过匹配网络和终端负载(如天线等)来匹配。匹配网络分析表明,在工作频率较高时,要获得一个较大的等效负载电阻值是较困难的。所以,为了达到良好的匹配,R_P 不宜过大,即 θ_c 角不能选得过小。

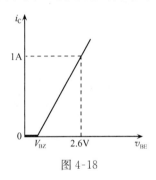

图 4-18

例　某谐振功率放大器的转移特性如图 4-18 所示。已知该放大器采用晶体管的参数为 $f_T \geqslant 150\text{MHz}$,功率增益 $A_P \geqslant 13\text{dB}$,管子允许通过的最大电流 $I_{CM} = 3\text{A}$,最大集电极功耗为 $P_{c\,max} = 5\text{W}$。管子的 $V_{BZ} = 0.6\text{V}$,放大器的负偏置 $|V_{BB}| = 1.4\text{V}$,$\theta_c = 70°$,$V_{CC} = 24\text{V}$,$\xi = 0.9$,试计算放大器的各参数。

解　(1) 根据图 4-18 可求得转移特性的斜率

$$g_c = \frac{1}{(2.6 - 0.6)} = 0.5(\text{A/V})$$

(2) 根据 $\cos\theta_c = \dfrac{|V_{BB}| + V_{BZ}}{V_{bm}}$ 求得

$$\theta_c = 70°, \quad \cos 70° = 0.342, \quad V_{bm} = \frac{1.4 + 0.6}{0.342} = 5.8(\text{V})$$

(3) 根据 $i_{C\,max} = g_c V_{bm}(1 - \cos\theta_c)$,求得

$$i_{C\,max} = \frac{1}{2} \times 5.8 \times (1 - 0.342) = 2\text{A} < I_{CM} \quad (安全工作)$$

$$I_{cm1} = i_{C\,max} \cdot \alpha_1(70°) = 2 \times 0.436 = 0.872(\text{A})$$

$$I_{C0} = i_{C\,max} \cdot \alpha_0(70°) = 2 \times 0.253 = 0.506(\text{A})$$

(4) 求交流电压振幅

$$V_{cm} = V_{CC}\xi = 24 \times 0.9 = 21.6(\text{V})$$

对应功率、效率

$$P_= = V_{CC} \cdot I_{C0} = 24 \times 0.506 = 12(\text{W})$$

$$P_o = \frac{1}{2} I_{cm1} \cdot V_{cm} = \frac{1}{2} I_{cm1} \cdot \xi \cdot V_{CC} = \frac{1}{2} \times 0.872 \times 0.9 \times 24 = 9.4(\text{W})$$

$$P_c = P_= - P_o = 2.6\text{W} < P_{c\,max} \quad (安全工作)$$

$$\eta_c = \frac{P_o}{P_=} = \frac{9.4}{12} = 78\%$$

(5) 激励功率。因为 $A_P = 13\text{dB}$,即

$$A_P = 10\lg\frac{P_o}{P_i}(\text{dB})$$

则

$$P_b = P_i = \frac{P_o}{10^{\frac{A_P}{10}}} = \frac{9.4}{10^{1.3}} = 0.47(\text{W})$$

4.4 谐振功率放大器电路

在实际的谐振功率放大器电路中,为了使放大器正常工作且输出功率大,传输效率高,都有相应的输入、输出匹配电路以及合适的直流馈电电路。

4.4.1 直流馈电电路

欲使谐振功率放大器正常工作于丙类某一个最佳状态,必须有正确的直流通路和交流通路。除此之外,还要尽量减少功率传输中的损耗。这就涉及其馈电线路的实现问题。直流馈电电路包括集电极供电电压 V_{CC} 和基极供电电压 V_{BB} 两部分电路。无论是集电极供电电路还是基极供电电路,它们的馈电方式都可以分为串联馈电和并联馈电两种基本形式。

1. 集电极馈电电路

集电极直流馈电电路应满足以下基本原则:①其直流通路应如图 4-19(a)所示,若忽略负载上的损耗则负载上的直流压降近似为零;②其基波分量的交流通路应如图 4-19(b)所示,此时基波分量应主要在谐振回路上产生压降;③其谐波分量的交流通路应如图 4-19(c)所示,即高次谐波对谐振回路和直流电源都不产生损耗。输出回路应满足外部电路方程 $v_{CE}=V_{CC}-V_{cm}\cos\omega t$。图 4-20 是集电极馈电电路的两种形式,图 4-20(a)为串馈电路,其中晶体管、谐振回路和电源三者是串联连接的,则为串联馈电线路,C_c 的作用是提供高频交流通路,C_c 的值应使它的阻抗远小于回路的高频阻抗。L_c 为高频扼流圈,为了有效地阻止高频电流流过电源,L_c 对高频产生的阻抗远大于 C_c 的阻抗。图 4-20(b)为并馈电路,其中晶体管、谐振回路和电源三者是并联连接的,则为并联馈电线路,其中,C_c 和 L_c 的作用与串馈电路相同。

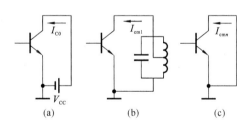

图 4-19 集电极电路对各频率成分电流的等效电路

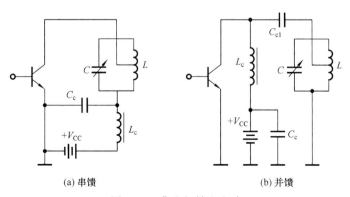

图 4-20 集电极馈电电路

在串联馈电电路中由于电源、扼流圈和旁路电容均处于高频地电位,其分布电容不会对谐振回路造成影响;而在并馈电路中,由于谐振回路与扼流圈并联,扼流圈的分布电容会对谐振回路产生一定影响,但由于谐振回路的一端直接接地,因此回路安装比较方便,调谐电容 C 上无高压,安全可靠。

2. 基极馈电电路

图 4-21 为两种基极馈电电路,图 4-21(a)是并馈电路,其中,晶体管、直流偏置和信号源三者是并联形式连接的,它是利用基极电流的分量 I_{BO} 在基极偏置电阻 R_b 上产生所需要的偏置电压 V_{BB};图 4-21(b)是串馈电路,其中,晶体管、直流偏置和信号源三者是串联形式连接的,它是利用发射极电流的直流分量 I_{EO} 在发射极偏置电阻 R_e 上产生所需要的 V_{BB},这种自给偏置的优点是能够自动维持放大器稳定工作。当激励加大时,I_{EO} 增大,使偏压加大,因而又使 I_{EO} 的相对增加量减小;反之,当激励减小时,I_{EO} 减小,偏压也减小,因而 I_{EO} 的相对减小量也减小。这就使放大器的工作状态变化不大。无论是串馈还是并馈都必须满足外部电路方程,基极输入回路应满足 $v_{BE} = -V_{BB} + V_{bm}\cos\omega t$。

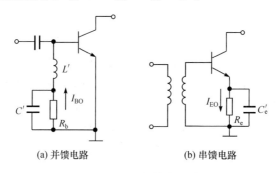

(a) 并馈电路　　　　　　　　　　(b) 串馈电路

图 4-21　基极馈电电路

4.4.2　输出匹配网络

在实际功放电路中,为了使谐振功率放大器有效地放大信号,在负载上获得最大功率输出,常在晶体管和负载之间加接输出四端网络,如图 4-22 所示。

谐振功率放大
器的输出电路

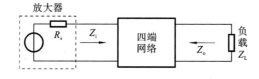

图 4-22　晶体管和负载之间的输出四端网络

输出四端网络的作用主要是匹配、滤波和隔离。这里的匹配是指使负载阻抗与放大器所需要的最佳阻抗相匹配,以保证放大器传输到负载的功率最大;滤波的作用是为了抑制工作频率范围以外的不需要频率;隔离的作用是指有多个器件向负载输出功率时,为了有效地传送功率到负载,应尽可能地使这几个电子器件彼此隔离,互不影响。

1. π 型匹配网络

图 4-23 所示两种 π 型网络是其中的形式之一(也可以用 T 型网络)。图 4-23 的下方注明了相应的计算公式。图 4-23 中,R_2 代表终端(负载)电阻,R_1 代表由 R_2 折合到左端的等效电阻,故接线用虚线表示。

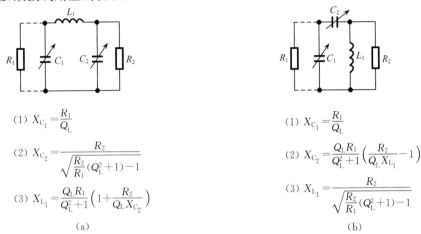

(a)
(1) $X_{C_1} = \dfrac{R_1}{Q_L}$

(2) $X_{C_2} = \dfrac{R_2}{\sqrt{\dfrac{R_2}{R_1}(Q_L^2+1)-1}}$

(3) $X_{L_1} = \dfrac{Q_L R_1}{Q_L^2+1}\left(1+\dfrac{R_2}{Q_L X_{C_2}}\right)$

(b)
(1) $X_{C_1} = \dfrac{R_1}{Q_L}$

(2) $X_{C_2} = \dfrac{Q_L R_1}{Q_L^2+1}\left(\dfrac{R_2}{Q_L X_{L_1}}-1\right)$

(3) $X_{L_1} = \dfrac{R_2}{\sqrt{\dfrac{R_2}{R_1}(Q_L^2+1)-1}}$

图 4-23　两种 π 型匹配网络

2. 复合输出回路

最常见的输出回路形式是图 4-24 所示的复合输出回路。这种电路是将天线(负载)回路通过互感或其他形式与集电极调谐回路相耦合。图 4-24 中,介于电子器件与天线回路的 $L_1 C_1$ 回路就称为中介回路;R_A、C_A 分别代表天线的辐射电阻与等效电容;L_n、C_n 为天线回路的调谐元件,它们的作用是使天线回路处于串联谐振状态,以获得最大的天线回路电流 i_A,即使天线辐射功率达到最大。

无论是哪种输出网络,从晶体管集电极向右方看去,它们都应等效为一个并联谐振回路。

以互感耦合电路为例,由耦合电路的理论可知,当天线回路调谐到串联谐振状态时,它反映到 $L_1 C_1$ 中介回路的等效电阻为 r',如图 4-25 所示。

$$r' = \frac{\omega^2 M^2}{R_A}$$

因而等效回路的谐振阻抗为

$$R_p' = \frac{L_1}{C_1(r_1+r')} = \frac{L_1}{C_1\left(r_1+\dfrac{\omega^2 M^2}{R_A}\right)}$$

对于图 4-24 所示的电路来说,从集电极看去的谐振阻抗 $R_p = p^2 R_p'$。

在复合输出回路中,它的滤波作用要比简单回路优良且即使负载(天线)断路,对电子器件也不致造成严重的损害。

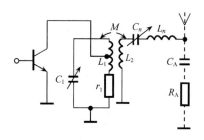
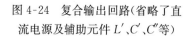

图 4-24 复合输出回路(省略了直
流电源及辅助元件 L'、C'、C'' 等)

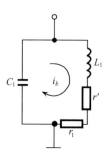

图 4-25 等效电路

因为谐振功率放大器在丙类工作状态时,电子器件在导通时内阻很小;截止时内阻近于无穷大,即输出电阻不是常数。所以线性电路中匹配时内阻等于外阻的概念不适用了。谐振功率放大器阻抗匹配的概念是指在给定的电路条件下,改变输出回路的可调元件,使负载上获得最大额定的输出功率。

为了衡量中介回路对负载上所获得功率的影响,引入中介回路效率 η_k 的概念,以输出至负载的有效功率与输入到回路的总交流功率之比来表示。由图 4-25 可知

$$\eta_k = \frac{\text{回路送至负载的功率}}{\text{电子器件送至回路的总功率}} = \frac{I_k^2 r'}{I_k^2 (r_1 + r')} = \frac{r'}{r_1 + r'} = \frac{(\omega M)^2}{r_1 R_A + (\omega M)^2} \quad (4\text{-}28)$$

设

$$R_p = \frac{L_1}{C_1 r_1}, \quad R_p' = \frac{L_1}{C_1 (r_1 + r')}, \quad Q_0 = \frac{\omega L_1}{r_1}, \quad Q_L = \frac{\omega L_1}{r_1 + r'} \quad (4\text{-}29)$$

代入式(4-28)得

$$\eta_k = \frac{r'}{r_1 + r'} = 1 - \frac{r_1}{r_1 + r'} = 1 - \frac{R_p'}{R_p} = 1 - \frac{Q_L}{Q_0} \quad (4\text{-}30)$$

式(4-30)说明,要想回路的传输效率高,中介回路本身的损耗越小越好。

根据第 2 章耦合回路分析可知式(4-30)中反射电阻

$$r' = \frac{(\omega M)^2}{R_A} \quad (4\text{-}31)$$

图 4-25 中互感

$$M = K \sqrt{L_1 (L_2 + L_n)} \quad (4\text{-}32)$$

初级回路 Q 值

$$Q_{01} = \frac{\omega_{01} L_1}{r_1} \quad (4\text{-}33)$$

次级回路 Q 值

$$Q_{02} = \frac{\omega_0 (L_2 + L_n)}{R_A} \quad (4\text{-}34)$$

临界耦合系数

$$K_c = \frac{1}{\sqrt{Q_{01} Q_{02}}} \quad (4\text{-}35)$$

因此中介回路效率可用耦合系数表示，即

$$\eta_k = \frac{r'}{r_1 + r'} = \frac{1}{1 + \left(\dfrac{k_c}{k}\right)^2} \tag{4-36}$$

在考虑天线回路后，中介回路的谐振电阻为 R_P'，其对工作状态的影响如图 4-26 所示，其中 P_A 为天线功率

$$P_A = P_o \cdot \eta_k \tag{4-37}$$

P_A 在微欠压时获得最大输出功率。

由直流电源供给的功率 $P_=$ 经放大器转换为天线功率 P_A，其总效率为 η，即中介回路效率 η_k 和集电极效率 η_c 乘积

$$\eta = \frac{P_A}{P_=} = \frac{P_A}{P_o} \cdot \frac{P_o}{P_=} = \eta_k \cdot \eta_c \tag{4-38}$$

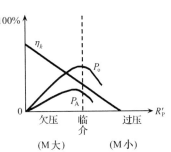

图 4-26　R_P' 对工作状态的影响

谐振功率放大器
的功率和效率

4.5　谐振功率放大器实例

图 4-27 为两级谐振功率放大器的实际电路，其工作频率为 175MHz。两级功放管分别采用 3DA21A 和 3DA22A，均工作在临界状态，管子的饱和压降分别为 $V_{CE1} = 1V$ 和 $V_{CE2} = 1.5V$，各项指标满足安全工作条件。两级功放的输入馈电方式均为自给负偏压，输出馈电方式均为并馈。该电路输入功率 $P_i = 1W$，输出功率 $P_o = 12W$，信号源阻抗 $R_s = 50\Omega$，负载 $R_L = 50\Omega$。其中第一级输出功率 $P_{o1} = 4W$，电源电压 $V_{CC} = 13.5\ V$，可以计算出各级回路等效总阻抗分别为

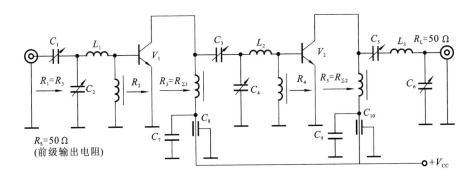

图 4-27　两级谐振功率放大器的实际电路

$$R_{\Sigma 1} = \frac{V_{cm1}^2}{2p_{o1}} = \frac{(13.5-1)^2}{2 \times 4} = 20\Omega, \quad R_{\Sigma 2} = \frac{V_{cm2}^2}{2p_{o2}} = \frac{(13.5-1.5)^2}{2 \times 12} = 6\Omega$$

由于 3DA21A 和 3DA22A 的输入阻抗分别为 $R_2 = 7\Omega$ 和 $R_4 = 5\Omega$，故 $R_s \neq R_2$，$R_{\Sigma 1} \neq R_4$，$R_{\Sigma 2} \neq R_4$，即不满足匹配条件，所以在信号源与第一级放大器之间、第一级放大器与第二级放大器之间分别加入 T 型选频匹配网络（C_1、C_2、L_1 和 C_3、C_4、L_2），在第二级放大器与负

载之间加入选频匹配网络(C_5、L_3、C_6)。三个选频匹配网络的输入阻抗分别是 R_1、R_3 和 R_5。匹配网络中各电感与电容的值可根据相应的公式计算得出。由于晶体管参数的分散性和分布参数的影响，$C_1 \sim C_6$ 均采用可变电容器，其最大容量应为计算值的 $2 \sim 3$ 倍。通过实验调整，最后确定匹配网络元件的精确值。

4.6　晶体管倍频器

倍频器用来提高设备的工作频率，它实质上是一种输出信号频率等于输入信号频率整数倍的电路，常用的是二倍频和三倍频器。在发送设备中倍频器的主要作用是为了提高载波信号的频率，使其工作于对应的信道；同时经倍频处理后，调频信号的频偏也可成倍提高，即提高了调频调制的灵敏度，这样可以降低对调制信号的放大要求；采用倍频器还可以使产生载波的振荡器与后级高频放大器隔离，减小高频寄生耦合，即可减少高频自激现象的产生，提高整机工作稳定性。

晶体管倍频器有两种主要形式：一种是利用丙类放大器电流脉冲中的谐波来获得倍频，即丙类倍频器；另一种是利用晶体管的结电容随电压变化的非线性来获得倍频，称为参量倍频器。

在某些低成本系统常采用晶体管丙类倍频器来获得所需要的发射信号频率。例如，某系统发射信号频率为 49MHz，该频率由 16.333MHz 三倍频而来。16.333MHz 振荡器输出接激励级，这样，在激励级的集电极电流中就包含 16.333MHz 各次谐波成分，若将输出负载回路调谐，在三次谐波频率上即可得到 49MHz 的发射频率。其原理框图如图 4-28 所示。本节只对丙类倍频器作一个简单的讨论。

图 4-28　倍频器的作用

晶体管丙类倍频的原理电路从电路形式上看，可以认为与谐振功率放大器是一样的，如图 4-29 所示。但 n 次倍频电路的输出回路 LC 的参数值应该使回路谐振在输入信号的 n 次谐波上。已知丙类放大器集电极电流 i_c 为尖顶余弦脉冲，根据 4.3.2 节集电极余弦电流脉冲的分解可知，i_c 可包含了输入信号的基波和各次谐波，即

$$i_c = I_{C0} + I_{C1}\cos\omega t + I_{C2}\cos2\omega t + \cdots + I_{Cn}\cos n\omega t + \cdots$$

如果集电极回路不是调谐于基波，而是调谐于 n 次谐波那么回路对基波和其他谐波的阻抗很小，而对 n 次谐波的阻抗则达到最大值，且呈电阻性。于是回路的输出电压和功率就是 n 次谐波，故起到了倍频作用。随着谐波次数的增加，其电流振幅减小，为了保证输出信号的有效性，故晶体管丙类倍频器通常工作在 $2 \sim 3$ 次倍频上，若需高次倍频可以级联。图 4-30 给出丙类 2 倍频的电流波形，此时回路谐振在 2 次谐振频率上。其对应的电压、电流波形如图 4-31 所示。此时输入基极和输出集电极的电压分别为 $v_{BE} = -V_{BB} + V_{bm}\cos\omega t$ 和 $v_{CE} = V_{CC} - V_{cm}\cos2\omega t$。

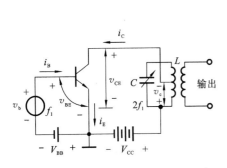

图 4-29 晶体管丙类倍频的原理电路

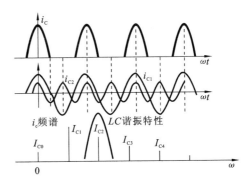

图 4-30 丙类 2 倍频的电流波形

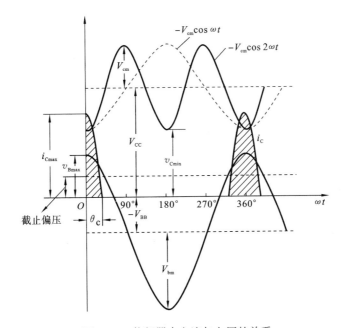

图 4-31 倍频器中电流与电压的关系

为了使丙类倍频器的输出功率最大则其导通角的选取十分重要,根据 4.3.2 节中图 4-9 可知尖顶脉冲的二次谐波分解系数对应在半导通角 θ_c 为 60° 左右时最大,三次谐波分解系数对应在半导通角为 40° 左右时最大。谐波 n 的次数越高,其最佳导通角越小,由功率和效率的关系式可知,高次倍频的输出功率和效率也会随之降低。

知识点注释

谐振功率放大器:谐振功率放大器的主要任务是用来放大高频大信号,主要用于发射机的末级,使之获得足够的高频功率并馈送到天线辐射出去。谐振功率放大器一般工作在丙类工作状态,其主要解决的问题是高效率和高功率输出。

半导通角:导通角是指在一个周期内的集电极电流的流通角,通常记为 $2\theta_c$,半导通角就是导通角的一半记为 θ_c。

丙类功率放大器:丙类功率放大器是半导通角 $\theta_c < 90°$(丙类工作状态)的谐振功率放大器。

尖顶余弦电流脉冲:电流脉冲的半导通角 $\theta_c \leqslant 90°$,呈现出余弦尖顶波形的脉冲。尖顶余弦脉冲的主要参量是脉冲高度 $i_{c\,max}$ 与半导通角 θ_c。

集电极耗散功率:集电极耗散功率就是在晶体三极管集电极处通过热辐射形式耗散掉的功率,它等于集电极直流电源输入的总功率与交流输出总功率的差值。

集电极效率:集电极效率是指集电极交流输出总功率与直流电源输入总功率的比值。

集电极电压利用系数:集电极电压利用系数是指集电极回路两端的基频电压与直流供电电压的比值。

波形系数:集电极余弦电流脉冲分解的基频电流分量幅值(I_{cm1})与直流电流分量(I_{c0})的比值。

折线法:折线法是将电子器件的特性曲线理想化,用一组折线代替晶体管静态特性曲线后进行分析和计算的方法。

欠压工作状态:在谐振功率放大器中,常常根据晶体三极管的集电极电流是否进入饱和区,将放大器的工作状态分为三种:欠压工作状态、过压工作状态、临界工作状态。欠压工作状态集电极最大电流在临界线的右方,交流输出电压较低且变化较大。在该状态下,管子呈现出类恒流源特性,交流输出电压随负载电阻增大而增大。

过压工作状态:集电极最大点电流进入临界线之左的饱和区,交流输出电压较高且变化不大,管子呈现出类恒压源特性,负载电阻增大时,输出比较平稳。

临界工作状态:集电极最大点电流正好落在临界线上,属于欠压工作状态和过压工作状态的分界点,其特点是输出功率大,效率较高。

余弦脉冲分解:余弦脉冲都是周期性的脉冲序列,可以用傅里叶级数求系数的方法来求出它的直流、基波与各次谐波的数值,这种分解为余弦脉冲分解。

放大器的负载特性:在其他条件不变(V_{CC}、V_{BB}、v_{BE} 为一定),只变化放大器的负载电阻而引起的放大器输出电压、输出功率、效率的变化特性称为负载特性。

放大器静态特性曲线:在集电极电路内没有负载阻抗的条件下获得的,如维持 v_{CE} 不变,改变 v_{BE},可求出 i_C 与 v_{BE} 静态特性曲线族。

放大器动态特性曲线:动态特性曲线相对于静态特性曲线,是指考虑了负载作用之后,所获得的 v_{CE}、v_{BE} 与 i_C 的关系曲线。

集电极馈电:指集电极直流供电。根据直流电源连接方式的不同,集电极馈电电路又分为串联馈电和并联馈电两种。串馈电路指直流电源、负载回路、功率管三者首尾相接,串联而成的一种直流馈电电路。并馈电路指直流电源、负载回路、功率管三者为并联连接而成的一种馈电电路。

基极馈电:指基极直流供电。基极馈电电路也分串馈、并馈两种。基极偏置电压可以单独由稳压电源供给,也可以由集电极电源分压供给。在功放级输出功率大于 1W 时,基极偏置常采用自给偏置电路。

级间耦合网络:谐振功率放大器的负载可以是下级放大器的输入回路,也可以是天线回路。这回路一般是四端网络。如果这四端网络是用于与下级放大器输入端相连接的,则称为级间耦合网络。

输出匹配网络:输出匹配网络常常是指设备中末级功放与天线或其他负载间的网络,这种匹配网络有 L 型、π型、T 型网络及由它们组成的多级网络,也有用双调谐耦合回路的。输出匹配网络的主要功能与要求是匹配、滤波和高效率。

中介回路:介于电子器件与天线回路的回路称为中介回路。

中介回路传输效率:输出至负载的有效功率与输入到回路的总交流功率之比。

晶体管倍频器:利用晶体管丙类放大器集电极电流脉冲中含有信号的基波与高次谐波,并用调谐回路取出某次谐波而实现倍频,这种倍频器的电路结构与调谐功率放大器类似。

参量倍频器:参量倍频器是利用晶体管的结电容随电压变化的非线性来实现倍频的一种倍频器。

本 章 小 结

（1）谐振功率放大器主要用来放大高频大信号，其目的是获得高功率和高效率输出的有用信号。

（2）谐振功率放大器的特点是晶体管基极为负偏压，即工作在丙类工作状态，其集电极电流为余弦脉冲状，由于负载为 LC 回路，则输出电压为完整正弦波。

（3）丙类谐振功率放大器工作在非线性区，采用折线近似法进行分析，根据晶体管是否工作在饱和状态而分为欠压、临界和过压三种工作状态。当负载电阻 R_P 变化时，其工作状态发生变化，由此引起放大器输出电压、功率、效率的变化特性称为负载特性。各极电压的变化也会引起工作状态的变化。其中临界工作时输出功率最大，效率也较高，欠压、过压工作状态主要用于调幅电路。过压工作状态也用于中间级放大。

（4）功率放大器的主要指标是功率和效率，丙类谐振功放利用折线化后的转换特性和输出特性进行分析计算。为了提高效率，常采用减小管子导通角和保证负载回路谐振的措施。

（5）一个完整的功率放大器由功放管、馈电电路和阻抗匹配电路等组成。阻抗匹配电路是保证功放管集电极调谐、负载阻抗和输入阻抗符合要求的电路。在给定功放管后，放大器的设计主要就是馈电电路和阻抗匹配电路的设计。

（6）功放管在高频工作时很多效应都会表现出来，因此，理论分析与实际参数有一定误差，分布电阻、电感和电容等效应不可忽略，功放管的实际工作状态要由实验来调整。

（7）倍频器的功能是用以提高设备的工作频率，晶体管丙类倍频电路从电路形式上看与谐振功率放大器类似，n 次倍频电路的输出回路 LC 的参数值应该使回路谐振在输入信号的 n 次谐波上。

思考题与习题

4-1 为什么低频功率放大器不能工作于丙类？而高频功率放大器则可工作于丙类？

4-2 提高放大器的功率与效率，应从哪几方面入手？

4-3 谐振功率放大器与小信号谐振放大器有什么异同之处？试从电路、工作状态和分析方法等简述。

4-4 功放管最大允许耗散功率为 20W，试计算当效率分别为 80%、70% 和 50% 时的集电极最大允许输出功率。

4-5 某一个晶体管谐振功率放大器，设已知 $V_{CC}=24V$，$I_{C0}=250mA$，$P_o=5W$，电压利用系数 $\xi=1$。试求 $P_=$、η、R_P、I_{C1}、电流导通角 θ_c。

4-6 晶体管放大器工作于临界状态，$R_P=200\Omega$，$V_{CC}=30V$，$I_{C0}=90mA$，$\theta_c=70°$，试求 P_o 与 η。

4-7 晶体管谐振功率放大器的直流电源 $V_{CC}=24$，$I_{C0}=300mA$，电压利用系数 $\xi=0.95$，折线法中发射结的截止偏压 $V_{BZ}=0.5V$，输出功率 $P_0=6W$。求电源提供的功率 $P_=$、集电极损耗功率 P_c、效率 η_c、集电极电流基波振幅 I_{c1}、峰值 I_{cm} 和半通角 θ_c。若偏压 $V_{BB}=-0.5V$，求输入信号所需振幅 V_{bm}。

4-8 调谐功率放大器原来正常工作于临界状态，如果集电极回路稍有失调，集电极损耗功率 P_c 将如何变化？

4-9 某谐振功率放大器如题图 4-1 所示，设中介回路与负载回路均已调谐好，放大器处于临界工作状态。

（1）当 V_{BB}、V_{CC}、M_1 不变时，增大 M_2 时放大器的工作状态如何变化？为什么？

（2）增大 M_2 后，为了维持放大器仍工作于临界工作状态，M_1 应如何变化？（此时 V_{BB}、V_{CC} 仍不变）为什么？

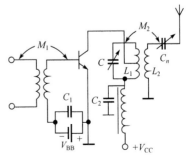

题图 4-1

4-10 某谐振功率放大器输出功率 P_o 已测出,在电路参数不变时,为了提高 P_o 采用提高 V_b 的方法,但效果不明显,试分析原因。

4-11 有一个输出功率为 2W 的晶体管高频功率放大器,采用图 4-17(a)所示的 π 型阻抗变换网络。负载电阻 $R_L=23\Omega$, $V_{CC}=4.8V$, $f=150MHz$。设 $Q_L=2$,试求,L_1、C_1、C_2 之值。

4-12 在调谐某一个晶体管谐振功率放大器时,发现输出功率与集电极效率正常,但所需激励功率过大。如何解决这一问题?假设为固定偏压。

4-13 对固定工作在某频率的高频谐振功率放大器,若放大器前面某级出现自激,则功放管可能会损坏。为什么?

4-14 一个调谐功率放大器工作于临界状态,已知 $V_{CC}=24V$,临界线的斜率为 0.6A/V,管子半通角为 70°,输出功率 $P_o=2W$,试计算 $P_=$、P_c、η_c、R_P 的大小。

4-15 某谐振功率放大器工作于临界状态,功放管用 3DA4,其参数为 $f_T=100MHz$, $\beta=20$,集电极最大耗散功率为 20W,饱和临界线跨导 $g_{cr}=1A/V$,转移特性如题图 4-2 所示。已知 $V_{CC}=24V$, $|V_{BB}|=1.45V$, $V_{BZ}=0.6V$, $Q_0=100$, $Q_L=10$, $\xi=0.9$。求集电极输出功率 P_o 和天线功率 P_A。

4-16 某谐振功率放大器的中介回路与天线回路均已调好,功率管的转移特性如题图 4-1 所示。已知 $|V_{BB}|=1.5V$, $V_{BZ}=0.6V$, $\theta_c=70°$, $V_{CC}=24V$, $\xi=0.9$。中介回路的 $Q_0=100$, $Q_L=10$。试计算集电极输出功率 P_o 与天线功率 P_A。

4-17 二倍频电路工作在临界工作状态,已知 $V_{CC}=24V$,临界线的斜率为 0.6A/V,倍频输出电压 $V_{Cm}=24V$,管子导通角为 60°,试计算输出功率 P_o、直流功率 $P_=$、集电极效率 η_c 和负载 R_P 的大小。

4-18 倍频器的作用是什么?晶体管丙类倍频电路有什么优点?如何使它的输出达到最大值。

4-19 在题图 4-3 所示电路中,测得 $p_==10W$, $P_c=3W$,中介回路损耗功率 $P_k=1W$,试求天线功率 P_A、中介回路效率 η_k 和放大器的总效率 η。

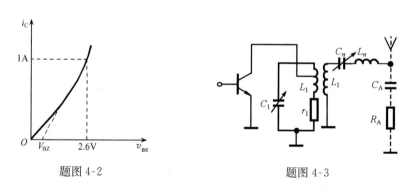

题图 4-2　　　　　　　　　　　　　　题图 4-3

4-20 题图 4-3 中谐振功率放大器工作在临界状态,若天线突然断开其工作状态如何变化?若天线短路,其工作状态又如何变化?

4-21 高频大功率晶体管 3DA4 参数为 $f_T=100MHz$, $\beta=20$,集电极最大允许耗散功率 $P_{CM}=20W$,饱和临界线跨导 $g_{cr}=0.8A/V$,用它做成 2MHz 的谐振功率放大器,选定 $V_{CC}=24V$, $\theta_c=70°$, $i_{Cmax}=2.2A$,并工作于临界状态。试计算 R_P、P_o、P_c、η_c 与 $P_=$。

4-22 在图 4-24 所示的电路中,设 $k=3\%$, L_1C_1 回路的 $Q=100$,天线回路的 $Q=15$。求中介回路的效率。

第5章 正弦波振荡器

正弦波振荡器
的工作原理

5.1 概 述

第4章所讨论的谐振功率放大器可称为他激式振荡,因为在放大器的输入端加有激励信号源。本章讨论的是自激式振荡器,它是在无须外加激励信号的情况下,能将直流电能转换成具有一定波形、一定频率和一定幅度的交变能量电路。

振荡器的种类很多,根据其波形不同,可分为两大类,正弦波振荡器和非正弦波振荡器。前者能产生正弦波,后者能产生矩形波、三角波、锯齿波等。正弦波振荡器根据其工作方式不同又可分为反馈型振荡器和负阻型振荡器。反馈型振荡器主要由决定振荡频率的选频网络和维持振荡的正反馈放大器组成,按照选频网络所采用元件的不同,正弦波振荡器可分为 LC 振荡器、RC 振荡器和晶体振荡器等类型。LC 振荡器和晶体振荡器用于产生高频正弦波,RC 振荡器用于产生低频正弦波。正反馈放大器既可由晶体管、场效应管等分立元件组成,也可以由集成电路组成。这几种电路中,以石英晶体振荡器的频率最稳定,LC 电路次之,RC 电路较差。负阻型振荡器则是将一个呈现负阻特性的有源器件直接与谐振电路相接,产生振荡。本书对此不作详细介绍。

本章主要讨论反馈型正弦波振荡器的基本工作原理,起振、平衡、稳定条件;电路的判断准则、电路特点、性能指标等。

5.2 反馈型振荡器的基本工作原理

5.2.1 自激振荡建立的物理过程和电路基本构件

对于振荡器,我们最关心的问题是电路怎么会产生振荡;电路的基本结构、电路组成以及振荡的波形、频率与哪些因素有关等。

实际上,反馈振荡器是由反馈放大器演变而来的。根据图 5-1,我们可以分析反馈型振荡器起振的物理过程和基本构成。

从图 5-1 中可见,若开关 K 拨向“1”时,该电路为调谐放大器,当输入信号为正弦波 $\dot v_i$ 时,放大器输出负载互感耦合变压器 L_2 上的电压为 $\dot v_f$,调整互感 M 与同名端以及回路参数,可以使 $\dot v_f = \dot v_i$。此时,若将开关 K 快速拨向“2”点,则集电极电路和基极电路都维持开关 K 接到“1”点时的状态,即始终维持着与 $\dot v_i$ 相同频率的正弦信号。这时,调谐放大器就变为自激振荡器。

实际上,只要将开关 K 与“2”点相连接,当电源＋

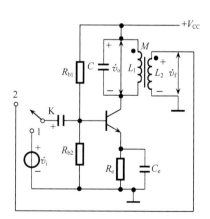

图 5-1 自激振荡建立的物理过程
和基本构成

V_{CC}接通瞬间,振荡就自动地建立起来,并能稳定地持续振荡下去。那么,最初的激励信号是从哪里来的呢? 原来,在电源开关闭合的瞬间,振荡管的各极电流从零跳变到某一数值。这种电流的跳变在集电极 LC 振荡电路中激起振荡,由于选频网络是由 Q 值很高的 LC 并联谐振回路组成,带宽极窄,因而在回路两端产生正弦波电压$\dot{v}_o$,该电压通过互感耦合变压器同相正反馈到晶体管的基极回路,这就是最初的激励信号。尽管这种起始振荡信号开始十分微弱,但是由于不断地对它进行放大、选频、反馈、再放大等多次循环,于是一个与振荡回路固有频率相同的自激振荡便由小到大增长起来。那么,这种振荡的振幅是否会无限地增长呢? 不会。由于晶体管特性的非线性,振幅会自动稳定到一定的幅度。这时,自激振荡已经建立,完成了将直流能量转换为交流能量的过程。这种利用有源器件限幅的振荡器有时又称为非线性振荡器。

由自激振荡建立的过程可知,反馈型自激振荡器的电路构成必须由以下三部分组成。

(1) 包含两个(或两个以上)储能元件的振荡回路。在这两个元件中,当一个释放能量时,另一个就接收能量。释放与接收能量可以往返进行,其频率取决于元件的数值。

(2) 可以补充由振荡回路电阻产生损耗的能量来源。在晶体管振荡器中,这能源就是直流电源 V_{CC}。

(3) 使能量在正确的时间内补充到电路中的控制设备。这是由有源器件(晶体管、集成块等)和正反馈电路完成的。

5.2.2 振荡器的起振条件

由 5.2.1 节分析可知,反馈型正弦振荡器应至少包含一个基本放大器 A 和把能量一部分馈回到放大器输入端的反馈网络 F,如图 5-2 所示。

由"模拟电子电路"课程所学的内容知道,图 5-2 反馈环的闭环增益$\dot{A}_f$可以表示为

$$\dot{A}_f = \frac{\dot{A}_o}{1 - \dot{A}_o \cdot \dot{F}} \tag{5-1}$$

式中,$\dot{A}_o = \dfrac{\dot{V}_o}{\dot{V}_i}\Big|_{\dot{v}_f = 0}$为基本放大器小信号开环增益;$\dot{F} = \dfrac{\dot{V}_f}{\dot{V}_o}$为反馈网络小信号电压反馈系数。

若在某种情况下,$1 - \dot{A}_o\dot{F} = 0$ 时,则$\dot{A}_f = \infty$,这说明即使没有输入信号($v_i = 0$)时,放大器仍有输出电压$\dot{V}_o$。即意味着放大器变为振荡器。当电路只满足$\dot{A}_o\dot{F} = 1$时,那么经放大、选频后的信号仍然只能维持在很低的电平上,具有一定频率的信号虽然存在,但被同样电平的噪声所淹没,得不到所需的信号强度。因此,要维持一定振幅的振荡,反馈系数 F 应设计得大一些(一般取为$\dfrac{1}{8} \sim \dfrac{1}{2}$),这样就可以在$\dot{A}_o\dot{F} > 1$时的情况下起振,振荡电压振幅就会不断增长,直到振幅增大到某一程度,当出现$\dot{A}\dot{F} = 1$时,振荡器就达到平衡。这里 $A = \dfrac{A_o}{\tau}$(A_o为静态工作点时的放大倍数,A 为平均放大倍数,$\tau = 2 \sim 4$ 为工作强度)。

由上面分析可知,反馈型正弦波振荡器的起振条件是

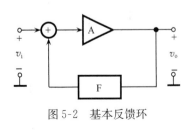

图 5-2 基本反馈环

$$\dot{A}_o \dot{F} > 1 \{A_o F > 1, \varphi_A + \varphi_F = 2n\pi, \quad n = 0, \pm 1, \cdots\} \tag{5-2}$$

式(5-2)分别为振幅起振条件和相位起振条件。放大器增益 A 与输出电压幅度 V_o 之间的关系称为振荡特性，$\dfrac{1}{F}$ 与 V_o 之间的关系称为反馈特性。起振的幅度条件可用图 5-3 表示。

在实际设计中，如果设计不当，振荡特性可能不是单调下降的，如图 5-4 所示。之所以会产生这种振荡特性，是因为静态工作点太低，I_{CQ} 太小，因而 A_o 太小，以至于不满足 $A_o > \dfrac{1}{F}$。这种振荡器电路一般不能自行起振，而必须给以一个较大幅度的初始激励，使动态点越过不稳定平衡点 B 才能起振，这称为硬激励起振，设计电路要尽量避免。

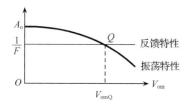

图 5-3　起振条件与平衡条件
图解（软激励起振）

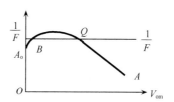

图 5-4　硬激励起振特性

5.2.3　振荡器的平衡条件

平衡条件是指振荡已经建立，为了维持自激振荡必须满足的幅度与相位关系。

振荡器静态工作点设计在甲类工作状态，采用自给偏压电路，如图 5-5 所示。随着振荡幅度的增加，振荡管便由线性状态很快地过渡到甲、乙类乃至丙类的非线性状态，这时放大器的增益会下降，最终达到平衡状态。

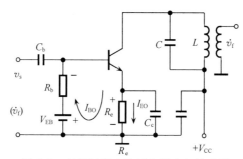

图 5-5　起振过程中偏置电压建立的过程

由前面分析得振荡器的平衡条件为

$$\dot{A} \cdot \dot{F} = 1 \tag{5-3}$$

为了使振荡器的平衡条件概念更加明确，我们将复数形式表示的振荡器平衡条件分别用模和相角来表示，即

$$Ae^{j\varphi_A} \cdot Fe^{j\varphi_F} = 1 \tag{5-4}$$

将模与相角分开，则有

$$A \cdot F = 1 \tag{5-5}$$

$$\varphi_A + \varphi_F = 2n\pi, \quad n = 0, 1, 2, 3, \cdots \tag{5-6}$$

式(5-5)称为振幅平衡条件。它说明振幅在平衡状态时,其闭环增益(电压增益或电流增益)等于 1。也就是说,反馈信号$\dot{V}_{\mathrm{f}}$的振幅与原输入信号$\dot{V}_{\mathrm{i}}$的振幅相等,即$V_{\mathrm{fm}} = V_{\mathrm{im}}$。

式(5-6)称为相位平衡条件,它说明振荡器在平衡状态时,其闭路总相移为零或为2π的整数倍。换句话说,反馈信号$\dot{V}_{\mathrm{f}}$的相位与原输入信号$\dot{V}_{\mathrm{i}}$的相位相同。

式(5-5)与式(5-6)对于任何类型的反馈振荡器都是适用的。在对振荡器进行理论分析时,利用振幅平衡条件可以确定振荡器的振幅;利用相位平衡条件可以确定振荡器的频率。

我们还可以将式(5-3)、式(5-6)换成另一种形式。

根据第 4 章可知

$$I_{\mathrm{c1}} = y_{\mathrm{fe}} \dot{V}_{\mathrm{i}} \gamma_1(\theta_{\mathrm{c}}) = \bar{y}_{\mathrm{fe}} \dot{V}_{\mathrm{i}} \tag{5-7}$$

式中,$\bar{y}_{\mathrm{fe}} = y_{\mathrm{fe}} \gamma_1(\theta_{\mathrm{c}})$,称为晶体管平均正向传输导纳,可以认为是理想化晶体管转移特性曲线的斜率。

振荡器的回路输出电压

$$\dot{V}_{\mathrm{c}} = \dot{I}_{\mathrm{c1}} Z_{\mathrm{p1}} \tag{5-8}$$

由式(5-7)与式(5-8)可得

$$\dot{A} = \frac{\dot{V}_{\mathrm{c}}}{\dot{V}_{\mathrm{i}}} = \bar{y}_{\mathrm{fe}} Z_{\mathrm{p1}}$$

因此式(5-3)可写成

$$\bar{y}_{\mathrm{fe}} \dot{F} \cdot Z_{\mathrm{p1}} = 1 \tag{5-9}$$

将各因子写成指数形式,有

$$\begin{cases} \bar{y}_{\mathrm{fe}} = |\bar{y}_{\mathrm{fe}}| \, \mathrm{e}^{\mathrm{j}\varphi_Y} \\ Z_{\mathrm{p1}} = |Z_{\mathrm{p1}}| \, \mathrm{e}^{\mathrm{j}\varphi_Z} \\ \dot{F} = F \mathrm{e}^{\mathrm{j}\varphi_F} \end{cases} \tag{5-10}$$

式中,$\bar{y}_{\mathrm{fe}} = \dfrac{\dot{I}_{\mathrm{c1}}}{\dot{V}_{\mathrm{i}}}$为晶体管的平均正向传输导纳;$\varphi_Y$为$\bar{y}_{\mathrm{fe}}$的相角,即集电极电流基波分量$\dot{I}_{\mathrm{c1}}$与基极输入电压$\dot{V}_{\mathrm{i}}$的相角;若$\dot{I}_{\mathrm{c1}}$超前于$\dot{V}_{\mathrm{i}}$,则$\varphi_Y$为正,反之,$\varphi_Y$为负。

$Z_{\mathrm{p1}} = \dfrac{\dot{V}_{\mathrm{c}}}{\dot{I}_{\mathrm{c1}}}$为谐振回路的基波谐振阻抗;$\varphi_Z$为回路基波谐振阻抗的相角,即$\dot{V}_{\mathrm{c}}$(或$-\dot{V}_{\mathrm{o}}$)与$\dot{I}_{\mathrm{c1}}$之间的相角;若$\dot{V}_{\mathrm{c}}$超前于$\dot{I}_{\mathrm{c1}}$,则$\varphi_Z$为正。

$\dot{F} = \dfrac{\dot{V}_{\mathrm{f}}}{\dot{V}_{\mathrm{c}}}$为反馈系数;$\varphi_F$为反馈系数相角,即$\dot{V}_{\mathrm{f}}$与$\dot{V}_{\mathrm{c}}$(或$-\dot{V}_{\mathrm{o}}$)之间的相角;若$\dot{V}_{\mathrm{f}}$超前于$\dot{V}_{\mathrm{c}}$,则$\varphi_F$为正。

将式(5-4)的模与相角分开,得

$$|\bar{y}_{\mathrm{fe}}| \cdot |Z_{\mathrm{p1}}| \cdot F = 1 \tag{5-11}$$

$$\varphi_Y + \varphi_Z + \varphi_F = 2n\pi, \quad n = 0, 1, 2, 3, \cdots \tag{5-12}$$

式(5-11)和式(5-12)是用电路参数表示的振幅平衡条件和相位平衡条件。

但是,实际上由于晶体管少数载流子在通过基区有效宽度时,需要一定的扩散时间,而使 $\dot{i}_c$ 总是滞后于 $\dot{V}_i$,故 $\varphi_Y < 0$。至于反馈系数相角,根据电路形式的不同,可能 $\varphi_F < 0$,也可能 $\varphi_F > 0$,既然 $\varphi_Y + \varphi_F \neq 0$,为了使电路工作在相位平衡状态,这就要求回路工作于失谐状态,以产生一个谐振回路相角 φ_Z 来对 φ_Y 和 φ_F 进行平衡。换句话说,由于电路中有源器件、寄生参量以及阻隔元件等的影响,振荡器的实际工作频率,严格来讲并不等于回路的固有谐振频率,因此,Z_p 也不会呈现纯阻性。所以,一般振荡器的振荡回路总是处于微小失谐状态。可在振荡电路中加入电感或电容辅助元件,以使 $\varphi_Z = 0$。

在平衡条件下,反馈到放大管的输入信号 $\dot{v}_f$ 正好等于放大管维持 $\dot{v}_o$ 及 $\dot{v}_f$ 所需的输入电压,从而保持反馈环路各点电压的平衡,使振荡器得以维持。

5.2.4　振荡器平衡状态的稳定条件

振荡器平衡状态的稳定条件指在外因作用下平衡条件被破坏后,振荡器能自动恢复到原来平衡状态的能力。

上面所讨论的振荡平衡条件只能说明振荡能在某一个状态平衡,但还不能说明这个平衡状态是否稳定。平衡状态只是建立振荡的必要条件,但还不是充分条件。已建立的振荡能否维持,还必须看平衡状态是否稳定。

我们用两个简单例子来说明稳定平衡与不稳定平衡的概念。图 5-6(a)和(b)分别画出了将一个小球置于凸面上的平衡位置 B,而将另一个小球置于凹面上的平衡位置 Q。我们说图 5-6(a)中的小球处于不稳定平衡状态。因为只要外力使它稍稍偏离平衡点 B,小球离开原来位置而落下,不可能再回到原状态。图 5-6(b)的小球则处于稳定平衡状态,因为外力可使它偏离平衡位置 Q,外力一旦消除,它自动回到原来的平衡位置。因此,振荡器的稳定平衡是指在外因作用下,振荡器在平衡点附近可重建新的平衡状态。一旦外因消失,它能自动恢复到原来的平衡状态。

(a) 不稳定平衡状态　　　　　　　　　　（b）稳定平衡状态

图 5-6　两种平衡状态举例

稳定条件也分为振幅稳定与相位稳定两种。以下分别讨论。

1) 振幅平衡的稳定条件

参见图 5-3,假定某种因素使振幅增大超过了 V_{omQ},这时 $A < \dfrac{1}{F}$,即出现 $AF < 1$ 的情况,于是振幅就自动衰减而回到 V_{omQ}。反之,当某种因素使振幅小于 V_{omQ},这时 $A > \dfrac{1}{F}$,即出现 $AF > 1$ 的情况,于是振幅就自动增强,从而又回到 V_{omQ}。因此 Q 点是稳定平衡点。

形成稳定平衡点的根本原因是什么呢? 由上面所述可知,在平衡点附近,放大倍数随振幅的变化特性具有负的斜率,即

$$\left.\frac{\partial A}{\partial V_{om}}\right|_{V_{om}=V_{omQ}} < 0 \tag{5-13}$$

式(5-4)表示平衡点的振幅稳定条件。这个条件说明,在反馈型振荡器中,放大器的放大倍数随振荡幅度的增强而下降,振幅才能处于稳定平衡状态。工作于非线性状态的有源器件(晶体管等)正好具有这一性能,因而它们具有稳定振幅的功能。B 点虽然为平衡点,但

$\left.\dfrac{\partial A}{\partial V_{om}}\right|_{V_{om}=V_{omQ}} > 0$ 不满足式(5-13),则 B 点为不稳定的平衡点。

2) 相位平衡的稳定条件

相位稳定条件是指相位平衡条件遭到破坏时,线路本身能重新建立起相位平衡点的条件;若能建立,则仍能保持其稳定的振荡。

必须强调指出:相位稳定条件和频率稳定条件实质上是一回事。因为振荡的角频率就是相位的变化率$\left(\omega = \dfrac{\mathrm{d}\varphi}{\mathrm{d}t}\right)$,所以当振荡器的相位变化时,频率也必然发生变化。

外因引起的相位变化与频率的关系是相位超前导致频率升高,相位滞后导致频率降低,频率随相位的变化关系可表示为

$$\frac{\Delta\omega}{\Delta\varphi} > 0 \tag{5-14}$$

为了保持振荡器相位平衡点稳定,振荡器本身应该具有恢复相位平衡的能力。换句话说,就是在振荡频率发生变化的同时,振荡电路中能够产生一个新的相位变化,以抵消由外因引起的 $\Delta\varphi$ 变化,因而这两者的符号应该相反,即相位稳定条件应为$\dfrac{\Delta\varphi}{\Delta\omega} < 0$,写成偏微分形式,即

$$\frac{\partial\varphi}{\partial\omega} < 0 \tag{5-15}$$

或

$$\frac{\partial(\varphi_Y + \varphi_Z + \varphi_F)}{\partial\omega} < 0$$

但是,由于 φ_Y 和 φ_F 对于频率变化的敏感性一般远小于 φ_Z 对频率变化的敏感性,即

$$\left|\frac{\partial\varphi_Y}{\partial\omega}\right| \ll \left|\frac{\partial\varphi_Z}{\partial\omega}\right| \tag{5-16}$$

$$\left|\frac{\partial\varphi_F}{\partial\omega}\right| \ll \left|\frac{\partial\varphi_Z}{\partial\omega}\right| \tag{5-17}$$

因此,式(5-15)可写为

$$\frac{\partial\varphi}{\partial\omega} \approx \frac{\partial\varphi_Z}{\partial\omega} < 0 \tag{5-18}$$

式(5-18)就是振荡器的相位(频率)稳定的条件。它说明当满足式(5-16)和式(5-17)的条件时,只有谐振回路的相频特性曲线 $\varphi_Z = f(\omega)$ 在工作频率附近具有负的斜率,才能满足频率稳定条件。事实上,并联谐振回路的相频特性正好具有负的斜率,如图 5-7 所示。因而 LC 并联谐振回路不但是决定振荡频率的主要角色,而且是稳定振荡频率的机构。

现在我们用图 5-7 来说明振荡频率的稳定原理。

在图 5-7 中以角频率 ω 为横坐标，φ_Z 为纵坐标，画出了具有一定 Q 值的并联谐振回路的相频特性曲线，同时，根据式(5-6)相位平衡时(取 $n=0$)有

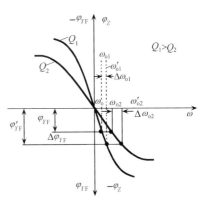

$$\varphi_Z = -(\varphi_Y + \varphi_F) = -\varphi_{YF} \qquad (5\text{-}19)$$

图 5-7 并联谐振回路的相频特性

的相位关系。所以，纵坐标也表示与 φ_Z 等值异号的 φ_{YF} 相角(φ_{YF} 为 φ_Y 与 φ_F 之和)的尺度。在一般情况下，振荡器存在着一定的正向传输导纳相角 φ_Y 和反馈系数相角 φ_F。假定两个相角的代数和为图 5-7 中所示的 φ_{YF} 值，则只有工作频率为 ω_0 时，相位平衡条件才满足。若由于外界某种因素使振荡器相位发生了变化，例如，φ_{YF} 增大到 φ'_{YF}，即产生了一个增量 $\Delta\varphi_{YF}$，从而破坏了原来工作于 ω_{o2} 频率的平衡条件。这种不平衡促使频率 ω_{o2} 升高。由于频率升高使谐振回路产生负的相角增量 $-\Delta\varphi_Z$。当 $-\Delta\varphi_Z = \Delta\varphi_{YF}$ 时，相位重新满足 $\Sigma\varphi = 0$ 的条件，振荡器在 ω'_{o2} 的频率上再一次达到平衡。但是新的稳定平衡点 $\omega'_{o2} = \omega_{o2} + \Delta\omega_{o2}$。毕竟还是偏离原来稳定平衡点一个 $\Delta\omega_{o2}$。显而易见，这是为了抵消 $\Delta\varphi_{YF}$ 的存在必然出现的现象。由图 5-7 可以看出，为了减小振荡频率的变化，一方面要尽可能地减小 $\Delta\varphi_{YF}$，也就是减小 φ_Y 和 φ_F 对外界因素影响的敏感性；另一方面，提高相频特性曲线斜率的绝对值 $\left|\dfrac{\partial\varphi}{\partial\omega}\right|$，这可由提高回路的 Q 值来实现($Q_1 > Q_2$)，则 $\Delta\omega_{o1} < \Delta\omega_{o2}$。另外，尽可能使 $\varphi_{YF} \to 0$(振荡回路工作于谐振状态)，也有利于振荡频率的稳定。振荡频率的稳定问题是非常重要的，将在后面专门讨论。

5.3 反馈型 LC 振荡器线路

采用 LC 谐振回路作为选频网络的反馈振荡器统称为 LC 振荡器。它可以用来产生几十千赫兹到几百兆赫兹的正弦波信号。实际上，高频正弦波振荡器几乎都是采用 LC 回路进行选频的。不过有些高频正弦波振荡器，如晶体振荡器、压控振荡器、集成电路振荡器等，分别在结构和工作原理上具有自己的特点。本节介绍以单个晶体管作为放大器，以 LC 分立元件作为选频网络的 LC 振荡器。其中晶体管也可以改用场效应管，工作原理基本相同。

LC 振荡器按其反馈网络的不同，可分为互感耦合振荡器、电感反馈式振荡器和电容反馈式振荡器三种类型，其中后两种通常统称为三端式振荡器。

下面分别介绍不同类型的反馈型 LC 振荡器，以三端式 LC 振荡器作为重点。

5.3.1 互感耦合振荡器

互感耦合振荡器是依靠线圈之间的互感耦合实现正反馈的，因此，耦合线圈同名端的正确位置至关重要。同时，耦合量 M 要选择合适，使其满足振幅起振条件。

互感耦合振荡器有三种形式：调集电路、调基电路和调发电路，具体根据振荡回路是在集电极电路、基极电路和发射极电路来区分的。互感耦合振荡器电路如图 5-8 所示。由于基极和发射极之间的输入阻抗比较低，为了避免过多地影响回路的 Q 值，故在调基和调发

这两个电路中,晶体管与振荡回路进行部分耦合。

调集电路在高频输出方面比其他两种电路稳定,而且幅度较大,谐波成分较小。调基电路振荡频率在较宽的范围改变时,振幅比较平稳。

互感耦合振荡器在调整反馈(改变 M)时,基本上不影响振荡频率。但由于分布电容的存在,在频率较高时,难于做出稳定性高的变压器。因此,它们的工作频率不宜过高,一般应用于中、短波波段。

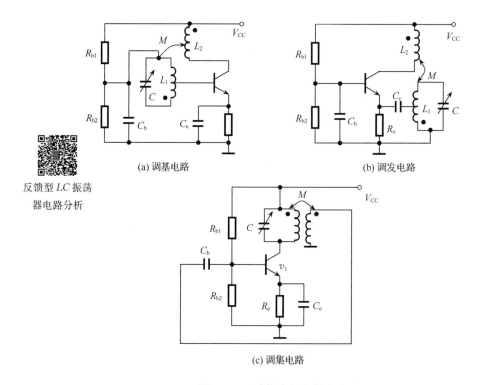

反馈型 LC 振荡
器电路分析

图 5-8　互感耦合振荡器电路

根据 h 参数等效电路分析可知互感耦合振荡器的振荡频率

$$f_\circ = \frac{1}{2\pi}\sqrt{\frac{1}{LC}\left(\frac{(\Delta h)\gamma}{h_i}+1\right)} \approx \frac{1}{2\pi}\sqrt{\frac{1}{LC}} \tag{5-20}$$

起振条件

$$h_f > \frac{h_i rC + L\Delta h}{M} \tag{5-21}$$

式中,r 为 L 中的损耗电阻;$\Delta h = h_0 h_i - h_f h_r$。显然,$M$ 与 h_f 越大,越容易起振。

5.3.2　三端式 LC 振荡器

三端式振荡器是指有源器件(晶体管、场效应管)的三个电极分别与振荡回路的三个端点交流相连接的振荡器。三端式振荡器主要有电容三端式和电感三端式,为了提高振荡器的频率稳定度,常采用改进型电容三端式振荡器和晶体振荡器。

下面分别分析各种三端式振荡器的电路特点,通过分析可归纳三端式振荡器的组成原则,即三端式 LC 振荡器相位平衡条件的判断准则。

1. 电感反馈三端式振荡器(哈特莱电路)

1) 线路特点

图 5-9 为共发电感反馈三端式振荡器电路及三端式交流等效电路。

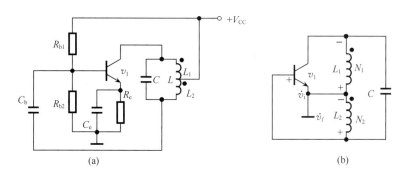

图 5-9　共发电感反馈三端式振荡电路及三端式交流等效电路

在图 5-9(b)中可见,它的反馈电压$\dot{v}_f$是由电感 L_2 上获得的,晶体管的三个电极分别与回路电感的三个端点相连接,故称为电感反馈三端式振荡器。电路中集电极馈电采取串联馈电方式,基极则采取并联馈电方式,C_b 为隔直流电容,防止 V_{CC} 通过电感 L_2 加到基极,以免高压击穿管子。

2) 起振条件和振荡频率

由图 5-9(b)可以看出,反馈电压$\dot{v}_f$与输入电压$\dot{v}_i$同相,满足相位起振条件,这时只要调整 L_1、L_2 使之满足 $A_0F>1$ 就可以起振。

由 h 参数等效电路可以推导(张肃文和陆兆雄,1993),电感反馈三端电路的起振条件为

$$h_{fe} > \frac{h_{ie}}{FR'_P} = \frac{h_{ie}}{R'_P} \cdot \frac{L_1+M}{L_2+M} > \frac{h_{ie}}{h_{fe}R'_P} \qquad (5\text{-}22)$$

式中,h_{fe} 为共发振荡管的电流增益;h_{ie} 为共发振荡管的输入电阻;R'_P 为负载回路的谐振电阻;F 为反馈系数 $\left(F=\dfrac{L_2+M}{L_1+M}\right)$,若 L_1、L_2 为理想耦合时 $F=\dfrac{L_2}{L_1}=\dfrac{N_2}{N_1}$($N_1$、$N_2$ 分别为 L_1、L_2 的匝数),F 通常取为 $\dfrac{1}{2}\sim\dfrac{1}{8}$。$F$ 不能取得太小,也不能取得太大,否则振荡条件均难以满足。这是因为 F 值过小,$A_0F>1$ 不易满足;而当 F 值过大时,L_2+M 增加。

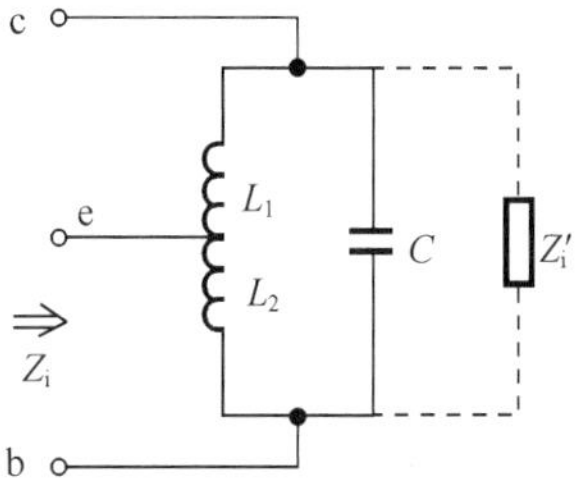

图 5-10　输出回路等效电路

由图 5-10 可知,F 增大 $\rightarrow L_2+M$ 增大 $\rightarrow$ 接入系数 $P_{be}=\dfrac{L_2+M}{L_1+L_2+2M}$ 增大 $\rightarrow$ 管子的输入阻抗 Z_i 折合到 cb 的阻抗 $Z'_i=\dfrac{Z_i}{P_{be}^2}$ 减小 $\rightarrow$ cb 回路的 Q 值减小 $\rightarrow R'_P$ 减小,即要求的 h_{fe} 加大,难于起振,同时影响了振荡波形,产生了失真。

同理,可推导电感反馈三端电路的振荡频率为

$$f_0 = \frac{1}{2\pi} \cdot \frac{1}{\sqrt{C(L_1 + L_2 + 2M) + \dfrac{h'_{oe}}{h_{ie}}(L_1 L_2 - M^2)}} \approx \frac{1}{2\pi} \cdot \frac{1}{\sqrt{LC}} \qquad (5\text{-}23)$$

$$L = L_1 + L_2 + 2M$$

式中，M 为 L_1、L_2 之间的互感；h'_{oe} 为从管子 ce 端看出的输出导纳；R'_P 为 ce 回路的谐振阻抗，$h'_{oe} = h_{oe} + \dfrac{1}{R'_P}$，因为 $R'_P \ll \dfrac{1}{h_{oe}}$，所以 $h'_{oe} \approx \dfrac{1}{R'_P}$。

3）电路的优缺点

优点：L_1、L_2 之间有互感，反馈较强，容易起振；振荡频率调节方便，只要调整电容 C 的大小即可，而且 C 的改变基本上不影响电路的反馈系数。

缺点：振荡波形不好，因为反馈电压是在电感上获得的，而电感对高次谐波呈高阻抗，因此对高次谐波的反馈较强，使波形失真大；另外，电感反馈三端电路的振荡频率不能做得太高，这是因为频率太高，L 太小，不宜制造且分布参数的影响太大。

电感三端式振荡器的工作频率一般在几十兆赫兹以下。

2. 电容反馈三端式振荡器（考比次电路）

1）线路特点

图 5-11 为电容反馈三端式振荡器的典型电路和交流等效电路。由图 5-11（b）可见，它的反馈电压 $\dot{v}_f$ 是由电容 C_2 上获得的，晶体管的三个电极分别与回路电容的三个端点相连接，故称为电容反馈三端式振荡器。电路中集电极和基极均采取并联馈电方式。C_b、C_c 均为隔直电容。

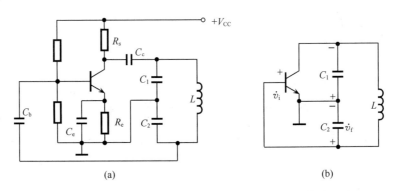

(a)　　　　　　　　　　　　　　　(b)

图 5-11　电容反馈三端式振荡器的典型电路和交流等效电路

2）起振条件和振荡频率

由图 5-11（b）可以看出，反馈电压 $\dot{v}_f$ 与输入电压 $\dot{v}_i$ 同相，满足相位起振条件，这时可调整反馈系数 $F = \dfrac{C_1}{C_2}$（F 不可太大，也不可太小，通常取为 $\dfrac{1}{2} \sim \dfrac{1}{8}$），使之满足 $A_0 F > 1$ 就可以起振。

同理，可推导电容反馈三端电路的起振条件和振荡频率如式（5-24）和式（5-25）所示。

$$h_{fe} > \frac{h_{ie}}{R'_P} \cdot \frac{C_2}{C_1} > \frac{h_{ie}}{h_{fe} R'_P} \qquad (5\text{-}24)$$

$$f_0 = \frac{1}{2\pi}\sqrt{\frac{C_1+C_2}{LC_1C_2}+\frac{h'_{oe}}{h_{ie}C_1C_2}} \approx \frac{1}{2\pi}\sqrt{\frac{1}{LC}}, \qquad C = \frac{C_1C_2}{C_1+C_2} \tag{5-25}$$

3）电路的优缺点

电容反馈三端电路的优点是振荡波形好,因为它的反馈电压$\dot{v}_f$是靠电容获得的,而电容元件对信号的高次谐波呈低阻抗,因此,对高次谐波反馈较弱,使振荡波形更接近正弦波;另外,这种电路的频率稳定度较高,由于电路中的不稳定电容均与回路电容C_1、C_2相并联,因此,适当加大回路的电容量,就可以减小不稳定因素对振荡频率的影响。电容三端电路的工作频率可以做得较高,因为它可直接利用振荡管的输出、输入电容作为回路的振荡电容。它的工作频率可做到几十兆赫兹到几百兆赫兹的甚高频波段范围。

这种电路的缺点是调C_1或C_2来改变振荡频率时,反馈系数也将改变。但只要在L两端并上一个可变电容器,并令C_1与C_2为固定电容,则在调整频率时,基本上不会影响反馈系数。

3. 三端式LC振荡器组成法则(相位平衡条件的判断准则)

前面分析表明,三端式LC振荡器是一种电路结构很有特点的反馈式LC振荡器。在这种振荡电路中,选频网络由三个基本电抗元件构成,选频网络的三个引出端分别与晶体管的三个电极 e、b、c 相连,其原理电路如图 5-12 所示。当回路元件的电阻很小,可以忽略其影响,同时也忽略晶体三极管的输入阻抗与输出阻抗的影响,则电路要振荡必须满足条件

$$x_{be} + x_{ce} + x_{cb} = 0 \tag{5-26}$$

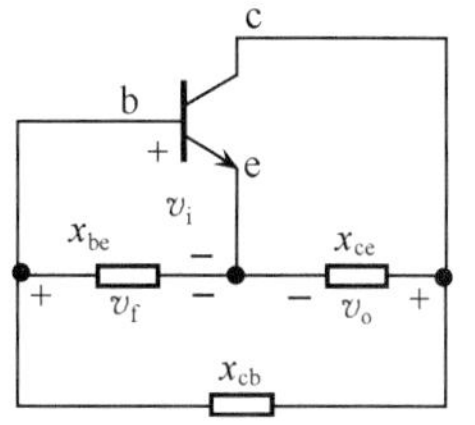

图 5-12 三端式振荡器的原理电路

另外,由图 5-12 中可知,对于振荡管而言,其集电极电压$\dot{v}_o$与基极输入电压$\dot{v}_i$是反相的,二者相差 180°,为了满足振荡系统的相位平衡条件,即满足正反馈的条件,反馈系数F也需要产生 180°相位差,为此,x_{eb}与x_{ce}必须性质相同,即同名电抗,根据式(5-26),x_{cb}必然为异名电抗。由此得出三端电路组成法则为x_{eb}、x_{ce}电抗性质相同,x_{cb}与x_{eb}、x_{cc}电抗性质相反。即 ce、be 同抗件,cb 反抗件。以此准则可迅速判断振荡电路组成是否合理,能否起振。也可用于分析复杂电路与寄生振荡现象。

许多变形的三端式LC振荡电路,x_{ce}和x_{be}、x_{cb}往往不都是单一的电抗元件,而是可以由不同符号的电抗元件组成的。但是,多个不同符号的电抗元件构成的复杂电路,在频率一定时,可以等效为一个电感或电容。根据等效电抗是否具备上述三端式LC振荡器电路相位平衡判断准则的条件,便可判明该电路是否起振。

下面举例说明三端振荡器相位平衡判断准则的应用。

例 5-1 振荡电路如图 5-13 所示,试画出交流等效电路,并判断电路在什么条件下起振,属于什么形式的振荡电路?

解 (1)根据画交流等效电路原则,将所有偏置视为开路,将耦合电容、交流旁路电容视为短路,则该电路的交流等效电路如图 5-14 所示。

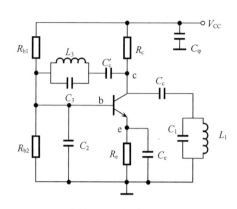
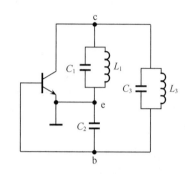

图 5-13 振荡电路   图 5-14 振荡电路的交流等效电路

（2）根据交流等效电路可知，因为 x_{eb} 为容性电抗，为了满足三端电路相位平衡判断准则，x_{ce} 也必须呈容性。同理，x_{cb} 应该呈感性。

根据并联谐振回路的相频特性（图 5-15），当振荡频率 $f_0 > f_1$（回路 L_1C_1 的固有频率）时，L_1C_1 呈容性。根据 $x_{be} + x_{ce} + x_{bc} = 0$，$L_3C_3$ 回路应呈感性，振荡电路才能正常工作。由图 5-16 可知，$f_0 < f_3$ 时可以振荡，等效为电容三端振荡电路，其条件可写为

$$\frac{1}{2\pi\sqrt{L_1C_1}} < \frac{1}{2\pi\sqrt{L_3C_3}}$$

即

$$L_1C_1 > L_3C_3$$

例 5-2 并联谐振回路的相频特性如图 5-15 所示，有一个振荡器的交流等效电路如图 5-16 所示。已知回路参数 $L_1C_1 > L_2C_2 > L_3C_3$，试问该电路能否起振，可以等效为哪种类型的振荡电路？其振荡频率 f_0 与各回路的固有谐振频率之间有何关系？

解 该电路要振荡必须满足相位平衡判断准则。先假定 x_{ce}、x_{be} 均为电感，则 x_{cb} 应为电容。根据已知条件 $L_1C_1 > L_2C_2 > L_3C_3$，则有 $f_1 < f_2 < f_3$，若要使 x_{ce}、x_{be} 为电感，则应该满足 $f_0 < f_1$，$f_0 < f_2$，同时 $f_0 > f_3$，由已知条件可以看出 f_0 不可能同时大于 f_3 小于 f_2，故不成立。

若 x_{ce}、x_{be} 同为电容，则 $f_0 > f_1$，$f_0 > f_2$，同时应该有 $f_0 < f_3$，由已知条件知振荡频率可满足该条件，即 $f_1 < f_2 < f_0 < f_3$，所以该电路应为电容三端振荡器。

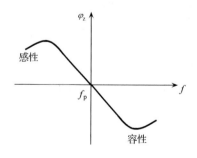
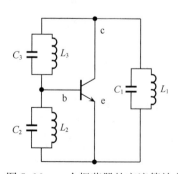

图 5-15 并联谐振回路的相频特性   图 5-16 一个振荡器的交流等效电路

4. 串联型改进电容三端式振荡器(克拉泼电路)

从上面分析可知,电容三端式电路比电感三端式电路性能要好一些,但如何减少晶体管输入输出电容对回路的影响仍是一个必须解决的问题,于是出现了改进型的电容三端式电路——克拉泼电路。

图 5-17(a)是克拉泼电路的实用电路,图 5-17(b)是其高频等效电路。与电容三端式电路比较,克拉泼电路的特点是在回路中增加了一个与 L 串联的电容 C_3。各电容取值必须满足: $C_3 \ll C_1$, $C_3 \ll C_2$, C_3 为可变电容。这样可使电路的振荡频率近似只与 C_3、L 有关。

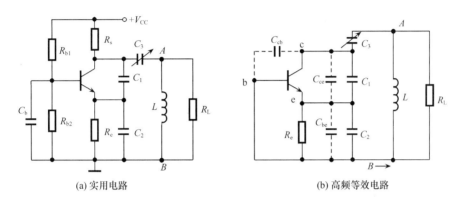

(a) 实用电路　　　　　　　　　　　　　　(b) 高频等效电路

图 5-17　克拉泼电路

先不考虑晶体管输入输出电容的影响。因为 C_3 远远小于 C_1 或 C_2,所以 C_1、C_2、C_3 三个电容串联后的等效电容 $C \approx C_3$,于是振荡角频率

$$\omega_0 = \frac{1}{\sqrt{LC}} \approx \frac{1}{\sqrt{LC_3}} \tag{5-27}$$

由此可见,克拉泼电路的振荡频率几乎与 C_1、C_2 无关。此时, $P'_{ce} \approx C_3/C_1$, $P'_{be} \approx C_3/C_2$ 和电容三端式电路中 C_{ce} 与谐振回路的接入系数 $P_{ce} = C_2/(C_1+C_2)$ 比较,由于 $C_3 \ll C_1$, $C_3 \ll C_2$,所以 $P'_{ce} \ll P_{ce}$, $P'_{be} \ll P_{be}$。

由于 C_{ce} 的接入系数大大减小,所以它等效到回路两端的电容值也大大减小,对振荡频率的影响也大大减小。同理, C_{be} 对振荡频率的影响也极小。因此,克拉泼电路的频率稳定度比电容三端式电路要好(频率稳定度在下面详细分析)。

在实际电路中,根据所需的振荡频率决定 L、C_3 的值,然后取 C_1、C_2 远大于 C_3 即可。但是 C_3 和 C_1、C_2 也不能相差太大,否则将影响振荡器的起振。

克拉泼电路的缺陷是不适于用作波段振荡器。所以克拉泼电路只适于用作固定频率振荡器或波段覆盖系数较小的可变频率振荡器。波段覆盖系数是指可以在一定波段范围内连续正常工作的振荡器的最高工作频率与最低工作频率之比。一般克拉泼电路的波段覆盖系数为 1.2～1.3。

5. 并联型改进电容三端式振荡器(西勒电路)

针对克拉泼电路的缺陷,西勒提出另一种改进型电容三端式电路——西勒电路。

图 5-18(a)是西勒电路的实用电路,图 5-18(b)是西勒电路的高频等效电路(未考虑负载电阻)。

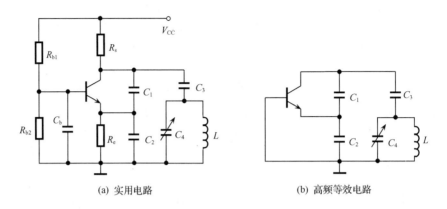

(a) 实用电路   (b) 高频等效电路

图 5-18　西勒电路

西勒电路是在克拉泼电路基础上,在电感 L 两端并联了一个小电容 C_4,且满足 C_1、C_2 远大于 C_3,所以其回路等效电容

$$C = \frac{C_1 C_2 C_3}{C_1 C_2 + C_1 C_3 + C_2 C_3} + C_4 \approx C_3 + C_4$$

所以,振荡频率

$$f_0 = \frac{1}{2\pi \sqrt{LC}} \approx \frac{1}{2\pi \sqrt{L(C_3 + C_4)}} \tag{5-28}$$

在西勒电路中,由于 C_4 与 L 并联,所以 C_4 的大小不影响回路的接入系数,在振荡频率变化时基本保持不变,从而使输出振幅稳定。因此,西勒电路可用作波段振荡器,其波段覆盖系数为 $1.6 \sim 1.8$。

西勒电路在分立元件系统或集成高频电路系统中均获得广泛的应用,如在集成高频调谐电路和电视机的高频头电路中,绝大多数均采用这种电路。

在实际工作中,电路中 C_3 的选择要合理,C_3 过小时,振荡管与回路间的耦合过弱,振幅平衡条件不易满足,电路难于起振,C_3 过大时,频率稳定度会下降。所以,应该在保证起振条件得到满足的前提下,尽可能地减小电容 C_3 值。

6. 小结

以上所介绍的五种 LC 振荡器均是采用 LC 元件作为选频网络。由于 LC 元件的标准性较差,因而谐振回路的 Q 值较低,空载 Q 值一般不超过 300,有载 Q 值就更低,所以 LC 振荡器的频率稳定度不高,一般为 10^{-3} 数量级,即使是克拉泼电路和西勒电路也只能达到 10^{-4} 数量级。如果需要频率稳定度更高的振荡器,那么可以采用晶体振荡器。

振荡器的频率
稳定度分析

5.4　振荡器的频率稳定问题

5.4.1　频率稳定度定义

反馈振荡器如满足起振、平衡、稳定三个条件,就能够产生等幅持续的振荡波形。当受到外界不稳定因素影响时,振荡器的相位或振荡频率可能发生微小变化,虽然能自动回到平衡状态,但振荡频率在平衡点附近随机变化这一现象却是不可避免的。为了衡量实际振荡频率 f 相对于标称振荡频率 f_0 变化的程度,本节提出了频率稳定度这一性能指标。

　　振荡器的频率稳定度是振荡器的一个关键指标。频率稳定,就是在各种外界条件发生变化的情况下,要求振荡器的实际工作频率与标称频率间的偏差及偏差的变化最小。评价振荡器频率的主要指标有两个,即准确度与稳定度。

　　振荡器的实际工作频率 f 与标称频率 f_0 之间的偏差,称为振荡频率的准确度。它通常分为绝对频率准确度与相对频率准确度两种,其表达式如下。

　　绝对准确度

$$\Delta f = |f - f_0| \tag{5-29}$$

　　相对准确度

$$\frac{\Delta f}{f_0} = \frac{|f - f_0|}{f_0} \tag{5-30}$$

　　振荡器的频率稳定度则是指在一定时间间隔内,由于各种因素变化,引起的振荡频率相对于标称频率变化的程度,如 Δt 时间内测得频率的最大变化为 $\Delta f_{\max}$,则频率稳定度 δ 定义为

$$\delta = \frac{\Delta f_{\max}}{f_0} \bigg|_{t=\Delta t} \tag{5-31}$$

　　为了便于评价不同振荡器的性能,又可根据观测时间的长短,将频率稳定度分为长期频率稳定度、短期频率稳定度和瞬间频率稳定度等。

　　长期频率稳定度:一般指一天以上乃至几个月的相对频率变化的最大值。它主要用来评价天文台或计量单位的高精度频率标准和计时设备的稳定指标。

　　短期频率稳定度:一般指一天以内频率的相对变化最大值。外界因素引起的频率变化大都属于这一类,通常称为频率漂移。短期频率稳定度一般多用来评价测量仪器和通信设备中主振器的频率稳定指标。

　　瞬间频率稳定度:指秒或毫秒内随机频率变化,即频率的瞬间无规则变化,通常称为振荡器的相对抖动或相位噪声。

　　短期频率稳定度主要与温度变化、电源电压变化和电路参数不稳定性等因素有关。长期频率稳定度主要取决于有源器件和电路元件及石英晶体和老化特性,与频率的瞬间变化无关。而瞬间频率稳定度主要是由于频率源内部噪声而引起的频率起伏,它与外界条件和长期频率稳定度无关。

　　对频率稳定度的要求因用途而异。中波电台发射机为 10^{-5} 数量级,电视发射机为 10^{-7} 数量级,普通信号发生器为 $10^{-5} \sim 10^{-4}$ 数量级,高精度信号发生器为 $10^{-9} \sim 10^{-7}$ 数量级。

5.4.2　影响频率稳定度的因素

　　由 5.3 节讨论可知,严格地讲,振荡器的频率不仅取决于振荡回路元件 LC 的值,而且与振荡管的输入输出阻抗有关。当外界因素(如电源电压、温度、湿度等)变化时,这些参数随之而来的变化就会造成振荡器频率的变化。

　　下面分别讨论这些参数变化对频率稳定度的影响。

1. 振荡回路参数对频率的影响

因为振荡频率 $\omega_0 \approx \dfrac{1}{\sqrt{LC}}$，显然，当 LC 变化时，必然引起振荡频率的变化。影响 L 与 C 变化的因素一般有温度、湿度、气压等。若 L、C 的变化量为 ΔL、ΔC，则可求频率变化量为

$$\Delta\omega = \frac{\partial \omega_0}{\partial L}\Delta L + \frac{\partial \omega_0}{\partial C}\Delta C = -\frac{1}{2}\omega_0\left(\frac{\Delta L}{L} + \frac{\Delta C}{C}\right) \qquad (5\text{-}32)$$

其相对频率变化量为

$$\frac{\Delta\omega_0}{\omega_0} = -\frac{1}{2}\left(\frac{\Delta L}{L} + \frac{\Delta C}{C}\right) \qquad (5\text{-}33)$$

2. 回路品质因素 Q 值对频率的影响

由并联谐振回路的相频特性(图 5-7)可知，Q 值越高，则相同的相角变化引起频率偏移越小；当 $Q_1 > Q_2$ 时，同样的 $\Delta\varphi_{YF}$，频率偏离量 $\Delta\omega_{01} < \Delta\omega_{02}$ 提高了频率稳定度。由式(5-10)也可看出，当回路电阻 r 越小，则负载变化时，对振荡频率影响越小(因为 r 是由振荡器的负载决定的)。r 越小，Q 值越高。

3. 有源器件的参数对频率的影响

振荡管为有源器件，若它的工作状态(电源电压或周围温度等)有所改变，则由式(5-20)可知，由于此时晶体管参数 Δh 与 h_i 将发生变化，即引起振荡频率的改变。

5.4.3 振荡器稳定频率的方法

根据以上对频率不稳定因素的分析可知，要提高振荡器的频率稳定度，则应减小 $\Delta\omega_0$，即提高回路的标准性，提高回路 Q 值，减小外因引起的相角变化 $\Delta\varphi_{YF}$。具体有如下几种实现方法。

1. 减小外因变化，根除"病因"

(1) 减小温度的变化。为了减小温度对振荡器频率的影响，可将振荡器放在恒温槽内；使振荡器远离热源，在电路设计、安装时振荡器不要靠近功放；采取温度补偿方法，如采用正、负温度系数不同的 L、C，抵消 ΔL、ΔC，使 $\Delta\omega$ 为零。

(2) 减小电源的变化。振荡器供电电源采用二次稳压或者振荡器采取单独供电。

(3) 减小湿度和大气压力的影响。通常将振荡器密封起来。

(4) 减小磁场感应对频率的影响。对振荡器进行屏蔽。

(5) 消除机械振动的影响。通常可加橡皮垫圈当作减振器。

(6) 减小负载的影响。在振荡器和下级电路之间加缓冲器(一般用射随电路)起隔离作用，提高回路 Q 值；本级采用低阻抗输出(射极输出)；本级输出与下一级采取松耦合(加一个小电容)。另外，可采取克拉泼或西勒电路，减弱晶体管与振荡回路之间耦合，使折算到回路内的有源器件参数减小，提高回路标准性，从而提高了频率稳定度。

2. 提高回路的标准性

回路的标准性指振荡回路在外界因素变化时保持其固有谐振频率不变的能力。由前述分析可知,要提高回路标准性即要减小 ΔL 和 ΔC,可采取优质材料的电感和电容,如将镀银线圈绕在高频骨架上;采用优质云母电容。另外,注意安装的结构工艺,在结构工艺上紧固回路元件,尽量缩短引线,采用机械强度高的引线,如较粗的镀银线进行牢固的安装和焊接,以提高分布电容的稳定性,并减小分布电感。在频率较高的频段,常采用柱形电容,使电容的外接线缩到最低限度。

3. 减小相角 φ_{YF} 及其变化量 $\Delta\varphi_{YF}$

由式(5-11)可知,$\varphi_{YF} = -\varphi_Z$,若 φ_{YF} 大,则要求 $|\varphi_Z|$ 大,才能满足相位平衡,即意味着回路失谐严重。由前面可知,为使振荡器的频率稳定度高,则要求 φ_{YF} 的数值小,且变化量小。$\varphi_{YF} = \varphi_Y + \varphi_F$,$\varphi_Y$ 是集电极电流基波分量与基极输入电压之间的相角,数值总是负的。理论和实践都证明,$|\varphi_Y|$ 随工作频率的升高基本上成正比的增大。除此之外,在高频工作时,发射极电流产生负脉冲,以及振荡波形失真都会使相角 φ_Y 增大。为了减小 φ_Y,可使振荡器的工作频率比振荡管的特性频率低很多,即 $f \ll f_T$,并选用电容三端式振荡电路,使振荡波形良好。

φ_F 是反馈系数的相角。这是由于振荡管的输入阻抗、输出阻抗以及振荡回路本身的损耗而引起的相角,对电容三端电路而言,$\varphi_F > 0$,对电感三端电路,则 $\varphi_F < 0$,为使 φ_{YF} 小,则选择电容三端电路较好。

5.5 石英晶体振荡器

5.5.1 石英晶体及其特性

1. 石英晶体谐振器

石英是矿物质硅石的一种,化学成分是 SiO_2,是形如六面锥体的结晶体。

石英晶体具有正反压电效应。当交流电压加在晶体两端时,晶体先随电压变化产生应变,然后机械振动又使晶体表面产生交变电荷。当晶体几何尺寸和结构一定时,它本身有一个固有的机械振动频率。当外加交流电压的频率等于晶体的固有频率时,晶体的机械振动最大,晶体表面电荷量最多,外电路中的交流电流最强,于是产生了谐振。因此,将石英晶体按一定方位切割成片,两边敷以电极,焊上引线,再用金属或玻璃外壳封装即构成石英晶体谐振器(简称石英晶振)。

石英晶振的固有频率十分稳定,它的温度系数(温度变化 1℃ 所引起的固有频率相对变化量)在 10^{-6} 以下。另外,石英晶振的振动具有多谐性,即除了基频振动外,还有奇次谐波泛音振动。对于石英晶振,既可利用其基频振动,也可利用其泛音振动。前者称为基频晶体,后者称为泛音晶体。晶体厚度与振动频率成反比,工作频率越高,要求晶片越薄,机械强度越差,加工越困难,使用中也易损坏。由此可见,在同样的工作频率上,泛音晶体的切片可以做得比基频晶体的切片厚一些。所以在工作频率较高时,常采用泛音晶体。通常在工作频率小于 20MHz 时采用基频晶体，大于 20MHz 时采用泛音晶体。

2. 石英晶体的阻抗频率特性

图 5-19 是石英晶振的符号和等效电路。安装电容 C_0 等于 $1\sim10\text{pF}$；动态电感 L_q 等于 $10^2\sim10^3\text{mH}$；动态电容 C_q 等于 $10^{-4}\sim10^{-1}\text{pF}$；动态电阻 r_q 等于几十欧至几百欧。由以上参数可以看到以下几点。

(1) 石英晶振的 Q 值和特性阻抗 ρ 都非常高。Q 值可达几万到几百万，因为

$$Q_q = \frac{1}{r_q}\sqrt{\frac{L_q}{C_q}} = \frac{1}{r_q}\rho$$

而 L_q 较大，C_q 与 r_q 很小的缘故。

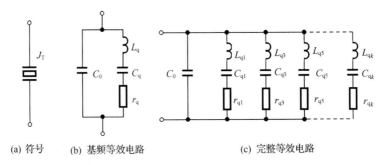

(a) 符号   (b) 基频等效电路   (c) 完整等效电路

图 5-19   石英晶体谐振器

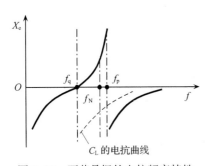

图 5-20   石英晶振的电抗频率特性

(2) 由于石英晶振的接入系数 $P = C_q/(C_0+C_q)$ 很小，所以外接元器件参数对石英晶振的影响很小。

综合以上两点，不难理解石英晶振的频率稳定度是非常高的。

由图 5-19(b) 可以看到，石英晶振可以等效为一个串联谐振回路和一个并联谐振回路。若忽略 r_q，则晶振两端呈现纯电抗，其电抗频率特性曲线如图 5-20 中两条实线所示。

串联谐振频率

$$f_q = \frac{1}{2\pi\sqrt{L_q C_q}} \tag{5-34}$$

并联谐振频率

$$f_p = \frac{1}{2\pi\sqrt{L_q\dfrac{C_0 C_q}{C_0+C_q}}} = \frac{f_q}{\sqrt{\dfrac{C_0}{C_0+C_q}}} = f_q\sqrt{1+\frac{C_q}{C_0}} \tag{5-35}$$

由于 C_q/C_0 很小，所以 f_p 与 f_q 间隔很小，因而在 f_q-f_p 感性区间，石英晶振具有陡峭的电抗频率特性，曲线斜率大，利于稳频。若外部因素使谐振频率增大，则根据晶振电抗特性，必然使等效电感 L 增大，但由于振荡频率与 L 的平方根成反比，所以又促使谐振频率下降，趋近于原来的值。

石英晶振产品还有一个标称频率 f_N。f_N 的值位于 f_q 与 f_p 之间，这是指石英晶振两端

并接某一规定负载电容 C_L 时石英晶振的振荡频率。C_L 的电抗频率曲线如图 5-20 中虚线所示。负载电容 C_L 的值在生产厂家的产品说明书中有注明，通常为 30pF（高频晶体）或 100pF（低频晶体）或标示为 ∞（指无须外接负载电容，常用于串联型晶体振荡器）。

5.5.2　晶体振荡器电路

将石英晶振作为高 Q 值谐振回路元件接入正反馈电路中，就组成了晶体振荡器。根据石英晶振在振荡器中的作用原理，晶体振荡器可分成两类：一类是将其作为等效电感元件用在三端式电路中，工作在感性区间，称为并联型晶体振荡器；另一类是将其作为一个短路元件串接于正反馈支路上，工作在它的串联谐振频率上，称为串联型晶体振荡器。

1. 皮尔斯振荡电路

并联型晶体振荡器的工作原理和电容三端式振荡器相同，只是将其中一个电感元件换成石英晶振。石英晶振可接在晶体管 c、b 极之间或 b、e 极之间，所组成的电路分别称为皮尔斯振荡电路和米勒振荡电路。

皮尔斯电路是最常用的电路之一。图 5-21(a) 是皮尔斯电路；图 5-21(b) 是其高频等效电路，其中虚线框内是石英晶振的等效电路。

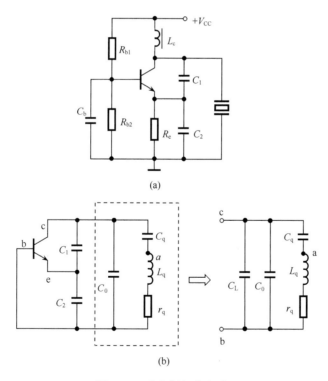

图 5-21　皮尔斯振荡电路

由图 5-21(a) 可以看出，皮尔斯电路类似于克拉泼电路，但由于石英晶振中 C_q 极小，Q_q 极高，所以皮尔斯电路具有以下一些特点。

（1）振荡回路与晶体管、负载之间的耦合很弱。晶体管 c、b 端的接入系数是

$$P_{cb} = \frac{C_{ab}}{C_{cb}} = \frac{C_q}{C_q + C_0 + C_L}$$

$$C_L = \frac{C_1 C_2}{C_1 + C_2}, \quad C_{ab} = \frac{C_q \cdot (C_0 + C_L)}{C_q + C_0 + C_L} \approx C_q, \quad C_{cb} = C_0 + C_L \tag{5-36}$$

因为,$C_q + C_0 + C_L \gg C_q$,所以 P_{cb} 很小,约为 10^{-4}。电路中的不稳定参数对振荡回路影响很小,提高了回路的标准性。

(2) 振荡频率几乎由石英晶振的参数决定,而石英晶振本身的参数具有高度的稳定性。振荡频率

$$f_0 = \frac{1}{2\pi \sqrt{L_q \dfrac{C_q (C_0 + C_L)}{C_q + C_0 + C_L}}} = f_q \sqrt{1 - \frac{C_q}{C_0 + C_L + C_q}} \tag{5-37}$$

式中,C_L 是和晶振两端并联的外电路各电容的等效值,即根据产品要求的负载电容。在实用时,一般需加入微调电容,用以微调回路的谐振频率,保证电路工作在晶振外壳上所注明的标称频率 f_N 上。

(3) 由于振荡频率 f_0 一般调谐在标称频率 f_N 上,位于晶振的感性区间,电抗曲线陡峭,稳频性能极好。

(4) 由于晶振的 Q 值和特性阻抗 ρ 都很高,所以晶振的谐振电阻也很高,一般可达 $10^{10} \Omega$ 以上。这样即使外电路接入系数很小,此谐振电阻等效到晶体管输出端的阻抗仍很大,使晶体管的电压增益能满足振幅起振条件的要求。

例 5-3 图 5-22(a)是一个数字频率计晶振电路,试分析其工作情况。

解 先画出 V_1 管高频交流等效电路,如图 5-22(b)所示,$0.01\mu F$ 电容较大,作为高频旁路电路,V_2 管是射随器。

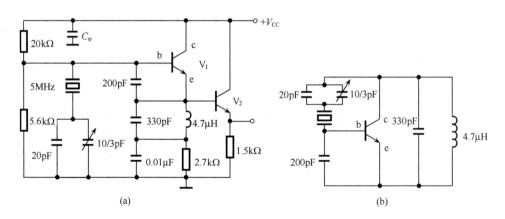

图 5-22　数字频率计晶振电路

由高频交流等效电路可以看到,V_1 管的 c、e 极之间有一个 LC 回路,其谐振频率为

$$f_0 = \frac{1}{2\pi \sqrt{4.7 \times 10^{-6} \times 330 \times 10^{-12}}} \approx 4.0 (MHz)$$

所以在晶振工作频率 5MHz 处,此 LC 回路等效为一个电容。可见,这是一个皮尔斯振荡电路,晶振等效为电感,容量为 3~10pF 的可变电容起微调作用,使振荡器工作在晶振的标称

频率 5MHz 上。

2. 米勒振荡电路

图 5-23 是结型场效应管米勒振荡电路。石英晶体作为电感元件连接在栅极和源极之间。LC 并联回路在振荡频率点等效为电感,作为另一个电感元件连接在漏极和源极之间,极间电容 C_{gd} 作为构成电感三点式电路中的电容元件。由于 C_{gd} 又称为米勒电容,故此电路有米勒振荡电路之称。

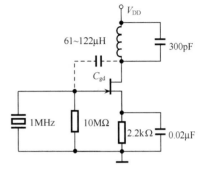

米勒振荡电路通常不采用晶体管,原因是正向偏置时晶体管发射结电阻太小,虽然晶振与发射结的耦合很弱,但也会在一定程度上降低回路的标准性和频率的稳定性,所以采用输入阻抗高的场效应管。

图 5-23　结型场效应管米勒振荡电路

3. 泛音晶体振荡电路

从图 5-19(c)中可以看到,在石英晶振的完整等效电路中,不仅包含了基频串联谐振支路,还包括了其他奇次谐波的串联谐振支路,这就是前面所说的石英晶振的多谐性。但泛音晶体所工作的奇次谐波频率越高,可能获得的机械振荡和相应的电振荡越弱。

在工作频率较高的晶体振荡器中,多采用泛音晶体振荡电路(简称泛音晶振电路)。泛音晶振电路与基频晶振电路有些不同。在泛音晶振电路中,为了保证振荡器能准确地振荡在所需要的奇次泛音上,不但必须有效地抑制掉基频和低次泛音上的寄生振荡,而且必须正确地调节电路的环路增益,使其在工作泛音频率上略大于 1,满足起振条件,而在更高的泛音频率上都小于 1,不满足起振条件。在实际应用时,可在三端式振荡电路中,用一个选频回路来代替某一支路上的电抗元件,使这一个支路在基频和低次泛音上呈现的电抗性质不满足三端式振荡器的组成法则,不能起振;而在所需要的泛音频率上呈现的电抗性质恰好满足组成法则,达到起振条件。

图 5-24(a)给出了一种并联型泛音晶体振荡电路。假设泛音晶振为五次泛音,标称频率为 5MHz,基频为 1MHz,则 LC_1 回路必须调谐在三次和五次泛音频率之间。这样,在 5MHz 频率上,LC_1 回路呈容性,振荡电路满足组成法则,而对于基频和三次泛音频率来说,LC_1 回路呈感性,电路不符合组成法则,不能起振。而在七次及其以上泛音频率,LC_1 回路虽呈现容性,但等效容抗减小,从而使电路的电压放大倍数减小,环路增益小于 1,不满足振幅起振条件。LC_1 回路的电抗特性如图 5-24(b)所示。

4. 串联型晶体振荡器

串联型晶体振荡器是将石英晶振用于正反馈支路中,利用其串联谐振时等效为短路元件,电路反馈作用最强,满足振幅起振条件,使振荡器在晶振串联谐振频率 f_q 上起振。图 5-25(a)给出了一种串联型单管晶体振荡器电路,图 5-25(b)是其高频等效电路。

这种振荡器与三点式振荡器基本类似,只不过在正反馈支路上增加了一个晶振。L、C_1、C_2 和 C_3 组成并联谐振回路而且调谐在振荡频率上。如振荡频率与晶振的串联谐振频率相同,这时晶振呈现为一个小电阻(近似短路)相移为零。可见,这种电路的振荡频率受晶

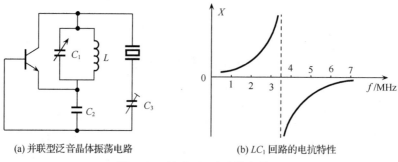

(a) 并联型泛音晶体振荡电路　　　　　　　(b) LC_1 回路的电抗特性

图 5-24　并联型泛音晶体振荡器

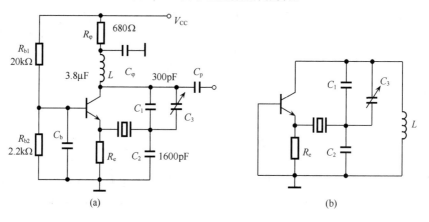

图 5-25　串联型单管晶体振荡器电路

振控制,具有很高的频率稳定度。图 5-25 所标的主要元件参数是振荡器工作于 5MHz 的参数。

最后应指出,石英晶体振荡器也可采用 5.4 节所提到的各种稳频措施,如用稳压电源、恒温装置等,以进一步提高它的频率稳定度。一般的石英晶体振荡器在常温情况下,短期频率稳定度通常只能达到 10^{-5} 数量级。要想获得 $10^{-7} \sim 10^{-6}$ 量级乃至更高的频率稳定度,就必须采取相应的措施。

5.6　其他形式的振荡器

5.6.1　压控振荡器

在三端式振荡电路中将可变电抗元件作为回路元件,若用电压控制电抗元件的值,则可以构成压控振荡器,即振荡器的频率随控制电压变化。压控振荡器(voltage controlled oscillator,VCO)中最常用的可变电抗元件是变容二极管。

变容二极管是利用 PN 结的结电容 C_j 随加在其上的反向电压变化的二极管,其符号和变化特性如图 5-26 所示。压控振荡器广泛地应用在频率调制、电视机调谐电路、锁相环路、频率合成等方面。结电容 C_j 与反向电压 v_R 存在如下关系。

$$C_j = \frac{C_{j0}}{\left(1 + \dfrac{v_R}{V_D}\right)^{\gamma}} \tag{5-38}$$

其中，C_{j0} 为静态工作点的结电容；γ 为结电容变化指数，通常 γ ＝1/2～1/3，经特殊工艺制成的超突变结电容 γ＝1～3；V_D 为 PN 结势垒电位差。

应该注意的是变容二极管必须工作在反向偏压状态，所以工作时需加负的静态直流偏压 $-V_Q$。变容二极管电容值为几皮法～几百皮法，压控振荡器的频率可控范围一般不超过振荡器中心频率的正负 25％。

在 LC 三端振荡电路中将变容二极管接入回路中则构成变容二极管压控振荡器，其工作频率随加在变容二极管上的电压变化。图 5-27(a) 是中心频率为 360MHz 压控振荡器的

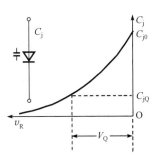

图 5-26　变容二极管符号和变化特性

实际电路。由于工作频率较高，图中 C_3、C_4、C_5（1000pF）为高频旁路电容，L_2、L_3 为高频扼流圈，C_1、C_2、L_1 和 C_j 为回路振荡元件，C_j 上的反向静态直流偏压 $-V_Q$ 由 15V 电源电压和 10V 电压经 R_1、R_2 分压获得，改变 V_R(V_Ω) 大小即改变振荡频率。电路振荡器交流等效电路如图 5-27(b) 所示。

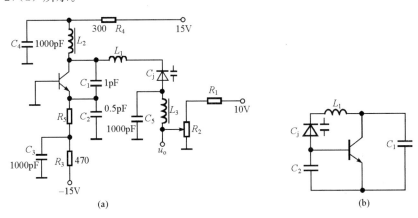

(a)　　　　　　　　　　　　　　　　(b)

图 5-27　变容二极管压控振荡器的实际电路

在该电路中若调整 R_2 使变容二极管静态偏置电压为 $-6V$，对应的变容二极管静态电容 $C_{jQ}=20pF$，由图 5-27(b) 可知振荡回路静态总电容为

$$C_{\Sigma Q}=\frac{1}{1/C_1+1/C_2+1/C_{jQ}}=\frac{1}{1/C_1+1/0.5+1/20}\approx 0.3279(\text{pF})$$

因为中心振荡频率 $f_0=\dfrac{1}{2\pi\sqrt{LC_{\Sigma Q}}}=360\text{MHz}$，由此可求得回路电感 L 约为 $0.596\mu\text{H}$。若变容二极管的 $V_D=0.6\text{V}$，变容指数 $\gamma=3$，当控制电压 V_R 值从 $+1\text{V}$ 变到 -1V 时，根据式(5-38)可求得变容二极管最大结电容 C_{jmax} 约为 32.74pF，最小结电容 C_{jmin} 约为 13.10pF，因此该电路的振荡频率可从 358.87MHz 变到 361.62MHz。

5.6.2　集成电路振荡器

利用集成电路也可以做成正弦波振荡器，包括压控正弦波振荡器。集成电路振荡器需外接 LC 元件。在专用集成电路芯片中一般含有多种功能，如收音机、电视机芯片不仅有振

荡还有放大、解调等功能,它的振荡电路一般采用复合的差分对管作为有源器件,同时还包含恒流源、偏置以及一些小的电阻、电容等。

1. 差分对管振荡电路

在集成电路振荡器里,广泛地采用如图 5-28(a)所示的差分对管振荡电路,其中,T_2 管集电极外接的 LC 回路调谐在振荡频率上。图 5-28(b)为其交流等效电路,R_{ce} 为恒流源 I_0 的交流等效电阻。可见,这是一个共集-共基反馈电路。由于共集电路与共基电路均为同相放大电路,且电压增益可调至大于 1,根据瞬时极性法判断,在 T_1 管基极断开,有 $v_{b1} \uparrow \to v_{be}(v_{e2}) \uparrow \to v_{c2} \uparrow \to v_{b1} \uparrow$,所以是正反馈。在振荡频率点,并联 LC 回路阻抗最大,正反馈电压 $v_f(v_o)$ 最强,且满足相位稳定条件。综上所述,此振荡器电路能正常工作。

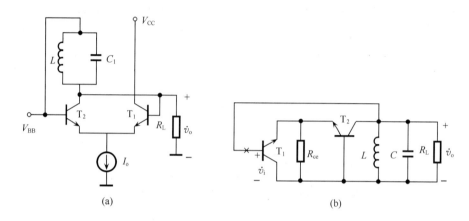

(a)   (b)

图 5-28 差分对管振荡电路

2. 运放振荡器

由运算放大器代替晶体管可以组成运放振荡器。图 5-29 是运放电感三点式振荡电路,其振荡频率 $f_0 = \dfrac{1}{2\pi \sqrt{(L_1 + L_2 + 2M)C}}$。

运放三点式电路的组成原则与晶体管三端式电路的组成原则相似,即同相输入端与反相输入端、输出端之间是同性质电抗元件,反相输入端与输出端之间是异性质电抗元件。

图 5-30 是运放皮尔斯电路。图中晶体等效为一个电感元件,可见这是皮尔斯电路。运放振荡器电路简单,调整容易,但工作频率受运放上限频率的限制。

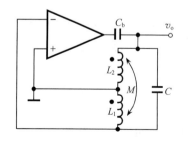

图 5-29 运放电感三点式振荡电路

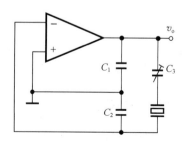

图 5-30 运放皮尔斯电路

5.7　RC 正弦波振荡器

在电子设备中根据实际需求要产生几千赫兹的正弦信号,这时若采用 LC 振荡器则需要回路电感和电容的值非常大,即元件的体积大且使用不方便,这时就可用 RC 电路作为选频网络,用晶体管或集成电路等有源器件作为放大器来组成 RC 振荡电路。RC 振荡器也是一种反馈型振荡器,它是由放大器和反馈网络两部分组成的。

5.7.1　RC 选频网络

由 RC 电路原理可知,不同频率的正弦波电压通过 RC 电路时,输出端的电压幅度和相位,都与输入端不同。表 5-1 画出了三种常用的 RC 选频网络电路及其电压传输系数 $A(j\omega)$ 的频率特性。当输出电压 $\dot{v}_o$ 超前于输入电压 $\dot{v}_i$ 时称为超前相移网络或称为高通滤波网络。若输出电压 $\dot{v}_o$ 滞后于输入电压 $\dot{v}_i$ 时,称为滞后相移网络或称为低通滤波网络。其幅频特性分别是单调递增或单调递减曲线,选频特性很差;串并联选频电路具有类似 LC 回路的带通滤波特性,但选择性能不如 LC 回路。三种 RC 电路均具有负斜率的相频特性,满足振荡器的相位稳定条件。

表 5-1　RC 选频网络

RC 选频网络	超前移相电路	滞后移相电路	串并联选频电路
电路	$$A(j\omega)=j\frac{\omega/\omega_0}{1+j\omega/\omega_0}$$	$$A(j\omega)=\frac{1}{1+j\omega/\omega_0}$$	$$A(j\omega)=\frac{1}{3+j\left(\dfrac{\omega}{\omega_0}-\dfrac{\omega_0}{\omega}\right)}$$
幅频特性			
相频特性			

采用超前移相或滞后移相电路作为选频网络的 RC 振荡器称为相移振荡器,采用串并联选频电路作为选频网络的 RC 振荡器称为文氏电桥振荡器。后者是 RC 振荡器的常用电路。

5.7.2 文氏电桥振荡电路

文氏电桥振荡电路由串并联选频网络和放大器组成。由表 5-1 可知串并联选频网络在振荡频率处的相移为零,为了产生正反馈,必须采用同相放大器。图 5-31 是晶体管文氏电桥振荡电路,它由两级共射电路构成的同相放大器和 RC 串并联反馈网络组成。

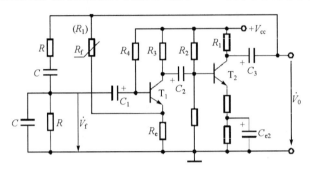

图 5-31　晶体管文氏电桥振荡电路

由表 5-1 可知,RC 串并联反馈网络的电压传输系数是频率的函数。当 $f = f_0 = \dfrac{1}{2\pi RC}$ 时,$A(\mathrm{j}\omega)$ 的模最大,且 $|A(\mathrm{j}\omega)| = 1/3$;当 ω 大于 ω_0 或 ω 小于 ω_0 时,$|A(\mathrm{j}\omega)|$ 都减小,且 $\phi(\omega) \neq 0$。这就表明 RC 串并联网络具有选频特性。因此,图 5-31 电路满足振荡的相位平衡条件。如果同时满足振荡的幅度平衡条件,就可产生自激振荡。振荡频率为 $f = f_0 = \dfrac{1}{2\pi RC}$。由 $\dot{A}\dot{F} > 1$ 知,起振条件为 $|\dot{A}| > 3$。

一般两级阻容耦合放大器的电压增益 A_v 远大于 3,如果利用晶体管的非线性兼作为稳幅环节,放大器件的工作范围将超出线性区,使振荡波形产生严重失真。为了改善振荡波形,实用电路中常引进负反馈作为稳幅环节。图 5-32 中电阻 R_f 和 R_e 引入电压串联深度负反馈。这不仅使波形改善、稳定性提高,还使电路的输入电阻增加和输出电阻减小,同时减小了放大电路对选频网络的影响,增强了振荡电路的负载能力。通常 R_f 用负温度系数的热敏电阻(R_t)代替,能自动稳定增益。假如某原因使振荡输出 V_o 增大,R_f 上的电流增大而温度升高,阻值 R_f 减小,使负反馈增强,放大器的增益下降,从而起到稳幅的作用。

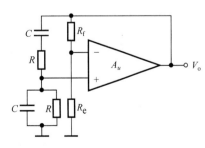

图 5-32　集成运放桥式振荡器

从图 5-32 可以看出,RC 串并联网络和 R_f、R_e,正好组成四臂电桥,放大电路输入端和输出端分别接到电桥的两对角线上,因此称为文氏电桥振荡器。

目前广泛地采用集成运算放大器代替图 5-31 中的两级放大电路来构成 RC 桥式振荡器。图 5-32 是它的基本电路,集成运放采用同相放大器,工作原理同上。

文氏电桥振荡器的优点是不仅振荡较稳定,波形良好,而且振荡频率在较宽的范围内能方便地连续调节。

5.7.3　RC 相移振荡器

由表 5-1 可知,一节超前移相或滞后移相电路实际能产生的相移量小于 90°(当相移趋近于 90° 时,增益已趋于零),所以,至少要三节 RC 移相电路才能产生 180° 相移。由三节移相电路和反相放大器就可以组成正反馈振荡器。

图 5-33 给出了由三节超前移相电路和集成运放组成的 RC 相移振荡器。该振荡器的振荡频率 f_0 和振幅起振条件分别为

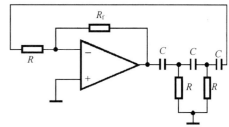

$$f_0 = \frac{1}{2\pi\sqrt{6}RC} \qquad (5\text{-}39)$$

$$\frac{R_f}{R} > 29 \qquad (5\text{-}40)$$

RC 相移振荡器是采用内稳幅的振荡电路,RC 移相电路的选频性能又很差,因而输出波形不好,频率稳定度低,只能用在性能要求不高的设备中。

图 5-33　RC 相移振荡电路

知识点注释

自激式振荡器:一种在无须外加激励信号作用的情况下,能将直流电能转换成具有一定波形、一定频率和一定幅度的交变能量电路。

正弦波振荡器:输出波形为正弦波的振荡器,又称简谐振荡器。

非正弦波振荡器:输出波形为非正弦波的振荡器,如矩形波、三角波、锯齿波等振荡器。

反馈型振荡器:由决定振荡频率的选频网络和维持振荡的正反馈放大器组成的振荡器。

LC 振荡器:一种以 LC 回路作为选频网络的反馈型振荡器,可产生很高的振荡频率。

RC 振荡器:一种以 RC 滤波电路作为选频网络的反馈型振荡器,其振荡频率较低。

晶体振荡器:一种以石英晶体作为选频网络元件的反馈型振荡器,其振荡频率稳定度极高,振荡频率也比较高。

振荡器的起振条件:指振荡器上电后,建立起振荡所需满足的条件。该条件包括幅值条件和相位条件,其幅值条件为环路增益幅值须大于 1,相位条件为须满足正反馈条件。

振荡器的平衡条件:指振荡已经建立,为了维持自激振荡必须满足的幅度与相位条件。其幅值条件为环路增益幅值须等于 1,相位条件为须满足正反馈条件。

振荡器平衡稳定条件:指在外因作用下,平衡条件被破坏后,振荡器能自动恢复到原来平衡状态所需满足的条件,包括幅度与相位条件。

互感耦合振荡器:指一种依靠线圈之间的互感耦合实现正反馈的反馈型 LC 振荡器。

三端式 LC 振荡器:指一种利用 LC 选频回路中的电感支路或者电容支路的三端分压以实现正反馈的一类反馈型 LC 振荡器,前者为电感反馈三端式振荡器,后者是电容反馈三端式振荡器。

电感反馈三端式振荡器:利用 LC 选频回路中的电感支路三端分压以实现正反馈的一种反馈型 LC 振荡器,又称哈特莱电路。

电容反馈三端式振荡器:利用 LC 选频回路中的电容支路三端分压以实现正反馈的一种反馈型 LC 振荡器,又称考比次电路。

LC 三端式振荡器组成法则:三端式 LC 振荡器为满足起振及平衡的相位条件在线路组成结构上所需满足的法则。

串联型改进电容三端式振荡器:指一种针对振荡管输入输出电容对回路影响导致不稳定问题,而产生

的一种改进型的电容三端式电路也称为克拉泼电路。其特点是在回路中增加了一个与 L 串联的电容 C_3。各电容取值必须满足：$C_3 \ll C_1, C_3 \ll C_2, C_3$ 为可变电容。这样可使电路的振荡频率近似只与 C_3、L 有关。

并联型改进电容三端式振荡器：针对克拉泼电路不适合于用作波段振荡器的缺陷，出现的另一种改进型电容三端式电路也称西勒电路。它在克拉泼电路基础上，在电感 L 两端并联了一个可变电容 C_4，在振荡频率变化时输出振幅基本保持不变，该电路适于用作波段振荡器。

绝对频率准确度：振荡器的实际工作频率 f 与标称频率 f_0 之间的偏差，称为振荡频率的绝对准确度。

相对频率准确度：绝对频率准确度与标称频率 f_0 的比值。

频率稳定度：指在一定时间间隔内，由于各种因素变化，引起的振荡频率相对于标称频率变化的程度，如 Δt 时间内测得频率的最大变化为 Δf_{max}，则频率稳定度 δ 定义为

$$\delta = \left. \frac{\Delta f_{max}}{f_0} \right|_{t=\Delta t}$$

长期频率稳定度：一般指一天以上乃至几个月的相对频率变化的最大值。它主要用来评价天文台或计量单位的高精度频率标准和计时设备的稳定指标。

短期频率稳定度：一般指一天以内频率的相对变化最大值。外界因素引起的频率变化大都属于这一类，通常称为频率漂移。短期频率稳定度一般多用来评价测量仪器和通信设备中主振器的频率稳定指标。

瞬间频率稳定度：指秒或毫秒内随机频率变化，即频率的瞬间无规则变化，通常称为振荡器的相对抖动或相位噪声。

影响频率稳定度的因素：振荡器的频率不仅取决于振荡回路元件 LC 的值，而且与振荡管的输入输出阻抗有关。当外界因素（如电源电压、温度、湿度等）变化时，这些参数随之而来的变化就会造成振荡器频率的变化。

振荡器稳定频率的方法：提高回路的标准性，提高回路 Q 值，减小外因引起的相角变化 $\Delta \varphi_{YF}$。

并联型晶体振荡器：将石英晶体作为等效电感元件用在三端式 LC 振荡电路中，工作在感性区间，称为并联型晶体振荡器。

串联型晶体振荡器：将石英晶体作为一个短路元件串接于 LC 振荡电路正反馈支路上，工作在它的串联谐振频率上，称为串联型晶体振荡器。

皮尔斯振荡电路：指并联型晶体振荡器中的一种，其工作原理和三点式振荡器相同，只是将其中一个电感元件换成石英晶振，接在晶体管 c、b 极之间，称为皮尔斯振荡电路。

米勒振荡电路：另一种并联型晶体振荡器，其工作原理和三点式振荡器相同，只是将其中一个电感元件换成石英晶振，接在晶体管 b、e 极之间，称为米勒振荡电路。

泛音晶体振荡电路：利用石英晶振具有多谐性，工作在晶体的奇次泛音上，适于频率较高的晶体振荡器；在三端式振荡电路中，用一个选频回路来代替某一个支路上的电抗元件，有效地抑制掉基频和低次泛音上的寄生振荡。

压控振荡器：压控振荡器是以某一电压来控制振荡频率或相位大小的一种振荡器，简称 VCO。

文氏电桥振荡电路：采用串并联选频电路作为选频网络的 RC 振荡器，是一种常用的 RC 振荡电路。

RC 相移振荡器：指一种采用超前移相或滞后移相电路作为选频网络的 RC 振荡器，通常由三节 RC 移相电路和反相放大器组成正反馈振荡。

本 章 小 结

（1）振荡器是无线电发送设备和超外差接收机的心脏部分，也是各种电子测试仪器的主要组成部分，因此，学好本章十分重要。

（2）反馈型正弦波振荡器主要由决定振荡频率的选频网络和维持振荡的正反馈放大器组成，按照选频网络所采用元件的不同，正弦波振荡器可分为 LC 振荡器、RC 振荡器和晶体振荡器等类型。

（3）反馈振荡器要正常工作必须满足起振条件、平衡条件、平衡稳定条件。每个条件中都包含振幅和相位两个方面的要求。

起振条件：$\dot{A}_0 \cdot \dot{F} > 1$，$\begin{cases} A_0 F > 1 \\ \varphi_A + \varphi_F = 2n\pi \end{cases}$

平衡条件：$\dot{A}\dot{F} = 1$，$\begin{cases} AF = 1 \\ \varphi_A + \varphi_F = 2n\pi \end{cases}$

平衡稳定条件：振幅稳定为 $\left. \dfrac{\partial A}{\partial v} \right|_{v_{oQ}} < 0$，靠有源器件工作在非线性区来完成。

相位稳定：$\dfrac{\partial \varphi_Z}{\partial \omega} < 0$，靠并联谐振回路来完成。

（4）反馈型 LC 振荡器主要有互感耦合振荡器、电感反馈三端振荡器、电容反馈三端振荡器、改进型电容三端振荡器。本章重点分析了各种电路的形式、特点、起振条件、反馈系数和振荡频率。克拉泼电路和西勒电路是两种较常用的改进型电容三端电路，前者适用于固定频率振荡器，后者可用作波段振荡器。

（5）LC 三端式振荡器相位平衡条件的判断准则为 x_{be}、x_{ce} 电抗性质相同，x_{cb} 与 x_{be}、x_{ce} 电抗性质相反，LC 三端电路只有满足判断准则才能起振。

（6）频率稳定度是振荡器的主要性能指标之一，为了提高频率稳定度，可采取减小外因变化的影响、提高回路标准性和采用高稳定度振荡器等措施。

（7）晶体振荡器的频率稳定度很高，但振荡频率的可调范围很小。泛音晶振可用于产生较高频率振荡，但需采取措施抑制低次谐波振荡，保证其只谐振在所需要的工作频率上。

（8）采用变容二极管组成的压控振荡器可使振荡频率随外加电压的变化而变化，可用于电视机电调谐高频头本机振荡电路，在调频和锁相环路里也有很大的用途。

（9）RC 振荡器是应用在低频段的正弦波振荡器，经常使用的是运算放大器组成的文氏电桥振荡器。

（10）学习本章内容后，要能够识别常用正弦波振荡器的类型并判断其能否正常工作，并能根据不同用途的要求采用不同类型的振荡器。

思考题与习题

5-1　电路中存在有正反馈，且 $AF > 1$，是否一定会发生自激振荡？说明理由。

5-2　晶体管 LC 振荡器常采用什么偏置电路？为什么？

5-3　反馈型 LC 正弦波振荡器和 RC 正弦波振荡器有什么异同之处？分析说明。

5-4　电容三端式振荡器有哪几种形式？各有什么优缺点？分别适用于哪种情况？

5-5　并联型晶体振荡器中，为使振荡频率等于晶体的标称频率值常需外接负载电容，此时振荡器的频率是高于晶体的并联谐振频率，还是低于晶体的并联谐振频率？分析说明。

5-6　平衡状态是建立振荡的充分条件吗？为什么？试分析说明。

5-7　互感耦合振荡器有几种电路形式？各有什么特点？

5-8　有一个三极管振荡器开启电源后产生正弦振荡信号，工作一段时间振荡器停振，试从其工作点分析停振原因。

5-9　试用相位条件的判断准则，判明题图 5-1 所示的 LC 振荡器交流等效电路，哪些可以振荡？说明起振的条件。

5-10　电容三端式振荡器的交流等效电路如题图 5-2 所示，当振荡频率 $f = 45\text{MHz}$，$L = 0.2\text{mH}$，反馈系数 $F = 0.3$ 时，试计算 C_1 和 C_2 的值。（忽略三极管输入、输出阻抗的影响）。

5-11　题图 5-3 所示的电容反馈振荡电路中 $C_1 = 100\text{pF}$，$C_2 = 300\text{pF}$，$L = 59\text{mH}$。试求该电路的振荡频率和维持振荡所必须的最小放大倍数 A_{mim}。

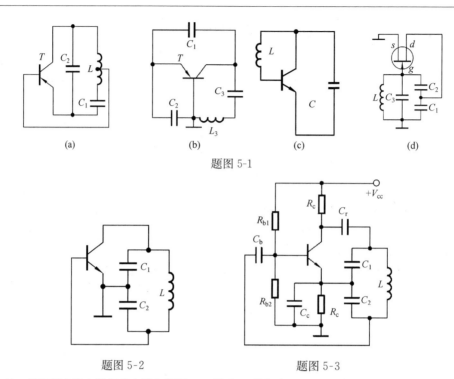

题图 5-1

题图 5-2　　　　　　　　　　　　题图 5-3

5-12　某机器内的本机振荡电路如题图 5-4 所示,工作频率 $f=50\text{MHz}$,

(1) 画出振荡器的交流等效电路,指出是什么形式的电路。

(2) 计算当 $f=50\text{MHz}$ 时的电感 L 是多少?

5-13　题图 5-5 表示三回路振荡器的交流等效电路,假定有以下六种情况,即

(1) $L_1C_1 > L_2C_2 > L_3C_3$;

(2) $L_1C_1 < L_2C_2 < L_3C_3$;

(3) $L_1C_1 = L_2C_2 = L_3C_3$;

(4) $L_1C_1 = L_2C_2 > L_3C_3$;

(5) $L_1C_1 < L_2C_2 = L_3C_3$;

(6) $L_1C_1 < L_2C_2 < L_3C_3$。

试问哪几种情况可能振荡? 等效为哪种类型的振荡电路? 其振荡频率与各回路的固有谐振频率之间有什么关系?

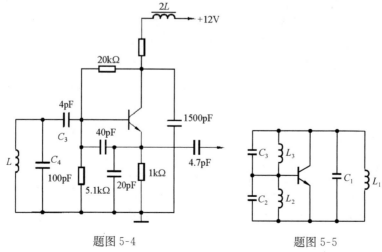

题图 5-4　　　　　　　　　　　　题图 5-5

5-14　试画出题图 5-6 各电路的交流等效电路,并用振荡器的相位平衡条件的判断准则判断哪些可能产生正弦波振荡,哪些不能产生正弦波振荡?

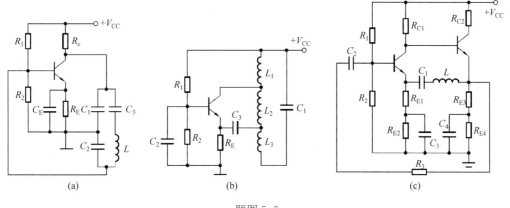

题图 5-6

5-15　对于题图 5-7 所示振荡电路。

(1)画出高频交流等效电路,说明振荡器类型;

(2)计算振荡频率。

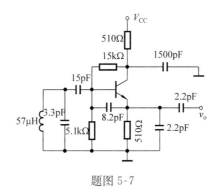

题图 5-7

5-16　某晶体的参数为 $L_q=19.5H$,$C_q=2.1\times10^4 pF$,$C_0=5pF$,$\gamma_q=110\Omega$。试求:

(1)串联谐振频率 f_q;

(2)并联谐振频率 f_p;

(3)品质因数 Q_q 和等效并联谐振电阻 R_q。

5-17　题图 5-8(a)和(b)分别为 10MHz 和 25MHz 的晶体振荡器。试画出交流等效电路,说明晶体在电路中的作用,并计算反馈系数。

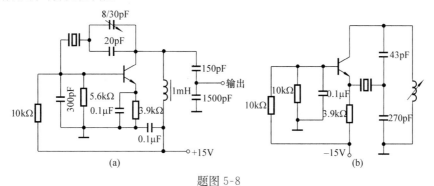

题图 5-8

5-18 试说明石英晶体振荡器的频率稳定度为什么比较高?

5-19 石英晶体振荡器的振荡频率基本上是由石英晶体的工作频率所决定的,那么振荡回路的 L、C 参数是否可以随意选择? 为什么?

5-20 试说明影响振荡器相位平衡条件的主要因素,指明提高振荡器频率稳定度的途径。

5-21 试画出同时满足下列要求的一个实用晶体振荡电路:

(1) 采用 NPN 管;

(2) 晶体谐振器作为电感元件;

(3) 晶体管 c、e 极之间为 LC 并联回路;

(4) 晶体管发射极交流接地。

5-22 振荡电路如题图 5-9 所示,试画出交流等效电路,并判断电路在什么条件下起振,属于什么形式的振荡电路?

5-23 某电视接收机调谐器的本振 VCO 交流等效电路如题图 5-10 所示,电路中控制电压 V_c 为 $0.5 \sim 30\text{V}$ 时,变容二极管的结电容 $C_j = 10 \sim 3.25\text{pF}$,根据电路参数求出其振荡频率范围,并说明该 VCO 振荡电路属于什么形式的振荡器? 有什么优点?

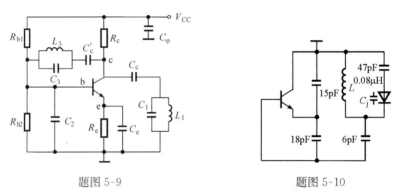

题图 5-9　　　　　　　　　　题图 5-10

5-24 对题图 5-11 所示的晶体振荡器电路:

(1) 画出交流等效电路,指出是何种类型的晶体振荡器。

(2) 该电路的振荡频率是多少?

(3) 晶体在电路中的作用。

(4) 该晶振有何特点?

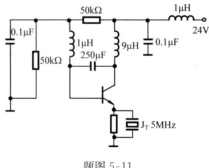

题图 5-11

5-25 题图 5-12 所示电容反馈振荡器的交流等效电路,其元件参数为 $C_1 = C_2 = 200\text{pF}$,$L = 25\mu\text{H}$。当折算到输入端的总不稳定电容的变化量 $\Delta C_{d2} = +8\text{pF}$ 时

（1）试求相对频率稳定度 $\dfrac{\Delta\omega}{\omega_0}$；

（2）若将回路总电容增大 10 倍，电感 L 减小为原来的 $1/10$，再计算频率稳定度，并分析比较所得的两种结果。

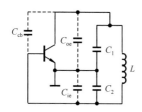　　　　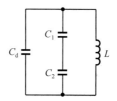

(a) 计入不稳定电容的三端振荡器等效电路　　　(b) 不稳定电容折算到 L 两端的等效电容

题图 5-12

第6章 调幅、检波与混频——频谱搬移电路

6.1 频谱搬移电路的特性

由 2.2 节知,非线性电路具有频率变换的功能,即通过非线性器件相乘的作用产生与输入信号波形的频谱不同的信号。当频率变换前后,信号的频谱结构不变,只是将信号频谱无失真地在频率轴上搬移,则称为线性频率变换,具有这种特性的电路称为频谱搬移电路。频谱搬移电路完成的功能主要有调幅、检波和混频。它们的原理框图和频谱图如图 6-1 所示。

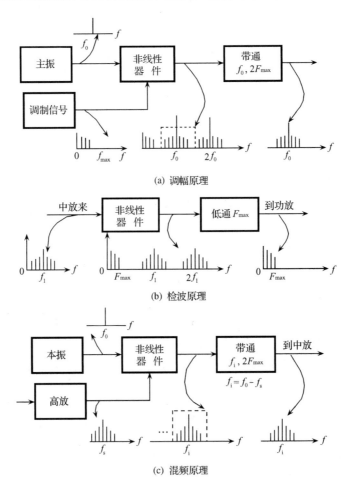

图 6-1 调幅、检波和混频的原理框图和频谱图

由以上几种频率变换电路的原理框图和频谱图可知,尽管各个电路所要完成的功能完全不同,但是这些频率变换电路之间有很多相似之处。

(1) 它们的实现框图几乎是相同的,都是利用非线性器件对输入信号频谱实行变换以

产生新的有用频率成分后,再用适当中心频率(或截止频率)和适当带宽的滤波器获得所需频率分量并滤除无用频率分量。

（2）从频谱结构看,上述频率变换电路都只是对输入信号频谱实行横向搬移而不改变原来的谱结构,因而都属于线性频率变换。

（3）频谱的横向平移,从时域角度看相当于输入信号与一个参考正弦信号相乘,而平移的距离由此参考信号的频率决定,因此都可以用乘法电路实现。

6.2　振幅调制原理

振幅调制工作
原理分析

前面已介绍,无线电通信的基本任务是不用导线远距离传送各种信息,如语音、图像和数据等,而在这些信息传送过程中都必须用到调制与解调。

调制是将要传送的信息装载到某一个高频振荡(载频)信号上去的过程。按照所采用的载波波形区分,调制可分为连续波(正弦波)调制和脉冲调制。连续波调制以单频正弦波为载波,可用数学式 $a(t)=A\cos(\omega t+\varphi)$ 表示,受控参数可以是载波的幅度 A、频率 ω 或相位 φ。因而有调幅(AM)、调频(FM)和调相(PM)三种方式。脉冲调制以矩形脉冲为载波,受控参数可以是脉冲高度、脉冲重复频率、脉冲宽度或脉冲位置。相应地,就有脉冲调幅(PAM),包括脉冲编码调制(PCM)、脉冲调频(PFM)、脉冲调宽(PWM)和脉冲调位(PPM)。

本节重点研究各种正弦调制方法性能和电路,有关脉冲调制内容可参阅第 8 章及有关数字通信等方面的文献。

本章主要讨论振幅调制与解调,振幅调制是用调制信号去控制载波的振幅,使其随调制信号线性变化,而保持载波的角频率不变。而在幅度调制中,又根据所取出已调信号的频谱分量不同,分为普通调幅(标准调幅,AM)、抑制载波的双边带调幅(用 DSB 表示)、抑制载波的单边带调幅(用 SSB 表示)等。它们的主要区别是产生的方法和频谱结构。在学习时要注意比较各自特点及其应用。

6.2.1　调幅波的性质

为了分析各种调幅电路,首先要了解调幅波的性质,本节先介绍普通调幅的数学表达式、波形图、频谱图和功率分配关系等。

1. 调幅波的数学表达式

通常调制要传送的信号波形是比较复杂的,但无论多么复杂的信号都可用傅里叶级数分解为若干正弦信号之和。为了分析方便起见,我们一般把调制信号看成一个简谐信号。设简谐调制信号 $v_\Omega(t)=V_\Omega\cos\Omega t$,载波信号 $v_0(t)=V_0\cos\omega_0 t$,由于已调信号的振幅与调制信号成正比,因此,它的振幅

$$\begin{aligned}
V(t) &= V_0 + K_d V_\Omega \cos\Omega t \\
&= V_0\left(1 + \frac{K_d V_\Omega}{V_0}\cos\Omega t\right) \\
&= V_0(1 + m_a\cos\Omega t) \qquad (K_d \text{ 为比例常数})
\end{aligned}$$

因此,普通调幅信号的数学表达式可写为

$$v(t) = V_0(1 + m_a \cos\Omega t)\cos\omega_0 t \qquad (6\text{-}1)$$

$m_a = \dfrac{K_d V_\Omega}{V_0}$ 称为调幅指数即调幅度,是调幅波的主要参数之一,它表示载波电压振幅受调制信号控制后改变的程度,一般 $0 < m_a \leqslant 1$。

2. 普通调幅波的波形图

根据以上写出的调制信号、高频振荡信号及调幅波的数学表达式,当载波频率 $\omega_0 \gg$ 调制信号频率 Ω 时,且 $0 < m_a \leqslant 1$,则可画出 $v_\Omega(t)$、$v_0(t)$ 和已调幅 $v(t)$ 的波形,如图 6-2 所示。从图 6-2 中可看出,调幅波是一个载波振幅按照调制信号的大小线性变化的高频信号,其振荡频率保持载波频率不变。由图 6-2 可知

$$m_a = \frac{\frac{1}{2}(V_{\max} - V_{\min})}{V_0} = \frac{V_{\max} - V_0}{V_0} = \frac{V_0 - V_{\min}}{V_0} \qquad (6\text{-}2)$$

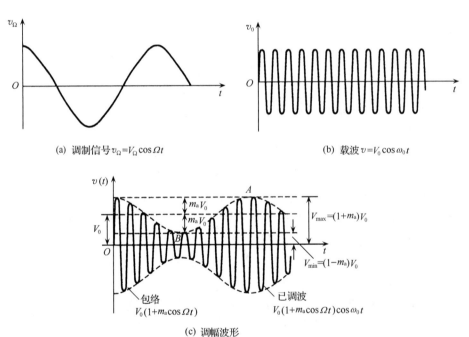

(a) 调制信号 $v_\Omega = V_\Omega \cos\Omega t$

(b) 载波 $v = V_0 \cos\omega_0 t$

(c) 调幅波形

图 6-2 调幅波的形式(余弦调制)

若调制信号为非对称信号,如图 6-3 所示,则此时调幅度分为上调幅度 $m_{a\perp}$ 和下调幅度 $m_{a\top}$

$$m_{a\perp} = \frac{V_{\max} - V_0}{V_0}, \qquad m_{a\top} = \frac{V_0 - V_{\min}}{V_0} \qquad (6\text{-}3)$$

m_a 越大,调幅越深。当 $m_a = 1$ 时,调幅达到最大值,称为百分之百调幅。若 $m_a > 1$,AM 信号波形将出现过调制,如图 6-4 所示。这将使被传送的信号产生失真,实际电路中必须避免。

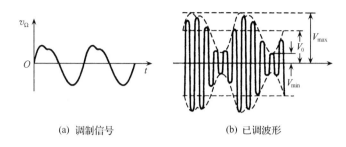

(a) 调制信号　　　　　　　(b) 已调波形

图 6-3　由非正弦波调制所得到的调幅波形

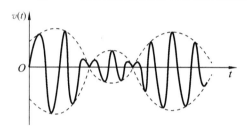

图 6-4　过调制（$m_a > 1$）波形图

3. 调幅信号的频谱及带宽

将调幅波的数学表达式(6-1)展开,可得到

$$v(t) = V_0(1 + m_a\cos\Omega t)\cos\omega_0 t$$

$$= V_0\cos\omega_0 t + \frac{1}{2}m_a V_0\cos(\omega_0 + \Omega)t$$

$$+ \frac{1}{2}m_a V_0\cos(\omega_0 - \Omega)t \tag{6-4}$$

可见,$v(t)$是由 ω_0、$\omega_0 + \Omega$ 和 $\omega_0 - \Omega$ 三个不同频率分量的高频信号组成的。其中 $\omega_0 + \Omega$ 称为上边频分量,$\omega_0 - \Omega$ 称为下边频分量。调幅信号的频谱图如图 6-5 所示。

由图 6-5 看出调幅过程实际上是一种频谱搬移过程,即将调制信号的频谱搬移到载波附近,成为对称排列在载波频率两侧的上、下边频,幅度均等于 $\frac{1}{2}m_a V_0$。

如前面所述,通常所要传送的信号波形是很复杂的,但任何复杂的信号总可以分解为许多不同频率的正弦（或余弦）分量的叠加,其频谱图如图 6-5(b)所示,相应的调幅信号频谱在载频两侧将形成上下边带。

对于单音信号调制已调幅波,从频谱图上可知其占据的频带宽度 $B = 2\Omega$ 或 $B = 2F(\Omega = 2\pi F)$,对于多音频的调制信号,若其频率为 $F_{\min} \sim F_{\max}$,则已调信号的频带宽度等于调制信号最高频率的两倍,即

$$B_{\text{AM}} = 2F_{\max} = 2\left(\frac{\Omega_{\max}}{2\pi}\right) \quad (\text{Hz}) \tag{6-5}$$

为了避免各电台之间的相互干扰,对不同频段与不同用途的电台所占有的频带宽度都有严格的规定。调幅广播电台所允许占用的带宽为 9kHz,这就要求调制信号的最高频率不得超过 4.5kHz。

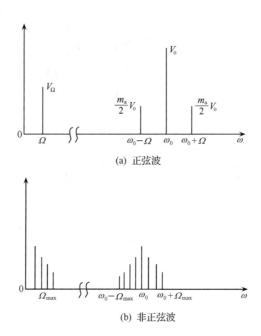

图 6-5　调幅信号的频谱图

4. 普通调幅波的功率关系

将式(6-1)所示调幅波作用在负载电阻 R 上,则可求出其功率关系:

载波功率

$$P_{0\text{T}} = \frac{1}{2} \frac{V_0^2}{R} \tag{6-6}$$

每个边频功率(上边频或下边频)

$$P_{\text{SB1}} = P_{\text{SB2}} = \frac{1}{2} \frac{\left(\frac{1}{2} m_{\text{a}} V_0\right)^2}{R} = \frac{1}{4} m_{\text{a}}^2 P_{0\text{T}} \tag{6-7}$$

上、下边频总功率

$$P_{\text{DSB}} = 2P_{\text{SSB}} = \frac{1}{2} m_{\text{a}}^2 P_{0\text{T}} \tag{6-8}$$

在调幅信号一周期内,AM 信号的平均输出功率是

$$P_{\text{AM}} = P_{0\text{T}} + P_{\text{DSB}} = \left(1 + \frac{1}{2} m_{\text{a}}^2\right) P_{0\text{T}} \tag{6-9}$$

由式(6-9)可知,因为 $m_{\text{a}} \leqslant 1$,所以边频功率之和最多占总输出功率的 1/3,而从图 6-5 中可知,被传递的有用信息频谱只在边频功率中,载波功率中不含有用信息。因此,调幅波中有 2/3 的功率不含信息,从有效地利用发射机功率来看,普通调幅波是很不经济的,如调幅广播在实际传送信息时,平均调幅系数约为 30%,计算表明,边频功率只占不到 5% 的总功率,载波功率却占 95% 以上。考虑到普通调幅的实现技术简单,广大用户的接收机采用的解调容易制作且便宜,因此,在无线电广播系统中至今仍广泛采用普通调幅制。

例 6-1　已知已调幅信号的频谱图如图 6-6 所示。

（1）写出已调信号电压的数学表达式；

（2）计算在单位电阻上消耗的边带功率和总功率以及已调波的频带宽度。

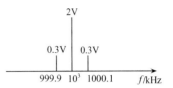

图 6-6　已调幅信号的频谱图

解　（1）根据频谱图可知

$$\begin{cases} \dfrac{1}{2}m_a V_0 = 0.3\text{V} \\ V_0 = 2\text{V} \end{cases} \Rightarrow m_a = 0.3$$

因此，$v_{AM}(t) = 2(1+0.3\cos 2\pi \times 10^2 t)\cos 2\pi \times 10^6 t\,(\text{V})$。

（2）载波功率

$$P_{0T} = \frac{1}{2}\frac{V_0^2}{R} = \frac{1}{2}\times 2^2 = 2\,(\text{W})$$

双边带功率

$$P_{DSB} = \frac{1}{2}m_a^2 P_{0T} = \frac{1}{2}\times 0.3^2 \times 2 = 0.09\,(\text{W})$$

总功率

$$P_{AM} = P_{0T} + P_{DSB} = 2 + 0.09 = 2.09\,(\text{W})$$

已调波的频带宽度

$$B_{AM} = 2F = 200\,(\text{Hz})$$

5. 振幅调制实现原理

由上述分析调幅波的波形和频谱可知，调幅前后，输出信号和输入信号的波形和频率分量都产生了变化，即产生了频率变换。因此，振幅调制的实现正如 6.1 节所述一定要有非线性器件产生相乘作用才能实现。具体如图 6-1 所示。

6.2.2　抑制载波的双边带调幅波与单边带调幅波

1. 抑制载波的双边带调幅波

从普通调幅波的功率关系知道，由于 2/3 的载波功率不含信息，实际上这部分功率白白浪费了。为了克服这个缺点，提高设备的功率利用率，可以不发送载波，而只发送边带信号，这就是抑制载波的双边带调幅波（DSB AM），其数学表达式为

$$V_{DSB}(t) = \frac{1}{2}m_a V_0 \cos(\omega_0 + \Omega)t + \frac{1}{2}m_a V_0 \cos(\omega_0 - \Omega)t$$

或

$$V_{DSB}(t) = m_a V_0 \cos\Omega t \cos\omega_0 t \tag{6-10}$$

其波形图和频谱图可见表 6-1。由表 6-1 中可知，双边带调幅信号的振幅仍随调制信号变化，但已不是在 V_0 值基础上变化，而是在零值上下变化。在调制信号 $V_\Omega(t)=0$ 的瞬间，高频载波的相位出现 $180°$ 突变，呈现 M 型。与普通调幅波相比，双边带调幅的频谱图中抑制掉了载波分量（虚线）。其所占据的频带宽度仍为调制信号频谱中最高频率的两倍，即

$$B_{DSB} = 2F_{max} \tag{6-11}$$

表 6-1　三种振幅调制信号

电压表达式	普通调幅波 $V_0(1+m_a\cos\Omega t)\cos\omega_0 t$	载波被抑制双边带调幅波 $m_a V_0 \cos\Omega t\cos\omega_0 t$	单边带信号 $\dfrac{m_a}{2}V_0\cos(\omega_0+\Omega)t$ 或$\dfrac{m_a}{2}V_0\cos(\omega_0-\Omega)t$
波形图	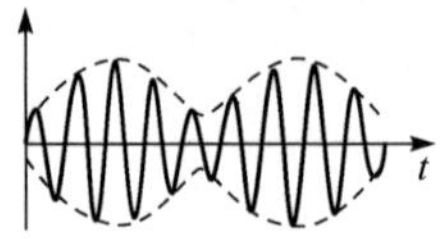	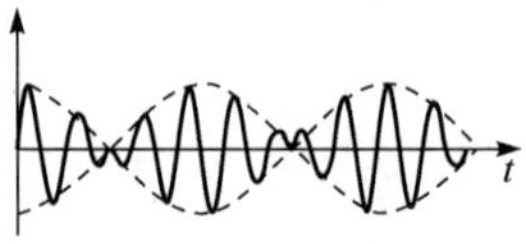	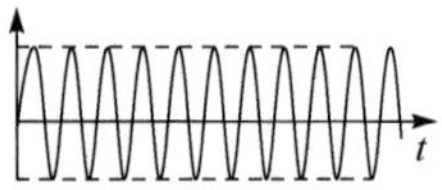
频谱图	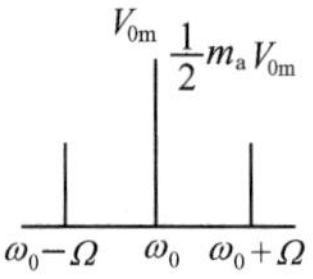	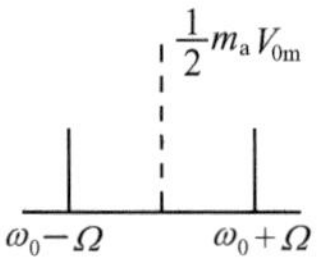	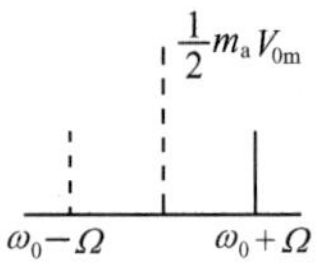
信号带宽	$2\left(\dfrac{\Omega}{2\pi}\right)$	$2\left(\dfrac{\Omega}{2\pi}\right)$	$\left(\dfrac{\Omega}{2\pi}\right)$

2. 单边带调幅波

从频谱图上可以看出,上边频与下边频的频谱分量是对称的,都含有相同的信息。因此,为了节省所占有的频带,提高波段利用率,也可以只发送单个边带信号,称为单边带通信(SSB),这种调制方式既节约了功率又节省了频带,但设备较复杂。实际应用中,可根据不同的要求,采用不同形式的调幅方式。

单边带调幅波的数学表达式为

$$V(t) = \frac{1}{2}m_a V_0 \cos(\omega_0 + \Omega)t$$

或

$$V(t) = \frac{1}{2}m_a V_0 \cos(\omega_0 - \Omega)t$$

由表 6-1 看出,当单音信号进行单边带调幅时,其已调波为一个等幅的高频振荡信号,频率为 $\omega_0+\Omega$ 或 $\omega_0-\Omega$。频谱分量仅有一个边频分量。

3. 残留边带调幅

单边带的调制与解调设备比较复杂。在某些应用中,既希望压缩频带,又希望接收设备简单,因此,可采用残留边带调幅(记为 VSB AM)。它在发射端发送一个完整的边带信号、载波信号和另一个部分被抑制的边带信号。这样它既保留了单边带调幅节省频带的优点,又具有滤波器易于实现、解调电路简单的特点。在广播电视系统中图像信号就是采用残留边带调幅的,它在发送端和接收端都接有斜切滤波器,频率特性分别如图 6-7(a)和(b)所示。发送端发射上边带和下边带中载波附近 0.75MHz 部分，抑制掉其余部分。电视接收机对含载波分量的普通调幅波 VSB AM 信号，经混频及图 6-7(b)所示中频滤波器后，可以使用对普通调幅波解调的电路，不失真地恢复图像信号，因而对 VSB AM 信号的解调可以大大简化，并且降低了成本。

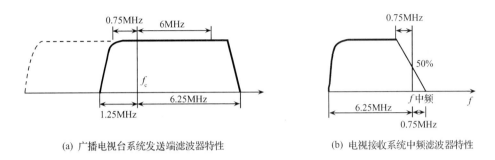

(a) 广播电视台系统发送端滤波器特性   (b) 电视接收系统中频滤波器特性

图 6-7　残留边带调幅电视系统滤波特性

6.3　振幅调制方法与电路

6.2 节分析了几种调幅波的性质，它们的共同之处是都在调幅前后产生了新的频率分量，也就是说都需要用非线性器件来完成频率变换。实现各种调幅波的原理框图如图 6-8 所示。

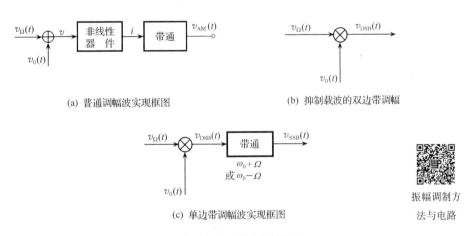

(a) 普通调幅波实现框图   (b) 抑制载波的双边带调幅

(c) 单边带调幅波实现框图

振幅调制方法与电路

图 6-8　实现各种调幅波的原理框图

幅度调制电路按输出功率的高低，可分为低电平调幅电路和高电平调幅电路。

低电平调幅电路，产生小功率的调幅波。一般在发射机的前级实现低电平调幅，再由线性功率放大器放大已调幅信号，得到所要求功率的调幅波。

低电平调幅电路的功率、效率不是主要考虑的问题，其主要性能是调制的线性度及载波抑制度。这种调幅电路可用来实现普通调幅、双边带调幅和单边带调幅等。

高电平调幅电路一般置于发射机的最后一级，是在功率电平较高的情况下进行调制的。电路除了实现幅度调制，还具有功率放大的功能，以提供有一定功率要求的调幅波。一般是使调制信号叠加在直流偏置电压上，并一起控制丙类工作的末级谐振功放实现高电平调幅，因此只能产生普通调幅信号。高电平调幅的突出优点是整机效率高,不需要效率低的线性功率放大器。

6.3.1　低电平调幅电路

低电平调幅电路产生的已调波功率较小,必须对其放大,才能取得所需的发射功率。DSB 和 SSB 信号一般采用低电平调幅电路实现,并要求调制线性好,能灵活地设计电路,以便有效地抑制载波和无用的谐波分量。对载波的抑制用载漏表示。载漏定义为输出的载波功率低于边带功率的分贝数。显然,分贝数越大,抑制性能越好。一般载漏在 40dB 以上。

1. 简单的二极管调幅电路

简单的二极管调幅电路如图 6-9 所示。调制信号和载波信号相加后,通过二极管非线性特性的变换,在电流 i 中产生了各种组合频率分量,将谐振回路调谐于 ω_0,便能取出 ω_0 和 $\omega_0 \pm \Omega$ 的成分,这便是普通调幅波。由于信号的大小不同,二极管的工作状态可分为小信号和大信号两种情况。

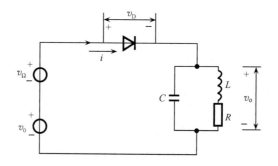

图 6-9　简单的二极管调幅电路

小信号调幅又称为平方律调幅,它的工作原理可用幂级数法进行分析;大信号调幅又称为开关式调幅,它的工作原理可用折线法进行分析。

1) 平方律调幅

二极管的伏安特性可用幂级数表示

$$i = a_0 + a_1 v_D + a_2 v_D^2 + a_3 v_D^3 + \cdots \tag{6-12}$$

为简化分析,忽略输出电压对二极管的反作用,则

$$v_D \approx v_0 + v_\Omega = V_0 \cos\omega_0 t + V_\Omega \cos\Omega t$$

当 v_D 很小时,级数可只取前四项,得

$$i = a_0 + a_1(V_0\cos\omega_0 t + V_\Omega\cos\Omega t) + a_2(V_0\cos\omega_0 t + V_\Omega\cos\Omega t)^2$$
$$+ a_3(V_0\cos\omega_0 t + V_\Omega\cos\Omega t)^3$$

利用三角公式展开,并分类整理,可得

$$i = a_0 + a_1(V_0\cos\omega_0 t + V_\Omega\cos\Omega t)$$
$$+ a_2\left\{\frac{1}{2}V_0^2(1+\cos 2\omega_0 t) + V_0 V_\Omega[\cos(\omega_0 + \Omega)t\right.$$

$$
\begin{aligned}
&+ \cos(\omega_0 - \Omega)t] + \frac{1}{2}V_\Omega^2(1 + \cos2\Omega t) \bigg\} \\
&+ a_3\left[\frac{1}{4}V_0^3(3\cos\omega_0 t + \cos3\omega_0 t)\right] \\
&+ \frac{3}{2}V_0^2 V_\Omega\left[\cos\Omega t + \frac{1}{2}\cos(2\omega_0 + \Omega)t + \frac{1}{2}\cos(2\omega_0 - \Omega)t\right] \\
&+ \frac{3}{2}V_0 V_\Omega^2\left[\cos\omega_0 t + \frac{1}{2}\cos(\omega_0 + 2\Omega)t + \frac{1}{2}\cos(\omega_0 - 2\Omega)t\right] \\
&+ \frac{1}{4}V_\Omega^3(3\cos\Omega t + \cos3\Omega t) \tag{6-13}
\end{aligned}
$$

由式(6-13)可见,经过二极管非线性变换后,出现了许多新频率,但其中只有 $\omega_0 \pm \Omega$ 才是我们所需要的上、下边频。这对边频是由平方项 $a_2 v^2$ 产生的,故称为平方律调幅。其他频率分量都是无用的寄生产物,必须将它们抑制掉。其中最为有害的分量是 $\omega_0 \pm 2\Omega$ 项,因为它们和载波、边频都很接近,将产生非线性调制,滤波器不易将其滤除。最好使 $a_3 = 0$,这时,幂级数就成为标准的平方特性。

二极管起初的弯曲部分不容易得到较理想的平方特性,因而调制效率低,无用成分多,所以目前较少采用平方律调幅器。

2) 开关式调幅

在大信号运用时,依靠二极管的导通和截止来实现频率变换,这时二极管就相当于一个开关。一般情况下,载波电压较大(数百毫伏),而调制电压很小(数十毫伏),即满足 $V_0 \gg V_\Omega$ 的条件,因此二极管的通、断由载波电压决定。

二极管的电流用开关函数表示为

$$
i = \frac{v_D}{R_D + R_L}S(t) = a v_D S(t) \tag{6-14}
$$

式中, R_L 是负载对载频谐振时所呈现的电阻; R_D 是二极管内阻;系数 $a = \dfrac{1}{R_D + R_L}$;开关函数为

$$
S(t) = \frac{1}{2} + \frac{2}{\pi}\cos\omega_0 t - \frac{2}{3\pi}\cos3\omega_0 t + \cdots
$$

将 $S(t)$ 代入式(6-14)中,展开可得

$$
\begin{aligned}
i &= a(V_0\cos\omega_0 t + V_\Omega\cos\Omega t)\left(\frac{1}{2} + \frac{2}{\pi}\cos\omega_0 t - \frac{2}{3\pi}\cos3\omega_0 t + \cdots\right) \\
&= a\bigg\{\frac{1}{2}V_0\cos\omega_0 t + \frac{1}{2}V_\Omega\cos\Omega t + \frac{V_0}{\pi}(1 + \cos2\omega_0 t) \\
&\quad + \frac{V_\Omega}{\pi}[\cos(\omega_0 + \Omega)t + \cos(\omega_0 - \Omega)t] \\
&\quad - \frac{V_0}{3\pi}(\cos4\omega_0 t + \cos2\omega_0 t) - \frac{V_0}{\pi}[\cos(3\omega_0 + \Omega)t + \cos(3\omega_0 - \Omega)t]\bigg\} + \cdots
\end{aligned} \tag{6-15}
$$

式(6-15)中包含了我们所需要的 $\omega_0 \pm \Omega$ 频率分量。将式(6-15)与式(6-13)对比可知,在式(6-15)中,没有式(6-13)包含的最为有害的组合分量($\omega_0 + 2\Omega$),且其他无用成分较易于

滤除。

　　总之,在二极管调制器中,大信号开关式运用比小信号平方律运用有效率高、无用成分少的优点,因此应用较广,但它的输出仍有载波成分,而要抑制载波,应采用平衡调制器。

　　2. 平衡调制器

　　平衡调制是两个开关式调制器对称连接的电路,载波成分由于对称而被抵消,在输出中不再出现,因而平衡调制器是产生 DSB 和 SSB 信号的基本电路。

　　平衡调制器原理图和等效电路如图 6-10 所示。为使分析简化,设变压器的匝数比为 $2\times(1:1)$,调制信号经变压器 Tr_1 在次级得到两个幅值相等的电压,载波电压经变压器 Tr_3 接到 Tr_1 和 Tr_2 两个变压器的中心抽头上。由负载 R_L 反射到 Tr_2 初级的电阻为 $4R_L$,因而对每个二极管来说,负载为 $2R_L$。

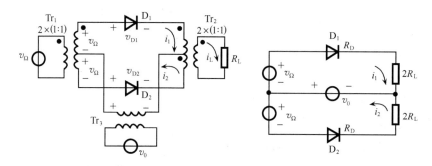

图 6-10　平衡调制器原理图和等效电路

　　设 $V_0 \gg V_\Omega$,二极管具有理想的开关特性,当载波为正半周时,D_1,D_2 导通,调制信号 v_Ω 通过 Tr_2 传至负载;当载波为负半周时,D_1,D_2 截止,v_Ω 被阻断,不能传送到输出端。若不考虑负载电压的反作用,加在两个二极管上的电压为

$$v_{D1} = v_0 + v_\Omega$$
$$v_{D2} = v_0 - v_\Omega$$

令二极管导通时的电导 $g_D = \dfrac{1}{R_D}$,故通过二极管的电流为

$$i_1 = g_D v_{D1} S(t) \tag{6-16}$$
$$i_2 = g_D v_{D2} S(t) \tag{6-17}$$

　　这两个电流是以相反的方向流过变压器 Tr_2 初级的,因此其次级负载电流 i_L 将取决于这两个电流的差值,即

$$i_L = i_1 - i_2 = 2g_D v_\Omega S(t) \tag{6-18}$$

将 $S(t)$ 和 $v_\Omega = V_{\Omega m}\cos\Omega t$ 代入,得输出电流为

$$i_L = 2g_D V_{\Omega m}\cos\Omega t\left(\frac{1}{2} + \frac{2}{\pi}\cos\omega_0 t - \frac{2}{3\pi}\cos3\omega_0 t + \cdots\right)$$
$$= g_D V_\Omega\cos\Omega t + \frac{2g_D}{\pi}V_\Omega[\cos(\omega_0+\Omega)t + \cos(\omega_0-\Omega)t]$$
$$-\frac{2g_D}{3\pi}V_\Omega[\cos(3\omega_0+\Omega)t + \cos(3\omega_0-\Omega t)] + \cdots \tag{6-19}$$

　　比较式(6-15)及式(6-19)中的各频率分量,可以发现:单管的开关式调幅器频谱中所含的直流分量、载波分量以及载波的各次谐波分量,在平衡调制器里都被抑制掉了,无用成分还有 Ω,$3\omega_0 \pm \Omega$ 等分量,由于它们距离 ω_0 很远,很容易被滤除。

　　图 6-11 表示平衡调制器的电压、电流波形。载波电压 v_0 的控制作用,使得二极管在正半周导通,负半周截止,因而负载电流 i_L 成为间断的波形(图 6-11(g))。如果用滤波器把无用成分滤去,就能得到理想的抑制载波的双边带波形(图 6-11(h))。将它与普通调幅波对比,可以发现,抑制载波的双边带信号波形有两个重要的特点:

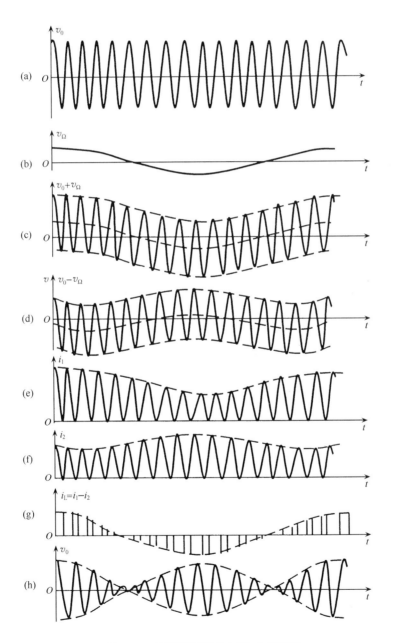

图 6-11　平衡调制器的电压、电流波形

（1）它虽然是调幅波,但因失去了载波,因而包络不能完全反映调制信号变化的规律,这就给以后的解调工作带来困难。

（2）普通调幅波的高频振荡是连续的,可是双边带调幅波在调制信号极性变化时,它的高频振荡的相位要发生 $180°$ 的突变,这是因为双边带波是由 v_0 和 v_Ω 相乘而产生的。

平衡调制器的重要优点就是有效地抑制了载波,其条件是 Tr_1 和 Tr_2 对中心抽头来说必须严格对称,D_1,D_2 两管的特性完全相同。实际上,这是很难做到的。如果电路稍有不平衡,载波电压就会泄漏到输出端。

为了提高抑制载波的能力,必须改进和保证电路的对称性。图 6-12 是一种实用的平衡调幅器电路,对比于图 6-10 的电路,调制信号 v_Ω 和载波信号 v_0 的位置对调了,由于两个二极管是反接的,所以加在二极管上的电压为

$$v_{D1} = v_0 + v_\Omega$$
$$v_{D2} = v_0 - v_\Omega$$

输出仍保持差动方式,即 $i_L = i_1 - i_2$。

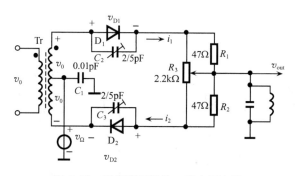

图 6-12　平衡调幅器的一种实用电路

因此,这种实用电路的工作原理与图 6-10 所示典型电路的工作原理完全相同。这里,调制电压单端输入,边带信号经调谐于载频的回路单端输出,省去了要求严格的有中心抽头的音频变压器和输出变压器,改进了电路的对称性。电路中 C_1 接地为边带信号提供交流通路;R_1 和 R_2 配合电位器 R_3 来平衡二极管正向特性的不对称;C_2 和 C_1 的作用是平衡二极管反向工作时结电容的不对称。

平衡调幅器输出调幅波有用电流分量 $i_{\omega_0 \pm \Omega} = \dfrac{2}{\pi} g_D V_\Omega [\cos(\omega_0 + \Omega)t + \cos(\omega_0 - \Omega)t]$,输出的电压波形如图 6-13 所示。

图 6-13　平衡调制器输出的电压波形

普通调幅波的高频振荡是连续的,可是双边带调幅波在调制信号极性变化时,它的高频振荡的相位要发生 $180°$ 的突变,这是因为双边带波是由 v_0 和 v_Ω 相乘而产生的。

3. 环形调制器

在平衡调制器的基础上,再增加两个二极管,使电路中 4 个二极管首尾相接构成环形,这就是环形调制器,其原理图如图 6-14 所示。

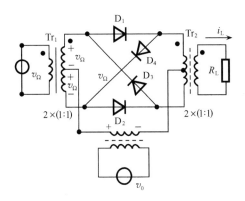

图 6-14　环形调制器原理图

由于 $V_0 \gg V_\Omega$,故二极管的开关作用完全由 v_0 控制。当正半周时,D_1,D_2 导通,D_3,D_4 截止;当 v_0 负半周时,D_3,D_4 导通,D_1,D_2 截止。图 6-14 的等效电路如图 6-15 所示。由图 6-15可见,环形调制器在载波的正、负半周内可分为两个平衡调制器。

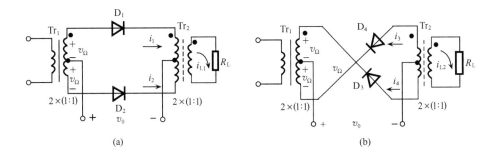

(a)　　　　　　　　　　　　　　　(b)

图 6-15　环形调制器的等效电路

因此,环形调制器又称为双平衡调制器。环形调制器有效地抑制了无用的频谱分量。

可以分析,环形调制器输出电流的有用分量 $i_{\omega_0 \pm \Omega} = \dfrac{4}{\pi} g_D V_\Omega \left[\cos(\omega_0 + \Omega)\,t + \cos(\omega_0 - \Omega)t \right]$,其振幅比平衡调制器提高了 1 倍,同时抑制了低频 Ω 分量,因而获得广泛应用。为了保证电路的质量,必须十分注意元件性能和安装方面的平衡与对称问题。下面举一个二极管平衡调幅电路应用实例。图 6-16 所示电路是彩色电视系统中实现色差信号对彩色副载波进行抑制载波的调幅电路。彩色副载波信号由晶体三极管 V_1 组成的放大电路放大,经变压器 T_1 输入给二极管平衡相乘器(画成环形后,也称环形相乘器)的一个输入端;色差信号加到环形相乘器的另外一个输入端。R_5、R_6 为可调电阻器,用来改善电路的平衡状态。变压器 T_2 的次级与电容 C_4、电阻 R_7 构成谐振回路,其中心频率是已调幅信号的载频(即彩色副载波的频率),带宽为色差信号频率的 2 倍。二极管相乘器输出的已调幅信号加给晶体三极

管 V_2 的放大器进行放大。

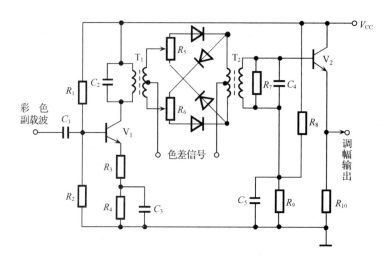

图 6-16　二极管调制电路应用实例

用 4 只二极管组成的平衡式相乘器(环形相乘器)实现调幅,其突出优点是进一步抑制了无用的频谱分量,而且有用边带分量的幅度比两只二极管组成的单平衡调制器提高了 1 倍。二极管平衡式调制器主要用于高频工作范围。

4. 模拟相乘器调幅电路

由第 2 章已知,模拟相乘器的输出电压与输入电压的关系为 $v_0(t)=kv_1(t)v_2(t)$。如果 $v_1(t)$ 为高频载波,即 $v_1(t)=V_0\cos\omega_0 t$,$v_2(t)$ 为低频调制信号

$$v_2(t) = V_\Omega\cos\Omega t$$

则输出电压

$$v_0(t) = kV_0V_\Omega\cos\omega_0 t\cos\Omega t = \frac{1}{2}kV_0V_\Omega[\cos(\omega_0+\Omega)t+\cos(\omega_0-\Omega)t]$$

上式表明 $v_0(t)$ 是抑制载波的双边带调幅信号。

如果在调制信号 $v_2(t)$ 上叠加一个直流电压,则可以得到普通调幅信号的输出,即

$$v_0(t)=kV_0\cos\omega_0 t(V_{DC}+V_\Omega\cos\Omega t)$$

$$=kV_0V_{DC}\cos\omega_0 t+\frac{1}{2}kV_0V_\Omega\cos(\omega_0+\Omega)t+\frac{1}{2}kV_0V_{\Omega m}\cos(\omega_0-\Omega)t \quad (6\text{-}20)$$

调节直流电压 V_{DC} 的大小,可以改变调幅系数 m_a 的值。

对滤波器按不同要求进行设计,可以让 $v_0(t)$ 中的信号全部通过或滤除式(6-20) $v_0(t)$ 中的不同频率分量,得到抑制载波的双边带调幅或单边带调幅。用于实现调幅的模拟相乘器有国产集成芯片 BG314、XCC;国外的芯片 MC1596G(1496)、AD534、BB4213、BB4214 等。

1) 普通调幅电路

图 6-17 给出了用 MC1596G(或 MC1496)实现普通调幅的电路。调制信号 $v_\Omega(t)$ 由 MC1596G 芯片的 1 脚输入,高频载波 $v_0(t)$ 由 8 脚输入,已调幅信号由 6 脚输出。为了获得合适的直流电压 V_0,以调节 m_a 大小,在输入端的 1、4 之间接入了两个 750Ω 电阻、50kΩ 的

电位器(也称调零电路)。一般要求输入载波信号为 $100\sim400\text{mV}$,调制信号为 $10\sim50\text{mV}$,以避免已调信号失真。输出端也可以加带通滤波器,抑制无用频率分量的输出。

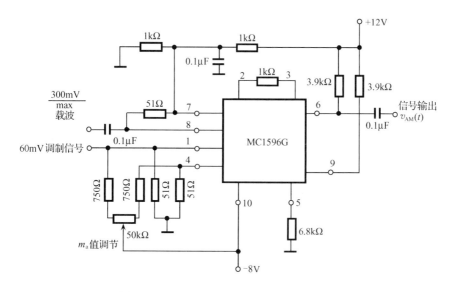

图 6-17　用 MC1596G 实现普通调幅的电路

2) 抑制载波的双边带调幅电路

用 MC1596G 也可以产生抑制载波的双边带调幅信号,一般称它为平衡调幅电路。仍然可以用图 6-17 所示电路图,但为了控制输出载波分量的泄漏量,要进行平衡调节。为此可将两个 750Ω 电阻换成两个 $10\text{k}\Omega$ 的电阻。一般要求载波输出功率低于边带输出功率 40dB 以上。为了提高输出已调幅信号的频谱纯净度,输出端也可以接入带通滤波器。

例 6-2　一个调制电路如图 6-18 所示。设载波电压 $v_0(t)=100\cos10\pi\times10^6\,t\text{mV}$,调制信号电压 $V_\Omega=5\cos2\pi\times10^3\,t\text{V}$。求输出电压 $v_{\text{out}}(t)$。(晶体管的电流放大系数 β 很高,基极电流可以忽略不计。)

解　由题目所给电路图可求得通过 V_3 管的电流

$$I_0=\frac{v_\Omega-5+10}{R_3}$$

$$=\frac{1}{3}(1+\cos2\pi\times10^3 t)(\text{mA})$$

表明 V_3 管的电流 I_0 受控于调制信号 v_Ω。在载波 v_0 作用下,差分对管 V_1、V_2 的输出交流电流 i 与 V_0、I_0 有关

$$i=\frac{1}{2}I_0\,\text{th}\left(\frac{qv_0}{2kT}\right)$$

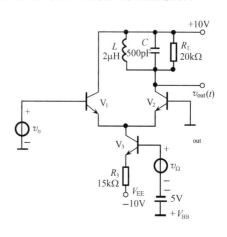

图 6-18　调制电路

$$= \frac{1}{2} I_0 \, \text{th}\left(\frac{1}{2} \frac{qV_0}{kT} \cos\omega_0 t \right)$$

$$= \frac{1}{2} I_0 \, \text{th}\left(\frac{1}{2} x \cos\omega_0 t \right)$$

式中，$x = \dfrac{qV_0}{kT} \approx 4$。

对 i 用傅里叶级数展开，并查表求基波分量 ω_0 的系数（可查看数学手册），可得 i 中的基波分量 $i_1 = I_0 \times 0.56\cos\omega_0 t$，代入 I_0 表达式后

$$i \approx 0.19(1 + \cos2\pi \times 10^3 t)\cos10\pi \times 10^6 t \, (\text{mA})$$

又因为 LC 回路的谐振频率为

$$\frac{1}{\sqrt{LC}} = \frac{1}{\sqrt{2 \times 10^{-6} \times 500 \times 10^{-12}}} \approx 10^7 \pi (\text{rad/s}) = \omega_0$$

即 LC 回路谐振在载频上，所以回路两端的交流电压

$$v_0'(t) = iR_{\text{L}} = 3.8(1 + \cos2\pi \times 10^3 t)\cos10\pi \times 10^6 t \, (\text{V})$$

输出电压

$$v_{\text{out}}(t) = V_{\text{CC}} + v_0'(t)$$

从 $v_{\text{out}}(t)$ 表达式可看出，本例题中的差分对电路可以实现普通调幅。如果合理地选择 V_3 管的直流电压源 V_{EE}、V_{BB} 值，也可以使电路完成双边带调幅。

5. 产生单边带信号的方法

单边带调制在短波通信中的广泛应用，不仅具有节约频带、节省功率的优点，且受传播条件影响小，在电波传播过程中，对于载波和上、下边带等不同频率的电波可能产生不同的衰减和相移，引起接收信号失真和不稳定，这称为选择性衰落现象。而单边带信号因为只有一个边频分量，这种衰落现象的影响就不大。但单边带通信设备复杂、价格昂贵，收发信机需要很高的频率稳定度及其他技术措施。

在得到抑制载波的双边带信号基础上，采用滤波法除去一个频带或采用移相法，可得到单边带信号，再通过已调波放大即可发送单边带信号。

1) 滤波法

图 6-19 为用滤波法实现单边带调制的原理图。DSB 信号经过带通滤波器后，滤除了下边带，就得到了 SSB 信号。由于 $\omega_0 \gg \Omega_{\max}$，上、下边带之间的距离很近，要想通过一个边带而滤除另一个边带，就对滤波器提出了严格的要求。直接在高频上设计、制造出这样的滤波器较为困难。为此，可考虑先在较低的频率上实现单边带调幅，然后向高频处进行多次频谱搬移，一直搬到所需要的载频值，如图 6-20 所示。

必须强调指出，提高单边带的载波频率绝不能用倍频的方法。因为倍频后，音频频率 F 也跟着成倍增加，使原来的调制信号变了样，产生严重的失真。这是绝对不行的。

上面举的是选取上边带信号的例子。实际上也可以选取下边带信号。图 6-21 表示典型单边带发射机的方框图。

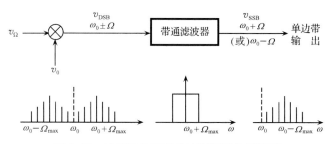

图 6-19　滤波器法实现单边带调制的原理图

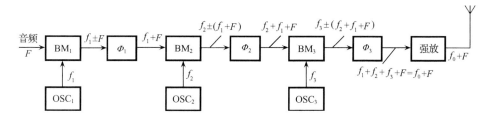

图 6-20　滤波器法单边带发射机方框图

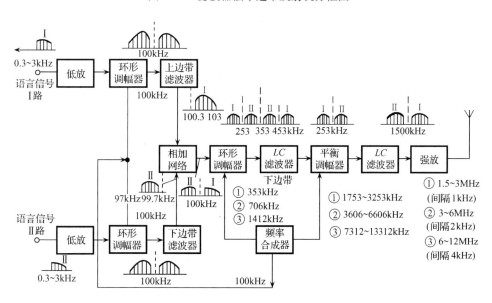

图 6-21　典型单边带发射机的方框图

　　本机可以同时发送两路语音信号(都是 0.3～3kHz 频带)。Ⅰ、Ⅱ两路信号与 100kHz 的第一载频在环形调幅器中混合后,分别经上边带滤波器与下边带滤波器取出它们上边带与下边带,在相加网络中混合成为两路单边带信号。再将这两路信号在第二环形调幅器中与 353kHz(或 706kHz、1412kHz)的第二载频混合,经过 LC 滤波器取出中心频率为 253kHz(或 606kHz、1312kHz)的下边带。最后,在平衡调幅器中与 1753～3253kHz(或 3606～6606kHz、7312～13312kHz)的第三载频混合,再经 LC 滤波器取出它的下边带,即得到中心频率为 1.5～3MHz(或 3～6MHz、6～12MHz)的两路单边带信号。这里所提到的三种载波频率都是由频率合成器提供的。通过改变第二载波频率与第三载波频率(用波段开关和频率调节来改变),就可以使发射机工作在 1.5～12MHz 三个波段内、总数为 4501 个工作频率中的任一指定频率上。

常用作第一滤波器的有石英晶体滤波器、陶瓷滤波器、表面声波滤波器等。至于第二滤波器、第三滤波器等,因为中心频率已提高,采用 LC 调谐回路,即能进行滤波。

2) 相移法

相移法是利用移相的方法,消去不需要的边带。图 6-22 表示这种方法的方框图。

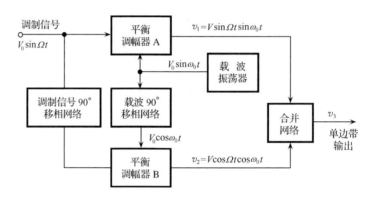

图 6-22 相移法单边带调制器方框图

图 6-22 中两个平衡调幅器的调制信号电压和载波电压都是互相移相 90°。因此,如果用 v_1 与 v_2 分别代表这两个调幅器的输出电压(只考虑有用的边带,不考虑谐波等),则只取 v_Ω 与载波振荡电压 v_0 的相乘项,得

$$v_1 = V\sin\Omega t\sin\omega_0 t = \frac{1}{2}V[\cos(\omega_0 - \Omega)t - \cos(\omega_0 + \Omega)t]$$

$$v_2 = V\cos\Omega t\cos\omega_0 t = \frac{1}{2}V[\cos(\omega_0 - \Omega)t + \cos(\omega_0 + \Omega)t]$$

因此,输出电压为

$$v_3 = K(v_1 + v_2) = KV\cos(\omega_0 - \Omega)t \tag{6-21}$$

式中,K 为合并网络的电压传输系数;V 为平衡调幅器输出电压幅度,与 V_0 及 V_Ω 成正比。

由式(6-21)可知,v_3 就是所需要的单边带信号。由于它不是依靠滤波器来抑制另一个边带的,所以这种方法原则上能把相距很近的两个边频带分开,而不需要多次重复调制复杂的滤波器。这是相移法的突出优点。但这种方法要求调制信号的移相网络和载波的移相网络在整个频带范围内,都要准确地移相 90°。这一点在实际上是很难做到的。因此提出了修正的移相滤波法。

3) 修正的移相滤波法

上面已经谈到,相移法的主要缺点是要求移相网络准确地移相 90°。尤其是对于单频移相网络来说,要求在很宽的音频范围内准确地移相 90° 是很困难的。为了克服这一缺点,有人提出了产生单边带的第三种方法——修正的移相滤波法。图 6-23 是这种方法的方框图。由图 6-23 可知,这种方法所用的 90°移相网络工作于固定频率,因而克服了相移法的缺点。

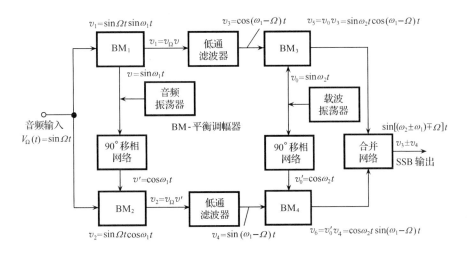

图 6-23　修正的移相滤波法

这种方法所需要的移相网络工作于固定频率 ω_1 与 ω_2，因此制造和维护都比较简单。它特别适用于小型轻便设备，是一种有发展前途的方法。

6.3.2　高电平调幅电路

高电平调幅电路需要兼顾输出功率、效率和调制线性的要求。其工作原理是用调制信号控制高频功率放大器的输出功率实现调幅。因此，可以用效率较高、输出功率大的高频谐振功率放大器为基础构成高电平调幅电路。最常用的方法是对功放的供电电压进行调制。功放工作在乙类或者丙类，其输出电路对载频调谐，带宽为调制信号带宽的 2 倍。

根据调制信号控制方式的不同，对晶体管而言，高电平调幅又可分为基极调幅和集电极调幅。其工作原理都是利用改变某一电极的直流电压从而控制集电极高频电流振幅，通过中心频率谐振在载波频率上，带宽为 $2\Omega_{max}$ 的谐振回路即可得到已调幅信号。

1. 集电极调幅电路

集电极调幅电路如图 6-24 所示。

调制信号 $v_\Omega = V_\Omega \cos\Omega t$ 经低频变压器加在集电极上，并与直流电源电压 V_{CT} 相串馈；高频载波 $v_0(t) = V_0 \cos\omega_0 t$ 经高频变压器加在基极回路中。因为 $\Omega \ll \omega_0$，可将 $V_C(t) = V_{CT} + v_\Omega(t)$ 作为放大器的等效低频供电电压源。在调制过程中，$V(t)$ 随调制信号 $v_\Omega(t)$ 而变化。如果要求集电极输出回路产生出振幅按调制信号 $v_\Omega(t)$ 规律变化的调幅电压，则应该要求集电极电流的基波分量 I_{C1m}、集电极输出电压 $v_C(t)$ 随 $V_C(t)$ 变化。由第 4 章对谐

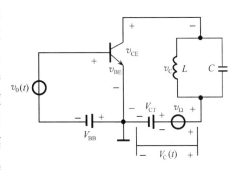

图 6-24　集电极调幅电路

振功放的讨论可知，应使放大器在 $V_C(t)$ 的变化范围内工作在过压区。此时，输出信号的振

幅值就随电源供电电压 $V_C(t)$ 线性变化；如果输出回路调谐在载波角频率 ω_0 上，则输出信号为

$$v_C(t) = V_C(t)\cos\omega_0 t = [V_{CT} + V_\Omega\cos\Omega t]\cos\omega_0 t$$

实现了高电平调幅。

集电极调幅各点波形如图 6-25 所示。

集电极调幅在调制信号一周期内的各平均功率如下所示。

（1）集电极有效电源电压 $V_C(t)$ 供给被调放大器的总平均功率

$$P_{=av} = P_{=T}\left(1 + \frac{1}{2}m_a^2\right) \tag{6-22}$$

（2）集电极直流电源 V_{CT} 所供给的平均功率为

$$P_= = P_{=T} = V_{CT}I_{C0T} \tag{6-23}$$

（3）调制信号源 $V_{C\Omega}$ 所供给的平均功率

$$P_{C\Omega} = P_{=av} - P_= = \frac{m_a^2}{2}V_{CT}I_{C0T} \tag{6-24}$$

（4）平均输出功率

$$P_{oav} = P_{oT}\left(1 + \frac{1}{2}m_a^2\right) \tag{6-25}$$

（5）集电极平均耗散功率

$$P_{Cav} = P_{CT}\left(1 + \frac{1}{2}m_a^2\right) \tag{6-26}$$

（6）集电极效率

$$\eta_{av} = \frac{P_{oav}}{P_{=av}} = \frac{P_{oT}\left(1 + \frac{m_a^2}{2}\right)}{P_{=T}\left(1 + \frac{m_a^2}{2}\right)} = \eta_T \tag{6-27}$$

根据式（6-22）～式（6-27），可以得出如下几点结论。

（1）平均功率均为载波点各功率的 $\left(1 + \frac{1}{2}m_a^2\right)$ 倍。

（2）总输入功率分别由 V_{CT} 与 $V_{C\Omega}$ 所供给，V_{CT} 供给用以产生载波功率的直流功率 $P_{=T}$，$V_{C\Omega}$ 则供给用以产生边带功率的平均功率 P_{DSB}。

（3）集电极平均耗散功率等于载波点耗散功率的 $\left(1 + \frac{1}{2}m_a^2\right)$ 倍，应根据这一平均耗散功率来选择晶体管，以使 $P_{CM} \geqslant P_{Cav}$。

（4）输出的边频功率由调制器供给的功率转换得到，大功率集电极调幅就需要大功率的调制信号电源。

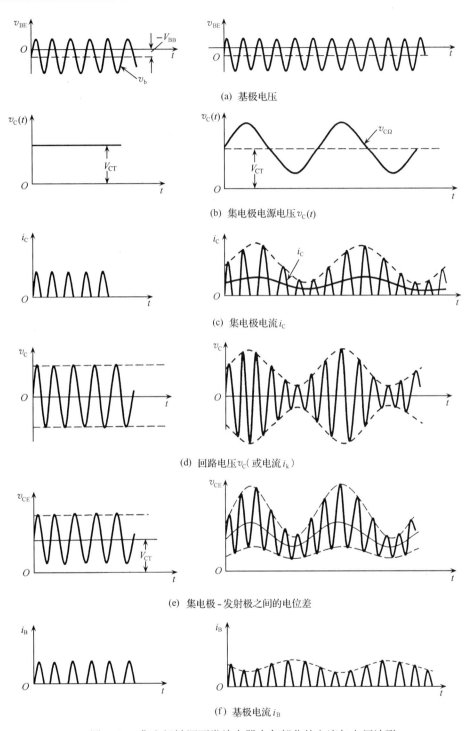

(a) 基极电压

(b) 集电极电源电压 $v_C(t)$

(c) 集电极电流 i_C

(d) 回路电压 v_C（或电流 i_k）

(e) 集电极 - 发射极之间的电位差

(f) 基极电流 i_B

图 6-25　集电极被调丙类放大器中各部分的电流与电压波形
（左边为未调幅情形，右边为已调幅情形）

2. 基极调幅电路

与集电极调幅电路同样的分析，可以认为 $V_B(t) = V_{BT} + v_\Omega(t)$ 是放大器的基极等效低

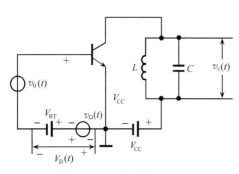

图 6-26　基极调幅电路

振幅解调原
理与电路

频供电电源。因为 $V_B(t)$ 随调制信号 $v_\Omega(t)$ 变化,如果要求放大器的输出电压也随调制信号变化,则应使输出电压随 $V_B(t)$ 变化。由第 4 章的讨论知道,放大器应工作在欠压区,保证输出回路中的基波电流 I_{Cm1}、输出电压 $V_c(t)$ 按基极供电电压 $V_B(t)$ 变化,从而实现输出电压随调制电压变化的调幅(图 6-26)。由以上分析可以看出,高电平调幅电路只可以用来产生普通调幅信号。

6.4　振幅解调(检波)原理与电路

6.4.1　概述

振幅解调是振幅调制的逆过程,通常称为检波。它的作用是从已调制的高频振荡中恢复出原来的调制信号。其原理和频谱图参见图 6-1(b)。

由图 6-1(b)所示检波前后的频谱图看出,检波前后产生了新的频率分量 Ω。因此,检波器的组成中必须要有非线性器件,才能完成频率变换。从频谱上看,检波就是将幅度调制波中的边带信号不失真地从载波频率附近搬移到零频率附近。因此,检波器也属于频谱搬移电路。一般,检波器的组成应包括三部分:高频已调信号源、非线性器件和 RC 低通滤波器。其组成原理框图如图 6-1(b)所示,它适于解调普通调幅波。若要解调抑制载波的双边带调幅波和单边带调幅波信号,则要另外加载波信号,采用如图 6-27 所示的相乘器来实现。

因此,检波器可分为包络检波和同步检波两大类。而包络检波又分为平方律检

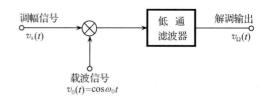

图 6-27　载波被抑制的已调波解调原理

波、峰值包络检波、平均包络检波等。本书中主要讨论峰值包络检波和同步检波。

6.4.2　二极管峰值包络检波器

二极管包络检波器有两种电路形式,二极管串联式和二极管并联式,图 6-28(a)、(b)分别画出了这两种电路。串联式是指检波二极管与信号源、负载三者串接,而并联式是指三者并接。下面主要讨论串联型二极管包络检波器。图 6-28(a)的 R_L、C 为二极管检波器的负载,同时也起低通滤波器作用。一般要求检波器的输入信号大于 $0.5V$,所以称为大信号检波器。

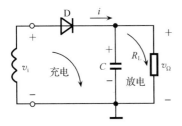

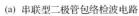

(a) 串联型二极管包络检波电路

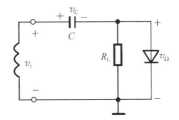

(b) 并联型二极管包络检波电路

图 6-28 二极管包络检波电路

1. 工作原理

在图 6-28(a) 电路中，$R_{\mathrm{L}}C$ 电路有两个作用：一是作为检波器的负载，在其两端输出已恢复的调制信号；二是起高频滤波作用。因此，必须满足

$$\frac{1}{\omega_0 C} \ll R_{\mathrm{L}} \quad 及 \quad \frac{1}{\Omega_{\max} C} \gg R_{\mathrm{L}}$$

由于负载电容 C 的高频阻抗很小，因此，高频电压大部分加到二极管 D 上。图 6-29 为二级管检波器的原理波形图。参照图 6-28(a) 与图 6-29，检波物理过程如下：在高频信号正半周，二极管导电，并对电容器 C 充电。由于二极管导通时的内阻很小，所以充电电流 i_D 很大，充电方向如图 6-28(a) 所示，使电容器上的电压 v_{C} 在很短时间内就接近高频电压的最大值。这个电压建立后通过信号源电路，又反向地加到二极管 D 的两端。这时二极管导通与否，由电容器 C 上的电压 v_{C} 和输入信号电压 v_i 共同决定。当高频电压由最大值下降到小于电容器上的电压时，

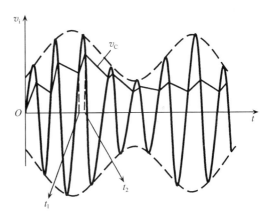

图 6-29 二极管检波器的原理波形图

二极管就截止，电容器就会通过负载电阻 R 放电。由于放电时间常数 RC 远大于高频电压的周期，故放电很慢。当电容器上的电压下降不多时，高频第二个正半周的电压又超过二极管上的负压，使二极管又导通。图 6-29 中的 $t_1 \sim t_2$ 的时间为二极管导通时间，在此时间内又对电容器充电，电容器上的电压又迅速接近第二个高频电压的最大值。这样不断地循环反复，就得到图 6-29 中电压 v_{C} 的波形。因此，只要适当地选择 RC 和二极管 D，以使充电时间常数 $R_{\mathrm{d}}C$（R_{d} 为二极管导通的内阻）足够小，充电很快；而放电时间常数 RC 足够大，放电很慢（$R_{\mathrm{d}}C \ll RC$），就可使 C 两端的电压 v_{C} 的幅度与输入电压 v_i 的幅度相当接近，即传输系数接近 1。另外，电压 v_{C} 虽然有些起伏不平（锯齿形），但因为正向导电时间很短，放电时间常数又远大于高频电压周期（放电时 v_{C} 基本不变），所以输出电压 v_{C} 的起伏是很小的，可看成与高频调幅波包络基本一致，所以又称为峰值包络检波。

由此可见，大信号的检波过程，主要是利用二极管的单向导电特性和检波负载 RC 的充

放电过程。

2. 包络检波器的质量指标

下面讨论这种检波器的几个重要质量指标:电压传输系数(检波效率)、等效输入电阻和失真。

1) 电压传输系数(检波效率)

电压传输系数的定义为

$$K_d = \frac{\text{检波器的音频输出电压} V_\Omega}{\text{输入调幅波包络振幅} m_a V_{im}}$$

此处,V_i 为调幅波的载波振幅。用第 2 章的折线近似分析法可以证明

$$K_d = \cos\theta \tag{6-28}$$

式中,θ 为电流半通角。

$$\theta \approx \sqrt[3]{\frac{3\pi R_d}{R}} \tag{6-29}$$

R 为检波器负载电阻;R_d 为检波器二极管内阻。

因此,大信号检波的电压传输系数 K_d 是不随信号电压而变化的常数,这仅取决于二极管内阻 R_d 与负载电阻 R 的比值。当 $R \gg R_d$ 时,$\theta \to 0$,$\cos\theta \to 1$。即检波效率 K_d 接近于 1,这是包络检波的主要优点。

2) 等效输入电阻 R_{id}

检波器的等效输入电阻定义为

$$R_{id} = \frac{V_{im}}{I_{im}} \tag{6-30}$$

式中,V_{im} 为输入高频电压的振幅;I_{im} 为输入高频电流的基波振幅。

由于二极管电流 i_d 只在高频信号电压为正峰值的一小段时间通过,电流通角 θ 很小,因此它的基频电流振幅为

$$I_{im} = \frac{1}{\pi}\int_{-\pi}^{\pi} i_d \cos\omega t \, d(\omega t) \approx \frac{1}{\pi}\int_{-\theta}^{\theta} i_d \, d(\omega t) = 2I_0 \tag{6-31}$$

式中,I_0 为平均(直流)电流。

另外,负载 R 两端的平均电压为 $K_d V_{im}$,因此平均电流 $I_0 = K_d V_{im}/R$,代入式(6-31)与式(6-30),即得

$$R_{id} = \frac{V_{im}}{2K_d V_{im}/R} = \frac{R}{2K_d} \tag{6-32}$$

通常 $K_d \approx 1$,因此 $R_{id} \approx R/2$,即大信号二极管的输入电阻约等于负载电阻的一半。

二极管输入电阻的影响,使输入谐振回路的 Q 值降低,消耗一些高频功率。这是二极管检波器的主要缺点。

3) 失真

理想情况下,包络检波器的输出波形应与调幅波包络线的形状完全相同。但实际上,两者之间总会有一些差别,即检波器输出波形有某些失真。产生的失真主要有惰性失真;负

峰切割失真;非线性失真;频率失真。

（1）惰性失真（对角线切割失真）。这种失真是由于负载电阻 R 与负载电容 C 的时间常数 RC 太大所引起的。这时电容 C 上的电荷不能很快地随调幅波包络变化。参阅图 6-30，在调幅波包络下降时，由于 RC 时间常数太大，在 $t_1 \sim t_2$ 时间内，输入信号电压 v_i 总是低于电容 C 上的电压 v_C，二极管始终处于截止状态，输出电压不受输入信号电压控制。而是取决于 RC 的放电，只有当输入信号电压的振幅重新超过输出电压时，二极管才重新导电。这个

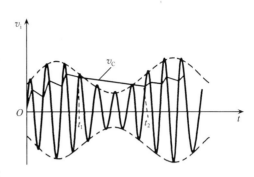

图 6-30 惰性失真

非线性失真是由于 C 的惰性太大引起的，所以称为惰性失真。为了防止惰性失真，只要适当地选择 RC 的数值，使 C 的放电加快，能跟上高频信号电压包络的变化就行了，即必须在任何一个高频周期内输入信号包络下降最快的时刻，保证电容 C 放电速率大于包络下降速率，也就是要求 $\dfrac{\mathrm{d}v_C}{\mathrm{d}t} > \dfrac{\mathrm{d}V_i}{\mathrm{d}t}$。

若用电路参数表示，则

$$RC < \frac{\sqrt{1 - m_a^2}}{m_a \Omega_{\max}}$$

为不产生惰性失真的条件。或写成

$$RC\Omega_{\max} < \frac{\sqrt{1 - m_a^2}}{m_a} \tag{6-33}$$

式中，m_a 是调制系数;$\Omega_{\max}$ 是被检信号的最高调制角频率。

当 $m_a = 0.8$ 时，由式（6-33），有

$$\Omega_{\max} RC \leqslant 0.75$$

通常，对应最高调制角频率的调制系数很少达到 0.8，因此在工程上可按下式计算

$$\Omega_{\max} RC \leqslant 1.5$$

（2）负峰切割失真（底部切割失真）。检波器输出常用隔直流电容 C_C 与下级耦合，如图 6-31 所示。R_g 代表下级电路的输入电阻。

为了有效地传送低频信号，要求 $\dfrac{1}{\Omega C_C} \ll R_g$。在检波过程中，$C_C$ 两端建立了直流电压，其大小近似等于输入载波振幅 V_{im}，由于 C_C 容量较大，在低频一周内，其端电压基本不变，经电阻 R 和 R_g 分压，在 R 上得到的直流电压为

$$V_R = \frac{R}{R + R_g} V_{im}$$

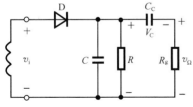

图 6-31 考虑了耦合电容 C_C 和低放输入电阻 R_g 后的检波电路

对于二极管来说，V_R 是反偏压，它有可能阻止二极管导通。当调制系数 m_a 较小时，它不影响二极管的检波作用；但当 m_a 较大时，在调制信号包络线的负半周内，输入信号幅值可能小于 V_R，二极管截止。在一段时间内，输出信号不能跟随输入信号包络变化，出现了底部切割现象，直到输入信号振幅大于 V_R 时，才能恢复正常。这种失真称为底部切割失真。如图 6-32 所示，为了避免底部切割失真，调幅波的最小幅度 $V_{im}(1-m_a)$ 必须大于 V_R。

$$V_{im}(1-m_a) > \frac{R}{R+R_g}V_{im} \tag{6-34}$$

即

$$m_a < \frac{R_g}{R+R_g} = \frac{R /\!/ R_g}{R} = \frac{R_\sim}{R}$$

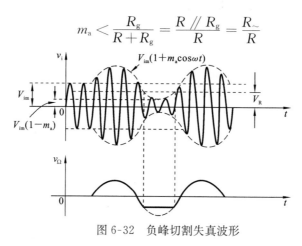

图 6-32　负峰切割失真波形

式中，R 是检波器的直流负载，而 $R_\sim$ 是检波器的低频交流负载。可见，为了防止底部切割失真，检波器交流负载与直流负载之比不得小于调幅系数 m_a。

（3）非线性失真。这种失真是由检波二极管伏安特性曲线的非线性所引起的。这时检波器的输出音频电压不能完全和调幅波的包络成正比。但如果负载电阻 R 选得足够大，则检波管非线性特性影响越小，它所引起的非线性失真可以忽略。

（4）频率失真。这种失真是由于图 6-31 中的耦合电容 C_C 和滤波电容 C 所引起的。C_C 的存在主要影响检波的下限频率 Ω_{min}。为使频率为 Ω_{min} 时，C_C 上的电压降不大，不产生频率失真，必须满足下列条件

$$\frac{1}{\Omega_{min}C_C} \ll R_g \quad 或 \quad C_C \gg \frac{1}{\Omega_{min}R_g} \tag{6-35}$$

电容 C 的容抗应在上限频率 Ω_{max} 时，不产生旁路作用，即它应满足下列条件

$$\frac{1}{\Omega_{max}C} \gg R \quad 或 \quad C \ll \frac{1}{\Omega_{max}R} \tag{6-36}$$

在通常的音频范围内，式(6-35)与式(6-36)是容易满足的。一般 C_C 约为几微法，C 约为 $0.01\mu F$。

3. 检波器元器件的选择与实用电路分析

1）检波二极管的选择

要选用正向电阻小（500Ω 以下）、反向电阻大（大于 $500k\Omega$）、结电容小的点接触型锗二极管，如 2AP1～2AP17 等型号。

2）负载电容 C 的选择

要选用 $C \gg C_D$（包括结电容在内的二极管两端间总的等效电容），使高频信号都加到二极管上，从而得到较高的检波效率。

另外，还必须满足 $RC \gg T_C$，以保持高频信号周期内 C 上的电压基本保持不变，从而减小负载上输出电压中的载频分量。

3）负载电阻 R 的选择

要选用 $R \gg R_D$，从而提高检波效率，使 $K_d \approx 1$。此外，R 大些，可使等效输入电阻 R_{id} 加大，以减小对前级的影响。为了避免惰性失真和负峰切割失真，应满足式（6-33）与式（6-34）。

实际电路中，为防止出现负峰切割失真，常采用分负载方法，即将 R 分为 R_1 和 R_2 两部分，如图 6-33 所示，通常选用

$$R_1 = \left(\frac{1}{5} \sim \frac{1}{10} \right) R_2 \tag{6-37}$$

为了更好地滤波，也将负载电容分成 C_1 和 C_2 两部分。

图 6-33 为晶体管收音机检波电路，D 选用点接触型锗二极管 2AP9（$R_D \approx 100\Omega$），$R_1 = 680\Omega$，$R_2 = 4.7\text{k}\Omega$（电位器用作音量调节），$C_1 = C_2 = 5100\text{pF}$。$R_2$、$R_3$、$R_4$ 及一个 6V 电源构成外加偏压电路，给二极管提供正向偏压，以抵消其截止电压 V_D，使二极管在输入信号较小时也可工作。

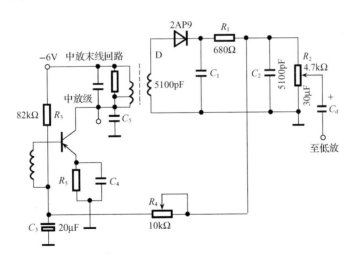

图 6-33　检波器实用电路

$R_4 C_3$ 构成低通滤波器。C_3 上仅有直流电压，它与输入载波成正比，并加到中放级的基极作为偏压，以便自动控制该级增益。如果输入信号强，C_3 上直流电压大，则加到放大管偏压大，增益下降，使检波器输出电压下降。

图 6-34 为电视接收机中的视频检波电路，因视频最高调制频率为 6MHz，因而在元件选择上有一些特殊要求。为了保证不产生惰性失真，负载电容 C_1、C_2 都选用较小值，只有

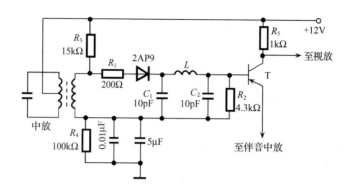

图 6-34　视频检波电路

10pF 左右。由于容量小,滤除高频载波分量的效果不够好,为此,电路中又增加了由 LC_2 组成的滤波电路。图 6-34 中,R_3 和 R_4 是预视放管 T 的偏置电阻,R_1 是为了改善检波线性而接入的,R_2 为检波直流负载电阻。预视放管 T 的静态基极电流流过 R_1 时,产生上正下负的直流电压,作为二极管 D 的正偏压,以抵消截止电压 V_D。

例 6-3　二极管包络检波器如图 6-35 所示。现要求检波器的等效输入电阻 $R_{id} \gg 5 \mathrm{k\Omega}$ 时,不产生惰性失真和负峰切割失真。选择检波器的各元件参数值。(设调制信号频率 F 为 $300 \sim 3000 \mathrm{Hz}$;信号中的载频为 $465\ \mathrm{kHz}$;二极管的正向导通电阻 $R_d \approx 100 \Omega$,低放输入阻抗 $R_g \approx 2 \mathrm{k\Omega}$,调制指数 $m_a \approx 0.3$)。

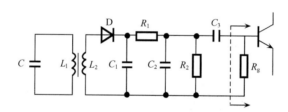

图 6-35　例 6-3 图

解　先计算电阻 R_1、R_2 的值。因为二极管包络检波器的输入电阻 R_{id} 与其直流负载 R 的关系为 $R_{id} \approx R/2$,所以有 $R \geqslant 10 \mathrm{k\Omega}$。不产生负峰切割失真的条件是 $R_\sim / R_L > m_a$(其中 $R_\sim$ 为检波器的交流负载),因此可得到 $R_\sim > 3 \mathrm{k\Omega}$。图 6-35 已给出分负载的电路形式,现取 $R_1 \approx (1/10 \sim 1/5) R_2$(如果给定 $R_1 = 2 \mathrm{k\Omega}$,则 $R_2 = 10 \mathrm{k\Omega}$,检验:直流负载 $R = R_1 + R_2 = 12 \mathrm{k\Omega} > 10 \mathrm{k\Omega}$ 满足要求)。此时交流负载

$$R_\sim = R_1 + \frac{R_2 R_g}{R_2 + R_g} = 2 + \frac{10 \times 2}{10 + 2} = 3.7 (\mathrm{k\Omega})$$

再由不产生惰性失真的条件计算 C_1、C_2。

由 $RC \leqslant 1.5/\Omega_{\max}$,可得

$$C_L \leqslant \frac{1.5}{\Omega_{\max} R} = \frac{1.5}{2\pi \times 3000 \times 1.2 \times 10^4} = 0.007 (\mu\mathrm{F})$$

所以 C_1、C_2 可以选用 $0.0047 \mu\mathrm{F}$ 的电容。

6.4.3 同步检波器

以上讨论的包络检波器只能用于解调普通调幅信号或残留边带调幅信号。抑制载波的双边带信号和单边带信号,因其波形包络不直接反映调制信号的变化规律,不能用包络检波器解调,又因其频谱中不含有载频 ω_0 分量,解调时必须在检波器输入端另加一个与发射载波同频同相并保持同步变化的参考信号,此参考信号与调幅信号共同作用于非线性器件电路,经过频率变换,恢复出调制信号。这种检波方式称为同步检波。在某些应用中,为了改善性能,对普通调幅信号的解调也可以采用同步检波。

同步检波有两种实现电路,其模型分别如图 6-36(a)、(b)所示。

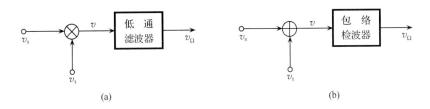

图 6-36 同步检波的两种实现模型

图 6-36 中的 v_s 为输入调幅信号,v_t 为同步参考信号。图 6-36(a)采用模拟乘法器完成相乘作用,故称为乘积检波电路;图 6-36(b)将输入信号加载波信号用二极管完成包络检波。

1. 乘积检波器

1) 工作原理

先讨论图 6-36(a)所示的乘积检波器。设输入的已调波为载波分量被抑止的双边带信号 v_1,即

$$v_1 = V_1 \cos\Omega t \cos\omega_1 t \tag{6-38}$$

本地载波电压

$$v_0 = V_0 \cos(\omega_0 t + \varphi) \tag{6-39}$$

本地载波的角频率 ω_0 准确地等于输入信号载波的角频率 ω_1,即 $\omega_0 = \omega_1$,但两者的相位可能不同;这里 φ 表示它们的相位差。

这时相乘输出(假定相乘器传输系数为 1)

$$
\begin{aligned}
v_2 &= V_1 V_0 (\cos\Omega t \cos\omega_1 t)\cos(\omega_1 t + \varphi) \\
&= \frac{1}{2} V_1 V_0 \cos\varphi \cos\Omega t + \frac{1}{4} V_1 V_0 \cos[(2\omega_1 + \Omega)t + \varphi] \\
&\quad + \frac{1}{4} V_1 V_0 \cos[(2\omega_1 - \Omega)t + \varphi]
\end{aligned}
\tag{6-40}
$$

低通滤波器滤除 $2\omega_1$ 附近的频率分量后,就得到频率为 Ω 的低频信号

$$v_\Omega = \frac{1}{2} V_1 V_0 \cos\varphi \cos\Omega t \tag{6-41}$$

由式(6-41)可见,低频信号的输出幅度与 $\cos\varphi$ 成正比。当 $\varphi=0$ 时,低频信号电压最大,随着相位差 φ 加大,输出电压减弱。因此,在理想情况下,除本地载波与输入信号载波的角频率必须相等外,希望两者的相位也相同。此时,乘积检波称为同步检波。

图 6-37 表示输入双边带信号时,乘积检波器的有关波形与频谱。对单边带信号来说,解调过程也是一样的,不再重复。

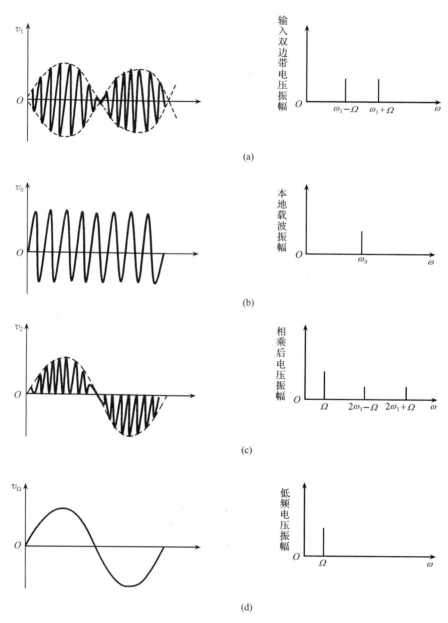

图 6-37　输入双边带信号时乘积检波器的有关波形和频谱

采用环形或桥形调制器电路,都可做成同步检波器电路,只是将调制电路中的音频信号输入改为双边带或单边带信号输入,即成为乘积检波电路。也可以采用模拟乘法器作为乘积检波器,同样是将音频信号输入改为双边带或单边带信号输入即可,不再赘述。

由上述分析可以看出,乘积检波要求参考信号的频率和相位必须和发端载波信号严格同步,否则就会引起输出的检波信号对于原调制信号的频率偏移和相位偏移,特别是频率偏移将引起严重失真。

乘积检波也可用来解调普通调幅波,这时参考信号的作用仅是加强了输入信号中的载波分量。

　2) 实用电路举例

　(1) 图 6-38 是由模拟乘法器 MC1596 构成的乘积检波电路,在输出端接低通滤波器,滤除不需要的高频分量,就可以得到解调的音频输出。

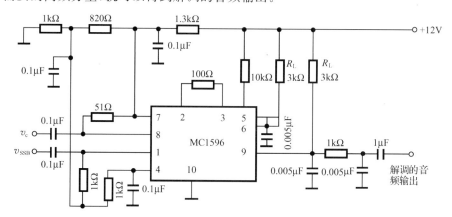

图 6-38　集成乘积检波器

用 MC1596 做检波时,也可分别由输出端子 6、9 做两路输出。一个输出端可以驱动后级的音频放大器,另一个输出端可以用作 AGC 系统,利用集成解调器做调幅波检波的优点是检波级能获得增益,且线性好。该工作频率可高达 100MHz,参考信号电压有效值为 $100\sim500\text{mV}$,输入信号电压有效值为 100mV。

　(2) 图像中频同步检波器。图 6-39 及图 6-40 分别给出了集成电路 HA11215 中视频同步检波器的方框图和电路图(HA11215 是一中频系统,用于集成彩色电视机中)。

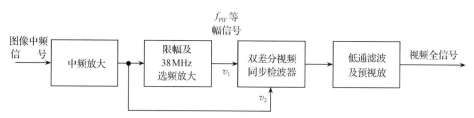

图 6-39　HA11215 的视频同步检波器的方框图

为了形成作为开关信号的等幅正弦波,必须有对图像中频信号放大、限幅及选频的电路。

在图 6-40 中,图像中频信号由 T_{202}、T_{218} 射极跟随器缓冲后,由负载谐振回路的 T_{211}、T_{212} 组成的谐振放大电路进行放大(其中的谐振回路由外接元件 L_{204}、C_{213} 构成)并依靠两个二极管的双向限幅作用,得到等幅开关信号,经 T_{210}、T_{217} 射随缓冲后,作为图 6-40 中的 v_1 以相反极性分别送到 T_{207}、T_{206} 和 T_{216}、T_{215} 管的基极,并控制其轮流导通、截止,形成双差分

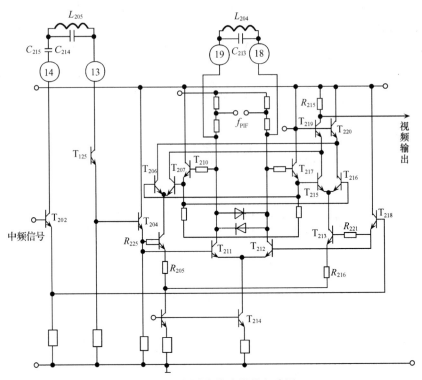

图 6-40 视频同步检波器的电路图

电流开关。T_{202}、T_{218} 输出的另一路作为图 6-40 中的 v_2 送给同步检波器中的 T_{208}、T_{213}。检波后的视频信号由 T_{207}、T_{215} 的集电极输出,再由 T_{219} 共基放大器放大后输出。

2. 二极管同步检波电路

采用包络检波器构成同步检波电路,它的实现模型如图 6-41(a)所示,其原理电路如图 6-41(b)所示。

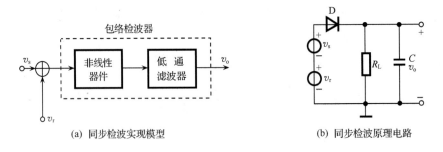

(a) 同步检波实现模型   (b) 同步检波原理电路

图 6-41 同步检波模型和原理电路

设输入信号为抑制载波的双边带

$$v_s = V_{sm} \cos\Omega t \cos\omega_0 t$$

本地振荡信号

$$v_r = V_{rm} \cos\omega_0 t$$

则它们的合成信号

$$v = v_s + v_r = V_{rm}\left(1 + \frac{V_{sm}}{V_{rm}}\cos\Omega t\right)\cos\omega_0 t$$

上式表明,当 $V_{rm} > V_{sm}$ 时,$m_a = \dfrac{V_{sm}}{V_{rm}} < 1$,合成信号为普通调幅波。它的包络不失真地反映了调制信号的变化规律,因此,通过包络检波器便可检出所需的调制信号。

　　输入为单边带调幅信号与本地振荡信号叠加后的合成信号通过包络检波器后会产生一定失真,但只要使本地振荡信号幅值 V_r 足够大,则失真可在允许的范围之内。

　　实际应用电路常采用平衡调制器构成同步检波电路,如图 6-42(a)所示。可以证明,在平衡同步检波电路的输出解调电压中抵消了 2Ω 及其以上的各偶次谐波失真分量。

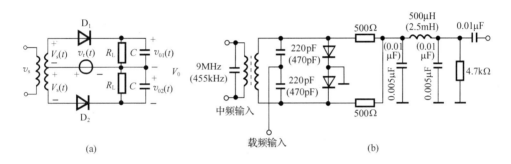

图 6-42　平衡同步检波电路

　　图 6-42(b)为二极管平衡解调器实用电路。输入信号可以是 9MHz 中频,也可以是 465kHz 中频。输出为低通滤波器。图 6-42 中括号内的数字是输入为 465kHz 时使用的元件值。

3. 本地振荡信号的产生

　　由上面分析可知在同步检波中,需要有与发送端同频同相的本地振荡信号,才能完全恢复原调制信号。产生本地振荡信号的方法有两种。

　　(1)由发送端发出导频信号,控制本地振荡器,使本地振荡器的频率和相位与发送端一致。

　　(2)对于双边带调制来说,可以从双边带调制信号中提取所需的同频同相的载波信号作为本地振荡信号,如图 6-43 所示,$v_i(t) = V_i\cos\Omega t\cos\omega_0 t$,通过平方律运算器,输出电压为

$$v_1 = Kv_i^2(t) = KV_i^2\cos^2\Omega t\cos^2\omega_0 t$$

$$= KV_{im}^2\cos^2\Omega t\left(\frac{1}{2} + \frac{1}{2}\cos 2\omega_0 t\right)$$

式中,K 为系数。经中心频率为 $2\omega_0$ 的带通滤波器取出 $2\omega_0$ 分量,而后由二分频器将其变换为 ω_0,最后由中心角频率为 ω_0 的带通滤波器进一步地滤除无用分量,并将取出的 ω_0 分量进行放大,就可作为所需的同频同相参考信号。

　　对于单边带调制信号来说,无法直接从单边带信号中提取载波信号,因此在发射单边带信号的同时,还发射受到一定程度抑制的载波信号(称为导频信号)。在接收端,用导频信号

控制本机振荡信号使其与载波信号同步。

图 6-43　由 DSB 信号中取出载波信号的实现框图

（3）采用锁相方法从抑制载波的信号中提取载波。采用锁相方法从抑制载波的信号中提取载波的方法可参见第 10 章。

4. 单边带信号的接收（SSB）

单边带信号的接收过程正好和发送过程相反。目前最常用的单边带接收机的方框图如图 6-44 所示。它是二次变频电路。由于 f_{i1} 较高，用调谐回路即可选出所需的边带。在第二次变频后，因为第二中频 f_{i2} 较低，一般采用带通滤波器取出单边带信号。带通滤波器可以采用石英晶体滤波器、陶瓷滤波器或机械滤波器。最后单边带信号与第三本振载波信号在乘积检波器中进行解调，经过低通滤波器后，即可获得原调制信号。

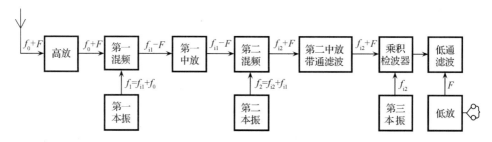

图 6-44　单边带接收机的方框图

单边带接收有如下的特点。

（1）为了使接收的信号不失真，要求接收机的几个本振频率（f_1、f_2、f_3）非常稳定，并要与发射机的频率严格保持一致。这样，解调出来的频率 F' 才和原来的调制信号频率 F 相同，没有失真。如果由于本振频率不稳定，引起 Δf 的偏差，则使 $F'=F\pm\Delta f$，这就产生了失真。

实验表明：汉语通信要求 $\Delta f<80\mathrm{Hz}$，才能保持一定的清晰度。一般要求 $\Delta f<40\mathrm{Hz}$。电报要求 $\Delta f<3\sim5\mathrm{Hz}$。因此，对接收机本振频率稳定度的要求很高。

（2）对接收机的线性要求高。否则，由于非线性失真引起调制信号的频谱变化，会产生严重的信号失真。为此，在接收机中，除了要求高放、混频等级具有严格的线性外，还应提高高频回路的选择性，并合理选择中频，以防止各种干扰落在中频通带内。

（3）检波器不能用包络检波器，而应采用乘积检波器。

图 6-45 表示单边带接收机的方框图举例。它的工作原理参看图 6-45 中所示各部分的频谱图即可明了。图 6-45 是与图 6-21 的单边带发射机相对应的。

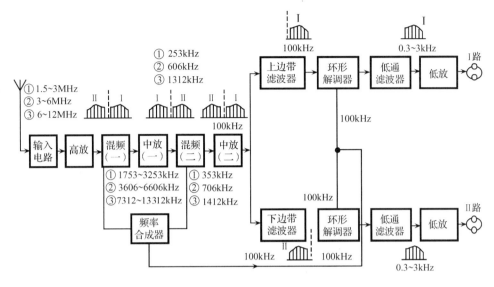

图 6-45　单边带接收机的方框图举例

混频器的
原理与电路

6.5　混频器原理及电路

混频或变频技术广泛地应用于各种电子设备中进行频率变换，它的质量好坏，直接影响到整个系统的性能指标。

1. 混频器的作用与组成

混频就是要对某信号进行频率变换，将其载频变换到某一固定的频率上（常称为中频），而保持原信号的特征（如调幅规律）不变。例如，在调幅广播接收机中，混频器将载波频率为 $550\sim1650\text{kHz}$ 的高频调幅信号变换为 465kHz 的已调幅信号，而保持其调幅规律不变。所以，混频也是一种频谱搬移电路。混频前后，信号的频谱结构并不发生变化。

混频器的电路组成、混频前后的波形及频谱图如图 6-46 所示。

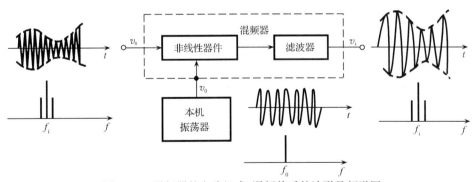

图 6-46　混频器的电路组成、混频前后的波形及频谱图

图 6-46 中混频前的信号载频为 f_s，本机振荡频率为 f_0，则混频完成频率变换后的频率为 $f_0 - f_s = f_1$（低中频）或者 $f_0 + f_s = f_i$（高中频），前述 465kHz 为采取的低中频方案。

混频和变频有什么区别呢？就其功能而言，它们是一致的，不同的是变频包括了混频和本机振荡两部分，即电路中的非线性器件本身既能产生本振信号，又能实现频率变换，因此，变频器又称为自激混频器。而混频器则不同，电路中的非线性器件只进行频率变换，其本振信号是由另外电路产生的，混频器又称为他激混频器。一般要求不高的接收机采用自激混频器，要求高的则采用他激混频器。

2. 混频器的性能指标

衡量混频器性能的主要指标有变频增益、噪声系数、选择性、非线性干扰、输入阻抗、输出阻抗、失真与干扰、工作稳定性等。现将前四种指标的含义简述如下。

变频（混频）增益　A_{vc} 是指混频器输出中频电压 V_{im}（幅值）与输入信号电压 V_{sm}（幅值）的比值，即 $A_{vc} = \dfrac{V_{im}}{V_{sm}}$。如果功率比值以分贝表示，则 $A_{pc} = 10 \lg \dfrac{P_i}{P_s}$（dB），其中的 P_i、P_s 分别为输出中频信号功率和输入高频信号功率。

噪声系数　接收系统的灵敏度取决于其噪声系数。混频器处于接收机的前端，它的噪声电平高低对整机有较大影响，降低混频器的噪声十分重要。混频器的噪声系数定义为高频输入端信噪比与中频输出端信噪比的比值，$N_F = \dfrac{S_s/N_s}{S_i/N_i}$。

选择性　混频器的输出应该只有中频信号，实际上由于各种原因会混杂很多干扰信号。为了抑制中频以外的这些干扰，必须要求输入、输出回路具有良好的选择性。

非线性干扰　混频器中的非线性器件除了完成混频功能，同时还会产生在中频附近的各种非线性干扰，如组合频率干扰、交调、互调干扰等，因此要求混频器件最好工作在其特性曲线的平方项区域，使其既能完成频率变换，又能抑制各种干扰。

上述的几个质量指标是相互关联的，应该正确选择管子的工作点、合理选择本振电路和中频频率的高低，使得几个质量指标相互兼顾，使整机取得良好的效果。

3. 混频器电路类型

常用的混频器有晶体三极管混频器（BJT 或 FET 组成）、二极管混频器、模拟相乘器混频器等。从两个输入信号在时域上的处理过程看，又可归为叠加型混频器和乘积型混频器两大类。

图 6-47(a) 为叠加型混频器的实现模型，非线性器件的特性为

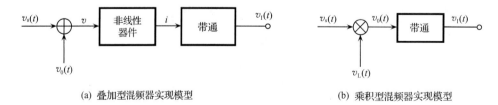

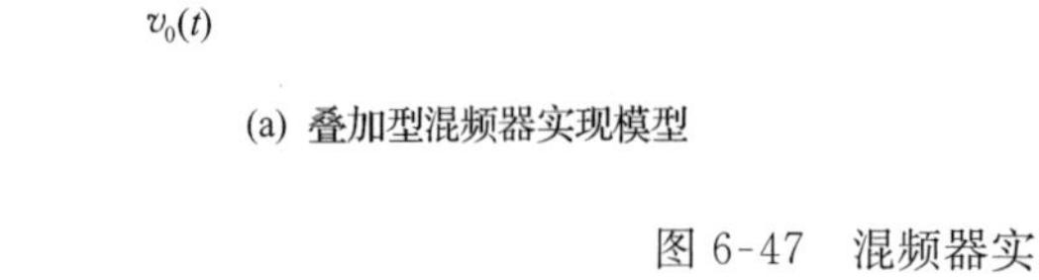

(a) 叠加型混频器实现模型　　　　　　　　(b) 乘积型混频器实现模型

图 6-47　混频器实现模型

$$i = f(v) = a_0 + a_1 v + a_2 v^2 + a_3 v^3 + \cdots$$

现取其中的二次方项来进行分析。

$$a_2 v^2 = a_2(v_s + v_0)^2 = a_2 v_s^2 + a_2 v_0^2 + 2 a_2 v_s v_0 \tag{6-42}$$

式(6-42)表明：在二次方项中出现了 v_s 和 v_0 的相乘项，因而可以得到 $(\omega_0 + \omega_s)$ 和 $(\omega_0 - \omega_s)$。若用带通滤波器取出所需的中频成分(和频或差频)，可达到混频的目的。

根据所用非线性器件的不同，叠加型混频器有下列几种。

(1) 晶体三极管混频器，它有一定的混频增益。

(2) 场效应管混频器，它的交调、互调干扰少。

(3) 二极管平衡混频器和环形混频器，它有动态范围大、组合频率干扰少的优点。

乘积型混频器由模拟乘法器和带通滤波器组成，其实现模型如图 6-47(b)所示。设输入信号为普通调幅波，即

$$v_s(t) = v_{sm}(1 + m_a \cos\Omega t)\cos\omega_s t$$

$$v_0(t) = V_{om}\cos\omega_0 t$$

设乘法器的增益系数为 K，则输出电压为

$$v_0(t) = K v_s v_0(t)$$

$$= \frac{K}{2} V_{sm} V_{om}(1 + m_a \cos\Omega t)\left[\cos(\omega_0 - \omega_s)t + \cos(\omega_0 + \omega_s)t\right]$$

采用中心频率不同的带通滤波器 $(\omega_0 - \omega_s)t$ 或 $(\omega_0 + \omega_s)t$，则可完成低中频混频或高中频混频。

6.5.1 晶体三极管混频器

晶体管混频器是采用较广泛的一种混频电路，用于广播、电视、通信设备的接收机以及测量仪器中。它的特点是电路简单，要求本振信号的幅值较小，在 $50 \sim 200\text{mV}$，并有一定混频增益，要求的信号幅值较小，常在毫伏级以上。

1. 基本电路和工作原理

图 6-48 为晶体三极管混频器的原理电路。图 6-48 中，V_{BB} 为基极偏置电压，V_{CC} 为集电

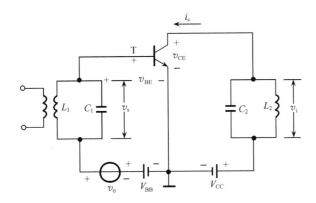

图 6-48 晶体三极管混频器的原理电路

极直流电压，L_1C_1 组成输入回路，它谐振于输入信号频率 ω_s。L_2C_2 组成输出中频回路，它谐振于中频 $\omega_i = \omega_0 - \omega_s$。设输入信号 $v_s = V_{sm}\cos\omega_s(t)$，本振电压 $v_0 = V_0\cos\omega_0 t$。

实际上，在发射结上有三个电压作用，即 $V_{BE} = V_{BB} + v_0 + v_s$，加压后的晶体管转移特性曲线如图 6-49 所示。

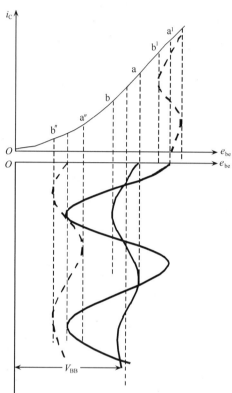

由于信号电压 V_{sm} 很小，无论它工作在特性曲线的哪个区域，都可以认为特性曲线是线性的（如图6-49上 ab、a′b′ 和 a″b″ 三段的斜率是不同的）。因此，在晶体管混频器的分析中，我们将晶体管视为一个跨导随本振信号变化的线性参变元件。

因 $V_0 \gg V_{sm}$ 使晶体管工作在线性时变状态，根据第 2 章线性时变参量电路的分析结果，晶体管集电极静态电流 $I_o(t)$ 和跨导 $g_m(t)$ 均随 v_0 做周期性变化。即 $i_c(t) = f(v) = f(v_0 + V_{BB} + v_S)$，可将 $(v_0 + V_{BB})$ 看成器件的交变工作点，则可推导

$$i_C(t) \approx I_o(t) + g(t) \cdot v_S(t)$$
$$= (I_{C0} + I_{C1}\cos\omega_0 t + I_{C2}\cos2\omega_0 t + \cdots)$$
$$+ (g_0 + g_1\cos\omega_0 t + g_2\cos2\omega_0 t$$
$$+ \cdots)V_s\cos\omega_s t$$
$$= I_{C0} + I_{C1}\cos\omega_0 t + I_{C2}\cos2\omega_0 t + \cdots$$
$$+ V_s\left[g_0\cos\omega_s t + \frac{g_1}{2}\cos(\omega_0 + \omega_s)t\right.$$
$$+ \frac{g_1}{2}\cos(\omega_0 - \omega_s)t + \frac{g_2}{2}\cos(2w_0 - \omega_s)t$$
$$\left. + \frac{g_2}{2}\cos(2w_0 + \omega_s)t + \cdots\right] \quad (6\text{-}43)$$

图 6-49　加电压后的晶体管转移特性曲线　若中频频率取差频 $\omega_i = \omega_0 - \omega_s$，则混频后输出的中频电流为

$$i_i = \frac{g_1}{2}V_{sm}\cos(\omega_0 - \omega_s)t \quad (6\text{-}44)$$

其振幅为

$$I_i = \frac{g_1}{2}V_{sm} \quad (6\text{-}45)$$

式(6-45)表明，输出的中频电流振幅 I_i 与输入高频信号电压的振幅 V_{sm} 成正比。若高频信号电压振幅 V_{sm} 按一定规律变化，则中频电流振幅 I_i 也按相同的规律变化。换句话说，经混频后，只改变了信号的载波频率，包络波形没有改变。因此，当输入高频信号是调幅波时，其振幅为 $V'_{sm} = V_{sm}(1 + m_a\cos\Omega t)$，则混频 v 外的中频电流也是调幅波

$$i_i = \frac{1}{2}g_1 V_{sm}(1 + m_a\cos\Omega t)\cos\omega_i t = I'_i\cos\omega_i t \quad (6\text{-}46)$$

由式(6-46)引出变频跨导 g_c 的概念，它的定义为

$$g_c = \frac{\text{输出中频电流振幅}\ I'_i}{\text{输入高频电压振幅}\ V'_{sm}} = \frac{1}{2}g_1 \quad (6\text{-}47)$$

图 6-48 是晶体三极管混频器电路,其电路组态可归为 4 种电路形式。晶体三极管混频器基本电路如图 6-50 所示。

图 6-50(a)电路对振荡电压来说是共发电路,输入阻抗较大,混频时所需本地振荡注入功率较小,这是它的优点。但因为信号输入电路与振荡电路相互影响较大(直接耦合),可能产生频率牵引现象,这是它的缺点。当 ω_s 与 ω_0 的相对频差不大时,牵引现象比较严重,不宜采用此种电路。图 6-50(b)电路的输入信号与本振电压分别从基极输入和发射极注入,因此,相互干扰产生牵引现象的可能性小。同时,对于本振电压来说是共基电路,其输入阻抗较小,不易过激励,因此振荡波形好,失真小。这是它的优点。但需要较大的本振注入功率,不过通常所需功率也只有几十毫瓦,本振电路是完全可以供给的。因此,这种电路应用较多。

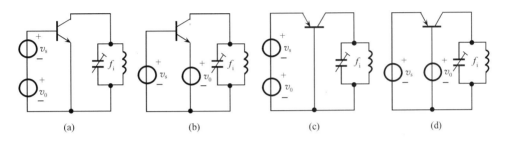

图 6-50 晶体三极管混频器基本电路

图 6-50(c)和(d)两种电路都是共基混频电路。在较低的频率工作时,变频增益低,输入阻抗也较低,因此在频率较低时一般都不采用。但在较高的频率工作时(几十兆赫兹),因为共基电路的截止频率 f_α 比共发电路的 f_β 要大很多,所以变频增益较大。因此,在较高频率工作时采用这种电路。

2. 晶体管混频器的主要参数

混频器除混频跨导外,还有输入导纳、输出导纳、混频增益等参数。前面已知在晶体管混频器的分析中,把晶体管看成一个线性参变元件,因此可采用分析小信号线性放大器时所用的等效电路来分析混频器的参数。通常采用图 6-51 所示的混合 π 型等效电路,图 6-51 中各参数的含义在线性电子电路中已讲述,在此不再赘述。

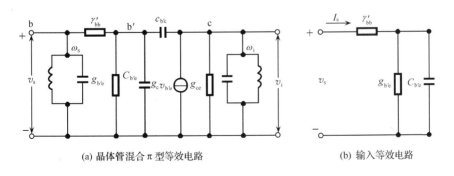

(a) 晶体管混合 π 型等效电路　　　　(b) 输入等效电路

图 6-51 晶体管混合 π 型等效电路与输入等效电路

1）混频输入导纳

混频输入导纳为输入信号电流与输入信号电压之比，在计算混频器的输入导纳时，可将图 6-51(a)所示的等效电路做进一步的简化。混频器的输入回路调谐于 ω_s，输出回路调谐于 ω_i。对频率 ω_s 而言，输出可视为短路，同时考虑到 $C_{b'e} \gg C_{b'c}$，由此得到输入等效电路如图 6-51（b）所示，并可算出混频输入导纳为

$$Y_{ic} = \frac{I_{sm}}{V_{sm}} = g_{ic} + jb_{ic} = \frac{g_{b'e} + \omega_s^2 C_{b'c}^2 \gamma_{bb'}}{1 + \omega_s^2 C_{b'e}^2 \gamma_{bb'}^2} + j\frac{\omega_s C_{b'e}}{1 + \omega_s^2 C_{b'e}^2 \gamma_{bb'}} \tag{6-48}$$

输入导纳的电导部分为

$$g_{ic} = \frac{g_{b'e} + \omega_s^2 C_{b'c}^2 \gamma_{bb'}}{1 + \omega_s^2 C_{b'e}^2 \gamma_{bb'}^2}$$

而电纳部分（电容）一般总是折算到输入端调谐回路的电容中去。

2）混频输出导纳

混频输出导纳为输出中频电流与输出电压之比，输出导纳是对中频 ω_i 而言在输出端呈现的导纳。因此，调谐于 ω_s 的输入回路可视为短路，得到输出等效电路如图 6-52 所示，并可算出混频输出导纳为

$$Y_{OC} = \frac{I_{im}}{V_{im}} = \frac{I_1 + I_2 + I_3}{V_{im}} = g_{oc} + jb_{oc}$$
$$= g_{cc} + \frac{g_c(\omega_i \gamma_{bb'})^2 C_{b'c} C_{b'c}}{1 + (\omega_i C_{b'e} \gamma_{bb'})^2} + j\frac{g_c \gamma_{bb'} \omega_i C_{b'c}}{1 + (\omega_i C_{b'e} \gamma_{bb'})^2} \tag{6-49}$$

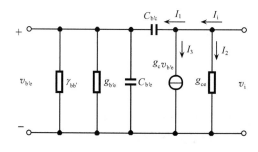

图 6-52　输出等效电路

输出导纳中的电导为

$$g_{oc} = g_{oe} + \frac{g_c(\omega_i \gamma_{bb'})^2 C_{b'e} C_{b'c}}{1 + (\omega_i C_{b'e} \gamma_{bb'})^2} \tag{6-50}$$

而电纳部分（电容）一般总是折算到输出调谐回路的电容中去。

3）混频跨导 g_c

在混频中，由于输入是高频信号，而输出是中频信号，两者频率相差较远，所以输出中频信号通常不会在输入端造成反馈，电容 $C_{b'c}$ 的作用可忽略。另外，g_{ce} 一般远小于负载电导 $G_{L'}$，其作用也可以忽略。由此可得到晶体管混频器的转移等效电路如图 6-53 所示。

由式(6-47)得知，混频跨导 $g_c = \frac{I_i}{V_s} = \frac{1}{2} g_1$，式中 g_1 是在本振电压加入后，混频管跨导变量中 $g(t)$ 的基波分量。由

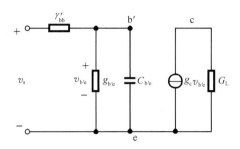

图 6-53　晶体管混频器的转移等效电路

$$g(t) = g_0 + g_1\cos\omega_0 t + g_2\cos2\omega_0 t + \cdots$$

可得

$$g_1 = \frac{2}{T}\int_{\frac{T}{2}}^{\frac{T}{2}}g(t)\cos\omega_0 t\mathrm{d}t \tag{6-51}$$

由于 $g(t)$ 是一个很复杂的函数,因此要从式(6-51)来求 g_1 是比较困难的。从工程实际出发,采用图解法,并做适当的近似,混频跨导可计为

$$g_c = \frac{1}{2}\frac{\dfrac{I_e}{26}}{\sqrt{1 + \left(\dfrac{f_s}{f_T}\dfrac{I_e}{26}r_{bb'}\right)^2}} \tag{6-52}$$

式中,f_T 是晶体管的特征频率;I_e 是晶体管的工作点电流。

例如,$I_e = 1\mathrm{mA}$,$f_o = 1\mathrm{MHz}$,$f_T = 30\mathrm{MHz}$,$r_{bb'} = 300\Omega$,则 $g_c \approx 18\mathrm{ms}$。

晶体管在做混频时,其变频跨导 g_c 一般只有同一管子做放大时最大跨导 g_{max} 的 1/4。因此,在负载相同的条件下,混频器的电压增益和功率增益只有用作放大器时电压增益、功率增益的 1/4 和 1/16。

4)混频器的增益

前面已分析了混频器输入导纳、输出导纳和混频跨导,将混频输入电纳和输出电纳归并在输入、输出端的调谐回路的电容中去,则得到晶体三极管混频器等效电路如图 6-54 所示,图 6-54 中负载电导 g_L 是输出回路的谐振电导。

由图 6-54 可以算出

$$V_i = \frac{I_i}{g_{oc} + g_L} = \frac{g_c V_{sm}}{g_{oc} + g_L}$$

所以混频电压增益

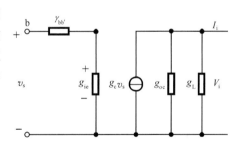

图 6-54　晶体三极管混频器等效电路

$$A_{vc} = \frac{V_i}{V_s} = \frac{g_c}{g_{oc} + g_L} \tag{6-53}$$

混频功率增益

$$A_{PC} = \frac{P_i}{P_s} = \frac{V_i^2 g_L}{V_s^2 g_{ie}}$$

$$= \frac{g_c^2}{(g_{oc} + g_L)^2}\cdot\frac{g_L}{g_{ie}} = A_{vc}^2\frac{g_L}{g_{ie}} \tag{6-54}$$

如果电路匹配,使 $g_{oc}=g_L$,则可得到最大混频功率增益

$$A_{pcmax} = \frac{g_c^2}{4g_{ie}g_{oc}}$$

(6-55)

3. 晶体三极管混频器的实际电路

1) 混频电路

图 6-55 是电视机中的混频器电路。由高频放大器输入的信号,经双调谐电路耦合加到混频管的基极,本振电压通过耦合电容 C_1 也加到基极上。本振信号的频率要比信号的图像载频高 38MHz,为了减小两个信号之间的相互影响,耦合电容 C_1 的值取得很小。为使输出电路在保证带宽下具有良好的选择性,常采用双调谐耦合回路,并在初级回路中并联电阻 R,用以降低回路 Q 值,满足通带的要求。次级回路用 C_2,C_3 分压,目的是与 75Ω 电缆特性阻抗相匹配。

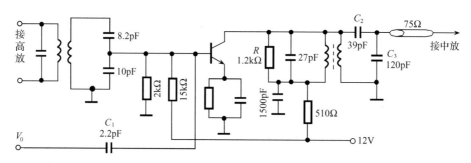

图 6-55 电视机中的混频器电路

电路确定后,通过实验的方法选择最佳工作状态,即获得较大的混频增益和较小的噪声系数。一般本振电压的取值为 $50\sim200\text{mV}$,混频管发射极电流为 $0.3\sim1\text{mA}$。

图 6-56 为晶体管混频器实用电路的交流通路。应用在日立 CTP-236D 型彩色电视机 ET-533 型 VHF 高频头内。图中的 T_1 管用作混频器,输入信号(即来自高放的高频电视信号,频率为 f_s)由电容 C_1 耦合到基极;本振信号由电容 C_2 也耦合到基极,构成共射混频方式,其特点是所需要的信号功率小,功率增益较大。混频器的负载是共基式中频放大器(T_2构成)的输入阻抗。

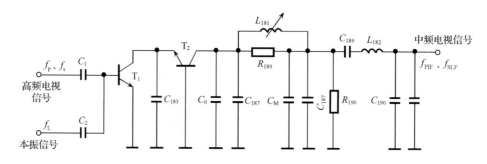

图 6-56 晶体管混频器实用电路的交流通路

2) 变频电路

前面已说明,不仅完成混频作用,同时具有产生本振信号功能的电路,称为变频电路。

图 6-57 是晶体管中波调幅收音机常用的变频电路,其中本地振荡和混频都由三极管 3AG1D 完成。图 6-57 中,R_1、R_2、R_3 是偏置电阻,L_4、C_4、C_{1B}、C_6 组成振荡回路,L_3 是反馈线圈。由于 L_2 的电感很小,其阻抗可忽略。中频回路 L_5C_5 的并联阻抗对本振频率而言可视为短路,因此,3AG1D 构成共基极变压器耦合振荡器。由磁性天线接收到的无线电信号经过 L_1、C_{1A}、C_2 组成的输入回路,选出所需频率的目标信号,再经 L_1 与 L_2 的变压器耦合,送到晶体管的基极。本振信号经 C_7 注入晶体管的发射极,混频后由集电极输出。L_3 对中频可视为短路,C_5、L_5 调谐于中频,以便抑制混频输出电流中的无用频率分量(如 f_s、f_0、f_0+f_s、$2f_0\pm f_s$ 等)。输出中频分量 $f_i = f_0 - f_s$,经 L_6 耦合至后级中频放大器。

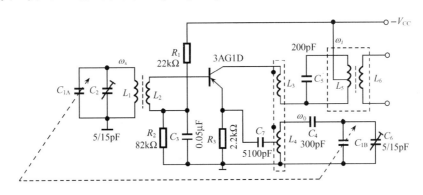

图 6-57　晶体管中波调幅收音机常用的变频电路

根据变频的要求,希望在所接收的波段内,对每一个频率都能满足 $f_0 = f_s + f_i$。为此,通常采用双联电容 C_{1A}、C_{1B} 作为输入回路和振荡回路的统一调谐电容,同时还增加了垫衬电容 C_4 和补偿电容 C_2、C_6。经过仔细调整这些补偿元件,就可以在整个接收波段内使本振频率基本上能自动跟踪输入信号频率,即保证在可变电容器的任何位置上,本振频率 $f_0 \approx f_s + f_i$。

变频器与混频器比较起来,变频器的优点是电路简单、节省元件。其缺点是本振频率容易受到信号频率的牵引,电路工作状态无法同时兼顾振荡和混频都处于最佳情况,并且一般工作频率不高。在混频器中,由于混频和本振信号的产生由两个晶体管分担,便于调到最佳工作状态,也容易做到两个信号互相影响很小,不致发生频率牵引。因此,一般工作频率较高或质量较高的电子设备中都采用混频电路。

6.5.2　场效应管混频器

由混频器的组成可知,混频是由非线性器件产生我们所需的中频信号,但在产生中频信号的同时也产生了许多无用信号的频率分量,由 2.2 节幂级数分析法中得知,具有平方律伏安特性的器件,其输出端不会产生高于输入信号二次谐波的组合分量,用其组成混频电路,可减少无用频率分量的输出。而结型场效应管,若工作在恒流区,其转移特性就呈平方律关系,其漏极电流 i_D 可表示为

$$i_D = I_{DSS}\left(1 - \frac{V_{GS}}{V_P}\right)^2 \tag{6-56}$$

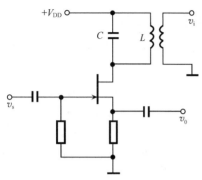

图 6-58　结型场效应管混频器的原理电路图

式中，I_{DSS} 为栅源电压为零时的漏极电流；V_P 为夹断电压；V_{GS} 为栅源电压。

场效应管混频器还具有噪声电平较低、动态范围比较宽等优点，因此在短波和超短波接收机中得到广泛应用。

图 6-58 给出了结型场效应管混频器的原理电路图。输入信号 $v_s(t)$ 从栅极加入，本振电压 $v_0(t)$ 从源极加入，漏极的 LC 回路调谐在中频 ω_i 上。

栅-源的电压 V_{GS} 为

$$v_{GS} = v_{GSQ} + v_s(t) - v_0(t) \tag{6-57}$$

则恒流区的漏极电流为

$$i_D(t) = I_{DSS}\left(1 - \frac{v_{GSQ} + v_s(t) - v_0(t)}{v_p}\right)^2$$

当 $V_s(t)$、$V_0(t)$ 都是正弦信号时，可将 $i_D(t)$ 展开为

$$
\begin{aligned}
i_D(t) = I_{DS} &+ k_1[V_{sm}\sin\omega_s t - V_{om}\sin\omega_0 t] \\
&+ k_2[V_{sm}\sin 2\omega_s t - V_{om}\sin 2\omega_0 t] \\
&+ k_3[V_{sm}\sin(\omega_s - \omega_0)t - V_{om}\sin(\omega_s + \omega_0)t]
\end{aligned}
$$

式中，k_1、k_2、k_3 为常数。可见 $i_D(t)$ 中含有和、差频电流分量（$\omega_s \pm \omega_L$），其幅值为 $k_3 = I_{DSS}V_{sm}V_{Om}/V_p^2$，正比于 V_{sm}。若此时输入信号 $v_s(t)$ 是调幅波，则和、差频电流也是调幅波，其包络与 $v_s(t)$ 相同。

图 6-59 给出了双栅式 MOSFET 混频电路。

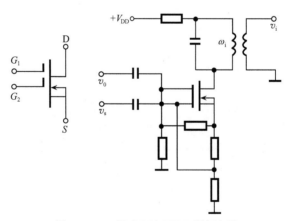

图 6-59　双栅式 MOSFET 混频电路

由于双栅式 MOSEFT 的 C_{GD} 很小（$<0.1\text{pF}$），且其正向传输导纳又较大（约 20mS），很适宜用于超高频工作的混频器。输入信号 $v_s(t)$ 接到电位接近于地的输入栅极，有较灵敏的控制作用；本振信号接在较高的栅极端；直流偏置应使 MOSFET 工作在放大区。此时漏极电流为

$$i_D = g_{m1}v_{g1} + g_{m2}v_{g2} = g_{m1}v_D(t) + g_{m2}v_0(t) \tag{6-58}$$

式中

$$\begin{cases} g_{m1} = a_0 + a_1 v_{g1} + a_2 v_{g2} \\ g_{m2} = b_0 + b_1 v_{g1} + b_2 v_{g2} \end{cases} \tag{6-59}$$

a_0、a_1、a_2、b_0、b_1、b_2 为由管子参数、直流偏置决定的常数。将式(6-59)代入到式(6-58)中可得 $i_D = a_1 v_s + a_1 v_s^2 + (a_2 + b_1) v_s v_0 + b_0 v_0 + b_2 v_0^2$,其中 i_D 中的第三项含有 ω_s、ω_0 的和、差频分量。如果漏极 LC 回路调谐在 $\omega_i = \omega_0 - \omega_s$ 上,则输出为中频电压,实现了混频要求。

6.5.3 晶体二极管混频器

在高质量通信设备中以及工作频率较高时(微波波段),常使用二极管平衡混频器或环形混频器,其优点是噪声低、电路简单、组合频率分量少。二极管混频器在工作原理上与调幅器相同,但也存在一定的特点。

1. 平衡混频器

图 6-60 是平衡混频器原理电路。二极管可以工作在小信号非线性状态,也可以工作在受大信号 v_0 控制的开关状态。平衡混频器的分析与平衡调幅器类似,只不过是输入信号不同、输出回路的谐振频率不同。调幅时,加在二极管两端的电压 $v_D = v_\Omega + v_0$,而混频时 $v_D = v_s + v_0$。调幅时,输出回路谐振在载波频率 ω_0 上,而混频时,输出回路则谐振在中频 ω_i 上。其分析参见 6.2 节,此处不再赘述。

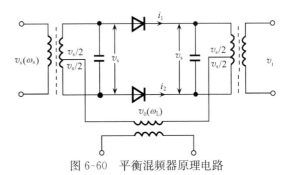

图 6-60 平衡混频器原理电路

2. 环形混频器

环形混频器由两个平衡混频器构成,其主要优点是输出中频信号是平衡混频器的两倍,而且抵消了输出电流中的某些组合频率分量,从而减小混频器中所特有的组合频率干扰。其分析方法可见环形调制器。

目前,许多从短波到微波波段的整体封装二极管环形混频器已作为系列产品,一个用于 $0.5 \sim 500 \text{MHz}$ 的典型环形混频器(SRA-1 双平衡混频器)的外形与电路如图 6-61 所示。使

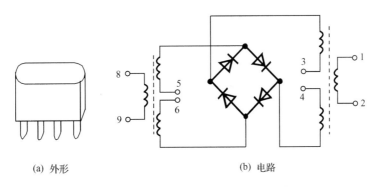

(a) 外形   (b) 电路

图 6-61 典型环形混频器的外形与电路

用时,8、9 端外接信号电压 v_s,3、4 端相连,5、6 端相连,然后在 3、5 端间加本振电压 v_L,中频信号由 1,2 端输出。

此电路除用作混频器外,还可以用作相位检波器、电调衰减器、调制器等。

与晶体管混频器和场效应管混频器比较,二极管混频器虽然没有混频增益,但由于它具有动态范围大、线性好(开关环形混频器)及使用频率高等优点,特别是在微波频率范围,晶体管混频器的混频增益下降,噪声系数增加,若采用二极管混频,混频后再进行放大,可以减小整机的噪声系数。

6.5.4 模拟相乘器混频电路

由上面分析可知二极管平衡混频器或环形混频器输出产生的组合频率分量少,这提高了混频器输出信号的频谱纯度。而第 2 章介绍的模拟乘法器具有相乘的特性,若将本振信号和输入信号加在模拟乘法器上则可仅产生两信号的和频($\omega_0 + \omega_s$)和差频($\omega_0 - \omega_s$)信号,在输出端接上所需中频信号的滤波电路即可完成混频作用,而且只需滤掉一个不需要的频率变量。图 6-62 给出了一个由集成模拟乘法器(MC1596)构成的集成混频电路。该电路具有宽频带输入,本振电压 $v_0(t)$ 从 8 脚输入,输入信号 $v_S(t)$ 从 1 脚输入,调节 $50\text{k}\Omega$ 电位器,使 1、4 脚直流电位差为零。本电路中频信号(9MHz)由 6 脚单端输出后的 π 型带通滤波器中取出,回路带宽为 450kHz,本振注入电平为 100mV,信号最大电平约为 15mV。对于 30MHz 信号输入和 39MHz 本振输入,混频器的增益为 13dB。当输出信噪比为 10dB 时,输入信号灵敏度约为 $7.5\mu\text{V}$。

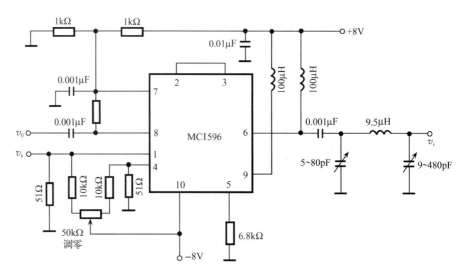

图 6-62 MC1596 构成的集成混频电路

若作用在混频器上除了输入信号电压和本振电压外,还存在干扰和噪声信号,那么它们之间任意两者都有可能产生组合频率,这些组合信号频率如果等于或接近中频,将与输入信号一起通过中频放大器、解调器,对输出级产生干涉,影响信号的接收,这是所不希望的。因此,为了减少输出的组合频率分量,在输入端就应加接滤波器,将不需要的频率分量抑制在带外。

图 6-63 所示为由集成芯片 CXA1019 组成的调频/调幅收音机中模拟乘法器组成的混频器和前置中频放大器。高频信号经耦合电容 C_2 送给混频器。由晶体管 $T_2 \sim T_7$、恒流源 I_{01} 构成的四象限模拟乘法器作为混频器。当乘法器两管对称时,其输出信号中所包含的组合频率成分很少,减小了组合频率干扰,混频器的输出经电容 C_3、C_4 以差动方式送给前置中频放大器。

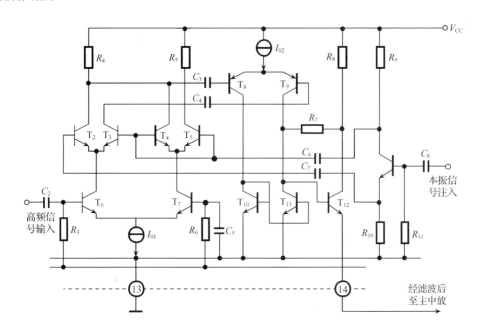

图 6-63　CXA1019 组成的混频器和前置中频放大器

前置中频放大器由差分放大器和射级跟随器组成。差放由晶体管 $T_8 \sim T_{11}$ 和恒流源 I_{02} 构成,它兼起双端-单端变换作用。放大后的信号经由晶体管 T_{12} 构成的射级跟随器输出,经中频滤波器后至主中放。

本振信号经耦合电容 C_8 注入。晶体管 T_{13} 的作用是作为有源器件的缓冲放大器,供给混频器以差动输出,并将本地振荡器与混频器隔离。

6.5.5　混频器的干扰

在混频电路中,如何减小各种干扰是一个必须考虑的问题。这不仅是前级电路的选择性不够好使得有些干扰信号可能进入混频器,同时输入信号和本振信号本身一起通过非线性器件时也会产生一些新的干扰。通过有源器件的非线性作用,在混频器中,信号和本振之间、干扰与本振之间、干扰和信号之间、干扰和干扰之间都会产生一系列的组合频率分量。当其中某些分量的频率等于或接近于中频频率时,这些分量就和有用的中频信号一起由混频电路输出,进入中频放大器,经过检波后,将产生各种哨叫声或嘈杂的干扰声,从而影响正常信号的接收。

下面以晶体管混频器为例讨论混频器的干扰问题,讨论结果同样适用于其他类型的混频器。

1. 有用信号和本振产生的组合频率干扰——干扰哨声

由叠加型混频器的分析可知,当信号 v_s 和本振 v_0 同时作用于晶体管的发射结时,集电极电流 i_c 按幂数展开不仅包含直流分量以及频率为 f_s、f_0 的分量,还包含它们的各次谐波及其和频、差频等组合频率分量,如 $f_0 \pm f_s$、$2f_0 \pm f_s$、$f_0 \pm 2f_s$ 等,频率可用下列通式表示

$$f_k = |\pm pf_0 \pm qf_s|$$

式中,p、q 为任意正整数,分别代表本振频率和信号频率的谐波次数。

在这些分量中,只有与 $p = q = 1$ 对应的频率为 $f_0 - f_s$ 的分量是我们所需要的中频信号,其余都是无用的分量,由于混频器输出端接的是一个谐振频率为中频 f_i、通频带为 BW 的谐振回路。因此,只要某些组合频率落在谐振回路的通频带内,这些组合频率分量就和有用的中频分量一样,通过中放进入检波器,并在检波电路中与有用信号产生差拍,这时在接收机的输出端将产生哨声,形成有害的干扰。通常把这种干扰称为干扰哨声。当满足

$$\begin{cases} pf_0 - qf_s = f_i \pm F \\ qf_s - pf_0 = f_i \pm F \end{cases} \tag{6-60}$$

式中,F 为可听的音频频率。

将 $f_0 - f_s = f_i$ 代入式(6-60),便可得到可能产生干扰哨声的有用信号频率为

$$f_s = \frac{p \pm 1}{q - p} f_i \pm \frac{F}{q - p} \tag{6-61}$$

从理论上说,当 f_0 和 f_s 一定时,可以有许多组 p、q 值满足式(6-61),对应的组合频率分量将产生干扰哨声。但实际上,由于混频管集电极电流中的组合频率分量的振幅总是随着 p,q 的增加而迅速减小。因而只有较小的 p,q 值对应的组合频率分量才会产生明显的干扰哨声。

一般情况下,$f_i \gg F$,式(6-61)可简化为

$$f_s = \frac{p \pm 1}{q - p} f_i \tag{6-62}$$

式(6-62)说明,当输入信号频率等于 f_i 的整数倍或分数倍时,就有可能产生干扰哨声。所以,在设计电台的发射频率时,要避免选这些频率。另外,在设计接收机的中频频率时,一般都是选在接收频段之外。

例如,设加给混频器输入端的有用信号频率 $f_s = 931\text{kHz}$,本振频率 $f_0 = 1396\text{kHz}$。经过混频器的频率变换产生出众多组合频率分量 $|\pm pf_0 \pm qf_s|$,其中的 $f_i = f_0 - f_s = 465\text{kHz}$ 是有用的中频信号,而其他分量是无用或有害的。

当 $q = 2$,$p = -1$ 时,$f_i' = 2f_s - f_0 = 2 \times 931 - 1396 = 466\text{kHz} = f_i + F$(此处 $F = 1\text{kHz}$)。若中频放大器的通频带 $2\Delta f_{0.7} = 4\text{kHz}$,则频率 $f_i' = 466\text{kHz}$ 的分量落在中放通带内,与 465kHz 的中频信号一起被中频放大并加给检波器。因为检波器由非线性元器件组成,也有频率变换作用,则会产生 $f_i' - f_i = 466 - 465 = 1\text{kHz}$ 的差拍信号送到接收机终端,形成被人耳听到的哨声。这种由有用的输入信号所产生的干扰哨声与有用信号同时出现。只要 p、q 值满足 $|\pm pf_0 \pm qf_s|$,且 F 为可听的音频频率,而中放带宽 $\Delta f > F$,都会伴随有用信号 f_s 而出现干扰哨声。减小这种干扰的措施是输入信号 v_s 和本振电压 v_0 都不易过大,并适

当地选择晶体管的静态工作点,使混频器既能产生有用频率变换,而又不致产生无用的组合频率干扰。另外,还应选择合适的中频,将接收机的中频选在接收机频段外。中波段广播收音机的接收频率为 $535\sim1605\mathrm{kHz}$,而中频为 $465\mathrm{kHz}$。

2. 外来干扰信号和本振产生的干扰

在有些情况下,进入到混频器输入端不是所需信号,而是频率为 f_n 的干扰,则会产生寄生通道干扰,包括以下几种。

1) 组合副波道干扰

如果混频器之前的输入回路和高频放大器的选择性不够好,除了要接收的有用信号,干扰信号也会进入混频器。它们与本振频率的谐波同样可以形成接近中频频率的组合频率干扰,产生干扰哨声。这种组合频率干扰也称为组合副波道干扰。即干扰频率 f_n 与本振频率 f_0 满足下列关系时产生组合副波道干扰。

$$\begin{cases} -pf_0 + qf_n \approx f_i \\ pf_0 - qf_n \approx f_i \end{cases} \tag{6-63}$$

由式(6-63)可以求出接收机调谐在信号频率 $f_s = f_0 - f_i$ 时,产生组合副波道干扰的干扰信号频率为

$$f_n \approx \frac{1}{q}(pf_0 \pm f_i) \tag{6-64}$$

或

$$f_n \approx \frac{1}{q}\left[pf_s + (p \pm 1)f_i\right]$$

减小这种组合副波道干扰的方法与减小组合频率干扰的方法相同。另外,提高前端电路的选择性,将干扰抑制在通频带外至关重要。

2) 副波道干扰

在组合副波道干扰中,某些特定频率形成的干扰称为副波道干扰。这种干扰主要有中频干扰和镜像干扰。

(1) 中频干扰。在式(6-64)中,当干扰信号的频率等于或接近 f_i 时(对应于 $q=1$,$p=0$),如果接收机混频级前各级的选择性不够好,干扰就有可能进入混频级。这时干扰信号就会被混频级和各级中频放大器放大,并在检波级与有用信号产生差拍,形成音频哨声。如果中频信号是调幅信号,则经检波后,可听到干扰信号的原调制信号。情况严重时,干扰很强,接收机将不能辨别出有用信号。

抑制中频干扰的主要方法是提高前端输入回路的选择性,将干扰抑制在通带外,另外,可在混频器的输入端加中频陷波电路,滤除外来的中频干扰。加 LC 陷波电路的中频干扰抑制方法如图 6-64 所示。

图 6-64(a)中 LC 串联谐振回路谐振在中频 f_i 上,将中频干扰信号短路。图 6-64(b)中 LC 并联谐振回路中谐振在中频 f_i 上,根据并联谐振回路的特性,它将对中频干扰衰减很大,从而起到抑制中频干扰的作用。(一般要求对中频干扰的衰减在 $60\sim80\mathrm{dB}$。)

(2) 镜像频率干扰。当外来干扰信号的频率 $f_n = f_0 + f_i = f_s'$,而高频放大器输入回路的频带又较宽,使干扰信号 f_s' 经过高频放大器到达混频器的输入端,如图 6-65 所示。f_s'

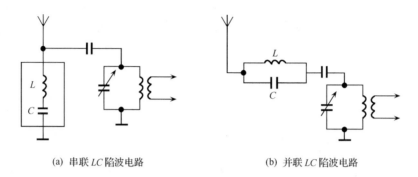

(a) 串联 *LC* 陷波电路　　　　　　　　(b) 并联 *LC* 陷波电路

图 6-64　加 *LC* 陷波电路的中频干扰抑制方法

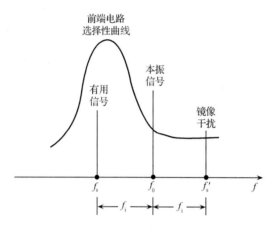

图 6-65　镜像频率干扰

信号会与本振频率差拍而得到中频 f_i($f'_s - f_0 = f_0 + f_i - f_0 = f_i$)。这个中频所含的信息内容与干扰信号 f'_s 相同(根据混频器的频谱搬移原理),从而形成对有用信号 f_s 变频后中频信号的干扰。因为 $f'_s = f_0 + f_i$,而 $f_s = f_0 - f_i$,即 f'_s 与 f_s 都与本振频率相差一个中频,如果把 f_0 当作镜子,则 f'_s 相当于 f_s 的像,所以称 f'_s 为镜像干扰频率,即 $f'_s = f_s + 2f_i$。

抑制镜频干扰的方法除了提高混频器前各级电路的选择性外,还可以提高接收机的中频频率 f_i,以使镜像频率 f'_s 与信号频率 f_s 的频率间距($2f_i$)加大,有利于选频回路对 f'_s 抑制。另外,还可采用镜频抑制混频电路,将镜像频率信号部分抵消。

以上讨论的三种干扰,都是由信号频率 f_s(及其谐波)或干扰频率 f_n 与本振频率 f_0(及其谐波)经过混频非线性变换后,产生接近中频 f_i 的分量而引起的。所以这类干扰是混频器特有的干扰。

例 6-4　某超外差收音机,其中频 $f_i = 465 \text{kHz}$。

(1) 当收听 $f_{s1} = 550 \text{kHz}$ 电台节目时,还能听到 $f_{n1} = 1480 \text{kHz}$ 强电台的声音,分析产生干扰的原因。

(2) 当收听 $f_{s2} = 1480 \text{kHz}$ 电台节目时,还能听到 $f_{n2} = 740 \text{ kHz}$ 强电台的声音,分析产生干扰原因。

解　(1) 因为 $f_{n1} = f_{s1} + 2f_i = 550 + 2 \times 465 = 1480 \text{kHz}$;根据上述分析,$f_{n1}$ 为镜频干扰。

(2) 因为

$$f_{s2} = 1480 \text{kHz}, \qquad f_i = 465 \text{kHz}$$

所以

$$f_{o2} = f_{s2} + f_i = 1480 + 465 = 1945 (\text{kHz})$$

而 $f_{n2} = 740 \text{kHz}$,所以 $f_{o2} - 2f_{n2} = 1945 - 2 \times 740 = 465 \text{kHz} = f_i$。故这种干扰为组合副波道

干扰。

3. 其他类型的干扰

上述两类干扰是混频器所特有的,混频器中还会存在其他非线性电路也有的干扰类型。这种干扰产生的原因是由于外界干扰信号的侵入和电路的非线性。

1) 交叉调制(交调)干扰

交叉调制干扰是由于混频器或高频放大器的非线性传输特性产生的。其现象为当所接收电台的信号和干扰电台同时进入接收机输入端时,如果接收机调谐于信号频率,可以清楚地收到干扰信号电台的声音,若接收机对接收信号频率失谐,干扰台的声音也消失。这种现象好像是干扰电台的声音调制在欲接收电台信号的载频上,称为交叉调制干扰(或交叉调制失真,其失真体现在有用信号的包络上叠加有干扰信号的包络)。

设混频器的转移特性用幂级数表示

$$i = a_0 + a_1 v + a_2 v^2 + a_3 v^3 \tag{6-65}$$

若干扰信号 $v_n(t) = V_n(t)\cos\omega_n t$,于是作用在混频器上的 v 为

$$v = V_{BB} + V_0\cos\omega_0 t + V_s(t)\cos\omega_s t + V_n(t)\cos\omega_n t \tag{6-66}$$

将此式代入式(6-65)并经必要的三角变换后,可得 ω_s 的电流成分 $i_{\omega s}$ 为

$$i_{\omega s} = \left[a_1 + 2a_2 V_{BB} + 3a_3 V_{BB}^2 + \frac{3}{2}a_3 V_0^2 + \frac{3}{4}a_3 V_s^2(t) + \frac{3}{2}a_3 V_n^2(t) \right] \cdot V_s(t)\cos\omega_s t$$

式中,$(a_1 + 2a_2 V_{BB} + 3a_3 V_{BB}^2 + \frac{3}{2}a_3 V_0^2)V_s(t)$ 为无失真包络项;$\frac{3}{4}a_3 V_s^3(t)$ 为失真包络项;$\frac{3}{2}a_3 V_n^2(t)V_s(t)$ 为交调干扰项,显然,交调项由 $a_3 \neq 0$ 引起,也就是说交调是由转移特性曲线的三次方项产生的,且与 $V_n^2(t)V_s(t)$ 成正比。当 $V_s(t) \neq 0$ 时,交调项起作用,当 $V_s(t) = 0$ 时,交调项消失。这在听觉上就表现为当听到有用信号的声音时,同时可以听到干扰信号的声音,而一旦有用信号停止播音,干扰台声音也随之消失。

分析表明,交调是由非线性特性中的三次或更高次非线性项产生的,因此克服交调干扰的主要方法为提高混频电路前级的选择性抑制干扰;选择合适的器件和合适的工作状态,使混频器的非线性高次方项尽可能小;采用抗干扰能力较强的平衡混频器和模拟乘法器混频电路。

2) 互相调制(互调)干扰

当两个或两个以上的干扰进入到混频器的输入端时,它们与本振电压 v_0 一起加到混频管的发射结。由于器件的非线性作用,它们将产生一系列组合频率分量。如果某些分量的频率等于或接近于中频时,就会形成干扰,称为互调干扰。例如,若有两个干扰信号进入到混频器,它们分别为

$$v_{n1} = V_{n1}\cos\omega_1 t, \qquad v_{n2} = V_{n2}\cos\omega_2 t$$

这时

$$v_{be} = V_0\cos\omega_0 t + V_{n1}\cos\omega_1 t + V_{n2}\cos\omega_2 t$$

将 v_{be} 代入混频管幂级数表示的转移特性,所得的 i_c 中包含一系列组合频率分量,其频率可用下列通式表示

$$f_{p \cdot m \cdot n} = |\pm pf_0 \pm mf_1 \pm nf_2| \tag{6-67}$$

式中,p、m、n 分别是干扰频率 ω_1 和 ω_2 的谐波次数,为任意正整数。

在这些分量中,若两个干扰信号形成新的组合频率$|\pm mf_1 \pm nf_2|$与信号频率f_s相近,即组合频率与本振频率f_0之差落在中频范围

$$f_0 - |\pm mf_1 \pm nf_2| = f_i \tag{6-68}$$

那么,它就会和接收信号所产生的中频一样通过中放、检波,造成强烈干扰。

例如,有两个干扰,其频率为$f_1 = 1.5\text{MHz}$,$f_2 = 1.6\text{MHz}$。若$m = 2$,$n = 1$,则$2 \times 1.5 - 1.6 = 1.4\text{MHz}$;若$m = 1$,$n = 2$,则$2 \times 1.6 - 1.5 = 1.7\text{MHz}$。可见,这时会对频率为$1.4\text{MHz}$,$1.7\text{MHz}$附近的接收信号形成干扰。

可以分析,非线性器件的二次方项和三次方项及更高次方项都可能引起互调干扰。构成二阶互调干扰的条件是$f_1 \pm f_2 = f_s$或$f_1 \pm f_2 = f_i$,构成三阶互调干扰$2f_1 \pm f_2 = f_s$或$2f_1 \pm f_2 = f_i$。抑制互调的方法与抑制交调的方法相同,除此之外,还可采用倍频程带通滤波器防止二阶互调干扰的产生。

3) 阻塞干扰

当一个强干扰信号进入接收机输入端后,输入电路抑制不良,会使前端电路内放大器或混频器的晶体管处于严重的非线性区域,使输出信噪比大大下降。这种现象称为阻塞干扰。产生阻塞现象的原因有两种,一种是强干扰作用下晶体管特性曲线非线性所引起的阻塞,另一种是强干扰破坏了晶体管的工作状态,使管子产生假击穿(干扰电压消失后,晶体管还能够还原),使作为电流分配器的晶体管的正常工作状态被破坏,表现为$I_C > I_E$,$I_B > 0$,产生了完全堵死的阻塞现象。

克服阻塞干扰的方法有提高前端电路的选择性抑制干扰,或在电路中加交流负反馈减小干扰,也可降低工作点,工作在小电流状态,或在输入端加双向限幅抑制干扰,通常在接收机中都加有自动增益控制电路(AGC),也是抑制强干扰的一种方法。

综上所述,我们分析了混频器中各种干扰产生的原因、现象以及克服方法。减小各种干扰的措施可归纳为以下几种。

(1) 提高混频级前端电路(天线回路和高放)的选择性,使干扰在进入混频器之前大部分被抑制,这样就大大减小了产生寄生通道干扰和交调、互调干扰的可能性。为了减小中频干扰,还可在输入回路中加中频陷波器(如中频串联谐振回路)。

(2) 对混频前端的高放电路的增益要有所限制,以适当地减小接收信号v_s的幅度,也可有效地抑制各种干扰,而接收信号的放大主要由混频后的电路来承担。此外,为了减小干扰,本振的幅度也不宜过大。

(3) 合理地选择中频,能有效地减小组合频率干扰。如采用高中频方案,即将中频选在高于接收频段的范围内,这样可使镜频和某些寄生通道干扰的频率远离接收信号频率,因而使频像干扰和寄生通道干扰可以有效地滤除。

(4) 合理地选择混频管的静态工作点,使它主要工作在转移特性的平方项区域,或选用具有平方律特性的场效应管,可以减少各种干扰。

(5) 采用各种平衡电路,如由晶体三极管或二极管组成的平衡混频电路或环形混频电路,利用平衡抵消原理,可使输出电流中组合频率数目大为减少,从而减小了组合频率干扰。

(6) 采用倍频程滤波器抑制二阶互调,采取交流反馈、AGC 电路限幅器等抑制阻塞干扰。

知识点注释

频谱搬移：指线性频率变换，即在频率变换前后，信号频谱结构不变，只是将信号频谱无失真地在频率轴上搬移。调幅、检波和混频电路都属于频谱搬移电路。

振幅调制：指用调制信号去控制载波的振幅，使其随调制信号线性变化，而保持载波的角频率不变。

调幅波的性质：指调幅波的数学表达式、波形图、频谱图、功率关系、带宽等。

双边带调幅波：指为了提高功率利用率，抑制普通调幅波的载波，而只发送两个边带的调幅信号。

单边带调幅波：指为了提高波段利用率，抑制普通调幅波的载波和一个边带，仅发送另一个边带的调幅信号。

残留边带调幅：指发送一个完整的边带信号、载波信号和另一个部分被抑制的边带信号。它既保留了单边带调幅节省频带的优点，又具有滤波器易于实现、解调电路简单的特点。

调幅方法与电路：可分为低电平调幅和高电平调幅。

低电平调幅：用于产生小功率的调幅信号，一般置于发射机的前级，调制后再由线性功率放大器放大，得到所要求功率的调幅波。

高电平调幅：指在电平较高的情况下进行调制，直接产生满足功率要求的调幅波，通常用于发射机的末级，只能产生普通调幅波。

单二极管调幅：将调制信号和载波信号相加后，通过二极管非线性特性的变换，在电流 i 中产生了各种组合频率分量，再通过选频网络选择所需的频率成分。

平方律调幅：单二极管调幅电路在小信号工作时，利用二极管非线性特性的平方项产生调幅信号，称为平方律调幅。

开关式调幅：指单二极管调幅电路在开关工作状态时，依靠二极管的导通和截止来实现调幅，称为开关式调幅，也称斩波调幅。

平衡调制器：指两个单二极管调幅器对称连接的电路，载波成分由于对称而被抵消，在输出中不再出现，因而平衡调制器是产生 DSB 和 SSB 信号的基本电路。

环形调制器：在平衡调制器的基础上，再增加两个二极管，使电路中 4 个二极管首尾相接构成环形，称为环形调制器。其可进一步抑制无用的频谱分量。

模拟乘法器调幅：利用集成模拟乘法器器件完成载波和调制信号的相乘，从而实现频谱搬移，可用于产生双边带信号及普通调幅信号。

单边带调幅波的产生：可采用的方法有滤波法、相移法和修正的移相滤波法。

集电极调幅：属于高电平调幅。在丙类功率放大电路中，利用调制信号改变集电极的直流供电电压，进而控制集电极电流的基波分量振幅，完成振幅调制。集电极调幅必须在过压状态下工作。

基极调幅：属于高电平调幅。在丙类功率放大电路中，利用调制信号改变基极的直流偏置电压，进而控制集电极电流的基波分量振幅，完成振幅调制。基极调幅必须在欠压状态下工作。

检波：振幅解调（又称检波）是振幅调制的逆过程。它的作用是从已调制的高频振荡中恢复出原来的调制信号。

包络检波：指在接收端从已振幅波的包络恢复原调制信号的方法，它适于解调普通调幅波。

同步检波：指在接收端恢复一个与发射载波同频同相的信号，再用于恢复调制信号的一种检波方式。可分为乘积型同步检波和叠加型同步检波。

二极管峰值包络检波：利用二极管的单向导通特性和检波负载 RC 的充放电过程来完成调制信号的提取。

惰性失真：二极管峰值包络检波器中，由于负载电阻 R 与负载电容 C 的时间常数 RC 太大，电容 C 上的电荷不能很快地随调幅波包络变化所引起的失真，也称对角线失真。

负峰切割失真：二极管峰值包络检波器与下级级联时，由于交直流负载不同而引起的失真，也称底部切割失真。

单边带信号的接收：单边带信号发送的逆过程。通常采用二次变频加乘积型同步检波的方式实现。

混频器：指将接收信号的载频变换到某一固定的频率上（常称为中频），而保持原信号的特征（如调幅规律）不变的电路。

混频和变频区别：它们的功能是一致的，不同的是变频电路中的非线性器件既产生本振信号，又实现频率变换，故又称为自激混频器。而混频电路中的非线性器件只进行频率变换，其本振信号是由另外电路产生的，故又称为他激混频器。

中频方案：指混频器输出中频的选择，有低中频和高中频之分。常见的中频方案有调幅广播的中频为465kHz；调频收音机中频为 10.7MHz；电视接收机图像中频为38MHz；伴音中频为 6.5MHz。

混频器性能指标：主要指标有变频增益、噪声系数、选择性、输入阻抗、输出阻抗、失真与干扰、工作稳定性等。

混频器类型：从时域上的处理过程来看，可分为叠加型混频器和乘积型混频器。从电路中有源器件来分，包括晶体三极管混频器、二极管混频器（包括平衡混频器和环形混频器）、场效应管混频器等。

晶体三极管混频器：将输入信号和本振信号叠加后通过三极管放大器进行频率变换，实现频谱搬移，具有一定的混频增益。

变频跨导：输出中频电流振幅与输入高频电压振幅之比。

混频器的干扰：指通过混频器有源器件的非线性作用，信号和本振之间、干扰与本振之间、干扰和信号之间、干扰和干扰之间都会产生一系列的组合频率分量。当其中某些分量的频率等于或接近中频频率时，这些分量就和有用的中频信号一起由混频电路输出，进入中频放大器，经过检波后，将产生各种哨叫声或嘈杂的干扰声，从而影响正常信号的接收。

组合频率干扰：指有用信号和本振产生的组合频率干扰。

组合副波道干扰：指外来干扰信号与本振产生的组合频率干扰。

中频干扰：副波道干扰的一种，指频率等于中频的干扰信号。

镜像干扰：副波道干扰的一种，指与本振信号相差一个中频的干扰信号。由于此干扰信号与有用信号是关于本振对称的，故称镜频干扰或镜像干扰。

交调干扰：由于非线性器件的高阶项（3 阶及以上）存在，将干扰电台的信息调制到有用信号载频上，再解调输出而产生的一种干扰。表现为干扰台声音和信号台声音是同时出现、同时消失的。

互调干扰：当两个或两个以上的干扰进入到混频器的输入端后，产生一系列组合频率分量。如果某些分量的频率等于或接近中频时，就会形成干扰，称为互调干扰。

克服混频器干扰的措施：提高前端回路的选择性、合理地选择中频、合理地选择有源器件的工作点、控制前级电路的增益、合理地采用电路结构（如平衡电路）。

本 章 小 结

（1）本章内容包含三个主要部分——调幅、检波和混频。它们在时域上都表现为两信号的相乘；在频域上则是频谱的线性搬移。这三种电路的工作原理和组成基本相同，都是由非线性器件实现频率变换和用滤波器来滤除不需要的频率分量。不同之处是输入信号、参考信号、滤波器特性在实现调幅、检波、混频时各有不同的形式，以完成特定要求的频谱搬移。

（2）调幅有三种方式，普通调幅、双边带调幅和单边带调幅。普通调幅波的载波振幅随调制信号大小线性变化，双边带调幅是在普通调幅的基础上抑制掉不携带有用信息的载波，保留携带有用信息的两个边带。单边带则是在双边带调幅的基础上，去掉一个边带仅用另一个边带传送有用信息。单边带通信突出的优点是节省了频带和发射功率，从调幅实现电路的角度来看，双边带调幅电路最简单，而单边带调幅电路最复杂。这三种调幅波的数学表达式、波形图、功率分配、频带宽度等各有区别。其解调方式也各有不同。调幅方法可分为低电平调幅和高电平调幅两大类。

（3）检波是调幅的逆过程，是调幅波解调的简称。振幅解调的原理是将已调信号通过非线性器件产生包含有原调制信号的新频率成分，由 RC 低通滤波器取出原调制信号。本章主要介绍了二极管峰值包络检波器和乘积检波。二极管峰值包络检波器只适用于普通调幅波的检波。乘积检波则适用于所有三种调幅波的解调。

低通滤波器是检波器中不可缺少的组成部分，滤波器的时间常数选择对检波效果有很大影响，选择不当将会产生失真。

（4）混频过程也是一种频谱搬移的过程，它是将载波为高频的已调信号搬移一个频率量得到载波为中频的已调信号并保持其调制规律不变。其工作原理与调幅十分相近，也是由两个不同频率的信号相乘后通过滤波器选频获得的。

常用的混频器电路有晶体三极管混频器（BJT 和 FET 组成）、二极管混频器、模拟相乘混频器等，晶体二极管混频器采用线性时变参量电路分析，混频时，将晶体管视为跨导随本振信号变化的线性参变元件。

（5）器件的非理想相乘特性会导致调幅和检波的失真，混频输出会产生干扰。混频器的干扰种类很多，主要包括组合频率干扰、副波道干扰、交叉调制、互相调制、阻塞干扰等，针对不同的干扰现象，可采取不同的方法进行克服。

思考题与习题

6-1　为什么调幅，检波和混频都必须利用电子器件的非线性特性才能实现？它们之间各有什么异同之处？

6-2　为什么调幅系数 m_a 不能大于 1？

6-3　试画下列调幅信号的频谱图，确定信号带宽，并计算在单位电阻上产生的信号功率。

（1）$v(t) = 20(1 + 0.2\cos 2\pi \times 400t + 0.1\cos 2\pi \times 3200t)\cos 2\pi \times 10^6(t)(\mathrm{V})$

（2）$v(t) = 4\cos 6280t\cos 2\pi \times 10^6 t(\mathrm{V})$

6-4　某发射机只发射载波时，功率为 9kW；当发射单音频调制的已调波时，信号功率为 10.125kW，求调制系数 m_a。若此时再用另一个音频信号进行 40% 的调制后再发射，求此时的发射功率。

6-5　有一个调幅波方程式为
$$v = 25(1 + 0.7\cos 2\pi 5000t - 0.3\cos 2\pi 10000t)\sin 2\pi 10^6 t$$

（1）试求它们所包含的各分量的频率与振幅；

（2）绘出这调幅波包络的形状，并求出峰值与谷值调幅度。

6-6　某调幅发射机的载波输出功率为 5W，$m_a = 50\%$，被调放大器的平均集电极效率 $\eta_c = 50\%$，试求：

（1）边带信号功率；

（2）若采用集电极调幅时，集电极平均输入功率、平均输出功率、直流电源提供的输入功率各为多少？

6-7　题图 6-1 是载频为 1000kHz 的调幅波频谱图。写出它的电压表示式，并计算它在负载 $R = 1\Omega$ 时的平均功率和有效频带宽度。

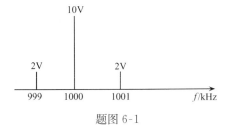

题图 6-1

6-8　已知某一个已调波的电压表示式为

$$v_0(t) = 8\cos 200\pi t + \cos 220\pi t + \cos 180\pi t(\text{V})$$

说明它是何种已调波？画出它的频谱图，并计算它在负载 $R = 1\Omega$ 时的平均功率及有效频带宽度。

6-9　已知载波频率 $f_0 = 1 \times 10^6\text{Hz}$。试说明下列电压表示式为何种已调波，并画出它们的波形图和频谱图。

(1) $v_{01}(t) = 5\cos 2\pi \times 10^3 t \sin 2\pi \times 10^6 t\text{V}$

(2) $v_{02}(t) = (20 + 5\cos 2\pi \times 10^3 t)\sin 2\pi \times 10^6 t\text{V}$

(3) $v_{03}(t) = 2\cos 2\pi \times 1001 \times 10^3 t\text{V}$

6-10　调幅与检波的基本原理是什么？

6-11　从功能、工作原理、电路组成等方面比较调制、同步解调、混频有何异同点？

6-12　为了提高单边带发送的载波频率，用四个平衡调幅器级联。在每一个平衡调幅器的输出端都接有只取出相应的上边频的滤波器。设调制频率为 5kHz，平衡调制器的载频依次为 $f_1 = 20\text{kHz}$，$f_2 = 200\text{kHz}$，$f_3 = 1780\text{kHz}$，$f_4 = 8000\text{kHz}$。试求最后的输出频率。

6-13　二极管检波电路如题图 6-2 所示，设 $K_d = 1$，求下列情况下的输出电压 v_0，并定性地画出其波形。

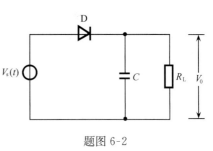

题图 6-2

(1) $v_s(t) = 1\cos 2\pi 10^7 t(\text{V})$

(2) $v_s(t) = 1\cos 2\pi 10^3 t\cos 2\pi 10^7 t(\text{V})$

(3) $v_s(t) = 1(1 + 0.5\cos 2\pi 10^3 t)\cos 2\pi 10^7 t(\text{V})$

(4) $v_s(t) = 1(0.5 + \cos 2\pi 10^3 t)\cos 2\pi 10^7 t(\text{V})$

6-14　为什么负载电阻 R 越大，则检波特性的线性越好，非线性失真越小，检波电压传输系数 K_d 越高、对末级中频放大器的影响越小？但如果 R 太大，会产生什么不良的后果？

6-15　题图 6-3 中，若 $C_1 = C_2 = 0.01\mu\text{F}$，$R_1 = 510\Omega$，$R_2 = 4.7\text{k}\Omega$，$C_0 = 10\mu\text{F}$，$R_g = 1\text{k}\Omega$；二极管的 $R_d \approx 100\Omega$；$f_i = 465\text{kHz}$；调制系数 $m = 30\%$；输入信号振幅 $V_{im} = 0.5\text{V}$；如果 R_2 的触点放在最高端，计算低放管输入端所获得的低频电压与功率，以及相对于输入载波功率的检波功率增益。

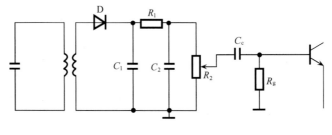

题图 6-3

6-16　题 6-15 中 R_2 电位器的触点若在中间位置，会不会产生负峰切割失真？触点若在最高端又如何？

6-17　电视接收机第二频道图像载频为 56.75MHz，伴音载频为 66.25MHz，如果要得到的图像中频为 38MHz，试问这时电视机的本振频率为多少？伴音中频为多少？

6-18　已知高频输入信号的频谱如题图 6-4 所示。分别画出本机振荡频率为 1500kHz 的上混频和下混频输出信号的频谱图。

6-19　采用平衡混频器有什么优缺点？为什么还要以开关方式工作？如何保证开关方式工作？

6-20　某超外差接收机中频 $f_i = 500\text{kHz}$，本振频率 $f_0 < f_s$，在收听 $f_s = 1.50\text{MHz}$ 的信号时，听到哨声，其原因是什么？试进行具体分析（设此时无其他外来干扰）。

6-21　试分析与解释下列现象：$f_i = 465\text{kHz}$

(1) 在某地，收音机接收 1090kHz 信号时，可以收到 1323kHz 的信号；

(2) 收音机接收 1080kHz 信号时，可以听到 540kHz 的信号；

（3）收音机接收 930kHz 信号时,可同时收到 690kHz 和 810kHz 信号,但不能单独收到其中的一个台（如另一个电台停播）的信号。

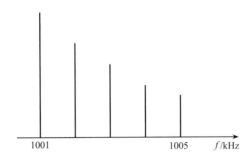

题图 6-4

6-22　中频为何不能选在工作波段之内? 如果中波段($f_s = 535 \sim 1605\text{kHz}$)收音机的中频选为 1000kHz,会出现什么后果?

6-23　某发射机发出某一个频率的信号。现打开接收机在全波段寻找(设无任何其他信号),发现在接收机频率刻度盘的三个频率(6.5MHz,7.25MHz,7.5MHz)上均能听到发射的信号,其中在 7.5MHz 处信号最强。问接收机是如何收到的? 设接收机 $f_1 = 0.5\text{MHz}$,$f_0 > f_s$。

6-24　某广播接收机的中频频率 $f_i = f_0 - f_s = 465\text{kHz}$。试说明下列两种现象各属于什么干扰,它们是如何形成的?

（1）当收听 $f_s = 931\text{kHz}$ 的电台节目时,同时听到约 1kHz 的哨声。

（2）当收听 $f_s = 550\text{kHz}$ 的电台节目时,还能听到 $f_n = 1480\text{kHz}$ 的电台节目。

6-25　有两个频率分别为 $f_{n1} = 774\text{kHz}$ 和 $f_{n2} = 1035\text{kHz}$ 的干扰信号,问它们对某短波收音机($f_s = 2 \sim 12\,\text{MHz}$,$f_i = 465\text{kHz}$)的哪些接收频率会产生互调干扰?

第7章 角度调制与解调——频谱非线性变换电路

7.1 概　述

本书第 1 章介绍了调制的概念,为了将信息有效地传送到远方,需要将信息(调制信号)装载到高频振荡(载波)上,第 6 章介绍的调幅是用调制信号去改变载波的振幅,即调幅(AM);而本章介绍的是用调制信号去改变载波的瞬时频率或瞬时相位,而载波的振幅保持不变,即调频(frequency modulation,FM)或调相(phase modulation,PM),调频和调相统称为角度调制。从调角信号中恢复原调制信号的过程称为角度解调(鉴频或鉴相)。调幅和调频的波形图和频谱图如图 7-1 和图 7-2 所示。

角度调制原
理与电路

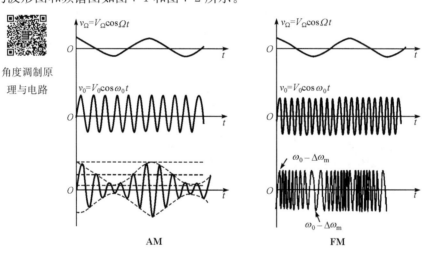

图 7-1　调幅与调频的波形图

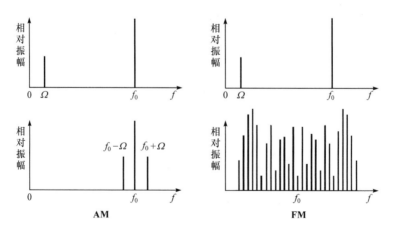

图 7-2　调幅与调频的频谱图

　　从图 7-2 可以看出角度调制与解调和振幅调制与解调最大的区别在于频率变换前后频谱结构的变化不同。调幅是频谱搬移的过程,其频谱结构没有变化;而角度调制与解调频率变换前后频谱结构发生了变化,所以属于非线性频率变换。

　　和振幅调制相比,角度调制的主要优点是抗干扰性强,主要缺点是占据频带宽,频带利用不经济。

7.2　调角波的性质

7.2.1　调频波和调相波的数学表达式

1. 瞬时频率和瞬时相位

　　设未调高频载波为一个简谐振荡,其数学表达式为

$$v(t) = V\cos\theta(t) = V\cos(\omega_0 t + \theta_0) \tag{7-1}$$

式中,θ_0 为载波初相角;ω_0 是载波的角频率;$\theta(t)$ 为载波振荡的瞬时相位。

　　当没有调制时,$v(t)$ 就是载波振荡电压,其角频率 ω 和初相角 θ_0 都是常数。

　　调频时,在式(7-1)中,高频正弦载波的角频率不再是常数 ω_0,而是随调制信号变化的量。即调频波的瞬时角频率 $\omega(t)$ 为

$$\omega(t) = \omega_0 + K_f v_\Omega(t) = \omega_0 + \Delta\omega(t) \tag{7-2}$$

式中,K_f 为比例常数,即单位调制信号电压引起的角频率变化,单位为 rad/s·V。此时调频波的瞬时相角 $\theta(t)$ 为

$$\theta(t) = \int_0^t \omega(t)\mathrm{d}t + \theta_0 \tag{7-3}$$

　　由式(7-2)可知,调频波的瞬时频率随调制信号呈线性变化,而瞬时相位随调制信号的积分线性变化。

　　调相时,高频载波的瞬时相位 $\theta(t)$ 随 v_Ω 线性变化

$$\theta(t) = \omega_0 t + \theta_0 + K_p v_\Omega(t) \tag{7-4}$$

式中,K_p 为比例系数,代表单位调制信号电压引起的相位变化,单位为 rad/V。此时调相波的瞬时频率为

$$\omega(t) = \frac{\mathrm{d}\theta(t)}{\mathrm{d}t} \tag{7-5}$$

　　式(7-3)和式(7-5)是角度调制的两个基本关系式,它说明了瞬时相位是瞬时角速度对时间的积分,同样,瞬时角频率为瞬时相位对时间的变化率。由于频率与相位之间存在着微积分关系,因此不论是调频还是调相,结果使瞬时频率和瞬时相位都发生了变化。只是变化规律与调制信号的关系不同。

　　例　求 $v(t)=5\cos[10^6 t + \sin(5\times10^3 t)]$ 在 $t=0$ 时的瞬时频率。

　　解　因为　　　　　　　　$\theta(t) = 10^6 t + \sin(5\times10^3 t)$

所以　　　　　　$\omega(t) = \dfrac{\mathrm{d}\theta(t)}{\mathrm{d}t} = 10^6 + 5\times10^3\cos(5\times10^3 t)$

　　在 $t=0$ 时　　　　　　　$\omega(0) = 10^6 + 5\times10^3 (\mathrm{rad/s})$

所以　　　　　　　　$f(0) = \dfrac{10^6 + 5\times10^3}{2\pi} \approx 160(\mathrm{kHz})$

2. FM、PM 的数学表达式及频移和相移

根据式(7-2)和式(7-3)，设 $\theta_0 = 0$，则

$$\theta(t) = \int_0^t \omega(t) \cdot dt = \int_0^t \left[\omega_0 + K_f v_\Omega(t)\right] \cdot dt$$

$$= \omega_0 t + K_f \int_0^t v_\Omega(t) dt \tag{7-6}$$

所以，FM 波的数学表达式为

$$a_f(t) = V\cos[\theta(t)] = V\cos\left[\omega_0 t + K_f \int_0^t v_\Omega(t) dt\right] \tag{7-7}$$

同理，根据式(7-4)，设 $\theta_0 = 0$，则

$$\theta(t) = \omega_0 t + K_p v_\Omega(t) \tag{7-8}$$

所以，PM 波的数学表达式为

$$a_p(t) = V\cos[\theta(t)] = V\cos[\omega_0 t + K_p v_\Omega(t)] \tag{7-9}$$

我们将瞬时频率偏移的最大值称为频偏，记为 $\Delta\omega_m = |\Delta\omega(t)|_{max}$。瞬时相位偏移的最大值称为调制指数，$m = |\Delta\theta(t)|_{max}$。

对调频而言：

频偏
$$\Delta\omega_m = K_f |v_\Omega(t)|_{max} \tag{7-10}$$

调频指数
$$m_f = K_f \left|\int_0^t v_\Omega(t) dt\right|_{max} \tag{7-11}$$

对调相而言：

频偏
$$\Delta\omega_m = K_p \left|\frac{dv_\Omega(t)}{dt}\right|_{max} \tag{7-12}$$

调相指数
$$m_p = K_p |v_\Omega(t)|_{max} \tag{7-13}$$

根据以上分析得出如下结论：调频时，载波的瞬时频率与调制信号呈线性关系，载波的瞬时相位与调制信号的积分呈线性关系；调相时，载波的瞬时频率与调制信号的微分呈线性关系，而载波的瞬时相位与调制信号呈线性关系。调频与调相的比较可参见表 7-1。

表 7-1　FM 波和 PM 波的比较[调制信号 $v_\Omega(t)$，载波 $V_m\cos\omega_0(t)$]

	FM 波	PM 波
数学表达式	$V_m\cos\left[\omega_0 t + K_f\int_0^t v_\Omega(t)dt\right]$	$V_m\cos[\omega_0 t + K_p v_\Omega(t)]$
瞬时频率	$\omega_0 + K_f v_\Omega(t)$	$\omega_0 + K_p \dfrac{dv_\Omega(t)}{dt}$
瞬时相位	$\omega_0 t + K_f\int_0^t v_\Omega(t)dt$	$\omega_0 t + K_p v_\Omega(t)$
最大频偏	$\Delta\omega_m = K_f |v_\Omega(t)|_{max}$	$\Delta\omega_m = K_p \left|\dfrac{dv_\Omega(t)}{dt}\right|_{max}$
调制指数	$m_f = K_f \left|\int_0^t v_\Omega(t)dt\right|_{max}$	$m_p = K_p |v_\Omega(t)|_{max}$

这里调制信号为 $v_\Omega(t) = V_\Omega\cos\Omega t$，下面分析未调制时载波频率为 ω_0 时的调频波和调相波。根据式(7-7)可写出调频波的数学表达式为

$$a_f(t) = V_m\cos\left(\omega_0 t + \frac{K_f V_\Omega}{\Omega}\sin\Omega t\right) = V_m\cos(\omega_0 t + m_f\sin\Omega t) \tag{7-14}$$

根据式(7-9)可写出调相波的数学表达式为

$$a_p(t) = V_m\cos(\omega_0 t + K_P V_\Omega \cos\Omega t) = V_m\cos(\omega_0 t + m_P\cos\Omega t) \tag{7-15}$$

从式(7-14)和式(7-15)可知,此时调频波的调制指数为

$$m_f = \frac{K_f V_\Omega}{\Omega} \tag{7-16}$$

调相波的调制指数为

$$m_P = K_P V_\Omega \tag{7-17}$$

根据式(7-10)可求出调频波的最大频移为

$$\Delta\omega_f = K_f V_\Omega \tag{7-18}$$

根据式(7-12)可求出调相波的最大频移为

$$\Delta\omega_P = K_P \Omega V_\Omega \tag{7-19}$$

由此可知,调频波的频偏与调制频率 Ω 无关,调频指数 m_f 则与 Ω 成反比;调相波的频偏 $\Delta\omega_P$ 与 Ω 成正比,调相指数则与 Ω 无关。这是调频、调相两种调制方法的根本区别。它们之间的关系参见图 7-3。

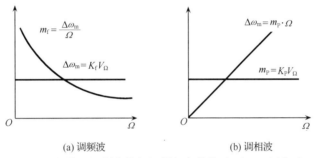

(a) 调频波　　　　　　　　　　(b) 调相波

图 7-3　频偏和调制指数与调制频率的关系(当 V_Ω 恒定时)

对照式(7-16)~式(7-19)可以看出:无论调频还是调相,最大频移(频偏)与调制指数之间的关系都是相同的。若频偏都用 $\Delta\omega_m$ 表示,调制指数都用 m 表示,则 $\Delta\omega_m$ 与 m 之间满足以下关系

$$\Delta\omega_m = m\Omega \quad \text{或} \quad \Delta f_m = mF \tag{7-20}$$

式中,$\Delta f = \dfrac{\Delta\omega}{2\pi}$;$F = \dfrac{\Omega}{2\pi}$。需要说明的是,在振幅调制中,调幅度 $m_a \leqslant 1$,否则会产生过调制失真。而在角度调制中,无论调频还是调相,调制指数均可大于 1。

7.2.2　调角信号的频谱与有效频带宽度

由于调频波和调相波的方程式相似,因此要分析其中一种频谱,则另一种也完全适用。

1. 调频波和调相波的频谱

前面已经提到,调频波的表示式为

$$a_f(t) = V_0\cos(\omega_0 t + m_f\sin\Omega t) \tag{7-21}$$

利用三角函数关系,可将式(7-21)写成

$$a_f = V_0 \cos(\omega_0 t + m_f \sin\Omega t)$$
$$= V_0 [\cos(m_f \sin\Omega t)\cos\omega_0 t - \sin(m_f \sin\Omega t)\sin\omega_0 t] \tag{7-22}$$

函数 $\cos(m_f \sin\Omega t)$ 和 $\sin(m_f \sin\Omega t)$ 为特殊函数,采用贝塞尔函数分析,可分解为

$$\cos(m_f\sin\Omega t) = J_0(m_f) + 2J_2(m_f)\cos2\Omega t + 2J_4(m_f)\cos4\Omega t$$
$$+ 2J_n(m_f)\cos n\Omega t + \cdots \quad (n \text{ 为偶数}) \tag{7-23}$$

$$\sin(m_f\sin\Omega t) = 2J_1(m_f)\sin\Omega t + 2J_3(m_f)\sin3\Omega t + 2J_5(m_f)\sin5\Omega t$$
$$+ 2J_{2n+1}(m_f)\sin(n)\Omega t + \cdots \quad (n \text{ 为奇数}) \tag{7-24}$$

在贝塞尔函数理论中,以式(7-23)和式(7-24)中的 $J_n(m_f)$ 称为数值 m_f 的 n 阶第一类贝塞尔函数值。它可由第一类贝塞尔函数表求得。图 7-4 为阶数 $n=0\sim7$ 的 $J_n(m_f)$ 与 m_f 值的关系曲线。由图 7-4 可知,阶数 n 或数值 m_f 越大,$J_n(m_f)$ 的变化范围越小;$J_n(m_f)$ 随 m_f 的增大做正负交替变化;m_f 在某些数值上,$J_n(m_f)$ 为零,如 $m_f = 2.405, 5.520, 8.653, 11.790, \cdots$ 时,$J_0(m_f)$ 为零。

将式(7-23)和式(7-24)代入式(7-22)得

$$a_f(t) = V_0 J_0(m_f)\cos\omega_0 t$$
$$- V_0 J_1(m_f)[\cos(\omega_0 - \Omega)t - \cos(\omega_0 + \Omega)t]$$
$$+ V_0 J_2(m_f)[\cos(\omega_0 - 2\Omega)t + \cos(\omega_0 + 2\Omega)t]$$
$$- V_0 J_3(m_f)[\cos(\omega_0 - 3\Omega)t - \cos(\omega_0 + 3\Omega)t]$$
$$+ \cdots \tag{7-25}$$

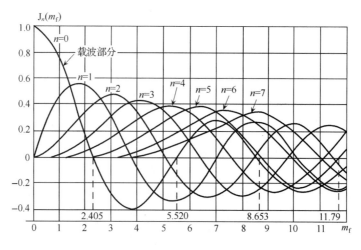

图 7-4　贝塞尔函数曲线

可见,单频调制情况下,调频波和调相波可分解为载频和无穷多对上下边频分量之和,各频率分量之间的距离均等于调制频率,且奇数次的上下边频相位相反,包括载频分量在内的各频率分量的振幅均由贝塞尔函数 $J_n(m_f)$ 值决定。

图 7-5 所示频谱图是根据式(7-25)和贝塞尔函数值画出的几个调频频率(即各频率分量的间隔距离)相等、调制指数 m_f 不等的调频波频谱图。为简化起见,图 7-5 中各频率分量均取振幅的绝对值。由图 7-5 可知,不论 m_f 为何值,随着阶数 n 的增大,边频分量的振幅总的趋势是减小的;m_f 越大,具有较大振幅的边频分量就越多;对于某些 m_f 值,载频或某些边

频分量的振幅为零,利用这一现象,可以测量调频波和调相波的调制指数。

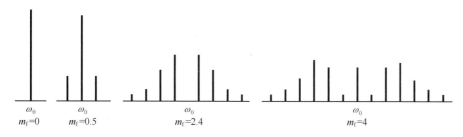

图 7-5　单频调制的调频波的频谱图

对调制信号为包含多频率分量的多频调制情况,调频波和调相波的频谱结构将更复杂,这时不但存在调制信号各频率分量的各阶与载频的组合,还存在调制信号各频率分量间相互组合后与载频之间产生的无穷多个组合形成的边频分量。

2. 调频波和调相波的功率和有效频带宽度

调频波和调相波的平均功率与调幅波一样,也为载频功率和各边频功率之和。单频调制时,调频波和调相波的平均功率均可由式(7-25)求得,此处略去调制指数的下角标,即

$$P_{\text{av}} = \frac{1}{2}\frac{V_0^2}{R_{\text{L}}}\{J_0^2(m) + 2[J_1^2(m) + J_2^2(m) + \cdots + J_n^2(m) + \cdots]\} \tag{7-26}$$

根据第一类贝塞尔函数的性质,式(7-26)大括弧中各项之和恒等于1,所以调频波和调相波的平均功率为

$$P_{\text{av}} = \frac{1}{2}\frac{V_0^2}{R_{\text{L}}} \tag{7-27}$$

可见,调频波和调相波的平均功率与调制前的等幅载波功率相等。这说明,调制的作用仅是将原来的载频功率重新分配到各个边频上,而总的功率不变。这一点与调幅波完全不同。

进一步分析表明,调制后尽管部分功率由载频向边频转换,但大部分能量还是集中在载频附近的若干个边频之中。由贝塞尔函数可以发现,当阶数 $n > m$ 时,$J_n(m)$ 值随 n 的增大迅速下降,而且当 $n > (m+1)$ 时,$J_n(m)$ 的绝对值小于 0.1 或相对功率值小于 0.01。所以,通常将振幅小于载波振幅 10% 的边频分量忽略不计,有效的上下边频分量总数则为 $2(m+1)$ 个,即调频波和调相波的有效频带宽度为

$$\text{BW} = 2(m+1)F = 2(\Delta f + F) \tag{7-28}$$

可见,调频波和调相波的有效频带宽度与它们的调制指数 m 有关,m 越大,有效频带越宽。但是,当用同一个调制信号对载波进行调频和调相时,两者的频带宽度因 m_{f} 和 m_{p} 的不同而互不相同。

7.2.3　调频波与调相波的联系与区别

根据调频波的数学表达式 $a_{\text{f}}(t) = V_0\cos\left[\omega_0 t + K_{\text{f}}\int_0^t v_\Omega(t)\mathrm{d}t\right]$ 和调相波的数学表达式 $a_{\text{P}}(t) = V_0\cos[\omega_0 t + K_{\text{P}}v_\Omega(t)]$ 可以看出 FM 与 PM 两者之间的关系,即调频波可以看成调制信号为 $\int_0^t v_\Omega(t)\mathrm{d}t$ 的调相波,而调相波则可以看成调制信号为 $\dfrac{\mathrm{d}v_\Omega(t)}{\mathrm{d}t}$ 的调频波。这种关系

为间接调频方法奠定了理论基础(7.3 节详细分析)。

根据前面的分析可知,当调制信号频率 F 发生变化时,调频波的调制指数 m_f 与 F 成反比,其频宽宽度基本不变,故称恒带调制,其频谱宽度如图 7-6(a)所示。而当调制信号频率 F 变化时,调相波的调制指数 m_P 与 F 无关,其频带宽度随调制频率 F 变化,其频谱图如图 7-6(b)所示。

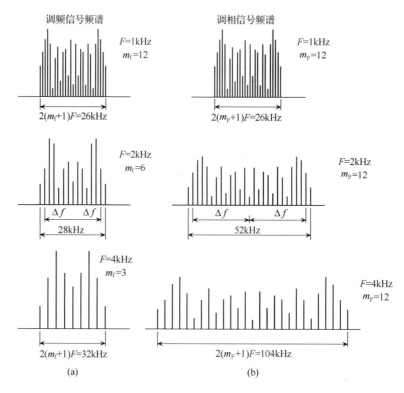

图 7-6 调制频率不同时 FM 及 PM 信号的频谱

设 $F=1\text{kHz}$,$m_f = m_P = 12$,这时,FM 与 PM 信号的谱宽相等,为 26kHz。但是当调制信号幅度不变而频率增加到 2kHz 和 4kHz 时,对 FM 波来说,虽然调制频率提高了,但因 m_f 减小,使有效边频数目减小,所以有效谱宽只增加到 28kHz 和 32kHz,即增加是有限的。对 PM 波来说,m_P 不变,故谱宽随 F 成正比例地增加到 52kHz 和 104kHz,因而占用的频带很宽,极不经济。

7.3 调频方法及电路

7.3.1 实现调频的方法和基本原理

频率调制是对调制信号频谱进行非线性频率变换,而不是线性搬移,因而不能简单地用乘法器和滤波器来实现。实现调频的方法分为两大类:直接调频法和间接调频法。

1. 直接调频法

用调制信号直接控制振荡器的瞬时频率变化的方法称为直接调频法。如果受控振荡器是

产生正弦波的 LC 振荡器,则振荡频率主要取决于谐振回路的电感和电容。将受到调制信号控制的可变电抗与谐振回路连接,就可以使振荡频率按调制信号的规律变化,实现直接调频。

可变电抗器件的种类很多,其中应用最广的是变容二极管。作为电压控制的可变电容元件,它有工作频率高、损耗小和使用方便等优点。具有铁氧体磁芯的电感线圈,可以作为电流控制的可变电感元件。此外,由场效应管或其他有源器件组成的电抗管电路,可以等效为可控电容或可控电感。

直接调频法原理简单,频偏较大,但中心频率不易稳定。在正弦振荡器中,若使可控电抗器连接于晶体振荡器中,可以提高频率稳定度,但频偏减小。

2. 间接调频法

先将调制信号进行积分处理,然后用它控制载波的瞬时相位变化,从而实现间接控制载波的瞬时频率变化的方法,称为间接调频法。

根据前面调频与调相波之间的关系可知,调频波可看成将调制信号积分后的调相波。这样,调相输出的信号相对积分后的调制信号而言是调相波,但对原调制信号而言则为调频波。这种实现调相的电路独立于高频载波振荡器以外,所以这种调频波突出的优点是载波中心频率的稳定性可以做得较高,但可能得到的频偏较小。

间接调频实现的原理框图如图 7-7 所示。

无论是直接调频,还是间接调频,其主要技术要求是频偏尽量大,并且与调制信号保持良好的线性关系;中心频率的稳定性尽量高;寄生调幅尽量小;调制灵敏度尽量高。其中频偏增大与调制线性度之间是矛盾的。

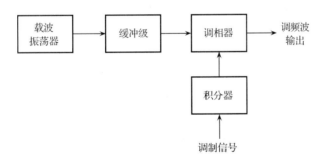

图 7-7 借助于调相器得到调频波

7.3.2 变容二极管直接调频电路

变容二极管调频电路是一种常用的直接调频电路,广泛地应用于移动通信和自动频率微调系统。其优点是工作频率高,固有损耗小且线路简单,能获得较大的频偏,其缺点是中心频率稳定度较低。

1. 基本工作原理和定量分析

第 5 章压控振荡器一节已介绍变容二极管是利用半导体 PN 结的结电容随反向电压变化这一特性而制成的一种半导体二极管。它是一种电压控制可变电抗元件。结电容 C_j 与反向电压 v_R 存在式(7-29)的关系:

$$C_j = \frac{C_{j0}}{\left(1 + \dfrac{v_R}{V_D}\right)^\gamma} \tag{7-29}$$

图 7-8 表示变容管结电容随反向电压变化时的调频原理。加到变容管上的反向电压，包括直流偏压 V_0 和调制信号电压 $v_\Omega(t) = V_\Omega \cos\Omega t$，即

$$v_R(t) = V_0 + V_\Omega \cos\Omega t \tag{7-30}$$

此外假定调制信号为单音频简谐信号。结电容在 $v_R(t)$ 的控制下随时间发生变化。

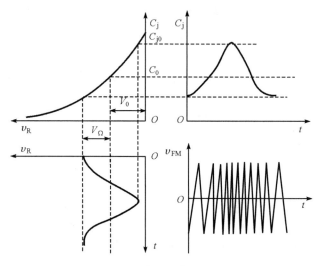

图 7-8   变容二极管调频原理

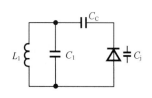

图 7-9   变容二极管振荡回路

把受到调制信号控制的变容二极管接入载波振荡器的振荡回路，如图 7-9 所示，则振荡频率也受到调制信号的控制。适当地选择变容二极管的特性和工作状态，可以使振荡频率的变化近似地与调制信号呈线性关系。这样就实现了调频。

在图 7-10 中，虚线左边是典型的正弦波振荡器，虚线右边是变容管电路。加到变容管上的反向偏压为

$$v_R = V_{CC} - V + v_\Omega(t) = V_0 + v_\Omega(t) \tag{7-31}$$

式中，$V_0 = V_{CC} - V$ 是反向直流偏压。

图 7-10 中，C_C 是变容管与 $L_1 C_1$ 回路之间的耦合电容，同时起到隔直流的作用；C_ϕ 为对调制信号的旁路电容；L_2 是高频扼流圈，但让调制信号通过。

图 7-10 中

$$\Delta C(t) = C' - C = \frac{C_C}{1 + \dfrac{C_C}{C_0}(1 + m\cos\Omega t)^\gamma} - \frac{C_C}{1 + \dfrac{C_C}{C_0}} \tag{7-32}$$

经整理可得

$$\Delta C(t) \approx -p^2 C_0 \, \phi(m, \gamma) \tag{7-33}$$

式中，p 为变容二极管与振荡回路之间的接入系数；$m = V_\Omega / (V_\Omega + V_0)$ 为调制深度。

根据第 5 章振荡器中频率稳定度的概念可知，当 $\Delta\omega \ll \omega_0$ 时

$$\frac{\Delta\omega}{\omega_0} = -\frac{1}{2}\left(\frac{\Delta C}{C} + \frac{\Delta L}{L}\right) \approx -\frac{1}{2}\frac{\Delta C}{C} \tag{7-34}$$

式中，ω_0 是未调制时载波角频率；C 是调制信号为零时的回路总电容。

将式(7-33)代入式(7-34)得

$$\Delta\omega(t) = K\omega_0\,\phi(m,\gamma) = K\omega_0[A_0 + A_1\cos\Omega t + A_2\cos 2\Omega t + \cdots]$$

或

$$\Delta f(t) = Kf_0[A_0 + A_1\cos\Omega t + A_2\cos 2\Omega t + \cdots]$$
$$= \Delta f_0 + \Delta f_1 + \Delta f_2 + \Delta f_3 + \cdots \tag{7-35}$$

式(7-35)说明，瞬时频率的变化中含有以下成分。

（1）与调制信号呈线性关系的成分 Δf_1

$$\Delta f_1 = KA_1 f_0 = \frac{1}{8}m[8 + (\gamma-1)(\gamma-2)m^2]Kf_0 \tag{7-36}$$

（2）与调制信号各次谐波呈线性关系的成分 $\Delta f_2, \Delta f_3, \cdots$

$$\Delta f_2 = KA_2 f_0 = \frac{1}{4}\gamma(\gamma-1)\,m^2 Kf_0 \tag{7-37}$$

$$\Delta f_3 = KA_3 f_0 = \frac{1}{24}\gamma(\gamma-1)(\gamma-2)m^3 Kf_0 \tag{7-38}$$

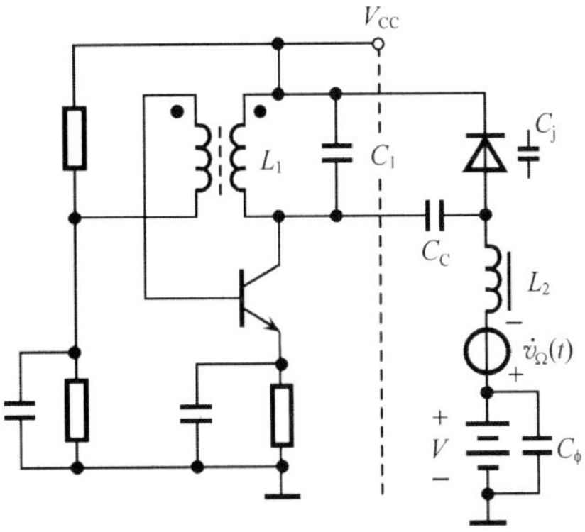

图 7-10　变容二极管调频电路

（3）中心频率相对于未调制时的载波频率产生的偏移为

$$\Delta f_0 = KA_0 f_0 = \frac{1}{4}\gamma(\gamma-1)m^2 Kf_0 \tag{7-39}$$

Δf_1 是调频时所需要的频偏；Δf_0 是引起中心频率不稳定的一种因素；Δf_2 和 Δf_3 是频率调制的非线性失真。由式(7-37)~式(7-39)可知，若选取 $\gamma=1$，则二次、三次非线性失真以及中心频率偏移均可为零。也就是说 Δf 与 $v_\Omega(t)$ 呈线性关系。

需要指出，以上讨论的是 ΔC 相对于回路总电容 C 很小（小频偏）的情况。如果 ΔC 比较大则属于大频偏调频（参见有关文献分析）。

2. 变容二极管调频实际电路分析

图 7-11 是中心频率为 8MHz 的直接调频电路。图 7-11(a)是实际电路，图 7-11(b)是其交流等效电路。变容二极管的静态反偏电压由 -12V 电源经电阻 R_1、R_W 和 R_2 分压后取得，调制信号 v_Ω 经电容 C_1 和高频扼流圈 L_1 加至变容管起调频作用，调频信号经 C_{10} 输出。该电路中的变容二极管采用 2CC13F，其电容为 $60\sim230$pF。C_5、C_6、C_7、C_8、C_9 和 C_j 构成振荡回路电容，L_2 为振荡回路电感，由图 7-11(b)交流等效电路可以看出该中心频率振荡电路为西勒电路。

变容二极管直接调频电路比较简单，容易获得较大的频偏；但是偏置电压的漂移、温度的变化会引起中心频率漂移，因此调频波的载波频率稳定度不高。

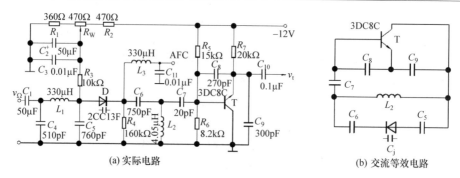

图 7-11　8MHz 变容二极管调频电路

7.3.3　晶体振荡器直接调频

为了克服变容二极管调频电路中载波频率稳定度不高的缺点,可采用晶体振荡器调频电路。它是将变容二极管和石英晶体串联或并联后,接入振荡回路构成的调频振荡器。图 7-12(a) 所示为某型号无线话筒晶体振荡器直接调频电路,晶体的标称频率为 19.130MHz,音频信号通过 R_1 加在变容二极管负极,控制变容二极管结电容,实现直接调频。电路中,电源电压通过 R_1、R_2、R_3 分压为变容二极管 D_4 提供反向静态直流偏置,D_4 与晶体 Y_1 及电感 L_1 串联,再与 C_2、C_3 并联构成克拉泼振荡器,改变 L_1 可微调调频中心频率,交流等效电路如图 7-12(b) 所示。

该无线话筒发射的中心频率是固定的,不同的频率点的无线话筒采用不同频率的泛音晶体,若将 19.130MHz 经过 12 次倍频,则发射频率为 229.56MHz。

石英晶体振荡回路具有振荡中心频率十分稳定,载波频率漂移小的优点,但晶体的调制频偏小,为提高调频频偏,后级可采用倍频电路,倍频后,不仅提高了载频频率,调制频偏也扩大了,这是在晶体振荡器直接调频中扩大频偏常采用的方法。

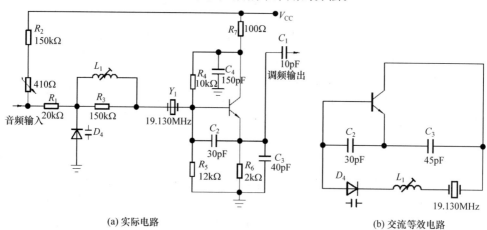

图 7-12　晶体直接调频电路

7.3.4　间接调频方法(由 PM→FM)

间接调频的频稳度高,广泛应用于广播发射机和电视伴音发射机中。由前面间接调频的原理图可知,间接调频的关键在于如何实现调相。常用的调相方法主要有移相法调相、可变时延法调相和矢量合成调相法。

1. 移相法调相

若将振荡器产生的载波电压 $V\cos\omega_0 t$ 通过由调制信号 v_Ω 控制的移相网络,使该网络移相 $\varphi=k_p v_\Omega$,则移相网络的输出电压为所需要的调相波,即 $v_{PM}=V\cos(\omega_0 t-\varphi)$。若调制信号 $v_\Omega=V_{\Omega m}\cos\Omega t$,则 $v_{PM}=V\cos(\omega_0 t-k_p V_{\Omega m}\cos\Omega t)=V\cos(\omega_0 t-m_p\cos\Omega t)$。

在移相法调相电路中,常采用 LC 谐振回路作为移相网络,其实现电路如图 7-13 所示。把受调制信号控制的变容管接在谐振回路里,回路的谐振频率随调制信号变化,当载波通过该回路时,由于失谐会产生相移,从而实现调相。

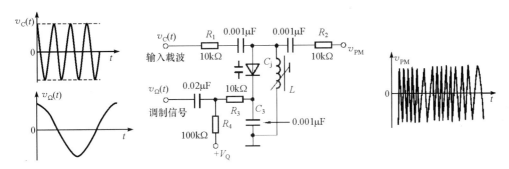

图 7-13　LC 回路变容管调相电路

在 LC 调谐回路中,若 $v_\Omega=0$ 时,回路谐振在载频 f_0 上,相移 $\Delta\varphi=0$;当 $v_\Omega\neq0$ 时,回路失谐,呈电感性或电容性,这时可产生相移 $\Delta\varphi>0$ 或 $\Delta\varphi<0$,根据并联谐振回路的相角关系可知,此时

$$\Delta\varphi=-\arctan\left(Q\frac{2\Delta f}{f_0}\right) \tag{7-40}$$

在 $\Delta\varphi\leqslant\pi/6$ 时,式(7-40)可近似为

$$\Delta\varphi\approx-Q\frac{2\Delta f}{f_0} \tag{7-41}$$

设负载回路电容在调制信号 v_Ω 控制下变化 ΔC,且 ΔC 与 v_Ω 呈线性关系,即

$$\Delta C=k_p v_\Omega \tag{7-42}$$

若 $\dfrac{\Delta C}{C_0}\ll1$ 时,则回路相对失谐为

$$\frac{\Delta f}{f_0}\approx-\frac{1}{2}\frac{\Delta C}{C_0} \tag{7-43}$$

将式(7-42)和式(7-43)代入式(7-41)即得到

$$\Delta\varphi\approx-Q\frac{2\Delta f}{f_0}=Q/C_0 k_p V_{\Omega m}\cos\Omega t \tag{7-44}$$

式(7-44)说明,当满足 $\Delta\varphi\leqslant\pi/6$ 和 $\dfrac{\Delta C}{C_0}\ll1$ 两个条件时,相移 $\Delta\varphi$ 与调制信号呈线性关系,但这种调相方法产生的最大相移只有 $\pi/6$,即最大调制指数 m_{max} 为 0.5rad。实际应用中为了加大相移,常采用多节谐振回路级联,如图 7-14 所示。

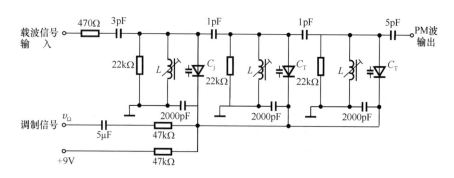

图 7-14 多节谐振回路级联

2. 可变时延法调相(脉冲调相)

可变时延法调相是对载波信号 $v_0(t)=V_{0m}\cos\omega_0 t$ 进行延时,可得到 $v_{01}(t)=V_{0m}\cos[\omega_0(t-\tau)]$,若使延时时间 τ 与调制信号 $v_\Omega=V_{\Omega m}\cos\Omega t$ 成正比,则可实现调相,得到 $v_{PM}(t)=V_{0m}\cos(\omega_0 t-m_p\cos\Omega t)$。一般对模拟信号的可控延时较困难,可先将载波信号变为脉冲序列,用数字电路实现可控延时,然后再将延时后的脉冲序列变成相位变化的模拟载波信号。因此,可变时延法调相方法又称为脉冲调相方法。这种调相电路的优点是线性相移较大,调制线性好,具体实现电路在此不详述。

3. 矢量合成调相法(阿姆斯特朗法)

将调相波的一般数学表示式(7-9)展开,并以 A_p 代表 k_p,A_0 代表 V,即得

$$a(t) = A_0\cos\omega_0 t\cos[A_p v_\Omega(t)] - A_0\sin[A_p v_\Omega(t)]\sin\omega_0 t$$

若最大相移很小,例如,设 $A_p|v_\Omega(t)|_{\max}\leqslant\pi/6$,则上式可近似写成

$$a(t) \approx A_0\cos\omega_0 t - A_0 A_p v_\Omega(t)\sin\omega_0 t \tag{7-45}$$

式(7-45)说明,调相波在调制指数小于 0.5rad 时,可以认为是由两个信号叠加而成的:一个是载波振荡 $A_0\cos\omega_0 t$,另一个是载波被抑止的双边带调幅波 $-A_0 A_p v_\Omega(t)\cdot\sin\omega_0 t_0$,两者的相位差为 $\pi/2$。图 7-15 是它们的矢量图。图 7-15 中,矢量 $\dot A$ 代表 $A_0\cos\omega_0 t$,$\dot B$ 代表 $-A_0 A_p v_\Omega(t)\sin\omega_0 t_0$,$\dot C$ 代表 $\dot A+\dot B$。$\dot A$ 与 $\dot B$ 互相垂直,$\dot B$ 的长度受到 $v_\Omega(t)$ 的调制。显然,合成矢量 $\dot C$ 的长度以及它与 $\dot B$(或 $\dot A$)之间的相角也受到调制信号 $v_\Omega(t)$ 的控制,即 $\dot C$ 代表一个调相调幅波。寄生调幅可以用限幅的办法去掉。根据式(7-45),可拟出实现这种调相方法的方框图,如图 7-16 所示。

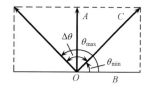

图 7-15 载波振荡与双边
带调幅波相加形成
窄带调相波

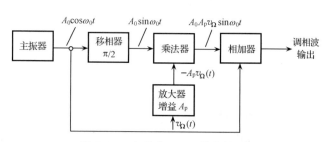

图 7-16 实现式(7-45)的方框图

联系到双边带调幅的产生方法,图 7-16 中的乘法器实际上就是一个平衡调幅器,进一步具体化为图 7-17 所示的方框图。

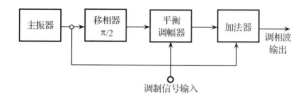

图 7-17 用载波振荡与双边带调幅波叠加以实现调相

这种调相方法是首先由阿姆斯特朗(Armstrong)提出的,故名为阿姆斯特朗法。

4. 间接调频的实现

调相法所获得频偏一般是不能满足需要的,例如,调频广播所要求的最大频移为 75kHz。为了使频偏加大到所需的数值,常需采用倍频的方法。如果调频的频偏只有 50Hz,则需要的倍数次数为 $(75 \times 10^3 / 50) = 1500$ 倍,可见所需的倍频次数是很高的。

如果倍数之前载波频率为 1MHz,则经 1500 次倍频后,中心频率增大为 1500MHz。这个数值又可能不符合对中心频率的要求。例如,调频广播的中心频率假定要求 100MHz。为了最后得到这个数值,尚需采用混频的方法。对于此处的例子,可用一个频率为 1400MHz(如用石英晶体振荡器再加上若干次倍频的办法来得到)的本地振荡电压与之混频。混频只起频谱搬移作用,不会改变最大频移。因此,最后获得中心频率为 100MHz,频偏为 75kHz 的调频波。

当然,倍频也可以分散进行,例如,先倍频 N_1 次,然后进行混频,最后再倍频 N_2 倍。若有必要,可以如此进行多次。图 7-18 表示分散两次倍频的例子。正是由于倍频和混频电路常常是不可缺少的,所以间接调频电路一般来说要比直接调频复杂。

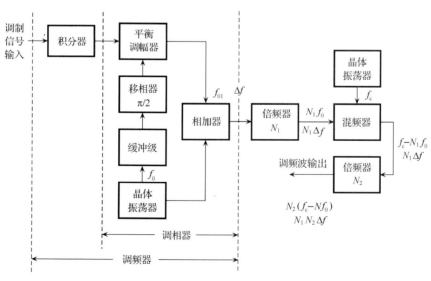

图 7-18 间接调频的典型方框图

7.4　调角信号解调

解调是调制的逆过程,对调频波而言,调制信息包含在已调信号瞬时频率的变化中,所以解调的任务就是把已调信号瞬时频率的变化不失真地转变成电压变化,即实现频率-电压转换,完成这一功能的电路,称为频率解调器,简称鉴频器。同理,从调相波中恢复原调制信号即鉴相。

角度解调原
理与电路

7.4.1　鉴频器的主要技术指标和鉴频方法

1. 鉴频器的主要技术指标

鉴频器的主要特性是鉴频特性,也就是鉴频器输出电压 v_0 与输入调频波频率 f 之间的关系,典型的鉴频特性曲线如图 7-19 所示。下列几个参量是衡量鉴频器性能的技术指标。

(1) 鉴频跨导 S。在中心频率附近,单位频偏所引起的输出电压的变化量,即

$$S=\frac{\Delta v_0}{\Delta f}\bigg|_{f=f_0} \tag{7-46}$$

显然,鉴频灵敏度越高,意味着鉴频特性曲线越陡峭,鉴频能力越强。

(2) 线性范围。指鉴频特性曲线近似于直线段的频率范围,用 $2\Delta f_{max}$ 表示,如图 7-19 所示,它表明鉴频器不失真解调时所允许的频率变化范围。因此,要求 $2\Delta f_{max}$ 应大于调频波频偏的两倍。$2\Delta f_{max}$ 又称为鉴频器的带宽。

(3) 鉴频灵敏度。主要是指为使鉴频器正常工作所需的输入调频波的幅度,其值越小,鉴频器灵敏度越高。

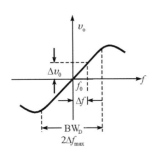

图 7-19　鉴频特性曲线

2. 实现鉴频的方法

实现鉴频的方法很多,但常用的方法有斜率鉴频器、相位鉴频器、脉冲计数式鉴频器和锁相环路鉴频等方法。这节将分别介绍斜率鉴频器和脉冲计数式鉴频器,锁相环路鉴频将在第 10 章中讨论。

(1) 斜率鉴频器。斜率鉴频器的基本原理是利用波形变换进行鉴频。将输入调频波通过具有合适频率特性的线性变换网络,使输出调频波的振幅按照瞬时频率的规律变化,即将调频波变换为调频调幅波,再利用振幅检波恢复出原调制信号,其原理框图如图 7-20 所示。

图 7-20　斜率鉴频器的原理框图

① 单失谐回路斜率鉴频器。

线性变换网络通常采用 LC 谐振回路,如果输入调频信号中心频频率 f_0 置于 LC 回路的谐振曲线倾斜部分的线性段的中点 0,可将等幅的输入 FM 信号瞬时频率变化规律直接变换为 FM 波的包络变化。图 7-21(a)为单失调回路斜率鉴频器电路。输入 FM 波的载频通过 LC 回路后,由于瞬时频率产生适当失谐,即将调频波变为调频调幅波,然后由包络检波器进行振幅解调,其工作过程见图 7-21(b)。这种鉴频器的主要缺点是非线性失真严重,因此,只能用于要求不高的 FM 接收机中。

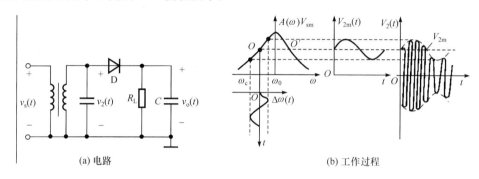

图 7-21　单失调回路斜率鉴频器

② 双失谐回路斜率鉴频器。

为了扩大鉴频特性的线性范围,可采用双失谐回路斜率鉴频器,其电路如图 7-22(a)所示。输入端并联回路 L_1C_1 和 L_2C_2 的谐振频率分别为 f_{01} 和 f_{02},它们各自失谐于输入 FM 信号中心频率 f_s 的两侧,且与 f_s 的失谐间隔相等即 $f_{01}-f_s=f_s-f_{02}$,当电路严格对称时,鉴频器输出没有直流电压。v_o 反映了输入 FM 信号的瞬时频率的变化规律。当输入为单音的等幅 FM 信号时,通过上、下两个对称失谐于 f_s 的回路,各自变为包络线相位差为 180° 的调频调幅波,而后分别由上、下两个包络检波器检出反映包络变化(即调频波瞬时频率变化)的平均电压 v_{o1} 和 v_{o2},设 $A_1(f)$、$A_2(f)$ 为上、下两谐振回路的幅频特性,v_o 为双失谐回路斜率鉴频器总的输出电压解调电压,则

$$v_o = v_{o1} - v_{o2} = V_{sm}k_d[A_1(f) - A_2(f)]$$

k_d:上、下两包络检波器的检波电压传输系数。

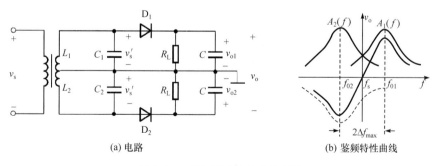

图 7-22　双失谐回路斜率鉴频器

这种鉴频器的特点:L_1C_1、L_2C_2 的 Q 值是相同的;f_{01}、f_{02} 相对 f_s 对称,即 $f_{01}-f_s=f_s$ $-f_{02}$;上下两个包络检波器对称。

双失谐回路斜率鉴频器的鉴频带宽较单失谐回路斜率鉴频器带宽大,且鉴频特性在带内具有良好的线性。因此,双失谐回路斜率鉴频器适用于较大频偏情况。目前主要用于要求失真很小的微波多路通信接收机中。

③ 集成电路双失谐斜率鉴频器。

图 7-23 是集成电路中广泛采用的斜率鉴频器,图 7-23 中 L_1、C_1、C_2 构成线性网络,即将 v_s 变换为调频调幅电压 $v_1(t)$ 和 $v_2(t)$;晶体管 T_1、T_2 是射级跟随器;T_3、T_4 是三极管包络检波器,输出解调波;T_5、T_6 构成差分放大器,放大已解调信号电压。

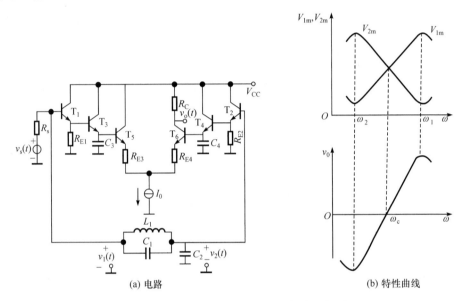

图 7-23　集成电路中广泛采用的斜率鉴频器

集成电路斜率鉴频器的特性曲线如图 7-23(b)所示。当 $\omega \approx \omega_1$ 时,$L_1 C_1$ 并联谐振,v_{1m} 最大,v_{2m} 最小。当 $\omega \approx \omega_2$ 时,L_1、C_1、C_2 串联谐振,v_{1m} 最小,v_{2m} 最大。合成鉴频特性曲线如图 7-23(b)所示。$v_0 = A(v_{1m} - v_{2m})$,其中,A 是增益常数,取决于射随器、检波器、差分放大器。L_1、C_1、C_2 可根据调频信号的载波频率进行调整。

(2) 脉冲计数式鉴频器。这种鉴频器是利用对调频波通过零点的数目进行计数来解调的。因为调频波的瞬时频率随调制信号变化,而其单位时间内的过零点的数目正比于调频波的瞬时频率,当瞬时频率高时,过零的数目就多;当瞬时频率低时,过零的数目就少。图 7-24 给出了脉冲计数式鉴频器实现方框图和波形图。

首先将输入调频波通过限幅器变为调频方波,然后微分变为尖脉冲序列,用其中正脉冲去触发脉冲形成电路,这样调频波就变换成脉宽相同而周期变化的脉冲序列,它的周期变化反映调频波瞬时频率的变化。将此信号进行低通滤波,取出其平均分量,就可得到原调制信号。这种电路的突出优点是线性好、频带宽、便于集成,同时它能工作于一个相当宽的中心频率范围(1Hz～10MHz,如配合使用混频器,中心频率可扩展到 100MHz)。

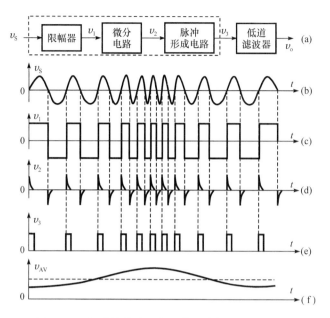

图 7-24　脉冲计数式鉴频器实现方框图和波形图

7.4.2　相位鉴频器

相位鉴频器也是利用波形变换鉴频的一种方法。它是利用回路的相位频率特性将调频波变为调幅-调频波，然后用振幅检波恢复调制信号。

常用的相位鉴频器电路有两种，即电感耦合相位鉴频器和电容耦合相位鉴频器。本节主要讨论电感耦合相位鉴频器。

1. 电路说明

图 7-25 是电感耦合相位鉴频器原理电路图。输入电路的初级回路 C_1、L_1 和次级回路 C_2、L_2 均调谐于调频波的中心频率 f_0。它们完成波形变换，将等幅调频波变换成幅度随瞬时频率变化的调频波（即调幅-调频波）。D_1、R_1、C_3 和 D_2、R_2、C_4 组成上、下两个振幅检波器，且特性完全相同，将振幅的变化检测出来。

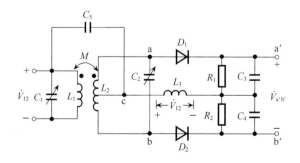

图 7-25　电感耦合相位鉴频器原理电路图

负载电阻 R_1、R_2 通常比旁路电容 C_3、C_4 的高频容抗大得多，而耦合电容 C_5 与旁路电

容 C_3、C_4 的容抗则远小于高频扼流圈 L_3 的感抗。因此,初级回路上的信号电压 $\dot{V}_{12}$ 几乎全部降落在扼流圈 L_3 上。

2. 工作原理

由图 7-25 可以看出,初级回路电流经互感耦合,在次级回路两端感应产生次级回路电压 $\dot{V}_{ab}$。加在两个振幅检波器的输入信号分别为

$$\dot{V}_{D1} = \dot{V}_{ac} + \dot{V}_{12} = \frac{1}{2}\dot{V}_{ab} + \dot{V}_{12} \tag{7-47}$$

$$\dot{V}_{D2} = \dot{V}_{bc} + \dot{V}_{12} = -\frac{1}{2}\dot{V}_{ab} + \dot{V}_{12} \tag{7-48}$$

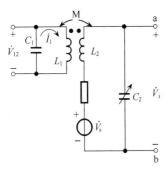

只要加在二极管上的电压为 FM-AM 波,后面就是第 6 章分析的振幅检波。因此,这里关键是弄清 $\dot{V}_{12}$ 与 $\dot{V}_{ab}$ 间的相位关系。

为了使分析简单起见,先做两个合乎实际的假定:① 初次级回路的品质因数均较高;② 初、次级回路之间的互感耦合比较弱。这样,在估算初级回路电流时,就不必考虑初级回路自身的损耗电阻和从次级反射到初级的损耗电阻。于是可以近似地得到图 7-26 所示的等效电路,图 7-26 中

图 7-26　次级回路的等效电路

$$\dot{I}_1 = \frac{\dot{V}_{12}}{j\omega L_1} \tag{7-49}$$

初级电流 $\dot{I}_1$ 在次级回路中感应产生串联电动势

$$\dot{V}_s = \pm j\omega M\dot{I}_1 \tag{7-50}$$

式中,正、负号取决于初次级线圈的绕向。现在假设线圈的绕向使式(7-50)取负号。将式(7-49)代入式(7-50),得

$$\dot{V}_s = -\frac{M}{L_1}\dot{V}_{12} \tag{7-51}$$

$\dot{V}_{ab}$ 可以根据图 7-26 所示的等效电路求出

$$\dot{V}_{ab} = \dot{V}_s \frac{Z_{C2}}{Z_{C2} + Z_{L2} + R_2} = \frac{-jX_{C2}\left(-\dot{V}_{12}\dfrac{M}{L_1}\right)}{R_2 + j(X_{L2} - X_{C2})}$$

$$= j\frac{M}{L_1}\frac{X_{C2}}{R_2 + jX_2}\dot{V}_{12} \tag{7-52}$$

式中,$X_2 = X_{L2} - X_{C2}$ 是次级回路总电抗,可正可负,还可为零。这取决于信号频率。

(1) 从式(7-52)可以看出,当信号频率 f_{in} 等于中心频率 f_0(即回路谐振频率)时,$X_2 = 0$,于是

$$\dot{V}_{ab} = j\frac{M}{L_1}\frac{X_{C2}}{R_2}\dot{V}_{12} = \frac{MX_{C2}}{L_1 R_2}\dot{V}_{12}\,e^{j\frac{\pi}{2}} \tag{7-53}$$

式(7-53)表明,次级回路电压 $\dot{V}_{ab}$ 比初级回路电压 $\dot{V}_{12}$ 超前 $\frac{\pi}{2}$。

（2）当信号频率 f_{in} 高于中心频率 f_0 时,$X_{L2} > X_{C2}$,即 $X_2 > 0$。这时次级回路总阻抗为

$$Z_2 = R_2 + jX_2 = |Z_2| e^{j\theta}$$

式中,$|Z_2|$ 是 Z_2 的模,其值为

$$|Z_2| = \sqrt{R_2^2 + X_2^2}$$

θ 是 Z_2 的相角,其值为

$$\theta = \arctan \frac{X_2}{R_2}$$

将 Z_2 的关系式代入式(7-52),得

$$\dot{V}_{ab} = \frac{MX_{C2}}{L_1 |Z_2|} \dot{V}_{12} e^{j\left(\frac{\pi}{2} - \theta\right)} \tag{7-54}$$

式(7-54)表明,当信号频率高于中心频率时,次级回路电压 $\dot{V}_{ab}$ 超前于初级回路电压 $\dot{V}_{12}$ 一个小于 $\frac{\pi}{2}$ 的角度 $\left(\frac{\pi}{2} - \theta\right)$。

（3）当 $f_{in} < f_0$ 时,与上面类似

$$\dot{V}_{ab} = \frac{MX_{C2}}{L_1 |Z_2|} \dot{V}_{12} e^{j\left(\frac{\pi}{2} + \theta\right)} \tag{7-55}$$

即 $\dot{V}_{ab}$ 超前于 $\dot{V}_{12}$ 一个大于 $\frac{\pi}{2}$ 的相角 $\left(\frac{\pi}{2} + \theta\right)$。

通过上面的分析,我们找到了次级回路电压 $\dot{V}_{ab}$ 与初级回路电压 $\dot{V}_{12}$ 之间的相位关系。归纳起来就是:$\dot{V}_{ab}$ 将超前于 $\dot{V}_{12}$ 一个角度。这个角度可能是 $\frac{\pi}{2}$,可能大于 $\frac{\pi}{2}$,也可能小于 $\frac{\pi}{2}$,主要取决于信号频率是等于、小于或大于中心频率。正是由于这种相位关系与信号频率有关,才导致两个检波器的输入电压的大小产生了差别。这可以通过矢量图来说明。

根据式(7-47)、式(7-48)和上面的相位关系的分析,画出图 7-27 所示的矢量图。

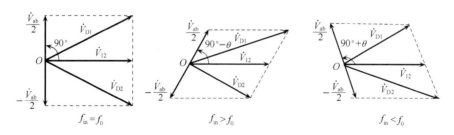

图 7-27　相位鉴频器矢量图

由于鉴频器的输出电压等于两个检波器输出电压之差,而每个检波器的输出电压正比于其输入电压的振幅 V_{D1}（或 V_{D2}）,所以鉴频器输出电压为

$$V_0 = V_{a'b'} = k_d (V_{D1} - V_{D2}) \tag{7-56}$$

式中,k_d 为检波器的电压传输系数。

将式(7-56)与图 7-27 的矢量图联系起来,可以看出:当 $f_{in} = f_0$ 时,因为 $V_{D1} = V_{D2}$,所以 $V_{a'b'} = 0$;当 $f_{in} > f_0$ 时,因为 $V_{D1} > V_{D2}$,所以 $V_{a'b'} > 0$;当 $f_{in} < f_0$ 时,因为 $V_{D1} < V_{D2}$,所以

$V_{a'b'} < 0$。因此,输出电压 $V_{a'b'}$ 反映了输入信号瞬时频率的偏移 Δf。而 Δf 与原调制信号 $v_\Omega(t)$ 成正比,即 $V_{a'b'}$ 与 $v_\Omega(t)$ 成正比。这表明实现了调频波的解调。若将 $V_{a'b'}$ 与频移 Δf 之间的关系画成曲线,便得到如图 7-28 所示的 S 形鉴频特性曲线。在该曲线的中间部分,输出电压与瞬时频移 Δf 之间近似地呈线性关系,Δf 越大,输出电压也越大;但当信号频率偏离中心频率越来越远时,超过一定限度($|\Delta f| > \Delta f_m$)后,鉴频器的输出电压又随着频移的加大而下降。其主要原因是,当频率超过一定范围以后,已超出了输入电路的通频带,耦合回路的频率响应曲线的影响变得显著起来,这就导致了 $\dot{V}_{ab}$ 的大小也随着频移的加大而下降,所以最后反而使鉴频器的输出电压下降。因此,S 形鉴频特性曲线的线性区间两边的边界应对应于耦合回路频率响应曲线通频带的两个半边界点,即半功率点。

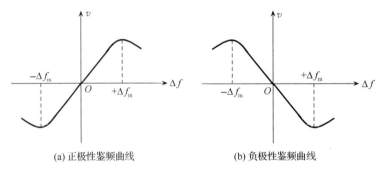

(a) 正极性鉴频曲线   (b) 负极性鉴频曲线

图 7-28　S 形鉴频特性曲线

图 7-28(a) 为正极性鉴频曲线,鉴频跨导 $S > 0$。若次级线圈的同名端相反,即 $\dot{V}_s = +j\omega M\dot{I}_1$,则为负极性鉴频,鉴频跨导 $S < 0$,如图 7-28(b) 所示。其矢量图读者可自行画出。

7.4.3　比例鉴频器

前面介绍的相位鉴频器,当输入调频信号的振幅发生变化时,输出电压也会发生变化,因此由各种噪声和干扰引起的输入信号寄生调幅,都将在其输出端反映出来。为了抑制噪声及干扰,在鉴频器前必须增设限幅器。而比例鉴频器具有自限幅功能,因而采用它可以省去外加的限幅器。

图 7-29 是比例鉴频器的原理电路,其频-相变换部分与相位鉴频器基本相同,电路上差别主要有以下几点。

(1) R_1,R_2 连接点 N 接地,负载 R_L 接在 MN 之间,输出电压由 M,N 引出。

(2) R_1 和 R_2 两端并接大电容 C_6(一般为 $10\mu F$),使得在检波过程中 a'b' 间的端电压基本保持不变。

(3) D_1 和 D_2 按环路顺接,保持直流通路,因此 C_3 和 C_4 上的电压极性一致,$V_{a'b'} = V_{C3} + V_{C4}$。比例鉴频器的输出电压

$$v_o = \frac{1}{2}K_0(V_{D2} - V_{D1}) = \frac{1}{2}\left(V_{a'b'} - \frac{2V_{a'b'}}{1 + \dfrac{V_{D_1}}{V_{D_2}}}\right)$$

比例鉴频器不需要前置限幅器,它本身就具有抑制寄生调幅所产生的干扰的能力,在比例鉴频器中,由于 C_6 的电容量很大,因此电压 $V_{a'b'}$ 基本稳定不变,它只取决于调频波的载波

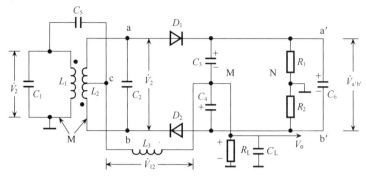

图 7-29　比例鉴频器的原理电路

振幅,而与其频偏及寄生调幅都无关。当输入信号振幅由于干扰突然变大时,由于电压 $V_{a'b'}$ 基本恒定,就使得检波管的电流明显加大,加重了对输入回路的负载,即回路 Q 值下降,可迫使信号振幅减小。反之亦然。因而很好地起到了稳幅的作用。

7.5　调频制的抗干扰(噪声)性能

关于各种调制方式的抗干扰性能分析属于后续课程《通信原理》的内容,但是,有些高频电路的组成(例如,调频收发信机中的预加重、去加重等特殊电路)与抗噪声性能的分析是密切相关的。本书只能在讲清楚讨论条件后,直接引用有关结论。

抗干扰性是指在接收机解调器的输入端信噪比(SNR)相同时,哪种调制方式的接收机输出端信噪比高,则认为这种调制方式的抗干扰性能好。在本章的开头曾提到调频制的突出特点是它的抗干扰性能优于调幅制,这是为什么呢? 对此,简述如下。

分析表明,对于单音调频波(假定干扰也是单频信号)而言,解调的输出电压信噪比为

$$(\mathrm{SNR})_{\mathrm{FM}} \approx \frac{V_{\mathrm{s}}}{V_{\mathrm{n}}} \frac{\Delta f}{F} = m_{\mathrm{f}} \frac{V_{\mathrm{s}}}{V_{\mathrm{n}}} \tag{7-57}$$

式中,$\dfrac{V_{\mathrm{s}}}{V_{\mathrm{n}}}$ 为接收机输入端信噪比,V_{s} 和 V_{n} 分别表示信号与干扰电压的幅值;Δf 为频偏;F 为调制信号频率;m_{f} 为调频指数。一般宽带调频指数 m_{f} 总是大于 1 的,因而调频接收机信噪比与输入端相比是有所提高的。

对调幅接收机而言,检波输出电压信噪比为

$$(\mathrm{SNR})_{\mathrm{AM}} \approx m_{\mathrm{a}} \frac{V_{\mathrm{s}}}{V_{\mathrm{n}}} \tag{7-58}$$

当 $m_{\mathrm{a}}=1$ 时,输出端信噪比与输入信噪比相等,这是调幅接收最好的情况。而通过 $m_{\mathrm{a}}<1$,则结果要差些。

由于在调幅制中,调幅指数 m_{a} 不能超过 1,而在调频制中,调频指数 m_{f} 可以远大于 1,所以说调解制的抗干扰性能优于调幅制。以上分析表明,加大调制指数 m_{f} 可以使鉴频输出信噪比增加,但必须注意,加大 m_{f} 将增加信号带宽。因此,调频制抗干扰性能优于调幅制,是以牺牲带宽为代价的。

以上讨论仅指干扰为单频信号的简单情况,如果干扰信号非单频,而是白噪声,分析表明,只有在调频指数大于 0.6 时,调频制的抗干扰性能才优于调幅制。因此,常把 $m_{\mathrm{f}}=0.6$

作为窄带调频与宽带调频的过渡点。在抗干扰性能方面,窄带调频并不优于调幅制,因为窄带调频信号和调幅信号的带宽并无差异。

从表面看,增加带宽将使更多的噪声信号进入接收机,但是,为什么宽带的调频信号反而可以提高信噪比呢?这是因为调频信号的频谱是有规律地扩展的,各旁频分量是相关的,经解调后宽带信号可以凝聚为窄带的原始调制信号频谱。而噪声各频率是彼此独立的,不能凝聚,解调后仍分布在宽带内,大部分将被滤波器滤除,这就使输出信噪比得以提高。

从式(7-57)还可以看出,调频接收机中鉴频器输出端的噪声随调制信号频率的增加而增大,即鉴频器输出端噪声电压频谱呈三角形(其噪声功率谱呈抛物线形),如图 7-30 所示。

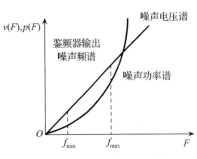

图 7-30 鉴频器输出噪声频谱

而各种消息信号(如话音、音乐等),它们的能量都集中在低频端,因此在调制信号的高频端输出信噪比将明显下降,这对调频信号的接收是很不利的。为了使调频接收机在整个频带内都具有较高的输出信噪比,可以在调频发射机的调制器之前,人为地加重高音频,使高音频电压提升,这被称为预加重技术,实现这一技术的电路称为预加重网络。但这样做的结果,改变了原调制信号各调制频率之间的比例关系,将造成解调信号的失真。因此,需要在调频接收机鉴频器输出端加入一个与预加重网络传输函数相反的去加重网络,把人为提升高音频电压振幅降下来,恢复原调制信号各频率之间的比例关系,使解调信号不失真。

1. 预加重网络

调频噪声频谱呈三角形,即与调制信号频率 F 成正比。与此相对应,可将信号电压做类似处理,要求预加重网络的传输函数应满足 $|H(j2\pi F)| \propto 2\pi F$,这对应于一个微分电路。但考虑到对信号的低端不应加重,一般采用的预加重网络及其传输特性分别如图 7-31(a)、(b)所示,图 7-31 中

$$F_1 = \frac{1}{2\pi R_1 C}$$

$$F_2 = \frac{1}{2\pi RC} \qquad (R = R_1 // R_2)$$

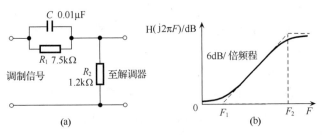

图 7-31 预加重网络

对于调频广播发射机中的预加重网络参数 C、R_1、R_2 的选择,常使 $F_1 = 2.1\text{kHz}$,

$F_2 = 15\text{kHz}$，此时 $R_1C = 75\,\mu\text{s}$。

2. 去加重网络

去加重网络及其频响特性见图 7-32(a)、(b)，去加重网络应具有与预加重网络相反的网络特征。因而应使 $|H(j2\pi F)| \propto 1/2\pi F$，可见，去加重网络相当于一个积分电路。在广播调频接收机中，去加重网络参数 R、C 的选择应使 $F_1 = 2.1\text{kHz}$，$F_2 = 15\text{kHz}$，此时 $R_1C = 75\mu\text{s}$。

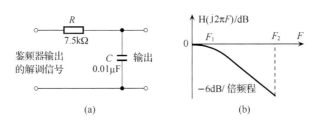

图 7-32　去加重网络

知识点注释

角度调制：指用调制信号去控制载波信号角度（频率或相位）变化的一种信号变换方式。

调角波：指载波的瞬时相位随调制信号改变的已调波。

瞬时频率：指信号某一时刻的相位变化率。

瞬时相位：指信号某一时刻的相位。

调相：指用调制信号去控制载波相位，相对于未调制的载波相位，调制产生的瞬时相位差与调制信号起伏变化成正比例的一种信号变换方式。

调频：指用调制信号去控制载波频率，相对于未调制的载波频率，调制产生的瞬时频率差与调制信号起伏变化成正比例的一种信号变换方式。

频偏：指调角波与载波频率间的瞬时频差绝对值的最大值。

调制指数：指调角波与载波相位间的瞬时相差绝对值的最大值。

直接调频法：用调制信号直接控制振荡器的瞬时频率变化的方法。

变容二极管调频：指用调制信号改变变容二极管的反向偏置电压从而改变其结电容，进而改变振荡器的振荡频率而获得调频波的调频方法。

间接调频法：指先对调制信号积分后再进行调相而得到调频波的调频方法。

矢量合成调相法：指使用调制信号与载波移相 90° 后相乘得到的乘积加上载波信号从而合成调相波的一种调相方法。

可变时延法调相：指利用调制信号控制载波信号时延大小而实现调相的一种方法。

移相法调相：指将载波信号通过一个相移受调制信号线性控制的移相网络而获得调相波的一种调相方法。

鉴频：指对调频信号的解调。

鉴相：指对调相信号的解调。

相位鉴频器：指利用波形变换鉴频的一种方法。它是利用回路的相位频率特性将调频波变为调幅-调频波，然后用振幅检波恢复调制信号。

比例鉴频器：指当相位鉴频器输入电压变化时，输出电压变化只与鉴频器两个二极管上电压的比相关，从而能抑制寄生调幅的鉴频电路。

本 章 小 结

(1) 角度调制是载波的总相角随调制信号变化,它分为调频和调相。调频的瞬时频率随调制信号线性变化,调相波的瞬时相位随调制信号线性变化。调角波的频谱不是调制信号频谱的线性搬移,而是产生了无数个组合频率分量,其频谱结构与调制指数 m 有关,这一点与调幅是不同的。

(2) 角度调制信号包含的频谱虽然是无限宽,但其能量集中在中心频率 f_0 附近的一个有限频段内。略去小于未调高频载波振幅 10% 以下的边频,可认为调角信号占据的有效带宽为 $\mathrm{BW}=2(\Delta f_\mathrm{m}+F_{\max})$,其中,$\Delta f_\mathrm{m}$ 为频偏,$F_{\max}$ 为调制信号最高频率。

(3) 调角波的调制指数可表达为 $m=\dfrac{\Delta f}{F}$,但其中调频波的 m_f 与调制频率 F 成反比,而调相波的 m_P 则与调制频率 F 无关。调频波的频带宽度与调制信号频率无关近似为恒带调制,调相波的频带宽度随调制信号的频率而变化。

(4) 调角波的平均功率与调制前的等幅载波功率相等。调制的作用仅是将原来的载频功率重新分配到各个边频上,而总的功率不变。

(5) 实现调频的方法有两类:直接调频与间接调频。

直接调频是用调制信号去控制振荡器中的可变电抗元件(通常是变容二极管),使其振荡频率随调制信号线性变化;间接调频是将调制信号积分后,再对高频载波进行调相,获得调频信号。

直接调频可获得大的频偏,但中心频率的频率稳定度低;间接调频时中心频率的频率稳定度高,但难以获得大的频偏,需采用多次倍频、混频加大频偏。

(6) 调频波的解调称为鉴频或频率检波,调相波的解调称为鉴相或相位检波。与调幅波的检波一样,鉴频和鉴相也是从已调信号中还原出原调制信号。鉴频的主要方法有斜率鉴频器、相位鉴频器、比例鉴频器、相移乘法鉴频器和脉冲计数式鉴频器。前三种鉴频器的基本原理都是由实现波形变换的线性网络和实现频率变换的非线性电路组成的。相位鉴频器和比例鉴频器则是利用耦合电路的相频特性将调频波变成调幅调频波,然后再进行振幅检波。比例鉴频器具有自动限幅的功能,能够抑制寄生调幅干扰。

思考题与习题

7-1 求以下各波形在 $t=100\mathrm{s}$ 时的瞬时频率(以 kHz 为单位):

(1) $\cos(100\pi t+30°)$;

(2) $\cos[200\pi t+200\sin(\pi t/100)]$;

(3) $10\cos[\pi t(1+\sqrt{t})]$。

7-2 已知载波频率 $f_0=100\mathrm{MHz}$,载波电压幅度 $V_0=5\mathrm{V}$,调制信号 $v_\Omega(t)=\cos 2\pi\times10^3 t+2\cos 2\pi\times500 t$,试写出调频波的数学表达式(设频偏 $\Delta f_{\max}$ 为 20kHz)。

7-3 载波振荡的频率为 $f_0=25\mathrm{MHz}$,振幅为 $V_0=4\mathrm{V}$;调制信号为单频正弦波,频率为 $F=400\mathrm{Hz}$;最大频移为 $\Delta f=10\mathrm{kHz}$。试分别写出调频波和调相波的数学表达式。若调制频率变为 2kHz,所有其他参数不变,试写出调频波与调相波的数学表达式。

7-4 调制信号为正弦波,当频率为 500Hz,振幅为 1V 时,调角波的最大频移 $\Delta f_1=200\mathrm{Hz}$。若调制信号振幅仍为 1V,但调制频率增大为 1kHz 时,要求将频偏增加为 $\Delta f_2=20\mathrm{kHz}$。试问:应倍频多少次?(计算调频和调相两种情况)。

7-5 当调制信号的频率改变,而幅度固定不变时,试比较调幅波、调频波和调相波的频谱结构和频谱宽度如何随之改变?

7-6 设用调相法获得调频,调制频率 $F=300\sim3000\mathrm{Hz}$。在失真不超过允许值的情况下,最大允许相位偏移为 0.5rad。如要求在任一调制频率得到频偏 Δf_m 不低于 75kHz 的调频波,需要倍频的倍数为多少?

7-7　有一个调幅信号和一个调频信号,它们的载频均为 1MHz,调制信号 $v_\Omega(t)=2\times\sin2\pi\times10^3 t(\text{V})$,已知调频灵敏度为 1kHz/V。

(1) 比较两个已调信号的带宽。

(2) 如调制信号 $v_\Omega(t)=20\sin2\pi\times10^3 t(\text{V})$,它们的带宽有何变化?

7-8　若调制信号频率为 400Hz,振幅为 2.4V,调制指数为 60,求频偏。当调制信号频率减小为 250Hz,同时振幅上升为 3.2V 时,调制指数将变为多少?

7-9　什么是直接调频和间接调频? 它们各有何优缺点?

7-10　变容二极管调频器获得线性调制的条件是什么?

7-11　如果加在变容二极管两端的调制电压大于直流反偏压,对调制电路有何影响?

7-12　题图 7-1 是中心频率为 4.0MHz 的晶体调频振荡器的实际电路,试求:

(1) 画出振荡器的交流等效电路;

(2) 简述调频工作原理。

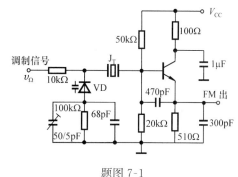

题图 7-1

7-13　有一个调频发射机,用正弦波调制。未调制时,发射机在 50Ω 电阻负载上的输出功率为 $P_0=100\text{W}$。将发射机的频偏由零慢慢增大,当输出的第一个边频成分等于零时停下来。试计算:

(1) 载频成分的平均功率;

(2) 所有边频成分总的平均功率;

(3) 第二边频成分总的平均功率。

提示:$\text{J}_1(3.83)=0,\text{J}_0(3.83)=-0.4,\text{J}_2(3.83)=0.4$。

7-14　某调频设备方框图如题图 7-2 所示。直接调频器输出调频波的中心频率为 10MHz,调制频率为 1kHz,频偏为 15kHz。求:

(1) 该设备输出信号 $v_0(t)$ 的中心频率和频偏;

(2) 放大器 1 和放大器 2 的中心频率和通频带各为何值?

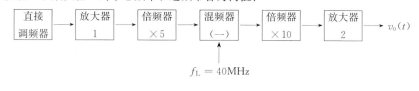

题图 7-2

7-15　鉴频主要有哪些方法? 它的输出频率特性(即 V_0 与 f 之间的关系)应满足什么条件才能鉴频?

7-16　斜率鉴频器的基本原理是什么? 如何扩大斜率鉴频器鉴频特性的线性范围?

7-17　为什么比例鉴频器有抑制寄生调幅作用,而相位鉴频器却没有,其根本原因何在? 试从物理概念上加以说明。

7-18　为什么通常在鉴频器之前要采用限幅器。

7-19　在调频发射机中为什么要采用预加重电路? 如果在调频发射机中采用了预加重电路,而在接收机中不采用相应的去加重电路,则对调频信号的解调有何影响?

7-20　相位鉴频器使用的时间久了,出现了以下现象,试分析有哪些可能的原因?

(1) 输入载波信号时,输出为一个直流电压;

(2) 出现严重的非线性失真。

第8章 数字调制系统

8.1 概　述

在数字通信系统中,尽管数字基带信号(如线路码)可以进行直接传输(数字基带传输),但实际通信中不少信道都不能直接传送基带信号需先用数字基带信号对载波进行调制,从而形成数字频带信号,然后在信道上传输(数字频带传输)。实现将数字基带信号变换为数字频带信号的系统称为数字调制系统。

和模拟调制一样,数字调制也有调幅、调频和调相三种基本形式,分别称为振幅键控(ASK)、频移键控(FSK)和相移键控(PSK)。不同的是数字调制除了这三种基本形式,还可以派生出多种其他形式。模拟调制是对载波信号的参量进行连续调制,在接收端对载波信号的调制参量连续地进行估值,而数字调制都是用载波信号的某些离散状态来表征所传送的信息,在接收端也只要对载波信号的离散参量进行检测。从频率变换的角度来看,ASK属于线性调制,而FSK和PSK属于非线性调制。

本章对各种数字调制的性质、调制及解调电路的原理进行讨论。为了便于从系统的角度理解数字调制的背景和意义,有必要先对数字通信系统的基本概念和框架予以简单介绍。

8.1.1　数字通信

严格意义上的数字通信,包括数字基带传输和数字频带传输。

1) 数字基带传输

数字基带传输简称数字传输,如图 8-1(a)所示。它是一个真正意义上的数字系统,是在两个或多个点之间进行数字脉冲传输,无须模拟载波,且原始信源可以是数字形式,也可以是模拟形式。如果是模拟形式,必须在传输前转换成数字脉冲,并在接收端还原成模拟形式。数字传输系统需要在发射和接收之间建立物理设备,如一对金属线、同轴电缆或光缆等。

2) 数字频带传输

数字频带传输又称数字无线电,它是在通信系统中两个或多个点之间进行的经过数字调制的模拟载波传输。如图 8-1(b)所示,调制输入信号和解调输出信号均为数字脉冲。数字脉冲可以来自数字传输系统的信息源,如源自计算机主机或是模拟信号的二进制编码的数字信息源。与模拟通信系统中调制的必要性相同,来自这些源的数字脉冲需要调制在模拟载波上。这个过程称为数字调制,其实质就是把数字基带信号的功率谱搬移到载频附近,从而形成数字频带调制信号。例如,用数字基带信号调制射频载波的某一个参量,便形成适合于无线信道中传输的数字频带信号,因此,传输介质既可以是一个物理设施,也可以是一个自由空间。

8.1.2　数字无线电的组成

　　数字无线电系统与传统的模拟无线电系统的最大区别在于调制信号的特点不同。尽管数字和模拟无线电系统都使用模拟载波,可不同的是,前者使用模拟调制,调制信号是模拟的,后者采用数字调制,调制信号却是数字的。需要提醒的是,无论是模拟调制还是数字调制,信息源既可以是模拟的也可以是数字的。

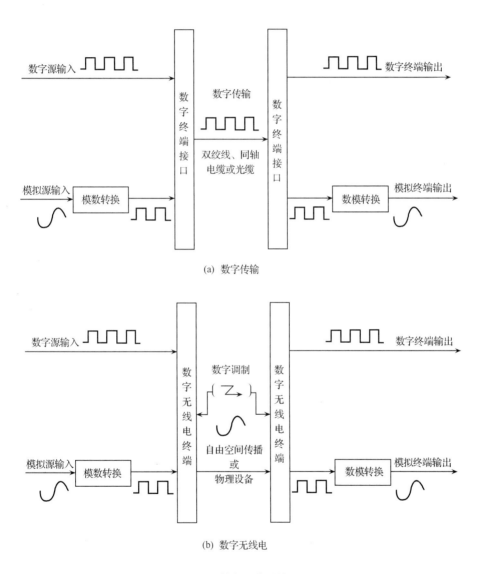

(a) 数字传输

(b) 数字无线电

图 8-1　数字通信系统

　　图 8-2 为数字无线电系统方框图。在发射端,预编码要进行信号电平转换,然后进行编码或将输入信号分组变成控制字以调制模拟载波。已调载波经过整形(滤波)放大,然后通过传输媒介到达接收端。在接收端,输入信号经滤波、放大以及解调电路,从而恢复发送端的原始信息。时钟和载波恢复电路提取已调信号中的载波和定时信息。

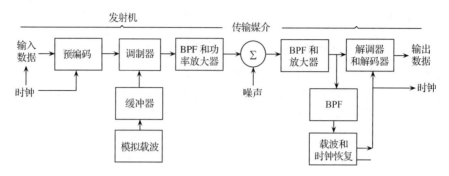

图 8-2　数字无线电系统方框图

8.1.3　数字调制

数字调制就是用数字基带信号(调制信号)控制射频载波的某一个或同时两个参量,形成适合于在无线信道中传输的数字频带信号。另外,在某些带通型模拟信道,如在有线电话中进行数据传输,将数字基带信号调制在话带内的音频载波上,形成适合话带传输的已调信号进行数字传输。无论载波是射频还是音频,数字调制的原理是相同的。

设载波的数学表达式为

$$v(t) = V\sin(2\pi ft + \theta) \tag{8-1}$$

如果用基带数字信号(信息信号)控制载波幅度(V),所产生的已调信号为幅度键控(ASK)。如果频率(f)随信息信号变化,则产生频移键控(FSK)。如果相位(θ)随信息信号变化,则产生相移键控(PSK)。如果幅度和相位两者都随信息信号变化,结果是正交幅度调制(QAM)。ASK、FSK、PSK 及 QAM 是数字调制的几种基本形式,可总结如下:

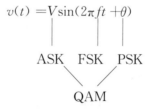

在数字调制技术中,根据数字基频信号是二进制码元序列,还是 M 进制码元序列,可分为二进制数字调制(binary modulation)和多进制数字调制(M-ary modulation)。

8.2　二进制数字调制

调制信号为二进制码元序列时的数字频带调制,称为二进制数字调制。由于被调载波有幅度、频率和相位三个独立的可控参量,当用二进制信号分别调制这三个参量时,就形成二进制幅度键控(BASK)、二进制频移键控(BFSK)和二进制相移键控(BPSK)三种最基本的数字频带信号,而每种调制信号的受控参量只有两种离散变化状态。

8.2.1　二进制幅度键控(BASK)

最简单的数字调制技术就是二进制幅度键控调制,它是简单的双边带、全载波幅度调制,其中输入调制信号是一个二进制序列的波形信号。

二进制幅度键控已调波的数学表达式为

$$v_{\text{BASK}}(t) = [1 + v_{\text{m}}(t)]\left[\frac{A}{2}\cos(\omega_0 t)\right] \tag{8-2}$$

式中,$v_{\text{BASK}}(t)$ 为 BASK 已调波;$A/2$ 为未调载波幅度(V);$v_{\text{m}}(t)$ 为调制二进制信号,即二进制基带信号(V);ω_0 为载波角频率(rad/s)。

在式(8-2)中,调制信号 $v_{\text{m}}(t)$ 是一个普通的二进制波形,$+1\text{V} = $ 逻辑 1,$-1\text{V} = $ 逻辑 0。因此,对于逻辑 1 输入,则有 $v_{\text{m}}(t) = +1$,式(8-2)简化为

$$v_{\text{BASK}}(t) = [1 + 1]\left[\frac{A}{2}\cos(\omega_0 t)\right] = A\cos\omega_0 t$$

对于逻辑 0,$v_{\text{m}}(t) = -1$,则式(8-2)简化为

$$v_{\text{BASK}}(t) = [1 - 1]\left[\frac{A}{2}\cos(\omega_0 t)\right] = 0$$

这样,对 100% 幅度调制,$v_{\text{BASK}}(t)$ 就等于 $A\cos(\omega_0 t)$ 或是 0。因此,载波就处于开或关,这就是为什么幅度调制通常称为开关键控(OOK)调制的原因。

图 8-3 为二进制数字幅度调制发射机的输入和输出波形。OOK 波形可以进行相干或非相干解调,性能上稍有差异。使用幅度调制的模拟载波传输数字信息是一种低质量、低成本的数字通信类型,因此很少应用在高容量、高性能的通信系统中。

可以证明,在频域上幅度键控(ASK)调制与模拟调幅调制(AM)相同,属于线性调制,已调信号的频谱结构与数字基带信号的频谱结构相同,只不过频率位置搬移到了载波上。因此,ASK 已调波的带宽为原数字基带调制信号的两倍。对二进制幅度键控(BASK)而言,其零点带宽可表示为

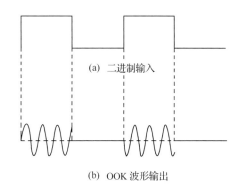

(a) 二进制输入

(b) OOK 波形输出

图 8-3　二进制数字幅度调制

$$B_{\text{BASK}} = 2R_{\text{b}} = 2/T_{\text{b}} \tag{8-3}$$

式中,B_{BASK} 为 BASK 零点带宽;R_{b} 为二进制基带信号比特率;T_{b} 为二进制基带信号的位周期。

8.2.2　二进制频移键控(BFSK)

二进制频移键控(BFSK)是一种相对简单、低性能的一种数字调制。除调制信号是在两个电压值之间变化的二进制数字信号,而非连续改变的模拟波形外,它与传统的频率调制(FM)相同,属于恒定幅度的角度调制,是以载波的两个离散频移表示相应的数字信息。BFSK 的已调波基本表达式为

$$v_{\text{BFSK}}(t) = V_0\cos\{2\pi[f_0 + v_{\text{m}}(t)\Delta f]t\} \tag{8-4}$$

式中，$v_{BFSK}(t)$ 为 BFSK 已调波；V_0 为载波幅度（V）；f_0 为载波中心频率（Hz）；Δf 为频率偏移峰值（Hz）；$v_m(t)$ 为二进制输入调制信号（±1）。

在式(8-4)中，载波频率的最大偏移量 Δf 与二进制输入信号的幅度成正比。调制信号是一个普通的二进制波形 $V_m(t)$，其中逻辑 1＝＋1，逻辑 0＝−1。

输入逻辑 1 时，$v_m(t)＝＋1$，式(8-4)可以写为

$$v_{BFSK}(t) = V_c\cos[2\pi(f_0 + \Delta f)t]$$

输入逻辑 0 时，$v_m(t)＝−1$，式(8-4)则变为

$$v_{BFSK}(t) = V_c\cos[2\pi(f_0 - \Delta f)t]$$

采用 BFSK，载波频率随二进制输入信号偏移。当二进制输入信号从逻辑 0 变成逻辑 1 或由逻辑 1 变成逻辑 0 时，则输出频率也在两个频率之间变化，即在传号（二进制 1）频率 f_m 和空号（二进制 0）频率 f_s 之间变化。传号频率和空号频率可由峰值频偏分隔在载波频率两边（即 $f_0 \pm \Delta f$）。需要注意的是，传号频率和空号频率可根据系统设计任意分配。

图 8-4 给出了 BFSK 调制器的二进制输入信号及 BFSK 输出波形。二进制输入信号从逻辑 1 变到逻辑 0 或从逻辑 0 变到逻辑 1，BFSK 输出频率也会从传号频率 f_m 变到空号频率 f_s 或反向改变。图 8-4 中，传号频率是一个较高的频率（$f_0 + \Delta f$），而空号频率为一个较低的频率（$f_0 - \Delta f$）。

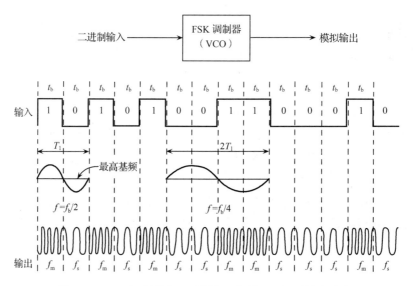

图 8-4　BFSK 调制器的二进制输入信号及 BFSK 输出波形

t_b 为比特时间＝$1/f_b$；f_m 为传号频率；f_s 为空号频率；T_1 为最短循环周期；

$1/T_1$ 为二进制方波的基频；f_b 为输入比特率（bit/s）

1. BFSK 调制器

图 8-4 给出的 BFSK 调制器类似于传统的 FM 调制器，也可由一个压控振荡器（VCO）来实现。所选择载波静止（中心）频率处在传号频率和空号频率的中点。逻辑 1 输入将 VCO 输出编程到传号频率，逻辑 0 输入将 VCO 输出编程到空号频率。因此，二进制输入信号在逻辑 1 和逻辑 0 之间来回变动，VCO 输出也在传号频率和空号频率之间来回移动。

在 BFSK 调制中，Δf 是载波的频率偏移量峰值，等于载波中心频率与传号频率或空号频率的差值。VCO-FSK 调制器的峰值频率偏移量就是二进制输入电压和 VCO 的偏移灵敏度的乘积值，可表示为

$$\Delta f = V_m k_1 \tag{8-5}$$

式中，Δf 为峰值频率偏移量（Hz）；V_m 为二进制调制信号峰值电压（V）；k_1 为偏移灵敏度（Hz/V）。

采用 BFSK，输入信号的幅度只能取两个值，一个是逻辑 1，另一个是逻辑 0。因此，峰值频率偏移量是恒定的并总是最大值。频率偏移量只是简单地增加或减少二进制信号的峰值电压乘以 VCO 的偏移灵敏度。因为峰值电压在逻辑 1 或逻辑 0 时是一样的，所以频率偏移量的大小对逻辑 1 或逻辑 0 也是相同的。

2. BFSK 的宽带

如图 8-5 所示，BFSK 调制器的输出与二进制输入有关，逻辑 0 对应空号频率 f_s，逻辑 1 对应传号频率 f_m，f_0 是载波频率。峰值频率偏移量为

$$\Delta f = \frac{|f_m - f_s|}{2} \tag{8-6}$$

式中，Δf 为峰值频率偏移量（Hz）；f_m 为传号频率（Hz）；f_s 为空号频率（Hz）。

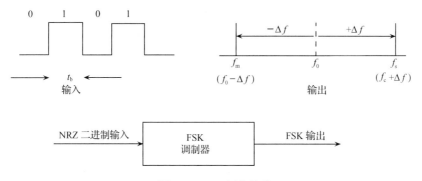

图 8-5　FSK 频率偏移

图 8-5 中，BFSK 由两个频率分别为 f_m 和 f_s 的脉冲正弦波组成，而脉冲正弦波的频谱函数为 $\sin x / x$，所以 BFSK 的输出频谱如图 8-6 所示。

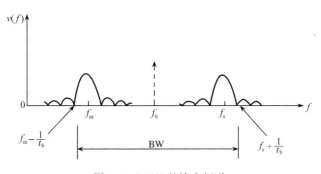

图 8-6　BFSK 的输出频谱

假设功率频谱的输出峰值包括多个能量分量,则通过 BFSK 信号所需的最小带宽近似为

$$B = |(f_s + f_b) - (f_m - f_b)| = (|f_s - f_m|) + 2f_b \tag{8-7}$$

因为 $|f_s - f_m|$ 等于 $2\Delta f$,最小带宽又可近似为

$$B = 2\Delta f + 2f_b = 2(\Delta f + f_b) \tag{8-8}$$

式中,B 为最小带宽(Hz);Δf 为峰值频率偏移量(Hz);f_m 为传号频率(Hz);f_s 为空号频率(Hz);f_b 为二进制输入比特率。

例 8-1 传号频率为 49kHz,空号频率为 51kHz,输入比特率为 2kbit/s,试求:①峰值频率偏移;②最小带宽;③FSK 信号的波特率。

解 ① 将已知条件代入式(8-6),则峰值频率偏移为

$$\Delta f = \frac{|49\text{kHz} - 51\text{kHz}|}{2} = 1\text{kHz}$$

② 将已知条件代入式(8-8),最小带宽为

$$B = 2 \times (1000 + 2000) = 6(\text{kHz})$$

③ 采用 FSK,波特率等于比特率,为 2000。

式(8-8)与确定 FM 波媒介指数的近似带宽的 Carson 公式极其相似。唯一的不同是 FSK 的比特率 f_b 取代了调制信号频率 F。

贝塞尔函数同样适用于确定 FSK 波形的最小带宽。如图 8-4 所示,当信号在 1 和 0 之间变化(如方波)时,不归零(NRZ)二进制信号中速率变化最快。此时,高低电平构成一个周期,该周期方波的最高基频等于方波的重复速率。对于二进制信号而言,最高基频等于 1/2 比特率。因此

$$f_a = f_b/2 \tag{8-9}$$

式中,f_a 为二进制调制信号的最高基频(Hz)。

用于 FM 调制指数的公式同样适用于 FSK,所以

$$h = \frac{\Delta f}{f_a} \tag{8-10a}$$

式中,h 为 FM 调制指数,在 FSK 中称为 h 系数;f_a 为二进制调制信号最高基频(Hz);Δf 为峰值频率偏移(Hz)。

最坏情况的调制指数(偏移率)产生于带宽最宽时。当频率偏移和调制信号频率都为最大值时出现带宽最宽或系数最坏的情况。如前面所述,FSK 中的峰值频率偏移是恒定的,并且当最高的基频等于 1/2 输入比特率时总是最大值。所以

$$h = \frac{\dfrac{|f_m - f_s|}{2}}{\dfrac{f_b}{2}} \tag{8-10b}$$

或

$$h = \frac{|f_m - f_s|}{f_b} \tag{8-11}$$

式中,h 为 FSK 调制指数(无单位);f_m 为传号频率(Hz);f_s 为空号频率(Hz);f_b 为比特率(bit/s)。

3. BFSK 解调

BFSK 解调器电路非常简单,如图 8-7 所示。BFSK 输入信号通过功率分离器同时进入两个带通滤波器(BPF)。只允许传号频率和空号频率通过各自的滤波器加到各自的包络检波器上。包络检波器反映每个通带中的总功率,而比较器反映了两个功率中的最大值。这种 BFSK 检测称为非相干检测,在解调过程中,它既不与相位、频率同步也不与输入 BFSK 信号进行同步。

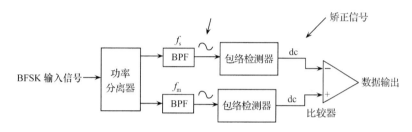

图 8-7 非相干 BFSK 解调器电路

图 8-8 为相干 BFSK 解调器。输入 BFSK 信号与恢复的载波信号相乘,后者与发送器有相同的频率和相位。然而,两个发射频率(传号频率和空号频率)通常是不连续的。产生与它们相干的本地参考不大实际。因此,BFSK 的相干检测很少使用。

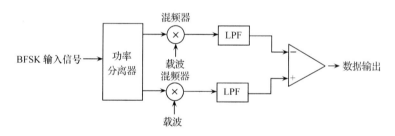

图 8-8 相干 BFSK 解调器

解调 BFSK 信号最常用的电路是锁相环(PLL),如图 8-9 所示。PLL-BFSK 与 PLL-FM 解调器的工作过程相似。当 PLL 输入在传号频率和空号频率之间偏移时,则相位比较

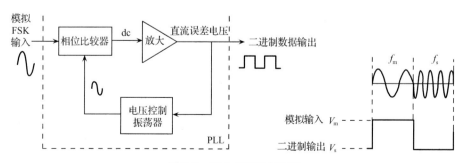

图 8-9 PLL-BFSK 解调器

器的输出直流误差电压随频率偏移而改变。只有两个输入频率（传号频率和空号频率），因此也只有两个输出误差电压，一个代表逻辑 1，另一个代表逻辑 0，所以输出也就代表 BFSK 输入的两个电平（二进制）。通常，PLL 自身频率等于 BFSK 调制器的中心频率。其结果是，直流误差电压随着模拟输入频率改变，并且围绕 0V 电压对称分布。

BFSK 的性能不及 PSK 和 QAM，而且，它很少应用于高性能的数字无线系统。它只适用于模拟、音频带宽的电话线，主要用于低性能、低成本、异步数据调制解调器。

4. 连续相位频移键控（CP-FSK）

连续相位频移键控（CP-FSK）也是 BFSK，但是它要求传号频率和空号频率与输入二进制比特率同步。同步只是说明两者之间有一个精确的时间关系，并不意味着它们相等。采用 CP-BFSK，选择出传号频率和空号频率，并通过 1/2 比特率的奇数倍[当 $n=$ 任意奇整数时，f_m 和 $f_s=n(f_b/2)$]，使它们偏离中心频率。当信号从传号频率变到空号频率或是相反变化，都可以保证在模拟输出信号有连续的相位过渡。图 8-10 给出非连续 FSK 波形。当输入信号从逻辑 1 变到逻辑 0（或相反）时，则模拟信号有一个非连续的相位突变，在频率偏移之后解调器会出现异常，从而产生误差。

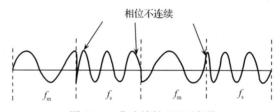

图 8-10　非连续性 FSK 波形

图 8-11 给出连续相位的 BFSK 波形。当输出频率改变时，它是平滑连续的过渡。因此，无相位跳变。在相同的信噪比条件下，CP-BFSK 比传统 BFSK 有较好的比特差错性能。CP-BFSK 的缺点是需要同步电路，因此实现时会相对昂贵。

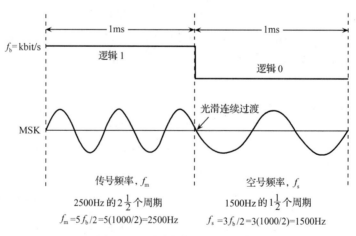

图 8-11　连续相位的 BFSK 波形

当传号频率空号频率差 $1/2$ 比特率 $(f_s - f_m = 0.5 f_b)$,调制指数 $h = 0.5$ 时,传号频率和空号频率的差异最小。CP-BFSK 的这种特殊形式称为最小频移键控(MSK)。

8.2.3 二进制相移键控(BPSK)

相移键控(PSK)是恒定幅度角度数字调制的另一种形式。除了 PSK 的输入信号是数字信号,它与传统的相位调制相同。其结果是这种 PSK 以载波有限个数的离散相移表示相应的离散数字信息。

采用二进制相移键控(BPSK),已调载波有两个输出相移。一个相移代表逻辑 1,另一个相移代表逻辑 0。当输入数字信号改变状态时,两个角度的输出载波的相位偏移相差 $180°$。BPSK 也可称为相位反转键控(PRK)和双相调制。BPSK 是一个抑制载波的、连续波信号(CW)的方波调制。

1. BPSK 发送器

图 8-12 给出了 BPSK 发送器的简化框图。平衡调制器作为相位反转开关,根据数字输入的逻辑条件,载波以参考载波振荡器的同相或反相发送到输出端。

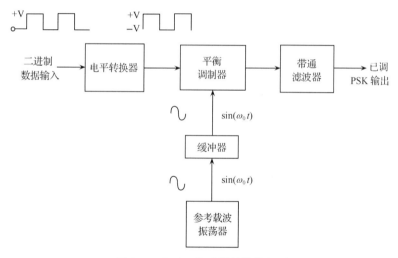

图 8-12 BPSK 发送器的简化框图

图 8-13(a)给出平衡环形调制器的原理框图。它有两个输入:一个和参考振荡器同相的载波和一个二进制数字数据。为合理操作平衡调制器,数字输入电压必须比峰值载波电压高很多。这可以确保数字输入控制 $D_1 \sim D_4$ 二极管的开关状态。如果二进制输入是逻辑1(正向电压),二极管 D_1 和 D_2 则正偏导通,二极管 D_3 和 D_4 反偏截止,见图 8-13(b)。通过给出的极性表示,载波电压穿过 T_1 同相到达 T_2。而且输出信号的相位与参考振荡器同相。

如果二进制输入是逻辑0(反相电压),二极管 D_1 和 D_2 反偏截止,二极管 D_3 和 D_4 正偏导通,见图 8-13(c)。其结果是载波电压从 T_1 入,反向穿过 T_2。因此,输出信号与参考振荡器反相。图 8-14 给出 BPSK 调制器的真值表、相量图和星座图。星座图有时称为信号状态空间图。跟相量图相比,在星座图上只需显示相量峰值点的相对位置,无须画出整个相量。

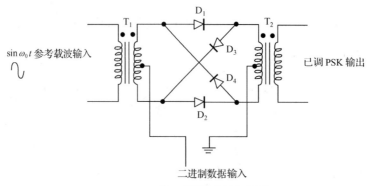

(a) 平衡环形调制器的原理框图

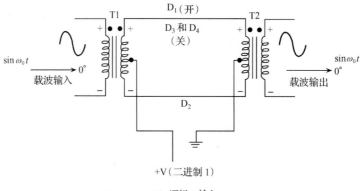

(b) 逻辑 1 输入

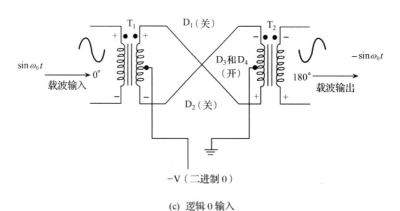

(c) 逻辑 0 输入

图 8-13　平衡环形调制器

所以比相量图简洁清晰得多。

2. BPSK 的宽带

平衡调制器的输出信号是两个输入信号的乘积,常称为乘积调制器。在 BPSK 调制器中,是载波输入信号乘以二进制数据。如果 +1V 指定为逻辑 1 而 −1V 为逻辑 0,则输入载波($\sin\omega_0 t$)乘以 +1 或 −1。因此,输出信号不是 +1$\sin\omega_0 t$ 便是 −1$\sin\omega_0 t$。前者代表与参考振荡器同相的信号,后者则是与之反相的信号。每当输出逻辑条件改变时,输出相位即发生

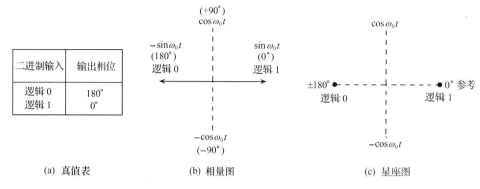

二进制输入	输出相位
逻辑 0	180°
逻辑 1	0°

(a) 真值表　　　　　　　　(b) 相量图　　　　　　　　(c) 星座图

图 8-14　BPSK 调制器

变化。对 BPSK 而言,输出改变率(bit/s)等于输入改变率(bit/s)。当输入二进制数据是一个 1/0 交替的序列时,此时的输出带宽最宽。1/0 交替序列的基频(f_a)等于 1/2 比特率($f_b/2$)。BPSK 调制器输出值的数学表达式为

$$v_{BPSK}(t) = \big[\sin(2\pi f_a t)\big] \times \big[\sin(2\pi f_0 t)\big] \tag{8-12}$$

式中,f_a 为二进制输入的最大基频(Hz);f_0 为参考载波频率(Hz)。

两个正弦函数的积化和差,展开得

$$v_{BPSK}(t) = \frac{1}{2}\cos\big[2\pi(f_0 - f_a)t\big] - \frac{1}{2}\cos\big[2\pi(f_0 + f_a)t\big]$$

这样,最小的双边带奈奎斯特带宽是

$$B = (f_0 + f_a) - (f_0 - f_a) = 2f_a$$

因为,$f_a = f_b/2$,其中 f_b＝输入比特率,所以

$$B = \frac{2f_b}{2} = f_b$$

图 8-15 给出 BPSK 调制器的输出相位和时间关系图。BPSK 调制器的输出频谱是简单的双边带,可以抑制载波信号,其中上下边带频率以 1/2 比特率与载波频率分隔开。而且,最坏情况下通过 BPSK 输出信号所需的最小带宽(f_N)等于输入信号比特率。

例 8-2　对采用 70MHz 载波频率和 10Mbit/s 输入速率的 BPSK 调制器,试确定最大和最小上、下边频,绘出输出频谱,确定最小奈奎斯特带宽并计算波特率。

解　代入式(8-12)有

$$v_{BPSK}(t) = (\sin\omega_a t)(\sin\omega_0 t)$$
$$= \big[\sin 2\pi(5\text{MHz})t\big]\big[\sin 2\pi(70\text{MHz})t\big]$$
$$= \underbrace{\frac{1}{2}\cos 2\pi(70\text{MHz} - 5\text{MHz})t}_{\text{下边带频率}} - \underbrace{\frac{1}{2}\cos 2\pi(70\text{MHz} + 5\text{MHz})t}_{\text{上边带频率}}$$

最小下边频(LSF)为

$$\text{LSF} = 70\text{MHz} - 5\text{MHz} = 65\text{MHz}$$

最大上边频(USF)为

$$\text{USF} = 70\text{MHz} + 5\text{MHz} = 75\text{MHz}$$

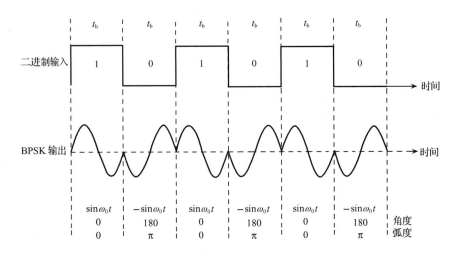

图 8-15　BPSK 调制器的输出相位和时间关系图

因此，最坏情况二进制输入条件下的输出频谱如下：

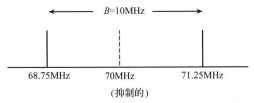

最小奈奎斯特带宽

$$f_N = 75\text{MHz} - 65\text{MHz} = 10\text{MHz}$$

波特率等于带宽，故波特率＝10M 波特。

3. BPSK 解调器

图 8-16 给出 BPSK 接收器的方框图。输入信号可能是 $+\sin\omega_0 t$ 或 $-\sin\omega_0 t$。相干载波恢复电路检测并再生一个载波信号，其频率和相位与原始发送载波是相干的。平衡调制器是一个乘积检波器。输出是两个输入信号（BPSK 信号和恢复的载波信号）的乘积。低通滤波器（LPF）将恢复的二进制数据从复杂的解调信号中分离出来。解调过程如下。

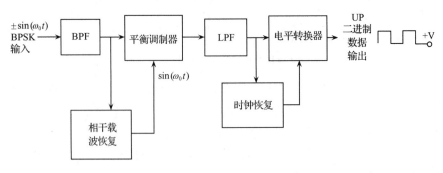

图 8-16　BPSK 接收器的方框图

当 BPSK 输入信号为 $+\sin\omega_c t$（逻辑 1），平衡调制器的输出可写为

$$v_o(t) = (\sin\omega_0 t)(\sin\omega_0 t) = \sin^2\omega_0 t \tag{8-13}$$

或

$$\sin^2\omega_0 t = \frac{1}{2}(1 - \cos2\omega_0 t) = \frac{1}{2} - \frac{1}{2}\cos2\omega_0 t$$

结果

$$v_o = +\frac{1}{2}V = 逻辑\ 1$$

可以看到，平衡调制器的输出包括一个正电压 $[+(1/2)\text{V}]$ 和一个 2 倍于载波频率（$2\omega_c$）的余弦波。LPF 有一个比 $2\omega_0$ 低得多的截止频率，阻止载波的二次谐波并只让正恒定分量通过。正电压代表解调的逻辑 1。

当 BPSK 输入信号为 $-\sin\omega_0 t$（逻辑 0），平衡调制器的输出可写为

$$v_o(t) = (-\sin\omega_0 t)(\sin\omega_0 t) = -\sin^2\omega_0 t$$

或

$$-\sin^2\omega_0 t = -\frac{1}{2}(1 - \cos2\omega_0 t) = -\frac{1}{2} + \frac{1}{2}\cos2\omega_0 t$$

结果

$$v_o = -\frac{1}{2}V = 逻辑\ 0$$

平衡调制器的输出包括一个负电压和一个 2 倍于载波频率（$2\omega_c$）的余弦波形。同样，LPF 滤除载波的二次谐波并只让负恒定分量通过。负电压代表解调的逻辑 0。

8.3　多进制数字调制

8.2 节讨论了二进制数字调制系统的有关问题，而许多实际应用场合常常需要多进制（也称为 M 进制，$M=2^N$，$N>1$）数字调制方式，以满足在有限带宽内高速传输数据的需要，它是许多近代数字通信系统普遍采用的方式。与二进制数字调制不同的是，多进制数字调制的调制信号为多进制码元序列，致使被调载波有 M 种离散变化状态。为了便于把二进制编码变换为 M 进制编码（M 元编码），实际上总是将 N 位二进制码编为一个符号，每一个符号有 $M=2^N$ 种状态，该符号称为 M 进制符号。

8.3.1　M 元编码

M 元是从二进制一词中引申的概念。M 为正整数，代表一个给定二进制变量要求下的条件数或可能的组合。前面讨论过的三种数字调制技术（BASK、BFSK 和 BPSK）都是二进制系统。它们对信号进行编码，但只有两种输出情况。BASK 输出的不是逻辑 1 幅度就是逻辑 0 幅度，BFSK 输出的不是逻辑 1 频率（传号频率）就是逻辑 0 频率（空号频率），而 BPSK 输出不是逻辑 1 相位就是逻辑 0 相位。它们均可视为是 $M=2$ 时的 M 元系统。

采用数字调制，其优点是可在比二进制更高的级别上编码（有时称为超二进制或高于二进制）。例如，PSK 系统有 4 个可能的输出相位，是 M 元系统，$M=4$。若有 8 个可能的相位

则 $M=8$，依此类推。编码比特数的数学表达式为

$$N = \log_2 M \tag{8-14}$$

式中，$N=$编码比特数；$M=N$ 比特可能的输出条件数。

例如，BFSK 的每个输入比特在载波上起作用，产生两个可能的输出频率之一。这样，

$$N = \log_2 2 = 1$$

采用 BPSK，每个输入比特也同样单独在载波上起作用，因此，$N=1$。

表 8-1　N 和 M 的关系

如果输入两比特，一起编码，并同时调制在同一载波上，则输出条件数为

$$M = 2^2 = 4$$

N	M
1	2
2	4
3	8
4	16
5	32

输出条件可能的个数 N 是表 8-1 中给出的几个值。

通过 M 元数字调制载波所需最小带宽为

$$B = \frac{f_b}{\log_2 M} \tag{8-15a}$$

式中，B 为最小带宽（Hz）；f_b 为输入比特率（bit/s）；M 为输出状态数（无单位）。

如果用 N 代替 $\log_2 M$，式(8-15a)简化为

$$B = \frac{f_b}{N} \tag{8-15b}$$

式中，N 是 NRZ 比特编码数。

因此，对 M 元 PSK 或 QAM 而言，绝对最小的系统带宽值等于输入比特率除以编码或分组的比特数。

8.3.2　四相相移键控

四相相移键控（QPSK），或称为正交 PSK，是另一种等幅的角度数字调制形式。QPSK 是 M 元编码技术，其中，$M=4$。采用 QPSK，一个载波上可能有 4 个输出相位，必须有 4 个不同的输入条件。因为进入 QPSK 调制器的数字输入是二进制（基数为 2）信号，要产生 4 个不同的输入条件，就要采用多于一个输入位。用二位时有 4 个可能的条件：00、01、10、11。所以采用 QPSK，二进制输入数据被合并成两个比特一组，称为双比特组，每个双比特组码产生 4 个可能输出相位中的 1 个。因此，对于每个双比特组依序进入调制器，会生成一个输出变化。输出端的变化速率（波特率）是 1/2 的输入比特率。

1. QPSK 调制器

图 8-17 是 QPSK 调制器的方框图。两比特（1 个双比特组）定时进入比特分离器。两比特串行输入之后，以同时并行的方式输出。一个比特到达 I 信道，另一个到达 Q 信道。I 信道的比特调制一个相位与参考振荡器相同的载波（I 即同相信道），Q 信道的比特调制一个相位与参考载波相差 90°的载波或正交参考载波（Q 即正交信道）。

当一个双比特组被送入 I 及 Q 信道，其操作与 BPSK 调制器相同，1 个 QPSK 调制器是 2 个 BPSK 调制器并行合成工作。再者，对于逻辑 1=+1V，逻辑 0=−1V 而言，在 I 平衡

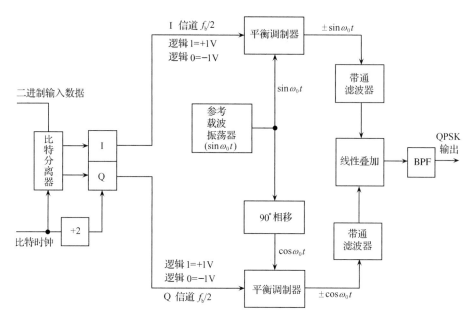

图 8-17 QPSK 调制器的方框图

调制器($+\sin\omega_0 t$ 和 $-\sin\omega_0 t$)和 Q 平衡调制器($+\cos\omega_0 t$ 和 $-\cos\omega_0 t$)输出两个相位是可能的。当 2 个正交信号(90°相位差)线性叠加时,即产生 4 个可能的相位,分别为 $+\sin\omega_0 t + \cos\omega_0 t$、$+\sin\omega_0 t - \cos\omega_0 t$、$-\sin\omega_0 t + \cos\omega_0 t$ 和 $-\sin\omega_0 t - \cos\omega_0 t$。

例 8-3 对图 8-17 所示的 QPSK 调制器,构造真值表、相量表和星座图。

解 输入二进制数据 $Q=0,I=0$,2 个输入 I 平衡调制器的信号是 -1 和 $\sin\omega_0 t$,2 个输入 Q 平衡调制器的信号是 -1 和 $\cos\omega_0 t$。因此,输出为

$$v_1(t) = (-1)(\sin\omega_0 t) = -\sin\omega_0 t$$
$$v_Q(t) = (-1)(\cos\omega_0 t) = -\cos\omega_0 t$$

线性叠加输出为

$$v_o(t) = -\cos\omega_0 t - \sin\omega_0 t = 1.414\sin(\omega_0 t - 135°)$$

其余双比特组码(01、10、11)的过程与此类似。其结果如图 8-18 所示。

由图 8-18(b)和(c)中可以看出,QPSK 的 4 个不同相位的输出有相等的幅度。该等幅特性是 PSK 与 QAM 最重要的区别,这会在下面讲到。同样,从图 8-18(b)可以看到,通常 QPSK 两个相邻相位的差值为 90°,因此,在传输时 QPSK 信号也可以相位偏移 $+45°$ 和 $-45°$,接收端解码时仍可得到正确的解码信息。图 8-19 给出 QPSK 调制器的输出相位与时间关系图。

2. QPSK 带宽

采用 QPSK,因为输入数据被分在两个信道传输,I 和 Q 信道的比特率都等于 1/2 的输入比特率($f_b/2$),比特分离器将 I 和 Q 比特信息的输入长度扩展为 2 倍。并且,数据输入到 I 和 Q 平衡调制器的最高基频等于 1/4 的输入数据率($f_b/4$)。其结果是,I 或 Q 平衡调制

二进制输入		QPSK 输出相位
Q	I	
0	0	−135°
0	1	−45°
1	0	+135°
1	1	+45°

(a) 真值表

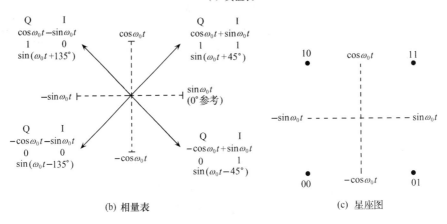

(b) 相量表　　　　　　　　　　(c) 星座图

图 8-18　QPSK 调制器

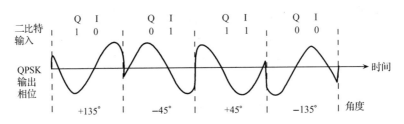

图 8-19　QPSK 调制器的输出相位与时间关系图

器的输出需要的是最小双边带奈奎斯特带宽为 1/2 的输入比特率。这样，QPSK 可以进行带宽压缩（最小带宽小于输入信号比特率）。而且，因为二比特信号（双比特组）定时进入比特分离器之前，QPSK 输出信号并不改变相位，而最快的相位变化（波特）也等于 1/2 的输入比特率。而采用 BPSK，最小的带宽等于波特率。它们之间的关系如图 8-20 所示。

在图 8-20 中，当二进制输入数据是 1100 循环方式时，进入 I、Q 平衡调制器最坏情况的输入条件是 1/0 交替序列。I、Q 信道中最快的二进制过渡（1/0 序列）的一个周期与 4 个输入数据比特占用相同的时间。而且，输入的最高基频和平衡调制器输出最快的变化率都等于 1/4 二进制输入比特率。

平衡调制器输出的数学表达式为

$$v_{\mathrm{QPSK}}(t) = (\sin\omega_{\mathrm{a}}t)(\sin\omega_0 t)$$

式中

$$\underbrace{\omega_{\mathrm{a}}t = 2\pi\frac{f_{\mathrm{b}}}{4}t}_{\text{调制相位}}, \quad \underbrace{\omega_0 t = 2\pi f_0 t}_{\text{未调载波相位}}$$

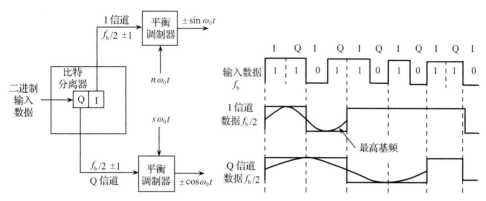

图 8-20 QPSK 调制器的带宽考虑

所以

$$v_{\text{QPSK}}(t) = \left(\sin 2\pi \frac{f_{\text{b}}}{4} t\right)\left(\sin 2\pi f_0 t\right)$$

$$= \frac{1}{2}\cos 2\pi\left(f_0 - \frac{f_{\text{b}}}{4}\right)t - \frac{1}{2}\cos 2\pi\left(f_0 + \frac{f_{\text{b}}}{4}\right)t$$

输出频谱从 $f_{\text{c}} + f_{\text{b}}/4$ 扩展到 $f_{\text{c}} - f_{\text{b}}/4$，并且最小带宽 (f_{N}) 为

$$\left(f_{\text{c}} + \frac{f_{\text{b}}}{4}\right) - \left(f_{\text{c}} - \frac{f_{\text{b}}}{4}\right) = \frac{2f_{\text{b}}}{4} = \frac{f_{\text{b}}}{2}$$

例 8-4 QPSK 调制器的输入数据速率 (f_{b}) 等于 10Mbit/s、载波频率为 70MHz，确定最小双边带奈奎斯特带宽和波特率，并与例 8-2 中 BPSK 调制器所得到的结果进行比较。采用图 8-17 所示的 QPSK 的方框图。

解 I、Q 信道中的比特率等于 1/2 传输比特率，故

$$f_{\text{bQ}} = f_{\text{bI}} = \frac{f_{\text{b}}}{2} = \frac{10}{2} = 5(\text{Mbit/s})$$

任意平衡调制器的最高基频为

$$f_{\text{a}} = \frac{f_{\text{bQ}}}{2} \text{ 或} \frac{f_{\text{bI}}}{2} = \frac{5}{2} = 2.5(\text{MHz})$$

每个平衡调制器的输出波形为

$$v_{\text{o}}(t) = \left(\sin 2\pi f_{\text{a}} t\right)\left(\sin 2\pi f_{\text{c}} t\right)$$

$$= \frac{1}{2}\cos 2\pi\left(f_{\text{c}} - f_{\text{a}}\right)t - \frac{1}{2}\cos 2\pi\left(f_{\text{c}} + f_{\text{a}}\right)t$$

$$= \frac{1}{2}\cos 2\pi[70 - 2.5]t - \frac{1}{2}\cos 2\pi[70 + 2.5]t$$

$$= \frac{1}{2}\cos 2\pi 67.5t - \frac{1}{2}\cos 2\pi 72.5t$$

最小带奈奎斯特带宽为

$$f_{\text{N}} = 72.5 - 67.5 = 5(\text{MHz})$$

符号率等于带宽，则有

$$符号率 = 5\text{Mbit}$$

输出频谱如下：

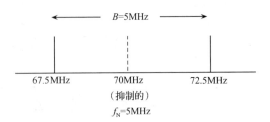

可以看到，相同比特率的输入信号通过 QPSK 调制器输出所需最小带宽等于例 8-2 中 BPSK 调制器所需带宽的一半。而且，QPSK 调制器的波特率是 BPSK 调制器波特率的一半。例 8-4 中描述的 QPSK 系统的最小带宽也可以代入式(8-15b)确定，得

$$B = \frac{10}{2} = 5 \text{(MHz)}$$

3. QPSK 解调器

图 8-21 给出 QPSK 解调器的方框图。功率分离器将 QPSK 信号直接输入 I、Q 乘积检波器和载波恢复电路。载波恢复电路再生原始发射载波振荡器信号。恢复的载波必须与发射参考载波在频率和相位上一致。QPSK 信号在 I、Q 乘积检波器中解调，得到原始的 I、Q 数据比特。乘积检波器的输出进入比特合成电路，其中将并行的 I、Q 数据信道转换为单一的二进制输出数据流。

输入的 QPSK 信号可以是 4 个输出相位中的 1 个，如图 8-18 所示。为说明解调过程，令输入信号等于$-\sin\omega_0 t + \cos\omega_0 t$，解调过程的数学运算如下所述。

接收的 QPSK 信号$(-\sin\omega_0 t + \cos\omega_0 t)$是 I 乘积检波器输入中的一个，另一个输入是载波恢复信号$(\sin\omega_0 t)$。I 乘积检波器的输出为

$$v_{I0}(t) = \underbrace{[(-\sin\omega_0 t) + (\cos\omega_0 t)]}_{\text{QPSK输入信号}}\underbrace{(\sin\omega_0 t)}_{\text{载波}}$$

$$= (-\sin\omega_0 t)(\sin\omega_0 t) + (\cos\omega_0 t)(\sin\omega_0 t)$$

$$= -\sin^2\omega_0 t + (\cos\omega_0 t)(\sin\omega_0 t)$$

$$= -\frac{1}{2}(1 - \cos2\omega_0 t) + \frac{1}{2}\sin(\omega_0 + \omega_0)t + \frac{1}{2}\sin(\omega_0 - \omega_0)t$$

（滤波）　　　　　　　　　（等于 0）

$$v_{I0} = -\frac{1}{2} + \frac{1}{2}\cos2\omega_0 t + \frac{1}{2}\sin2\omega_0 t + \frac{1}{2}\sin0$$

$$\rightarrow -\frac{1}{2}\text{V}(\text{逻辑 0})$$

QPSK 的接收信号$(-\sin\omega_0 t + \cos\omega_0 t)$是 Q 乘积检波器的输入之一，另一个输入是相移 90°的恢复载波$(\cos\omega_0 t)$。Q 乘积检波器的输出为

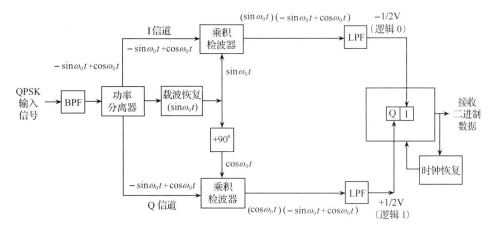

图 8-21 QPSK 解调器的方框图

$$v_{Q0}(t) = \underbrace{\left[(-\sin\omega_0 t) + (\cos\omega_0 t) \right]}_{\text{QPSK输入信号}} \underbrace{(\cos\omega_0 t)}_{\text{载波}}$$

$$= (-\sin\omega_0 t)(\cos\omega_0 t) + (\cos\omega_0 t)(\cos\omega_0 t)$$

$$= \cos^2\omega_0 t - (\sin\omega_0 t)(\cos\omega_0 t)$$

$$= \frac{1}{2}(1 + \cos2\omega_0 t) - \frac{1}{2}\sin(\omega_0 + \omega_0)t - \frac{1}{2}\sin(\omega_0 - \omega_0)t$$

（滤去）　　　（等于 0）

$$v_{Q0} = \frac{1}{2} + \frac{1}{2}\cos2\omega_0 t - \frac{1}{2}\sin2\omega_0 t - \frac{1}{2}\sin0$$

$$\rightarrow \frac{1}{2}\text{V}(\text{逻辑 1})$$

解调的 I、Q 信号比特(分别为 0 和 1)对应于图 8-18 中 QPSK 调制器的星座图和真值表。

4. 偏移 QPSK

偏移 QPSK(OQPSK)是 QPSK 的修正形式,其中在 I、Q 信道的比特波形被偏移或相位上相互偏移 1/2 比特时间。

图 8-22 给出了 OQPSK 调制器的方框图、比特序列和星座图。由于 I 信道变化是在 Q 信道比特的中点上,或是相反的,则双比特组编码中不会有多于 1 个比特的改变,因此,在输出相位上不会有多于 1 个 90°相移。传统的 QPSK 中,输入二进制数的改变从 00 到 11 或 01 到 10,则输出相位就会相应有 180°相移。因此,QPSK 的优点是在调制时只有有限的输出相移。缺点是输出相位的变化为 I 信道或 Q 信道数据率的两倍。而且在给定传输比特率条件下采用 OQPSK,波特率和最小带宽是传统 QPSK 的两倍。有时,OQPSK 又称为 OKQPSK(偏移键控 QPSK)。

在 M 元编码中,若 M=8,则为 8-PSK 调制器,它有 8 个可能的输出相位。对 8 个不同的相位进行编码,考虑输入比特以每组 3 比特划分,又称为 3 比特组(2^3=8),若 M=16,则为 16-PSK 调制器。

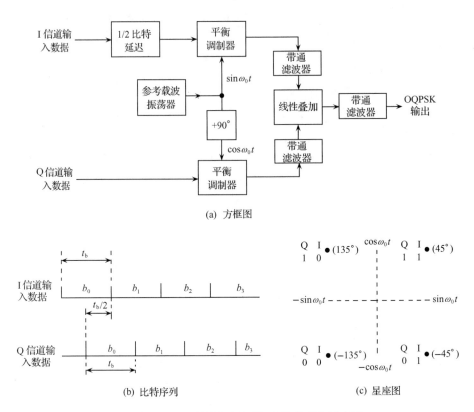

图 8-22 OQPSK 调制器的方框图、比特序列和星座图

数字调制的另一种形式是正交幅度调制（QAM），数字信息包含在发送载波的幅度和相位参量里。与 PSK 不同，QAM 调制器输出的信号不是一个等幅信号。QAM 也是 M 元编码技术，其中 $M=8$，为 8-QAM 调制器，若 $M=16$，则为 16-QAM 调制器。详细分析参见本书第二版相关章节。

8.4 带 宽 效 率

带宽效率（有时称为信息密度）通常用于不同类型数字调制技术之间的性能比较。它是某个调制方案的传输比特率与所需最小带宽的比值。带宽效率通常被标准化到 1 Hz 带宽，说明每赫兹带宽通过媒质传输的比特数。带宽效率的数学表示为

$$带宽效率 = \frac{传输率}{最小带宽} = \frac{比特/秒}{赫兹} = \frac{比特/秒}{周/秒} = \frac{比特}{周}$$

FSK、PSK 和 QAM 的各种性能见表 8-2。

表 8-2 数字调制汇总

调制	编码	带宽/Hz	波特	带宽效率/(bit·s·Hz)
FSK	单比特	$\geqslant f_b$	f_b	$\leqslant 1$
BPSK	单比特	f_b	f_b	1
QPSK	双比特	$f_b/2$	$f_b/2$	2

续表

调制	编码	带宽/Hz	波特	带宽效率/(bit/s·Hz)
8-PSK	三比特	$f_b/3$	$f_b/3$	3
8-QAM	三比特	$f_b/3$	$f_b/3$	3
16-PSK	四比特	$f_b/4$	$f_b/4$	4
16-QAM	四比特	$f_b/4$	$f_b/4$	4

由表 8-2 可知，BPSK 的带宽效率最低，而 16-QAM 最高。在相同输入比特率下，16-QAM 所需带宽等于 BPSK 的 1/4。

8.5　载波恢复

载波恢复是从接收信号中提取相位相干的参考载波的过程，又称为相位参考。

在前面提到的相位调制技术中，二进制数据对发送载波的精确相位进行编码（这称为相位编码）。依据编码方式，相邻相量的夹角在 $30° \sim 180°$。为正确解调数据，相位相干的载波在乘积检波器里与接收载波进行比较。为确定接收载波的绝对相位，在接收端产生一个与发送参考振荡器相干的载波是必要的，这就是载波恢复电路的功能。

在 PSK 和 QAM 中，载波被平衡调制器抑制，因此不再发射。而且，接收端的载波不能用标准的锁相环跟踪。采用抑制载波系统，如 PSK 和 QAM，需要复杂方式的载波恢复，如平方环、边环(Costas 环)和再调制器。

8.5.1　平方环

BPSK 载波恢复的一般方法是平方环。图 8-23 给出了平方环的方框图。接收到的 BPSK 波形经过滤波之后再进行平方。滤波减少了接收噪声的频谱宽度。平方环电路去除了调制，并且产生载波频率的二次谐波。这个谐波由 PLL 相位跟踪。来自 PLL 的 VCO 输出频率被 2 等分，用作乘积检波器的相位参考。

图 8-23　BPSK 接收器的平方环载波恢复电路

采用 BPSK 只有两种相位输出：$\sin\omega_0 t$ 和 $-\sin\omega_0 t$。平方环电路的工作过程可以用如下数学表达式描述。

信号为 $\sin\omega_0 t$ 的平方环电路的输出为

$$v_o(t) = (+\sin\omega_0 t)(+\sin\omega_0 t) = +\sin^2\omega_0 t$$

（滤去）

$$= \frac{1}{2}(1-\cos 2\omega_0 t) = \frac{1}{2} - \frac{1}{2}\cos 2\omega_0 t$$

信号为 $-\sin\omega_0 t$ 的平方环电路的输出为

$$v_o(t) = (-\sin\omega_0 t)(-\sin\omega_0 t) = +\sin^2\omega_0 t$$

（滤去）

$$=\frac{1}{2}(1-\cos2\omega_0 t) = \frac{1}{2} - \frac{1}{2}\cos2\omega_0 t$$

可以看到，两种情况平方环电路的输出包括恒定电压（+1/2V）和 2 倍于载波频率的信号（$\cos2\omega_0 t$）。恒定电压由滤波器滤去，只留下 $\cos2\omega_0 t$。

8.5.2 边环

载波恢复的第二种方法是边环或正交环，图 8-24 给出了边环载波恢复电路。当用普通的 PLL 代替 BPF 时，边环与平方环电路产生相同的结果。这种恢复方法使用两个并行的跟踪环（I 和 Q）同时提取 I、Q 信号分量，以驱动 VCO。同相环路（I）PLL 中使用 VCO，正交环路（Q）使用 90°相移的 VCO 信号。一旦 VCO 频率等于被抑制的载波频率，I、Q 信号乘积就会产生与任何 VCO 的相位差成正比的误差电压。误差电压又控制相位，从而控制 VCO 的频率。

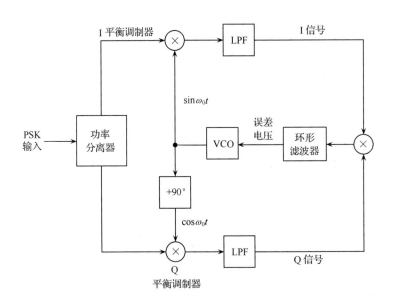

图 8-24　边环载波恢复电路

8.5.3 再调制器

载波恢复的第三种方法是再调制，由图 8-25 给出。再调制产生环路误差电压，与输入信号和 VCO 信号之间的 2 倍相位误差成正比。该方法比平方环和边环的调整时间更快。

除了电路将接收信号变为 4 次、8 次及使用更高的功率，高于二进制编码的多进制编码技术的载波恢复电路与 BPSK 相似。

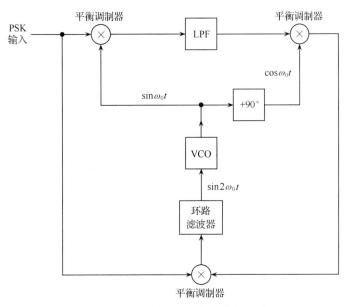

图 8-25   再调制器环形载波恢复电路

8.6   时钟恢复

任何数字系统、数字无线电都需要在发送和接收电路之间进行精确定时或时钟同步。因此，必须在接收端重新产生和发送器同步的时钟。

图 8-26(a)给出通常用于从接收数据中恢复时钟信息的简化电路。恢复的数据要延迟 1/2 比特时间，然后与原始数据进行异或运算。用这种方式恢复的时钟频率，其速率等于接收数据率(f_b)。从图 8-26(b)可以看到数据和恢复时钟的定时关系。只要接收数据包含一系列跃变(1/0 序列)，即可维持恢复时钟。如果接收数据被扩展为连续的 1 或 0，则恢复时钟就会丢失。为避免这种情况发生，在发射端进行扰码，在接收端进行解扰。扰码使用规定的算法将跃变(脉冲)引入二进制信号，解扰则使用相同算法去掉该跃变。

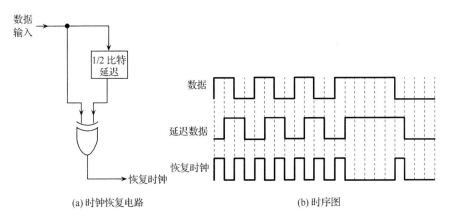

(a) 时钟恢复电路   (b) 时序图

图 8-26   时钟恢复电路和时序图

8.7 错误概率和误比特率

尽管在实际中错误概率 $P(e)$ 和误比特率(BER)在含义上有些差别,但通常可以替换使用。$P(e)$ 是给定系统的误比特率的理论值(数学表达)。BER 是一个系统的实际误比特性能的经验公式(历史的)。例如,如果一个系统的 $P(e) = 10^{-5}$,在数学上即意味每传输 100 000 比特就有 1 个比特错误。如果一个系统的 BER $= 10^{-5}$,则意味着在过去已经发送的 100 000 比特中有 1 个比特错误。将测到的 1 比特错误与期望的错误概率进行比较,就是对一个系统性能的评估。

错误概率是载波-噪声功率比(或更确切地说,是每比特-噪声功率密度比的平均能量),是使用的 M 元编码数的函数。载波-噪声功率比是平均载波功率(载波功率和边带功率之和)和热噪声功率之比,载波功率可以用瓦特或毫瓦分贝(dBm)描述。

$$C_{(\mathrm{dBm})} = 10\lg \frac{C_{(\mathrm{w})}}{0.001} \tag{8-16}$$

热噪声功率表达式为

$$N = KTB(\mathrm{W}) \tag{8-17a}$$

式中,N 为热噪声功率(W);K 为玻尔兹曼常量(1.38×10^{-23} J/K);T 为温度(开氏温标:0K $= -273$℃,室内温度 $= 290$ K);B 为带宽(Hz)。用 dBm 表示为

$$N_{(\mathrm{dBm})} = 10\lg \frac{KTB}{0.001} \tag{8-17b}$$

载波-噪声功率比等于

$$\frac{C}{N} = \frac{C}{KTB}(\text{无单位比值}) \tag{8-18a}$$

式中,C 为载波功率(W);N 为噪声功率(W)。用 dB 表示为

$$\frac{C}{N}(\mathrm{dB}) = 10\lg \frac{C}{N} = C_{(\mathrm{dBm})} - N_{(\mathrm{dBm})} \tag{8-18b}$$

每比特能量指单个信息比特的能量。其数学表达式为

$$E_{\mathrm{b}} = CT_{\mathrm{b}}(\mathrm{J/b}) \tag{8-19a}$$

式中,E_{b} 为单个比特能量(J/bit);T_{b} 为单个比特时间(s);C 为载波功率(W)。用 dBJ 表示为

$$E_{\mathrm{b(dBJ)}} = 10\lg E_{\mathrm{b}} \tag{8-19b}$$

因为 $T_{\mathrm{b}} = 1/f_{\mathrm{b}}$,其中 f_{b} 是比特率,E_{b} 可以改写成

$$E_{\mathrm{b}} = \frac{C}{f_{\mathrm{b}}}(\mathrm{J/bit}) \tag{8-19c}$$

用 dBJ 表示为

$$E_{\mathrm{b(dBJ)}} = 10\lg \frac{C}{f_{\mathrm{b}}} \tag{8-19d}$$

$$= 10\lg C - 10\lg f_{\mathrm{b}} \tag{8-19e}$$

噪声功率密度是 1 Hz 带宽的标准热噪声功率(即 1 Hz 带宽内的噪声功率)。噪声功率密度表达式为

$$N_0 = \frac{N}{B}(\text{W/Hz}) \tag{8-20a}$$

式中, N_0 为噪声功率密度（W/Hz）; N 为热噪声功率（W）; B 为带宽（Hz）。用 dBm 表示为

$$N_{0(\text{dbm})} = 10\lg \frac{N}{0.001} - 10\lg B \tag{8-20b}$$

$$= N_{(\text{dbm})} - 10\lg B \tag{8-20c}$$

将式(8-17a)和式(8-20a)合并得

$$N_0 = \frac{KTB}{B} = KT(\text{W/Hz}) \tag{8-20d}$$

用 dBm 表示为

$$N_{0(\text{dbm})} = 10\lg \frac{K}{0.001} + 10\lg T \tag{8-20e}$$

每比特能量与噪声功率密度之比用于比较两个或多个采用不同的传输速率（比特率）、调制方案（FSK、PSK 和 QAM）和编码技术（M 元）的数字调制系统。能量与比特噪声功率密度之比是在 1 Hz 带宽内单个比特能量与噪声功率的简单比值。因此，E_b/N_0 将所有的多相调制方案规化成一个普通噪声带宽，这样，就可以对它们的误码性能进行简单而精确的比较。E_b/N_0 的数学表达为

$$\frac{E_b}{N_0} = \frac{C/f_b}{N/B} = \frac{CB}{Nf_b} \tag{8-21a}$$

式中, E_b/N_0 是每比特与能量噪声功率密度之比，将公式(8-21a)做以下变形

$$\frac{E_b}{N_0} = \frac{C}{N} \times \frac{B}{f_b} \tag{8-21b}$$

式中, E_b/N_0 为能量与比特噪声功率密度之比; C/N 为载噪功率比; B/f_b 为噪声带宽与比特率之比。用 dB 表示为

$$\frac{E_b}{N_0}(\text{dB}) = 10\lg \frac{C}{N} + 10\lg \frac{B}{f_b} \tag{8-21c}$$

或

$$= 10\lg E_b - 10\lg N_0 \tag{8-21d}$$

从式(8-21b)可以看到，E_b/N_0 就是载噪功率比和噪声带宽与比特率比值的乘积。而且，当带宽等于比特率时，$E_b/N_0 = C/N_0$。

通常，QAM 系统所需的最小载噪功率比要比 PSK 系统的小，并且编码要求（M 值高）越高，所需的最小载噪比就越高。

知识点注释

数字调制：指用数字基带信号（调制信号）控制载波的某一个或两个参量，形成适合于在信道中传输的数字频带信号。包括三种基本形式：振幅键控（ASK）、频移键控（FSK）和相移键控（PSK）。

幅度键控（ASK）：指用数字基带信号控制载波振幅，用载波的离散振幅值表示相应的数字信息的调制方式。

频移键控（FSK）：指用数字基带信号控制载波频率，用载波的离散频率值表示相应的数字信息的调制方式。

相移键控（PSK）：指用数字基带信号控制载波相位，用载波的离散相位值表示相应的数字信息的调制方式。

振幅相位联合键控(APK):指用数字基带信号控制载波的幅度和相位,也称正交幅度调制(QAM)。

二进制数字调制:指调制信号为二进制码元序列时的数字频带调制。

开关键控(OOK)调制:指二进制幅度键控调制,其输入调制信号是一个二进制序列的波形信号。

连续相位频移键控(CP-FSK):指输出频率改变时无相位跳变的一种二进制频移键控调制,其传号频率和空号频率与输入二进制比特率存在一个精确的时间关系。在相同的信噪比条件下,CP-BFSK 比传统BFSK 有较好的比特差错性能。CP-BFSK 的缺点是需要同步电路,因此实现时会相对昂贵一些。

多进制数字调制:指调制信号为多进制码元序列时的数字频带调制。

四相相移键控(QPSK):指四进制相移键控,或称为正交 PSK。其波特率为比特率的 1/2,所需带宽为1/2 比特率。

偏移 QPSK(OQPSK):指 QPSK 的修正形式,其中在 I、Q 信道的比特波形被偏移或相位上相互偏移1/2 比特时间。

相干解调:指在接收端用恢复的同步载波与接收的已调信号相乘,除去信号载波,恢复信号的解调方式,也称同步解调。

带宽效率:指调制方案的传输比特率与所需最小带宽的比值,有时称为信息密度。

载波恢复:指从接收信号中提取相位相干的参考载波的过程,有时称为相位参考。常用的载波恢复方法包括:平方环法、正交环法(Costas 环)和再调制法。

平方环法:指接收到的 BPSK 波形经过滤波之后再进行平方,其中,滤波可减少接收噪声的频谱宽度,而平方环电路去除了调制,并且产生载波频率的二次谐波。该谐波由锁相环相位跟踪。将 VCO 输出频率二分频即可用于乘积检波器的相位参考。

正交环法(Costas 环):采用两个并行的跟踪环(I 和 Q)同时提取 I、Q 信号分量,以驱动 VCO。同相环路(I)在 PLL 中使用 VCO,正交环路(Q)使用 90°相移的 VCO 信号。一旦 VCO 频率等于被抑制的载波频率,I、Q 信号乘积就会产生与任何 VCO 的相位差成正比的误差电压。误差电压又控制相位,从而控制VCO 的频率。

再调制法:指再调制产生环路误差电压,与输入信号和 VCO 信号之间的 2 倍相位误差成正比。该方法比平方环和正交环法(Costas 环)的调整时间更快。

错误概率:载波-噪声功率比,是 M 元编码数的函数。

本 章 小 结

本章主要讲述了数字幅度调制、频移键控、连续相位键控、M 元编码及多进制调制的性质、带宽以及信道利用率。并给出各种调制与解调的实现原理和具体方法。对于数字通信系统中用于载波恢复的三种方法及电路也进行了讨论。另外,作为数字调制技术的引申应用,本章简单介绍了将编码与数字调制相结合的格状编码技术(TCM)。具体内容为

(1)幅度键控。用基带数字信号控制载波振幅,用载波的离散振幅值表示相应的数字信息。从频率变换的角度来看,振幅键控调制(ASK)与模拟调幅调制(AM)相同,属于线性调制,已调信号的频谱结构与数字基带信号的频谱结构相同,只不过频率位置搬移到了载波上。因此,ASK 已调波的带宽为原数字基带调制信号的两倍。

(2)频移键控 FSK。用基带数字信号控制载波频率,用载波的离散频率值表示相应的数字信息,属于恒定幅度的角度调制。已调载波的频率偏离原中心频率。峰值频率偏移量与调制信号最高基频的比值为调制指数。BFSK 调制时,二进制信号以两个载波频率传输,分别称为传号频率和空号频率。当传号频率和空号频率与输入二进制比特率同步,且选择出的传号频率和空号频率,以 1/2 比特率的奇数倍偏离中心频率时,模拟输出信号有连续的相位过渡,这种特殊的 FSK 为连续相位频移键控(CP-FSK)。从频率变换的角度来看,频移键控 FSK 与模拟频率调制(FM)相同,属于非线性调制,所需的最小带宽为 $B=2(\Delta f+f_\mathrm{b})$。

(3)相移键控 PSK。用基带数字信号控制载波相位,用载波的离散相位值表示相应的数字信息,也是

恒定幅度的角度调制。当调制信号为二进制码元序列时的 PSK,称为 BPSK。BPSK 的信号波特率等于二进制输入比特率。BPSK 系统所需的最小双边带奈奎斯特带宽为 f_b(f_b 为数据比特率)。当调制信号为 M 进制码元序列时的 PSK,称为 M 元 PSK,属于 M 元编码技术。四相相移键控(QPSK),或称为正交 PSK,是 4 元相移键控。其波特率为比特率的 $1/2$,所需带宽为 $1/2$ 比特率。相干解调就是在接收端用恢复的载波接收信号相乘,除去信号载波,恢复信号的解调方式。偏移 QPSK(OQPSK)是改进的 PSK,波特率及带宽为传统 QPSK 的 2 倍。8 相 PSK 是 8 元编码技术,它的波特率为比特率的 $1/3$,带宽也为 $1/3$ 的比特率。总之,M 元 PSK 绝对最小的系统带宽值等于输入比特率除以编码或分组的比特数。与频移键控 FSK 相同,相移键控 PSK 也属于非线性调制。

(4) 振幅相位联合调制 QAM。用基带数字信号控制载波幅度和相位,用载波的离散幅度和相位值表示相应的数字信息的一种数字调制。M 元 QAM 绝对最小的系统带宽值也等于输入比特率除以编码或分组的比特数。

(5) 带宽效率是某调制方案的传输比特率与所需最小带宽的比值。

(6) 载波恢复是从接收信号中提取相位相干的参考载波的过程。有时称为相位参考。最常用的载波恢复方法有平方环法、正交环法和再调制法。其中再调制法的所需调整时间最短。

(7) 任何数字系统,都要在发送端和接收端进行精确定时或时钟同步。时钟恢复电路实现在接收端产生和发送器同步的时钟。

(8) 错误概率和误比特率是评估数字调制系统性能的指标。

思考题与习题

8-1　数字传输系统和数字无线电系统的区别是什么?

8-2　FSK 系统所需的最小带宽和比特率之间有什么关系?

8-3　什么是 M 元编码?

8-4　QPSK 系统中比特率和波特率之间的关系是什么?

8-5　QPSK 调制器中 I 和 Q 信道的意义是什么?

8-6　QPSK 系统所需最小带宽和比特率之间有什么关系。

8-7　什么是相干解调?

8-8　PSK 和 QAM 有什么不同?

8-9　带宽效率的含义是什么?

8-10　试列举三种载波恢复的方法,并简要分析。

8-11　解释绝对 PSK 和差分 PSK 之间的不同。

8-12　时钟恢复电路的目的是什么? 什么时候使用?

8-13　试确定传号频率是 32 kHz、空号频率为 24 kHz,比特率等于 4 kbit/s 的 FSK 信号的带宽和波特率。

8-14　试确定 FSK 信号的最大比特率,载波频率是 40MHz、空号频率为 104 kHz,有效带为 8 kHz。

8-15　载波频率是 40MHz,输入比特率等于 500 kbit/s,确定 BPSK 调制器的最小带宽和波特率,并画出输出频谱。

8-16　确定 QPSK,$f_b=10$ Mbit/s 调制方式的带宽效率。8-PSK,$f_b=21$ Mbit/s;16-QAM,$f_b=20$ Mbit/s。

8-17　确定 BPSK 调制器的最小带宽和波特率,载波频率是 80MHz,输入比特率 $f_b=1$ Mbit/s。画出输出频谱。

8-18　对于图 8-19 给出的 QPSK 调制器,改变参考载波振荡器为 $\cos\omega_0 t$,试画出新的星座图。

8-19　当输入信号为 $-\sin\omega_0 t+\cos\omega_0 t$ 时,确定图 8-21 中 QPSK 解调器的 I、Q。

第9章　软件无线电中的调制与解调算法

9.1　软件无线电简介

第1章已简述了无线电通信发展简史及现代通信系统中软件无线电的典型结构。本章主要着重介绍软件无线电的调制与解调算法。

9.1.1　软件无线电概念的由来

软件无线电是 20 世纪 90 年代初期提出来的一种新的无线通信系统体系结构。软件无线电最初起源于军事通信,是为了解决三军协同作战中各种通信设备不同制式、不同频率通信的兼容性和互通性而产生的。1992 年,MILTRE 公司的 Mitola 在美国国家远程会议上首次明确提出了软件无线电(software radio)的概念。其中心思想是构造一个具有开放性、标准化、模块化的通用硬件平台,将各种功能,如工作频段、调制解调类型、数据格式、加密模式、通信协议等用软件来完成,并使宽带 A/D 和 D/A 转换器尽可能地靠近天线,以研制出具有高度灵活性、开放性的新一代无线通信系统。可以说这种电台是可用软件控制和再定义的电台。选用不同软件模块就可以实现不同的功能,而且软件可以升级更新,其硬件也可以像计算机一样不断地升级换代。由于软件无线电的各种功能是用软件实现的,如果要实现新的业务和调制方式只要增加一个新的软件模块即可。同时,由于它能形成各种调制波形和通信协议,故还可以与旧体制的各种电台通信,大大延长了电台的使用周期,也节约了开支。

软件无线电这一新概念一经提出,就得到了全世界无线电领域的广泛关注。由于软件无线电所具有的灵活性、开放性等特点,使其不仅在军事无线通信中获得了应用,而且在民用商业无线通信中也得到了推广,这将极大地促进软件无线电技术及其相关产业(如集成电路)的迅速发展。

软件无线电区别于用软件控制的数字无线电通信,它采用通用的可编程器件(如 DSP)代替专用的数字电路。在一个系统结构相对通用的平台上通过软件编程实现各种功能,使得系统的改进和升级非常方便又代价很小,满足不同系统之间的互通和兼容。

本书第 6 章和第 7 章讨论的调制和解调电路均可用软件实现,其基本思想与前面模拟实现思想相似。

9.1.2　软件无线电的关键技术

软件无线电的关键技术有以下几方面。

1. 开放式总线结构及实现

软件无线电的一个重要特点是其开放性,这主要体现在软件无线电所采用的开放式标准化总线结构上,只有采用先进的标准化总线,软件无线电才能发挥其适应性广、升级换代方便等特点。由于软件无线电的研制国内外都起步不久,在研制开发过程中,必须逐步形成标准化的硬件平台和软件平台,而标准化的总线则是构筑上述两个平台的奠基石。现有的软件无线电研究和实验室系统中一般采用双总线结构,即控制总线和高速数据总线。控制总线结构,如 VME 总线、PCI 总线等,尽可能地采用现有的工业标准,以便于利用已有的软件及硬件平台,加快开发速度。高速数据总线结构则是软件无线电体系结构的关键,目前还没有形成标准,世界各国都在努力研究,以期得到适合软件无线电高速数据处理的总线结构标准。

2. 宽带/多频段天线

宽带/多频段天线及 RF 模块是软件无线电不可替代的硬件出入口,只能靠硬件本身来完成,不能用软件加载实现其全部功能。软件无线电对这部分的要求包括:天线能覆盖所有的工作频段;能用程序控制的方法对功能及参数进行设置。实现的技术包括:组合式多频段天线及智能天线技术;模块化、通用化收发双工技术;多倍频程宽带低噪声放大器方案等。

3. 模数转换部分

由于软件无线电的特点是将 A/D 和 D/A 尽量地靠近射频前端,因此它对模数(A/D)和数模(D/A)转换器的要求是很高的。主要要求包括采样速率和采样精度。采样速率主要由信号带宽决定,因为软件无线电系统的接收信号带宽较宽,而采样速率一般要求大于信号带宽的 2.5 倍,因此采样速率较高;采样精度在 80dB 的动态范围要求下不能低于 12 位。除了进一步提高器件性能,还可采取多个 A/D 并联使用的方法。

4. 数字变频技术

数字变频技术是软件无线电的核心技术之一。

数字变频器的组成与模拟变频器类似,包括数字混频器、数字控制振荡器和低通滤波器三部分组成。但也存在区别,数字变频采用的是正交混频。上/下变频器的原理图如图 9-1 所示,其中 T_s 为采样时间间隔。

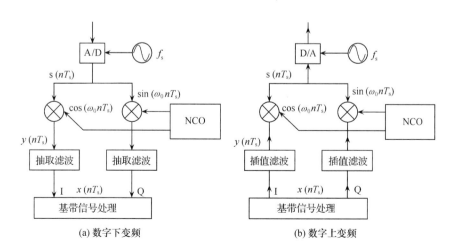

(a) 数字下变频 　　　　(b) 数字上变频

图 9-1　数字变频结构方框图

在模拟变频中,混频器的非线性和模拟本地振荡器的频率稳定度、边带、相位噪声、温度漂移、转换速率等都是人们最关心和难以彻底解决的问题。这些问题在数字变频中是不存在的,频率步进、频率间隔等也具有理想的性能,另外,数字变频器的控制和修改比较容易等特点也是模拟变频器所无法比拟的。影响数字变频性能的主要因素有两个:一个是表示数字本振、输入信号以及混频乘法运算的样本数值的有限字长所引起的误差;二是数字本振相位的分辨率不够大而引起的数字本振样本数值的近似取值。

数字下变频(digital down converter,DDC)是 A/D 变换后首先要完成的处理工作,包括数字下变频、滤波和二次采样,是系统中数字处理运算量最大的部分,也是最难完成的部分。一般认为,要进行较好的滤波等处理,需要对每个采样点进行 100 次操作。对于一个软件无线电系统来说,若系统带宽为 10MHz,则采样速率要大于 25MHz。这样就需要 2500MIPS 的运算能力,这是现有的任何单个 DSP 很难胜任的,因此一般都将 DDC 这部分工作交给专用的可编程芯片完成。这样既能保留软件无线电的优点,又有较高的可靠性。美国 Harris 公司的 DDC 芯片 HSP50016,是一个可编程性较强的芯片,能方便地通过改变控制参数来改变信道的中心频率、带宽和二次采样率,完成从一个宽带信号中滤出所需的带宽和频点的多个信号的功能。

5. 高速数字信号处理部分

这部分主要完成基带处理、调制解调、比特流处理和编译码等工作,由高速信号处理器完成。软件无线电的灵活性、开放性、兼容性等特点主要是通过以数字信号处理器为中心的通用硬件平台及 DSP 软件来实现的。这是软件无线电的一个核心部件,但也是一个主要瓶颈。单路数字语音编译码、调制解调能用单个 DSP 芯片实现。当单个 DSP 处理能力不足时,可采用多个 DSP 芯片的并行处理提高运算能力,如 Quad-C40MCM 处理器包括 4 片 TMS320C40 处理器和 5MB 内存,时钟频率 50MHz,已用于多频段多模式军用电台。

6. 信令处理部分

现在的移动通信系统中,信令部分已经是用软件完成的,软件无线电的任务是将通信协议及软件标准化、通用化和模块化。无线接入是无线通信的重要内容,其协议的主体部分是公共空间接口,目前已形成许多不同的标准。因此,当用软件无线电实现多模互联时,实现通用信令处理是很必要的。这就需要把现有的各种无线信令按软件无线电的要求划分成几个标准的层次,开发出标准的信令模块,研究通用信令框架。

9.1.3 软件无线电的基本结构

软件无线电的基本思想是以一个通用、标准、模块化的硬件平台为依托,通过软件编程来实现无线电台的各种功能,从基于硬件、面向用途的电台设计方法中解放出来。软件无线电采用标准的、高性能的开放式总线结构,以利于硬件模块的不断升级和扩展。理想软件无线电的组成结构如第 1 章中图 1-15 所示。

软件无线电主要由天线、射频前端、宽带 A/D-D/A 转换器、通用和专用数字信号处理器以及各种软件组成。软件无线电的天线一般要覆盖比较宽的频段,如 1MHz~2GHz,要求每个频段的特性均匀,以满足各种业务的需求。射频前端在发射时主要完成上变频、滤波、功率放大等任务,在接收时实现滤波、放大、下变频等功能。模拟信号进行数字化后的处理任务则全由 DSP 软件承担。

软件无线电的结构基本上可以分为 3 种:射频低通采样软件无线电结构、射频带通采样软件无线电结构和宽带中频带通采样软件无线电结构。

1. 射频低通采样软件无线电结构

射频低通采样数字化的软件无线电,其结构简洁,把模拟电路的数量减少到最低程度,是最理想的软件无线电结构。其结构图如图 9-2 所示。从天线进来的信号经过滤波放大后就由 A/D 进行采样数字化,这种结构不仅对 A/D 转换器的性能如转换速率、工作带宽、动态范围等提出了非常高的要求,同时对后续 DSP 或 ASIC(专用集成电路)的处理速度要求也特别高,因为射频低通采样所需的采样频率至少是射频工作带宽的两倍。但由于受目前器件水平的限制,要以此结构实现宽频带(>2GHz)是不现实的,即使从长远看实现的难度也非常大。

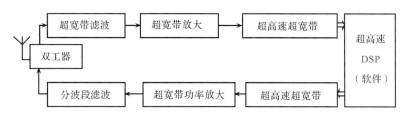

图 9-2　射频低通采样软件无线电结构

2. 射频带通采样软件无线电结构

射频带通采样软件无线电结构与低通采样软件无线电结构的主要不同点是 A/D 前采用了带宽相对较窄的电调滤波器,然后根据所需的处理带宽进行带通采样。这样对 A/D 采样速率的要求就不高了,对后续 DSP 处理速度的要求也随之降低。但需要指出的是,这种射频带通采样软件无线电结构对 A/D 工作带宽的要求仍然还是比较高的。这种结构将会成为未来软件无线电发展的主流。其结构图如图 9-3 所示。

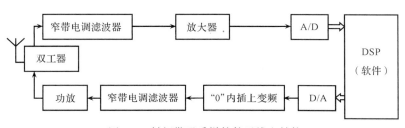

图 9-3　射频带通采样软件无线电结构

3. 宽带中频带通采样软件无线电结构

宽带中频带通采样软件无线电结构与目前的中频数字化接收机的结构是类似的,都采用了多次混频体制或超外差体制。这种宽带中频带通采样软件无线电结构的主要特点是中频带宽更宽,所有调制解调等功能全部由软件加以实现。显而易见,这种宽带中频带通采用软件无线电结构是上述三种结构中最容易实现的,对器件的性能要求最低,但它离理想软件无线电的要求最远,可扩展性、灵活性也是最差的。这种宽带中频结构再配以后续的数字化处理,使其具有更好的波形适应性、信号带宽适应性以及可扩展性。所以,目前来说,这种结构仍是近期软件无线电一种较可行的设计方案。其结构图如图 9-4 所示。

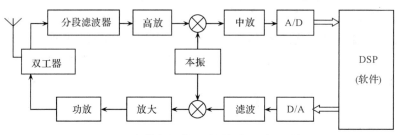

图 9-4　宽带中频带通采样软件无线电结构

9.2　软件无线电中信号的调制与解调算法

软件无线电具有灵活性、可扩展性等主要特点,这主要是因为软件无线电的所有功能都是用软件来实现(定义)的,通过软件的增加、修改或升级就可以实现新的功能。可以说,功能的软件化是软件无线电的最大优势之一。在所有软件中,数字信号处理软件占据着重要的位置,例如,编码、调制、解调、译码、同步提取、频谱分析、信号识别等都可以采用信号处理算法来实现。本节将对模拟信号的调制和解调算法做重点讨论,对模拟调制信号的自动识别做简要介绍。

9.2.1　调幅波调制与解调原理及算法描述

1. 调幅波调制原理及算法描述

由第 6 章知调幅波的数学表达式为

$$v(t) = s(t) = V_0(1 + m_a \cos\Omega t) \cdot \cos\omega_0 t \tag{9-1}$$

式中,m_a 为调幅度,通常 $m_a \leqslant 1$。

AM 的离散数学表达式为

$$S(nT_s) = [1 + m_a x(nT_s)]\cos\omega_0 nT_s \tag{9-2}$$

AM 波信号的调制采用直接计算的方法,根据表达式计算出输出值,AM 调制的实现框图如图 9-5 所示。

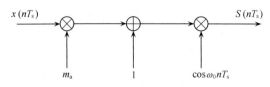

图 9-5　AM 调制的实现框图

2. 调幅波解调原理及算法描述

AM 的解调传统实现方法有包络解调和相干解调两种方法,其中包络解调具有实现简单和不需要同频载波的优点,得到了广泛的应用。AM 的包络解调框图如图 9-6 所示。

图 9-6　AM 的包络解调框图

包络解调方法有两种:直接计算包络法和通过正交载波相乘再求包络法。正交载波相乘再求包络法的解调实现框图如图 9-7 所示。

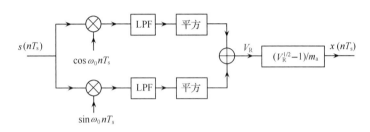

图 9-7　AM 波包络解调实现框图

由图 9-7 可知,这种解调方式需要有本地正交载波。虽然在前面的研究条件中,假设有本地同频同相载波,但这种解调方式对本地载波的要求不高。这是因为若本地载波存在频差 $\Delta\omega$,相差 θ,经低通滤波后 I,Q 支路的信号分别为

$$\mathrm{I}: \frac{1}{2}[1+m_{\mathrm{a}}x(nT_{\mathrm{s}})]\cos(\Delta\omega nT_{\mathrm{s}}+\theta) \tag{9-3}$$

$$\mathrm{Q}: \frac{1}{2}[1+m_{\mathrm{a}}x(nT_{\mathrm{s}})]\sin(\Delta\omega nT_{\mathrm{s}}+\theta) \tag{9-4}$$

由图 9-7 可知输出的解调信号为

$$
\begin{aligned}
&x(nT_{\mathrm{s}})\\
&=\frac{\sqrt{\dfrac{1}{4}[1+m_{\mathrm{a}}x(nT_{\mathrm{s}})]^2\cos^2(\Delta\omega nT_{\mathrm{s}}+\theta)+\dfrac{1}{4}[1+m_{\mathrm{a}}x(nT_{\mathrm{s}})]^2\sin^2(\Delta\omega nT_{\mathrm{s}}+\theta)}-1}{m_{\mathrm{a}}}\\
&=\frac{[1+m_{\mathrm{a}}x(nT_{\mathrm{s}})]-1}{2m_{\mathrm{a}}}=\frac{x(nT_{\mathrm{s}})}{2}
\end{aligned}
\tag{9-5}
$$

由式(9-5)可知,即使本地载波不同频、不同相,也不会对解调产生影响。

9.2.2　双边带信号调制解调原理及算法描述

1. 双边带信号调制原理及算法描述

双边带信号是由调制信号和载波直接相乘得到的,它只有上、下边带分量,没有载波分量。DSB 信号的时域表达式如式(9-6)所示,式中,A 为常数。

$$S(t) = Av_\Omega(t)\cos\omega_0 t \tag{9-6}$$

其离散数学表达式为

$$S(nT_s) = Ax(nT_s)\cos\omega_0 nT_s \tag{9-7}$$

DSB 信号的调制采用直接计算的方法,根据表达式计算出输出值,调制框图如图 9-8 所示。

图 9-8　DSB 调制框图

把式(9-6)进行傅里叶变换可得

$$S(\omega) = \frac{1}{2}AV_\Omega(\omega_0 - \Omega) + \frac{1}{2}AV_\Omega(\omega_0 + \Omega) \tag{9-8}$$

式中,$S(\omega)$ 为 $S(t)$ 的频谱。双边带信号的频谱带宽与 AM 信号相同。

2. 双边带信号解调原理及算法描述

双边带信号离散表达式为

$$s(nT_s) = Ax(nT_s)\cos(\omega_0 nT_s) \tag{9-9}$$

对信号进行正交分解可得同相分量

$$X_I(nT_s) = Ax(nT_s) \tag{9-10}$$

正交分量

$$X_Q(nT_s) = 0 \tag{9-11}$$

解调时要求本地载频与信号载频同频同相,此时,同相分量输出就是解调信号。同频同相本地载频的提取,可以利用数字科斯塔斯环获得。数字科斯塔斯环既可以用软件实现也可以利用专门的数字信号处理硬件来实现。

9.2.3　单边带信号调制解调原理及算法描述

1. 单边带信号调制原理及算法描述

单边带调制可以通过将双边带调幅或平衡调幅信号滤除一个边带来实现,但是这种做法对滤波器的要求很高,在载频比较高时,滤波器的带宽和中心频率之比将很小,以致滤波器很难达到良好特性,甚至无法实现。因此在数字化通信系统中一般采用复数滤波法。复数滤波法可以实现低运算量,高性能。

单边带信号的一般表示方法为

$$x_{SSB}(t) = A[x(t)\cos\omega_0 t \mp \hat{x}(t)\sin\omega_0 t] \tag{9-12}$$

式中,$\hat{x}(t)$ 是 $x(t)$ 的 Hilbert 变换。

单边带信号复数的一般表示法为

$$x_{SSB}(t) = A\text{Re}[(x(t) * g(t))e^{j\omega_0 t}] \tag{9-13}$$

式中,$g(t) = \delta(t) \mp (-j)h(t)$ 为复数滤波器响应函数,$\delta(t)$ 为冲激函数,$h(t)$ 为 Hilbert 变换

冲激响应函数，Hilbert 变换实际就是对该信号进行 $\pi/2$ 的移相。

由式(9-13)可知，单边带调制复数法原理是将基带信号进行复数边带滤波后，进行复调制取实部得到单边带信号，其原理方框图如图 9-9 所示。

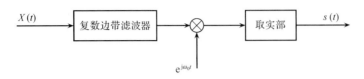

图 9-9　复数滤波法原理方框图

用复数法产生单边带信号的频谱图如图 9-10 所示。

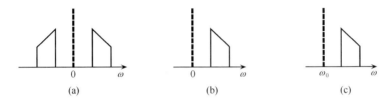

图 9-10　用复数滤波法产生单边带信号的频谱图

图 9-10(a)为基带信号频谱图，图 9-10(b)是经过复数边带滤波后，复数信号的频谱图，图 9-10(c)为经过复调制实部后的频谱图。将原理方框图具体化如图 9-11 所示。

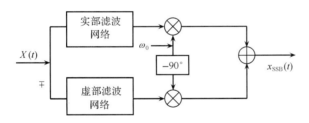

图 9-11　复数滤波法实现框图

利用复数滤波法实现独立边带也是很容易的，当图 9-11 中取负进入虚部滤波网络，形成上边带；相反则是下边带。

2. 单边带信号解调原理及算法描述

单边带信号离散表达式为

$$s(nT_s) = A\big[x(nT_s)\cos(\omega_0 nT_s) \pm \hat{x}(nT_s)\sin(\omega_0 nT_s)\big] \tag{9-14}$$

式中，"－"是上边带，"＋"是下边带；$\hat{x}(nT_s)$ 是 $x(nT_s)$ 的 Hilbert 变换；A 为常数，不妨设其为 1。对信号正交分解得

同相分量　　$X_1(nT_s) = x(nT_s)$

正交分量　　$X_Q(nT_s) = \pm\hat{x}(nT_s)$

无论上边带,还是下边带,同相分量输出就是调制信号。

下面介绍 SSB 信号数字解调方法,其解调原理的方框图如图 9-12 所示。

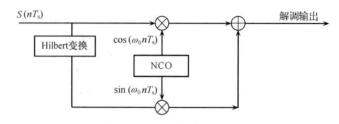

图 9-12　SSB 信号的解调框图

根据 Hilbert 变换的性质,在 $f_0 \gg F_{max}$(f_0 为信号的载波频率,F_{max} 为调制信号的最大频率分量)的条件下,有近似的表达式

$$H\big[x(nT_s)\cos(\omega_0 nT_s)\big] \approx x(nT_s)\sin(\omega_0 nT_s) \tag{9-15}$$

$$H\big[\hat{x}(nT_s)\sin(\omega_0 nT_s)\big] \approx -\hat{x}(nT_s)\cos(\omega_0 nT_s) \tag{9-16}$$

因此,下边带信号 $S(nT_s)$ 的 Hilbert 变换为

$$\hat{S}(nT_s) = x(nT_s)\sin(\omega_0 nT_s) - \hat{x}(nT_s)\cos(\omega_0 nT_s) \tag{9-17}$$

由图 9-12 可知其解调输出为

$$S(nT_s)\cos(\omega_0 nT_s) + \hat{S}(nT_s)\sin(\omega_0 nT_s)$$

$$= x(nT_s)\cos^2(\omega_0 nT_s) + x(nT_s)\sin^2(\omega_0 nT_s) = x(nT_s)$$

因此,经上述运算就可以解调出调制信号。同理,对上边带调制信号的解调也可同样进行。图 9-12 中的 NCO 是数字控制振荡器,其作用是产生一个理想的正弦或余弦波。

9.2.4　调频波调制与解调原理及算法描述

1. 调频波调制的原理及算法描述

第 7 章中已介绍频率调制就是指载波的瞬时频率受调制信号的控制,做周期性变化,这变化的大小与调制信号的强度呈线性关系,变化的周期由调制信号的频率决定。调频信号的数学表达式为

$$a_f(t) = s(t) = A\cos\Big[\omega_0 t + k_f \int_{-\infty}^{t} v_\Omega(t)\,\mathrm{d}t\Big] \tag{9-18}$$

要把上面的方法用数字化来实现,就要将式(9-18)转化为离散数学表达式,在这过程中除了完成离散化外,还要把式(9-18)中包含的积分转化为合适的数值积分,以便于数字处理。

数值积分的方法很多,此处采用复化求积法,因为复化求积法具有精度高、运算量小、容易得到各样点的积分值等优点。复化求积法是将求积空间 $[a,b]$ 划分为 n 等分,步长 $h = (b-a)/n$,分点为 $x_k = a + kh, k = 0,1,2,\cdots,n$。先求各自区间上积分值 I_k(各区间上的积分值就是各区间的面积),然后再求和,用 $\sum\limits_{k=0}^{n-1} I_k$ 作为所求积分的近似值。复化梯形公式为

$$T_n = \sum_{k=0}^{n-1} \frac{h}{2}\big[f(x_k) + f(x_{k+1})\big] \tag{9-19}$$

采用复化求积法后，FM 的离散数学表达式为

$$S(nT_s) = A\cos\left\{\omega_0 nT_s + k_f T_s \sum_{i=1}^{n} \frac{x(iT_s) + x[(i-1)T_s]}{2}\right\} \tag{9-20}$$

式中，T_s 是步长（采样间隔时间），相当于式（9-19）中的 h。FM 信号的调制就是根据式（9-20）计算得到的，其框图如图 9-13 所示。

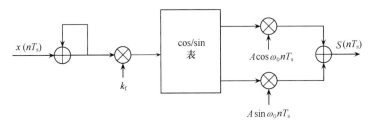

图 9-13　FM 调制框图

在实际程序的算法中，本地载波是通过查表得到的，样值的累加和的正弦值和余弦值是通过计算得到的。DSP 实现频率调制算法的具体过程是 DSP 每次从 A/D 得到一个采样值，将它与前面的样值相加，得到以 T_s 为采样时间间隔的采样值累加和 $\sum_{i=1}^{n} x(iT_s)$，将样值累加和乘以调制系数（可选）后分别求出样值累加和的正弦值和余弦值，即 $\cos\left[k_f T_s \sum_{i=1}^{n} x(iT_s)\right]$ 和 $\sin\left[k_f T_s \sum_{i=1}^{n} x(iT_s)\right]$，将它们分别去乘本地正交载波，然后再将分别相乘的结果求和即可得到调频波。根据以上分析，调频波的数学表达式可写为

$$\begin{aligned}S(nT_s) &= A\cos\left[k_f T_s \sum_{i=1}^{n} x(iT_s)\right]\cos\omega_0 nT_s - A\sin\left[k_f T_s \sum_{i=1}^{n} x(iT_s)\right]\sin\omega_0 nT_s \\ &= X_I\cos(\omega_0 nT_s) - X_Q\sin(\omega_0 nT_s)\end{aligned} \tag{9-21}$$

式中

$$X_I = A\cos\left[k_f T_s \sum_{i=1}^{n} x(iT_s)\right] \tag{9-22}$$

$$X_Q = A\sin\left[k_f T_s \sum_{i=1}^{n} x(iT_s)\right] \tag{9-23}$$

2. 调频波解调的原理及算法描述

调频波解调采用数字相干解调的方法，从原理上讲与模拟相干解调方法一样。这种解调方法具有较强的抗载波失配能力，当载波失配差频是常量时，解调输出只不过增加了一个直流分量而已。根据式（9-21）可推导出解调方法和数字相干解调的框图。

因为相位

$$\phi(nT_s) = \arctan\left(\frac{X_Q}{X_I}\right) \tag{9-24}$$

由此可以利用相位差分计算瞬时频率，得到调制信号

$$F(nT_s) = \phi(nT_s) - \phi((n-1)T_s)$$

$$= \arctan\left[\frac{X_Q(nT_s)}{X_I(nT_s)}\right] - \arctan\left\{\frac{X_Q[(n-1)T_s]}{X_I[(n-1)T_s]}\right\} \tag{9-25}$$

由于计算 $\phi(nT_s)$ 要进行除法和反正切计算，这对于非专用数字处理器来说是较复杂的，在用软件实现时也可用下面的方法来计算

$$F(nT_s) = \phi'(nT_s) = \frac{X_I(nT_s)X_Q'(nT_s) - X_I'(nT_s)X_Q(nT_s)}{X_I^2(nT_s) + X_Q^2(nT_s)} \tag{9-26}$$

对于调频信号，其振幅为恒定，设

$$X_I^2 + X_Q^2 = 1$$

则

$$F(nT_s) = X_I(nT_s)X_Q'(nT_s) - X_I'(nT_s)X_Q(nT_s)$$

$$F(nT_s) = X_I(nT_s)[X_Q(nT_s) - X_Q((n-1)T_s)]$$

$$\qquad - [X_I(nT_s) - X_I((n-1)T_s)]X_Q(nT_s)$$

$$= X_I[(n-1)T_s]X_Q(nT_s) - X_I(nT_s)X_Q[(n-1)T_s] \tag{9-27}$$

式(9-27)就是 FM 解调算法数学表示，这种方法只有乘减运算，计算比较简便。最后我们可以得到数字相干解调的框图，如图 9-14 所示。

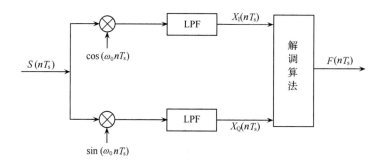

图 9-14　FM 解调框图

DSP 实现调频波解调的具体算法是 DSP 每次从 A/D 得到一个样值后，分别去乘本地正交载波，将分别相乘的结果经相应的数字滤波器后得到其同相分量和正交分量，再利用式(9-27)计算就可得到调制信号。

9.3　应用程序举例

本节中的应用程序都是基于 TMS320c54x 系列的 DSP 实现的，init_54x.asm 是对芯片的一些初始化程序，这里不将其具体程序列出，而直接引用。

9.3.1 调幅波(AM)的 DSP 实现

根据前面讲述的调幅波的实现原理,调幅波的 DSP 实现程序如下:

```
AM.asm
include"init_54x.asm"
SINSTP     .SET   0H
SIN465KP   .SET   1H
COSOUT     .SET   2H
SAMPLE     .USECT  "BUF",1
OUT_DATA   .USECT  "BUF",1          ;变量及常量的初始化


MAIN:        IDLE   #1
CALL         COS465K
MUX:         STM    #SAMPLE,AR2
             STM    #COSOUT,AR4
             MPY    *AR4,*AR2,A
             STH    A,MUXCOS
             STH    A,OUT_DATA         ;数字混频
             RETE
COS465K:     LD     SIN465KP,A
             ADD    SINSTP,A
             ADD    #64,A
             AND    #0FFH,A
             STL    A,SIN465KP
             ADD    #SINTAB,A
             READA  COSOUT             ;产生载波
SINRET       RET
```

9.3.2 调频波(FM)的 DSP 实现

根据前面讲述的调频波的实现原理,调频波的 DSP 实现程序如下:

```
FM.asm
include"init_54x.asm"
SINFP       .SET       0H
SINOUT      .SET       1H
SINSUM      .SET       2H
MUXSIN      .SET       3H
COSFP       .SET       4H
COSOUT      .SET       5H
COSSUM      .SET       6H
```

```
MUXCOS          .SET        7H

SAMPLE          .USECT      "BUF",1
DATA_TEMP       .USECT      "BUF",1
DATA_COEFF      .USECT      "BUF",1
OUT_DATA        .USECT      "BUF",1          ;变量及常量的初始化


MAIN:           IDLE        #1
                STM         #SAMPLE,AR1
                ADD         *AR2,A
                STL     A,*AR2
                STL     A,@DATA_TEMP
SIN_calculate:          STM     #DATA_COEFF,AR3
                RPT     #3
                MVPD    #SINTABLE,*AR3+
                STM     #DATA_COEFF,AR3
                STM     #DATA_TEMP,ar4       ;计算正弦分量相位
                MASR    *ar4-,*ar3+,B,A
                MPYA    @DATA_TEMP
                STL     A,@DATA_TEMP
COS_calculate:          STM     DATA_COEFF,AR3
                RPT     #3
                MVPD    #COSTABLE,*AR3+
                STM     #DATA_COEFF,AR3
                STM     #DATA_TEMP,AR4       ;计算余弦分量相位
                MASR    *AR4+,*AR3+,B,A
                STH     B,COSSUM
SIN_multiply:           LD      SINFP,A
                ADD     #SINCOStab_step,A
                AND     #1FFh,A
                STL     A,SINFP
                ADD     #SINCOSTAB,A
                READA   SINOUT
                STM     #SINOUT,AR3
                STM     #SINSUM,AR4
                MPY     *AR4,*AR3,A
                STH     A,MUXSIN            ;正弦分量与载波相乘
COS_multiply:           LD      COSFP,A
                ADD     #SINCOStab_step,A
```

```
AND      #1FFh,A
STL      A,COSFP
ADD      #SINCOSTAB,A
READA    COSOUT
STM      #COSOUT,AR3
STM      #COSSUM,AR4
MPY      *AR4,*AR3,A
STH      A,MUXCOS
LD       MUXCOS,A
SUB      MUXSIN,A
STH      A ,OUT _ DATA   ;余弦分量与载波相乘
```

知识点注释

软件无线电:软件无线电是以一个通用、标准、模块化的硬件平台为依托,通过软件编程来实现无线电台的各种功能。

软件无线电的特点:软件无线电强调体系结构的开放性和全面可编程性,通过软件更新改变硬件配置结构,实现新的功能。软件无线电采用标准的、高性能的开放式总线结构。

软件无线电的组成:软件无线电主要由天线、射频前端、宽带 A/D-D/A 转换器、通用和专用数字信号处理器以及各种软件组成。

宽带/多频段天线:天线能覆盖所有的工作频段,能用程序控制的方法对功能及参数进行设置。

单边带调制复数法原理:指将基带信号进行复数边带滤波后,进行复调制取实部,得到单边带信号。

软件无线电调制:把模拟调制的数学表达式转化为离散数学表达式,在 DSP 上通过算法编程实现调制。

软件无线电的关键技术:指开放式标准化总线结构,组合式多频段天线及智能天线技术,高速、高精度的模数(A/D)和数模(D/A)转换器,数字变频技术和高速数字信号处理器。

本 章 小 结

本章介绍了软件无线电产生的背景、基本概念,软件无线电的基本结构及其关键技术。同时对软件无线电中的信号处理算法进行了介绍,重点介绍了 FM、AM、DSB、SSB 的调制及解调原理及算法。最后,在应用程序举例中附上了调幅波(AM)及调频波(FM)基于 TMS320C54x 系列的 DSP 实现的程序。

通过本章的学习,我们需要掌握以下几点。

(1) 了解软件无线电的概念和相关理论。

(2) 了解软件无线电中信号的调制与解调算法及其 DSP 实现。

思考题与习题

9-1　何谓软件无线电? 它有哪些优点?

9-2　软件无线电的关键技术有哪些?

9-3　试画出软件无线电的几种基本结构,它们的主要特点是什么?

9-4　说明软件无线电接收机与数字接收机的区别。

第 10 章 反馈控制电路

10.1 概　　述

反馈控制电路是一种自动调节系统。其作用是通过环路自身的调节,使输入与输出间保持某种预定的关系。它广泛地应用于通信系统和其他电子设备中,用以提高技术性能指标或实现某些特定的功能。

这种系统具有如图 10-1 所示的方框图。它由反馈控制器和控制对象两部分构成,图 10-1 中 X_i、X_o 分别为系统的输入量和输出量,它们之间应满足所要求的确定关系

$$X_o = F(X_i) \tag{10-1}$$

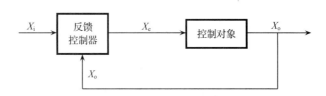

图 10-1　反馈控制系统方框图

如果由于某种原因,这种关系尚未满足或遭到破坏时,控制器将 X_o 和 X_i 加以比较,产生一个反映 X_o 与 X_i 间偏离预定关系程度的误差量 X_e,X_e 对执行机构施加影响,实现调节,使 X_o 与 X_i 间的关系接近或恢复预定的关系。

根据需要比较和调节的参量不同,反馈控制电路分为以下三种。

自动电平控制电路　需要比较和调节的参量为电压或电流,则相应的 X_o 与 X_i 为电压和电流。其典型应用电路为自动增益控制电路(AGC)。

自动频率控制电路　需要比较和调节的参量为频率,则相应的 X_o 与 X_i 为频率。其典型应用电路为自动频率微调电路(AFC)。

自动相位控制电路　需要比较和调节的参量为相位,则相应的 X_o 与 X_i 为相位。自动相位控制电路(APC)又称为锁相环路(PLL),它是应用最广泛的一种反馈控制电路,目前已制成通用的集成组件。因此本章将重点介绍它的工作原理、性能特点及其主要应用,同时对其他两种反馈控制电路予以简要地介绍。

需要指出的是,反馈控制电路和大家以前学习过的负反馈放大器都是自动调节系统,区别在于组成上的不同,反馈放大器仅由放大器和反馈网络组成,而反馈控制电路除放大器外,还包含具有频率变换功能的非线性环节。因此,必须采用非线性电路的分析方法。不过,当分析某些性能指标时,在一定条件下,这些非线性环节可以用近似线性化的方法处理。这样,反馈控制电路就可采用与反馈放大器相同的分析方法。

10.2　自动电平控制电路

10.2.1　自动电平控制工作原理

　　自动电平控制电路广泛地应用于各种电子设备中，它的基本作用是减小因各种因素引起系统输出信号电平的变化范围。例如，减小接收机因电磁波传播衰落等引起输出信号强度的变化；稳定发射机输出电平，并便于在一定范围内进行调整；作为信号发生器的稳幅机构或输出信号电平的调节机构等。

　　自动电平控制电路的基本组成方框图如图 10-2 所示。它的反馈控制器由振幅检波器、直流放大器、比较器和低通滤波器组成；控制对象就是可控增益放大器。该放大器的输入信号为 $v_i = V_{im}\cos\omega t$，输出信号为 $v_o = V_{om}\cos\omega t$。设可控增益放大器的增益为 $A_2(v_c)$，则它们之间满足如下关系式

$$V_{om} = A_2(v_c)V_{im} \tag{10-2}$$

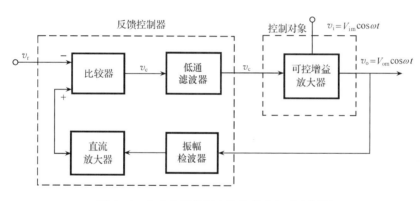

图 10-2　自动电平控制电路的基本组成方框图

这个输出高频信号还同时加到振幅检波器上，检出反映信号强度变化的电压，通过直流放大器，加到比较器，产生与外加参考信号 v_r 之间的差值信号 v_c，经低通滤波器，作为控制电压 v_c，加到可控增益放大器，用来调整放大器的增益，使输出信号电平保持在所需要的范围之内。

　　这种控制是通过改变受控放大器的静态工作点、输出负载值、反馈网络的反馈量或与受控放大器相连的衰减网络的衰减量来实现的。

10.2.2　自动电平控制电路的应用

　　常见的自动电平控制电路用于调幅接收机时，称为自动增益控制电路，又称 AGC 电路。它属于这样一种情况：v_r 是固定不变的，而 V_{im} 是在较大范围内变化的。这时，AGC 电路的任务就是保证整个环路的输出幅度在一个允许的小范围内的变化。这时的 v_r 就是一个门限，只有比较器的输入大于 v_r 时，才有误差电压输出。

　　具体来说，在接收机中，天线上感应的有用信号强度（反映在载波振幅上）往往由于电波传播衰落等原因会有较大的起伏变化，致使扬声器的声音时强时弱，有时还会造成阻塞。这就需要 AGC 电路进行调节。当输入信号很强时，自动增益控制电路进行控制，使接收机的

增益减小；当输入信号很弱时，自动增益控制电路不起作用，接收机的增益大。这样，当信号强度变化时，接收机的输出端的电压或功率几乎不变。

图 10-3 给出了带有 AGC 电路的调幅接收机的组成方框图。图 10-3 中，包络检波器前的高频放大器和中频放大器组成环路的可控增益放大器，它的输出中频调幅信号 $v_i = V_{im}(1 + m_a \cos\Omega t)\cos\omega_i t$ 的中频载波电压振幅 V_{im} 就是环路的输出量。AGC 检波器和直流放大器组成环路的反馈控制器。其中 AGC 检波器兼作比较器，它的门限电压 v_r 就是环路的输入量。实际上采用二极管检波器作为 AGC 检波器时，门限电压 v_r 就是加到检波器电路中的直流负偏压，只有当输入中频电压振幅大于 v_r 时，AGC 检波器才工作，输出相应的平均电压，否则，AGC 检波器的输出为零，AGC 不起作用。这种电路称为延迟放大式 AGC 电路。

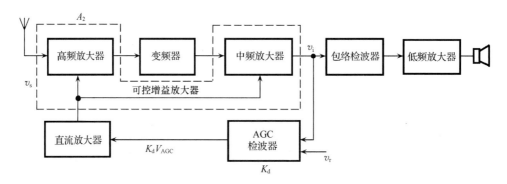

图 10-3　带有 AGC 电路的调幅接收机的组成方框图

如果 AGC 检波器电路不加直流负偏压，一有外来信号，AGC 立刻起作用，接收机的增益就因受控制而减小，这不利于提高接收机的灵敏度。延迟式 AGC 电路就克服了这个缺点。延迟式 AGC 原理电路如图 10-4 所示。

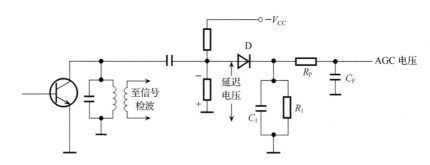

图 10-4　延迟式 AGC 原理电路

正确选定 AGC 低通滤波器的时间常数 $C_P R_P$ 是设计 AGC 电路的主要任务之一。$\tau_P = C_P R_P$ 不能太大也不能太小。τ_P 太大，接收机的增益不能得到及时调整；太小则会使调幅波受到反调制。通常在接收语音调幅信号时，τ_P 为 0.02～0.2s；接收等幅电平时，τ_P 为 0.1～1s。

10.3　自动频率控制电路

自动频率控制电路也是通信电子设备中常用的反馈控制电路。它被广泛地用作接收机和发射机中的自动频率微调电路，称为 AFC 电路。AFC 电路的主要作用是自动调整振荡器的频率。例如，在调频发射机中，如果振荡频率漂移，则利用 AFC 反馈控制作用，可以减小频率的变化，提高频率稳定度。在超外差式接收机中，依靠 AFC 的反馈调整作用，可以自动控制本振频率，使其与外来信号频率之差维持在近于中频的数值。在雷达设备中，AFC 系统是组成雷达接收机的重要部分。在通信系统中，为了改善调频接收的门限效应，也可以采用类似于 AFC 系统的调频负反馈技术。

10.3.1　自动频率控制工作原理

图 10-5 为自动频率控制电路在接收机中的典型应用——调幅接收机自动频率微调系统的方框图。我们以此为例来说明自动频率控制电路的工作原理。它的对象是振荡频率受误差电压控制的压控振荡器（VCO），反馈控制器是由检测出频率误差的混频器、中频放大器以及将频率误差转换为相应电压的鉴频器组成的。故该环路的输入信号就是接收信号的载波频率 f_s，输出信号是压控振荡器的振荡频率 f_o（即本振频率）。在正常工作的情况下，f_o 与 f_s 应满足的预定关系为

$$f_o = f_s + f_i \tag{10-3}$$

式中，f_i 为接收机的固定中频。

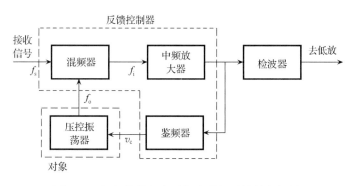

图 10-5　调幅接收机自动频率微调系统的方框图

f_o 和 f_s 之间满足如式（10-3）所示的预定关系时，鉴频器就没有误差电压输出，即 $v_c = 0$，相应的 VCO 控制电压为零。若某种不稳定因素使 VCO 控制电压为零时的振荡频率增大 Δf_o，但 f_s 仍维持不变，则混频后中频频率将相应地在 f_i 上增大 $\Delta f_i = \Delta f_o$，中放输出信号加到鉴频器，当有 Δf_o 产生时，鉴频器就给出相应的输出电压 v_c，用这个电压控制本地振荡器的频率，使它减小，从而使中频的误差频率由 Δf_i 减小到 $\Delta f_i'$，而后在新的 VCO 振荡频率的基础上，再经历上述同样过程，使中频误差频率进一步减小，如此循环下去，最后环路进入锁定状态。锁定后的误差频率称为剩余频率误差，简称剩余频差，用 $\Delta f_{i\infty}$ 表示。这时，VCO 在由 $\Delta f_{i\infty}$ 通过鉴频器后产生的控制电压的作用下，使其振荡频率误差保持在 $\Delta f_{o\infty} = \Delta f_{i\infty}$

上。可见,自动频率控制电路通过自身的调节可以将原先因 VCO 不稳定而引起的较大的起始频差 Δf_{io} 减小到较小的剩余频差 $\Delta f_{i\infty}$。

类似地,当 f_o 一定,而 f_s 变化 Δf_s 时,通过环路的自动调节,也同样能使 VCO 的振荡频率跟上 f_s 的变化,使误差频率由起始频差 $|\Delta f_{io}| = \Delta f_s$ 减小到稳定剩余频差 $|\Delta f_{i\infty}|$。

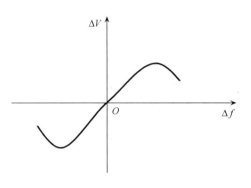

图 10-6　鉴频器的特性曲线

在带有 AFC 电路的调幅接收机中,正是利用 AFC 的上述自动调节作用,使偏离于额定中频的频率误差减小,这样,在 AFC 电路的作用下,接收机的输入调幅信号的载波频率和 VCO 振荡频率之差接近于额定中频。因此,采用 AFC 电路后,中频放大器的带宽可以减小,有利于提高接收机的灵敏度和选择性。

下面进一步分析频率调整的原理。图 10-6 是鉴频器的特性曲线,即表示输出误差电压 ΔV 与频率偏离中心频率 f_i 的数量 $\Delta f = f_i' - f_i$ 之间的关系曲线。其斜率即灵敏度 S_d 表示为

$$S_d = \frac{\Delta V}{\Delta f}\bigg|_{\Delta f = 0} \tag{10-4}$$

利用误差电压 ΔV 控制压控振荡器的频率,即 $v_c = \Delta V$。表示 VCO 振荡频率误差 Δf 与控制电压关系的曲线称为控制特性曲线(或称为调制特性曲线)。图 10-7 是压控振荡器在控制电压 v_c(误差电压 ΔV)为零时,频率偏离 $\Delta f = 0$,即初始失谐量 $\Delta f_1 = 0$ 时的控制特性曲线。v_c 为正则 Δf 为负,v_c 为负则 Δf 变正,其斜率为

$$S_m = \frac{\Delta f}{V_c}\bigg|_{V_c = V_{co}} \tag{10-5}$$

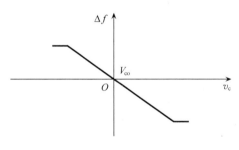

图 10-7　控制特性曲线

在图 10-5 所示的自动频率控制系统中,鉴频器输出误差电压 ΔV 就作为 VCO 输入控制电压 v_c,当频率调整平衡以后,VCO 的频率偏离 Δf 也应与鉴频器输入频率偏离 Δf 相等,为便于讨论,我们把图 10-7 曲线画到图 10-6 上去,这时应把 v_c 与 Δf 两坐标互换一下,如图 10-8 所示。可见两曲线相交于原点,即环路锁定于原点上,剩余频差 $\Delta f_{i\infty} = 0$。而当初始失谐量 $\Delta f_1 \neq 0$,为正 Δf_1 时,那么 VCO 的控制特性曲线就要朝正方向移动 Δf_1,如图 10-9所示,反馈系统稳定后应锁定于两曲线的交点 Q 上,相应的频率偏离从初始的 Δf_1 减少到 Δf_Q,即该 AFC 系统此时的剩余频差 $\Delta f_{i\infty} = \Delta f_Q$。而剩余频差 $\Delta f_{i\infty}$ 应越小越好。显然,在初始失谐量 Δf_1 一定的情况下,要减少剩余频差应提高鉴频特性的斜率 S_d 或提高压控振荡器的控制特性的斜率 S_m。

自动频率微调系统的工作效率可以用剩余失谐量 Δf_{Q} 与初始失谐量 Δf_{I} 的比值来表达。这个比值称为调整系数或自动微调系数，以符号 K_{AFC} 表示

$$K_{\mathrm{AFC}} = \frac{\Delta f_{\mathrm{I}}}{\Delta f_{\mathrm{Q}}} = 1 - \frac{\Delta f_{\mathrm{Q}} - \Delta f_{\mathrm{I}}}{\Delta f_{\mathrm{Q}}}$$

$$(10\text{-}6)$$

鉴频特性的斜率

$$S_{\mathrm{d}} = \tan\alpha = \frac{V_{\mathrm{Q}}}{\Delta f_{\mathrm{Q}}} \qquad (10\text{-}7)$$

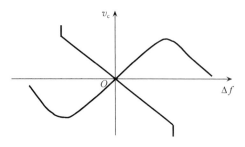

图 10-8　初始失谐量 $\Delta f_{\mathrm{I}} = 0$
时 AFC 系统的平衡点

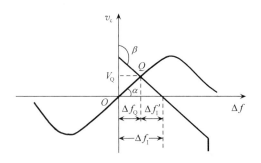

图 10-9　初始失谐量 $\Delta f_{\mathrm{I}} \neq 0$ 时 AFC 系统的平衡点

控制特性的斜率

$$S_{\mathrm{m}} = \tan\beta = -\frac{\Delta f_{\mathrm{I}} - \Delta f_{\mathrm{Q}}}{V_{\mathrm{Q}}} \quad (10\text{-}8)$$

将式(10-7)和式(10-8)代入式(10-6)得

$$K_{\mathrm{AFC}} = 1 - S_{\mathrm{d}}S_{\mathrm{m}} \qquad (10\text{-}9)$$

K_{AFC} 越大，表明 AFC 越有效。由式(10-9)可见，为了使调整有效，S_{d} 与 S_{m} 的符号必须相反，整个系统才是稳定的。

从式(10-9)还可以看出，$|S_{\mathrm{d}}|$ 与 $|S_{\mathrm{m}}|$ 越大，则 K_{AFC} 越大，即 AFC 越有效，这与前面分析的结论相符。

对于不同的初始失谐 Δf_{I} 值，调制特性曲线与 Δf 轴在不同的点相交。只有初始失谐值在一定范围内，AFC 系统才起作用，最终将已失谐的频率调回来。参看图 10-10，由初始失谐值从很大（AFC 系统不能工作）逐步减小到 Δf_{P} 值，此时调制特性曲线①刚刚与鉴频特性曲线的 a 点相切，AFC 系统开始产生作用，将频率捕捉回来，最后稳定在 A 点。我们把 Δf_{P} 称为 AFC 系统的捕捉带（或捕捉范围）。

反之，如果最初的失谐小于 Δf_{P}，调制特性曲线如图 10-10 的曲线②所示，此时 AFC 系统已在工作并平衡于 B 点。此后如果不断增加初始失谐，并使之超过 Δf_{P}，但只要不超过与鉴频特性曲线相切于 b 点的另一条调制特性曲线③所决定的频带 Δf_{H}，AFC 系统仍然有效，不会失去信号，可一旦初始失谐超过 Δf_{H}，AFC 系统即失去作用，Δf_{H} 称为 AFC 系统的

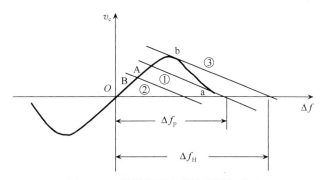

图 10-10　捕捉范围和保持范围的确定

保持带宽(保持范围)或同步带。

10.3.2 自动频率控制电路的应用

1. 调频发射机自动频率微调电路

图 10-11 是具有自动频率微调系统的调频发射机方框图。这里调频电路的中心频率为 f_c，晶体振荡器频率为 f_0，鉴频器中心频率调整在 f_0-f_c，由于 f_0 频率稳定度很高，当 f_c 产生漂移时，反馈系统的控制作用就可以使 f_c 的偏离减小。这个原理和接收机中的情况是一样的，低通滤波器的作用是为了滤除调制信号的影响。

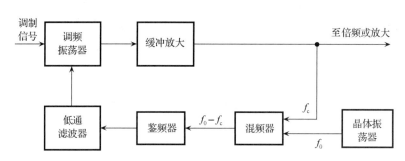

图 10-11　具有自动频率微调系统的调频发射机方框图

2. 调频负反馈解调器

图 10-12 为调频负反馈解调器的组成方框图。由图 10-12 可见，它与普通调频接收机的区别在于低通滤波器取出的解调电压同时又反馈给 VCO（相当于普通调频接收机中的本振），作为控制电压，使 VCO 的振荡角频率按调制电压变化。若设混频器输入调频波的瞬时角频率为 $\omega(t)=\omega_s+\Delta\omega_{ms}\cos\Omega t$，则当环路锁定时，VCO 产生的调频振荡的瞬时角频率为 $\omega(t)=\omega_o+\Delta\omega_{mo}\cos\Omega t$，相应地在混频器输出端产生的中频信号的瞬时角频率为 $\omega_i=(\omega_o-\omega_s)+(\Delta\omega_{mo}-\Delta\omega_{ms})\cos\Omega t$，其中，$(\omega_o-\omega_s)$ 和 $(\Delta\omega_{mo}-\Delta\omega_{ms})$ 分别为输出中频信号的载波角频率 ω_i 和最大角频偏 $\Delta\omega_{mi}$。通过限幅鉴频后就可以输出不失真的解调电压。

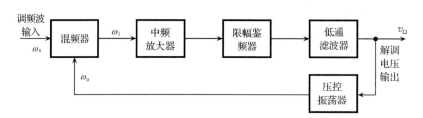

图 10-12　调频负反馈解调器的组成方框图

必须注意，调频负反馈解调器中的低通滤波器带宽必须足够宽，以便不失真地让解调后的调制信号通过。但是前面 AFC 电路中的低通滤波器的频带应足够窄，以便滤除限幅鉴频器输出电压中的边频分量，使加到 VCO 上的控制电压仅是反映中频信号载波频率偏移的缓变电压。因此通常将 AFC 电路称为载波跟踪型自动频率控制电路，而将调频负反馈解调电路称为调制跟踪型自动频率控制电路。

与普通限幅鉴频器比较,上述调频负反馈解调器的突出特点是要降低噪声门限值,有利于对微弱信号实现解调。

10.4　锁相环路的基本工作原理

锁相环路(PLL)是一个自动相位控制系统,它能使受控振荡器的频率和相位均与输入信号保持确定的关系,目前锁相环路在许多技术领域获得了广泛的应用,在模拟与数字通信系统中,已成为不可缺少的基本部件,它应用于滤波、频率合成、调制与解调、信号检测等多个方面。

锁相环路分为模拟锁相环路与数字锁相环路两大类。本书重点讨论模拟锁相环路的工作原理、典型电路和主要性能。

图 10-13 是锁相环路的基本框图,它的对象依然是压控振荡器(VCO),而反馈控制器则由能检测出相应误差的鉴相器(PD)和低通滤波器(LPF)组成。当压控振荡器的频率 f_0 由于某种原因而发生变化时,必然相应地产生相位变化。这相位变化在鉴相器中与输入信号的稳定相位(频率为 f_i)相比较,使鉴相器输出一个与相位误差成比例的误差电压 $v_d(t)$,经过低通滤波器,取出其中缓慢变动的直流电压分量 $v_c(t)$。$v_c(t)$ 用来控制压控振荡器中的压控元件参

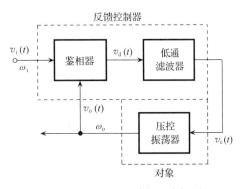

图 10-13　锁相环路的基本框图

数值(通常是变容二极管的电容量),而这个压控元件又是 VCO 振荡回路的组成部分,结果压控元件电容量的变化将使 VCO 的输出频率 ω_o 向 ω_i 靠近,直到 VCO 的振荡频率变化到与输入信号频率相等,环路就在这个频率上稳定下来,这时我们称环路处于锁定状态。

由上述讨论可知,加到鉴相器的两个振荡信号的频率差为

$$\Delta\omega(t) = \omega_i - \omega_o$$

此时的瞬时相差为

$$\varphi_e = \int \Delta\omega(t)\mathrm{d}(t) + \varphi_o$$

可分两种情形来讨论。

(1) 若 $\omega_i = \omega_o$,则 $\Delta\omega(t) = 0$,于是

$$\varphi_e(t) = \int \Delta\omega(t)\mathrm{d}(t) + \varphi_o = \varphi_o \tag{10-10}$$

由此可知,当两个振荡器频率相等时,它们的瞬时相位差是一个常数。

(2) 若 $\varphi_e(t) =$ 常数,则

$$\Delta\omega(t) = \frac{\mathrm{d}\varphi_e(t)}{\mathrm{d}t} = 0$$

即

$$\omega_i = \omega_o \tag{10-11}$$

由此可知,当两个振荡信号的瞬时相位差为一个常数时,两者的频率必然相等。

由以上的简单分析,即可得到关于锁相环路的重要概念。当两个振荡信号的频率相等时,则它们之间的相位差保持不变;反之,若两个信号的相位差是一个恒定值,则它们的频率必然相等。

在闭环条件下,如果由于某种原因使 VCO 的角频率 ω_0 发生变化,设变动量为 $\Delta\omega$,那么,由式(10-10)可知,这两个信号之间的相位差不再是恒定值,鉴相器的输出电压也就跟着发生相应的变化,这变化的电压使 VCO 的频率不断改变,直到 $\omega_i = \omega_0$,这就是锁相环路的基本原理。

由以上的简略介绍可见,锁相环路与自动频率微调的工作过程十分相似:两者都是利用误差信号的反馈作用来控制被稳定的振荡器频率。但两者之间也有根本的差别:在锁相环路中,我们采用的是鉴相器,它所输出的误差电压与两个互相比较的频率源之间的相位差成比例,因而达到最后的稳定(锁定)状态时,被稳定(锁定)的频率等于输入的标准频率,但有稳定相差(剩余相差)存在;在自动频率微调系统中,采用的是鉴频器,它所输出的误差电压与两个比较频率源之间的频率差成比例,两个频率不能完全相等,有剩余频差存在。因此利用锁相环路可以实现较为理想的频率控制。

10.5　锁相环路的性能分析

为了进一步对环路做定量分析,有必要先分析组成环路的三个基本部件的特性、作用及其电路模型,然后得出锁相环路的数学模型。

10.5.1　锁相环路各部件及其数学模型

1. 鉴相器及其电路模型

在锁相环路中,鉴相器两个输入信号分别为环路输入信号 $v_i(t)$ 和 VCO 电压 $v_0(t)$,如图 10-14(a)所示,它的作用是检测出两个输入电压的瞬时电位差,产生相应的输出电压 $v_d(t)$。若设 ω_r 为 VCO 未加控制电压时的固有振荡角频率,用来作为环路的参考角频率,则 $v_i(t)$ 的角频率 ω_i 和 VCO 的实际振荡角频率 ω_0 可分别表示为

$$\omega_i = \omega_r + \frac{\mathrm{d}\varphi_i(t)}{\mathrm{d}t}, \qquad \omega_0 = \omega_r + \frac{\mathrm{d}\varphi_0(t)}{\mathrm{d}t} \tag{10-12}$$

即

$$\begin{cases} v_i = V_{im}\cos[\omega_r t + \varphi_i(t)] \\ v_0 = V_{om}\cos[\omega_r t + \varphi_0(t) + \varphi] \end{cases} \tag{10-13}$$

式中,φ 为起始相角,一般取 $\varphi = \dfrac{\pi}{2}$,即 $v_0(t) = V_{om}\sin[\omega_r t + \varphi_0(t)]$。

鉴相器有各种实现电路,例如,采用模拟乘法器的乘积型鉴相器和采用包络检波器的叠加型鉴相器,它们的输出平均电压均可表示为

$$v_d(t) = A_d\sin\varphi_e(t) \tag{10-14}$$

式中,A_d 与 V_{im}、V_{om} 的大小有关;$\varphi_e(t)$ 为 $v_i(t)$ 和 $v_0(t)$ 之间的瞬时相位差(不计起始相角 φ),即

$$\varphi_e(t) = \varphi_i(t) - \varphi_o(t) \tag{10-15}$$

因此,鉴相器的电路模型如图 10-14(b)所示。

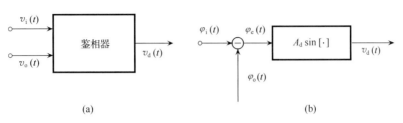

图 10-14　鉴相器的电路模型

2. 压控振荡器

压控振荡器的作用是产生频率随控制电压变化的振荡电压。在一般情况下,压控振荡器的振荡频率随控制电压变化的特性是非线性的,如图 10-15(a)所示。但是,在有限的控制电压范围内,可近似由下列线性方程表示

$$\omega_0 = \omega_r + A_0 v_c(t) \tag{10-16}$$

式中,A_0 为 VCO 频率控制特性曲线在 $v_c=0$ 处的斜率,称为压控灵敏度。根据式(10-12),将式(10-16)改写为

$$\frac{\mathrm{d}\varphi_o(t)}{\mathrm{d}t} = A_0 v_c(t) \tag{10-17}$$

或

$$\varphi_o(t) = A_0 \int_0^t v_c(t)\mathrm{d}t$$

可见,就 $\varphi_o(t)$ 和 $v_c(t)$ 之间的关系而言,VCO 是一个理想的积分器。因此,往往将它称为锁相环路中的固有积分环节。若用微分算子 $p=\dfrac{\mathrm{d}}{\mathrm{d}t}$ 表示,则式(10-17)可以表示为

$$\varphi_o(t) = A_0 \frac{v_c(t)}{p} \tag{10-18}$$

由式(10-18)可得 VCO 的电路模型,如图 10-15(b)所示。

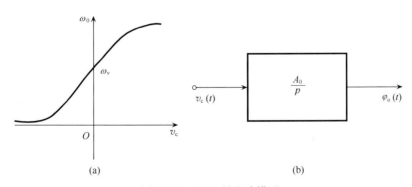

图 10-15　VCO 的电路模型

3. 环路低通滤波器

环路低通滤波器的作用是滤除鉴相器输出电流中的无用组合频率分量及其他干扰分量,以保证环路所要求的性能,并提高环路的稳定性。

在锁相环路中,常用的环路低通滤波器除简单 RC 滤波器(图 10-16(a))外,还广泛地采用无源和有源的比例积分滤波器,分别如图 10-16(b)和(c)所示。它们的传递函数分列如下。

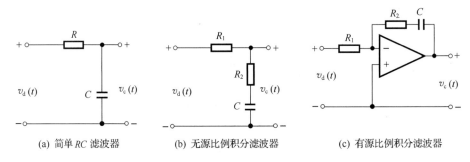

(a) 简单 RC 滤波器　　　(b) 无源比例积分滤波器　　　(c) 有源比例积分滤波器

图 10-16　环路低通滤波器

简单 RC 滤波器

$$A_F(s) = \frac{V_c(s)}{V_d(s)} = \frac{\dfrac{1}{sC}}{R + \dfrac{1}{sC}} = \frac{1}{1+s\tau} \tag{10-19}$$

式中,$\tau = RC$。

无源比例积分滤波器

$$A_F(s) = \frac{R_2 + \dfrac{1}{sC}}{R_1 + R_2 + \dfrac{1}{sC}} = \frac{1 + s\tau_2}{1 + s(\tau_1 + \tau_2)} \tag{10-20}$$

式中,$\tau_1 = R_1C$;$\tau_2 = R_2C$。

有源比例积分滤波器

当集成运放满足理想化条件时

$$A_F(s) = -\frac{R_2 + \dfrac{1}{sC}}{R_1} = -\frac{1 + s\tau_2}{s\tau_1} \tag{10-21}$$

式中,$\tau_1 = R_1C$;$\tau_2 = R_2C$。式(10-21)表明,$A_F(s)$ 与 s 成反比,故这种滤波器又称为理想积分滤波器。

如果将 $A_F(s)$ 中的复频率 s 用微分算子 p 替换,就可写出描述滤波器激励和响应之间关系的微分方程,即

$$v_c(t) = A_F(p)v_d(t) \tag{10-22}$$

由式(10-22)可得环路低通滤波器的电路模型,如图 10-17 所示。

4. 锁相环的数学模型

将上面得到的三个基本组成部分的电路模型按图 10-13 连接起来,就可画出如图 10-18 所示的环路模型,由该模型写出的环路基本方程为

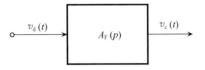

图 10-17 环路滤波器的电路模型

$$\varphi_e(t) = \varphi_i(t) - \varphi_o(t) = \varphi_i(t) - A_d A_0 A_F(p) \frac{1}{p} \sin\varphi_e(t)$$

或

$$p\varphi_e(t) + A_d A_0 A_F(p)\sin\varphi_e(t) = p\varphi_i(t) \qquad (10\text{-}23)$$

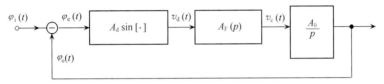

图 10-18 锁相环路模型

式(10-23)是非线性微分方程,可以完整地描述环路闭合后所发生的控制过程。式(10-23)中,等号左边的第一项 $p\varphi_e(t) = \mathrm{d}\varphi_e(t)/\mathrm{d}t = \Delta\omega_e(t) = \omega_i - \omega_0$ 表示 VCO 振荡角频率偏离输入信号角频率的数值, 称为瞬时角频差; 等号左边的第二项表示 VCO 在 $v_c(t) = A_d A_F(p)\sin\varphi_e(t)$ 的作用下产生振荡角频率偏离 ω_r 的数值, 即 $\Delta\omega_0(t) = \omega_0 - \omega_r$, 称为控制角频差; 而等号右边 $p\varphi_i(t) = \mathrm{d}\varphi_i(t)/\mathrm{d}t = \omega_i - \omega_r = \Delta\omega_i(t)$, 表示输入信号角频率偏离 ω_r 的数值, 称为输入固有角频差。因而, 式(10-23)表明, 环路闭合后的任何时刻, 瞬时角频差和控制角频差之和恒等于输入固有角频差。如果输入固有角频差为常数, $\Delta\omega_i(t) = \Delta\omega_i$, $v_i(t)$ 为恒定频率的输入信号, 则在环路进入锁定过程中, 瞬时角频差不断减小, 而控制角频差不断增大, 但两者之和恒等于 $\Delta\omega_i$。直到瞬时角频差减小到零, $p\varphi_e(t) = 0$, 而控制角频差增大到 $\Delta\omega_i$ 时, VCO 振荡角频率等于输入信号角频率($\omega_0 = \omega_i$), 环路便进入锁定状态。这时, 相位误差 $\varphi_e(t)$ 为一个固定值, 用 $\varphi_{e\infty}$ 表示, 称为剩余相位误差或稳定相位误差。如同 10.4 节所述, 正是这个稳定相位误差, 才使鉴相器输出一个直流电压, 这个直流电压通过滤波器加到 VCO 上, 调整其振荡角频率, 使它等于输入信号角频率, 若设滤波器的直流增益为 $A_F(0)$, 则当环路锁定时, 式(10-23)简化为

$$A_d A_0 A_F(0)\sin\varphi_{e\infty} = \Delta\omega_i$$

故 $\varphi_{e\infty}$ 为

$$\varphi_{e\infty} = \arcsin\frac{\Delta\omega_i}{A_{\Sigma 0}} \qquad (10\text{-}24)$$

式中,$A_{\Sigma 0} = A_d A_0 A_F(0)$ 为环路的直流总增益。

式(10-24)表明,环路锁定时,随着 $\Delta\omega_i$ 增大,$\varphi_{e\infty}$ 也相应增大。这就是说,$\Delta\omega_i$ 越大,将 VCO 振荡频率调整到等于输入信号频率所需的控制电压就要越大,因而产生这个控制电压的 $\varphi_{e\infty}$ 也就要越大。直到 $\Delta\omega_i$ 增大到大于 $A_{\Sigma 0}$ 时,式(10-24)无解,表明环路不存在使它锁定

‎

的 $\varphi_{e\infty}$,或者说,输入固有频差过大,环路就无法锁定。其原因就在于 $\varphi_{e\infty} = \dfrac{\pi}{2}$ 时,鉴相器已输出最大电压,若继续增大 $\varphi_{e\infty}$,鉴相器输出电压反而减小,无法获得足够的控制电压,调整 VCO 振荡频率,使它等于输入信号频率。由此可见,能够维持环路锁定所允许的最大输入固有频差 $\Delta\omega_i = A_{\Sigma 0}$,称为锁相环路的同步带或跟踪带,用 $\Delta\omega_H$ 表示。实际上,由于输入信号角频率向 ω_r 两边偏离的效果是一样的,因此

$$\Delta\omega_H = \pm A_{\Sigma 0} \tag{10-25}$$

式(10-25)表明,要增大锁相环的同步带,必须提高其直流总增益。不过,这个结论在假设 VCO 的频率控制范围足够大的条件下才成立。因为在满足这个条件时,锁相环路的同步带主要受到鉴相器最大输出电压的限制。如果式(10-25)求得的 $\Delta\omega_H$ 大于 VCO 的频率控制范围,那么,即使有足够大的控制电压加到 VCO 上,也不能将 VCO 振荡频率调整到输入信号频率上。因此,在这种情况下,同步带主要受到 VCO 最大频率控制范围的限制。

10.5.2 捕捉过程

在锁相环路中,必须区分两种不同的自动调节过程。若环路原先是锁定的,则当输入信号频率发生变化时,环路通过自身调节来维持锁定的过程称为跟踪过程,相应地,能够维持锁定所允许的输入信号频率偏离 ω_r 的最大值 $|\Delta\omega_i|$ 就是上面导出的同步带。反之,若 $|\Delta\omega_i|$ 过大,环路原先是失锁的,则当减小 $|\Delta\omega_i|$ 到某一数值时,环路就能够通过自身调节进入锁定。这种由失锁进入锁定的过程称为环路的捕捉过程,相应地,能够由失锁进入锁定所允许的最大 $|\Delta\omega_i|$ 称为环路的捕捉带。一般情况下,捕捉带不等于同步带,且前者小于后者。这跟我们在前面讨论的 AFC 系统中的捕捉带和同步带的概念是相同的。

下面对环路的捕捉过程进行定性的讨论。

当环路未加输入信号时,VCO 上没有控制电压,它的振荡角频率为 ω_r。现将输入信号加到环路上,输入信号的固有频差为 $\Delta\omega_i = \omega_i - \omega_r$,因而,在接入输入信号的瞬间,加到鉴相器上的两个电压之间的瞬时相位差 $\varphi_e(t) = \displaystyle\int_0^t \Delta\omega_i \mathrm{d}t = \Delta\omega_i t$,相应地在鉴相器输出端产生角频率 $\Delta\omega_i$ 的正弦电压,即 $v_d(t) = A_d \sin\Delta\omega_i t$。

若 $\Delta\omega_i$ 很大,其值远大于环路滤波器的通频带,以致鉴相器输出差拍电压不能通过环路滤波器,则 VCO 上就没有控制电压,它的振荡角频率仍维持在 ω_r 上,环路处于失锁状态。反之,若 $\Delta\omega_i$ 减小,其值在环路滤波器通频带以内,则鉴相器输出差拍电压的基波分量就能顺利通过环路滤波器后加到 VCO 上,控制 VCO 振荡角频率 ω_0,使它在 ω_r 上下近似按正弦规律摆动。一旦 ω_0 摆动到 ω_i 并符合正确的相位关系时,环路就趋于锁定,这时鉴相器输出一个与 $\varphi_{e\infty}$ 相对应的直流电压,以维持环路锁定。

若 $\Delta\omega_i$ 处在上述两者之间,则有以下两种情况。

一种情况是:$\Delta\omega_i$ 较大,其值已超出环路滤波器的通频带,因而鉴相器输出差拍电压通过环路滤波器时,就会受到较大衰减,但是,只要加到 VCO 上的控制电压还能使其振荡频率摆到 ω_i 上,环路就能锁定,通常将这种由失锁很快进入锁定的过程称为快捕过程,相应地,能够锁定的最大 $|\Delta\omega_i|$ 称为快捕带,用 $\Delta\omega_k$ 表示。显然,这时加到 VCO 上的差拍控制电压,其幅值为 $A_d A_F(\Delta\omega_k)$,因而,VCO 产生的最大控制角频差为 $A_0 A_d A_F(\Delta\omega_k)$,且其值等于输入固有角频差 $\Delta\omega_k$,即

$$\Delta\omega_k = A_0 A_d A_F(\Delta\omega_k) \tag{10-26}$$

由式(10-26)便可求得环路的快捕带。

例如，采用简单 RC 滤波器时，由式(10-19)可知，它的频率特性为

$$A_F(j\omega) = \frac{1}{1 + j\omega\tau}$$

若 $\Delta\omega_c \gg 1/\tau$，则当 $\omega = \Delta\omega_k$ 时，上式的模值可近似表示为

$$A_F(\Delta\omega_k) \approx \frac{1}{\Delta\omega_k\tau}$$

将它代入式(10-26)，求得的快捕带为

$$\Delta\omega_k = \pm\sqrt{\frac{A_0 A_d}{\tau}} = \pm\sqrt{\frac{\Delta\omega_H}{\tau}} \tag{10-27}$$

当 $\Delta\omega_H = 4 \times 10^6 \, \mathrm{rad/s}$，$\tau = 20 \mu s$ 时，$\Delta\omega_k = 4.47 \times 10^5 \, \mathrm{rad/s}$，其值小于 $\Delta\omega_H$。

第二种情况是：$\Delta\omega_i$ 比前一种大，鉴相器输出差拍电压通过环路滤波器时将受到更大的衰减，因此，加到 VCO 上的控制电压更小，VCO 振荡频率 ω_0 在 ω_r 上下摆动的幅度也就更小，使得 ω_0 不能摆到 ω_i 上。不过，既然 ω_0 在 ω_r 上下摆动，而 ω_i 又是恒定的，因而它们之间的差拍频率 $(\omega_i - \omega_0)$ 就会在 $\Delta\omega_i$ 上下摆动。当 ω_0 摆到大于 ω_r 时，$(\omega_i - \omega_0)$ 减小，相应的 $\varphi_e(t)$ 随时间增长得慢；反之，当 ω_0 摆到小于 ω_r 时，$(\omega_i - \omega_0)$ 增大，相应的 $\varphi_e(t)$ 随时间增长得快，如图 10-19(a)所示，因此，鉴相器的输出误差电压 $v_d(t)$ 变为正半周长、负半周短的不对称波形，如图 10-19(b)所示。该不对称波形中的直流分量和基波分量通过滤波器后又加到 VCO 上，而众多谐波分量则被滤波器滤除。其中，直流分量的电压为正值，它使 VCO 振荡角频率 ω_0 的平均值由 ω_r 上升到 $\omega_{r(av)}$，如图 10-19(c)所示。可见，通过这样一次反馈和控制过程，ω_0 的平均值向 ω_i 靠近，这个新的 ω_0 再与 ω_i 差拍，得到的角频率更近，相应的 $\varphi_e(t)$ 随时间增长得更慢，因而，鉴相器输出的上宽下窄的不对称误差电压波形的频率更低，而且波形的不对称程度也更大，结果是包含的直流分量加大，ω_0 的平均值进一步靠近 ω_i，并且在平均值上下摆动的角频率更低。如此循环往复下去，直到 ω_0 能够摆动 ω_i 时，环路便通过快捕过程进入锁定，鉴相器输出一个由 $\varphi_{e\infty}$ 产生的直流电压，以维持环路锁定。图 10-20 给出了上述捕捉过程中鉴相器输出电压 $v_d(t)$ 的波形。

综上所述，当 $\Delta\omega_i$ 较大时，环路需要经过许多个差拍周期，使 VCO 振荡角频率 ω_0 的平均值逐步靠近到 ω_i 时，环路才会被锁定。因而，环路从失锁到锁定需要花费较长的捕捉时间。通常将 ω_0 的平均值靠近 ω_i 的过程称为频率牵引过程。显然，它是使捕捉时间拉长的主要原因。

由上述讨论可知，环路的捕捉带，即保证环路由失锁进入锁定所允许的最大 $\Delta\omega_i$ 值不仅取决于 A_d 和 A_0 的大小，还取决于环路滤波器的频率特性。A_d 和 A_0 增大，使 $\Delta\omega_i$ 较大，虽然环路滤波器对鉴相器输出误差电压有较大的衰减，但是还能使 ω_0 在平均值上下有一定的摆动，因此，环路的捕捉带可增大。环路滤波器的通频带越宽，带外衰减越小，环路的捕捉带也可越大。同理，捕捉带还与 VCO 的频率控制范围有关，只有当 VCO 的频率控制范围大于捕捉带时，VCO 的影响才可忽略。显然，捕捉带一般大于快捕带。

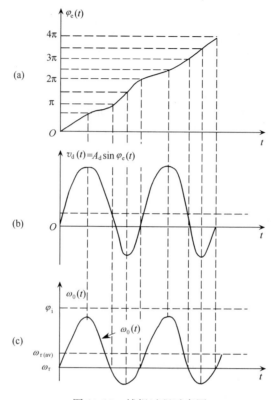

(a)

(b)

(c)

图 10-19　捕捉过程示意图

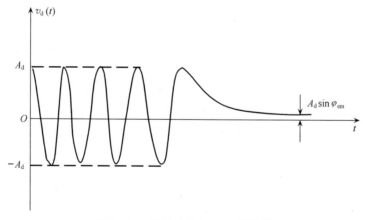

图 10-20　捕捉过程中 $v_d(t)$ 的波形

10.5.3　跟踪特性

现在进一步讨论与环路跟踪过程有关的特性。

在环路的跟踪过程中，φ_e 值一般是很小的，可以近似用线性函数逼近鉴相器的鉴相特性，即

$$v_d(t) = A_d \sin\varphi_e(t) \approx A_d \varphi_e(t) \tag{10-28}$$

式中，A_d 的单位为 V/rad。因此，环路的基本方程(10-13)可简化为线性微分方程

$$p\varphi_e(t) + A_d A_0 A_F(p)\varphi_e(t) = p\varphi_i(t) \tag{10-29}$$

可见，研究环路的跟踪特性时，可以将环路近似看成线性系统，采用大家熟悉的传递函数分析方法。不过，这里所谓的传递函数是指输出信号瞬时相位与输入信号瞬时相位的拉普拉斯变换之比。为此，在式(10-29)中，用复频率 s 取代 p，用对应的拉普拉斯变换 $\varphi_i(s)$、$\varphi_o(s)$ 和 $\varphi_e(s)$ 取代 $\varphi_i(t)$、$\varphi_o(t)$ 和 $\varphi_e(t)$，并且考虑到 $\varphi_e(s) = \varphi_i(s) - \varphi_o(s)$，就可导出环路的闭环传递函数为

$$H(s) = \frac{\varphi_o(s)}{\varphi_i(s)} = \frac{A_d A_0 A_F(s)}{s + A_d A_0 A_F(s)} = \frac{H_0(s)}{1 + H_0(s)} \tag{10-30}$$

式中

$$H_0(s) = \frac{\varphi_o(s)}{\varphi_e(s)} = \frac{A_d A_0 A_F(s)}{s} \tag{10-31}$$

称为环路的开环传递函数。

此外，在鉴相环路中，还广泛地采用式(10-32)所示环路的误差传递函数

$$H_e(s) = \frac{\varphi_e(s)}{\varphi_i(s)} = \frac{\varphi_e(s)}{\varphi_e(s) + \varphi_o(s)} = \frac{1}{1 + H_0(s)} = \frac{s}{s + A_d A_0 A_F(s)} \tag{10-32}$$

下面分别讨论环路的瞬态响应及稳态相位误差和正弦稳态响应。

1. 瞬态响应及稳态相位误差

当输入信号的频率发生变化时，环路恢复到锁定状态的整个跟踪过程就是相位误差 $\varphi_e(t)$ 所经历的瞬变过程，并最后趋于锁定时的稳态值 $\varphi_{e\infty}$。

根据线性系统理论，$\varphi_e(t)$ 就是 $\varphi_e(s)$ 的拉普拉斯逆变换，即

$$\varphi_e(t) = L^{-1}\varphi_e(s) = L^{-1}H_e(s)\varphi_i(s) \tag{10-33}$$

而 $\varphi_{e\infty}$ 则由拉普拉斯变换的终值定理求得

$$\varphi_{e\infty} = \lim_{t \to \infty}\varphi_e(t) = \lim_{s \to 0}s\varphi_e(s) = \lim_{s \to 0}sH_e(s)\varphi_i(s) \tag{10-34}$$

例如，采用简单 RC 滤波器即 $A_F(s) = (1 + s\tau)^{-1}$ 时，相应的误差传递函数为

$$H_e(s) = \frac{s^2 + 2\xi\omega_n s}{s^2 + 2\xi\omega_n s + \omega_n^2} \tag{10-35}$$

式中

$$\xi = \frac{1}{2}\left(\frac{1}{A_d A_0 \tau}\right)^{\frac{1}{2}}, \qquad \omega_n = \left(\frac{A_d A_0}{\tau}\right)^{\frac{1}{2}} \tag{10-36}$$

若 $t = 0$ 时，输入信号的频率由 ω_r 突变到 $(\omega_r + \Delta\omega_i)$，即

$$\varphi_i(t) = \int_0^t \Delta\omega_i \mathrm{d}t = \Delta\omega_i t, \qquad t \geqslant 0 \tag{10-37}$$

如图 10-21 所示，它的拉普拉斯变换为

$$\varphi_i(s) = \frac{\Delta\omega_i}{s^2} \tag{10-38}$$

则通过拉普拉斯逆变换的运算，环路的相位误差为

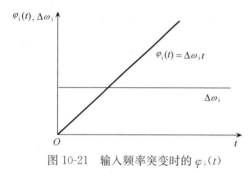

图 10-21　输入频率突变时的 $\varphi_i(t)$

$$\varphi_e(t) = L^{-1} H_e(s) \varphi_i(s)$$

$$= 2\xi \frac{\Delta\omega_i}{\omega_n} + \frac{\Delta\omega_i}{\omega_n} e^{-\xi\omega_n t} \left[\frac{1-2\xi^2}{(1-\xi^2)^{\frac{1}{2}}} \right.$$

$$\left. \cdot \sin\omega_n(1-\xi^2)^{\frac{1}{2}} t - 2\xi\cos\omega_n(1-\xi^2)^{\frac{1}{2}} t \right]$$

$$(10\text{-}39)$$

当 $A_d A_0$ 一定,ξ 为不同值时,由式(10-39)画出的响应曲线如图 10-22 所示。

稳态相位误差为

$$\varphi_{e\infty} = \lim_{s\to 0} s H_e(s) \varphi_i(s) = \frac{2\xi}{\omega_n}\Delta\omega_i = \frac{\Delta\omega_i}{A_d A_0} \tag{10-40}$$

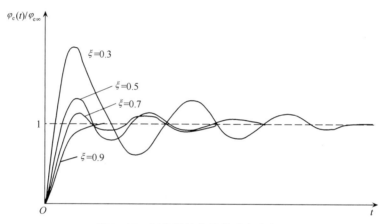

图 10-22　相位误差信号的瞬态响应

可见,提高环路直流总增益 $A_d A_0$,可以减小 $\varphi_{e\infty}$,但是,由于相应的 ξ 减小,环路恢复到锁定状态所需时间拉长,且出现过冲。换言之,要使环路迅速恢复到锁定状态,$\varphi_{e\infty}$ 就要增大。为了克服这个矛盾,可以改用理想积分滤波器。这时,由于 $A_F(0) \to \infty$,因而,环路的稳定相位误差趋于零,即

$$\varphi_{e\infty} = \lim_{s\to 0} s H_e(s) \varphi_i(s) = \lim_{s\to 0} s \frac{s}{s + A_d A_0 A_F(s)} \cdot \frac{\Delta\omega_i}{s^2} = 0$$

在这种情况下,改变 ξ 可以控制 $\varphi_e(t)$ 的瞬态特性,而 $\varphi_{e\infty}$ 始终等于零。

采用理想积分滤波器可以实现无稳态相位误差的跟踪。这个结论看起来似乎是不可思议的,事实上,由于滤波器是理想积分环节,自输入信号频率发生突变的瞬间开始的整个跟踪过程中,鉴相器的输出误差电压在滤波器中将逐步地累积起来,因此,达到稳态时,尽管鉴相器输出的误差电压为零(因 $\varphi_{e\infty} \to 0$),但实际加到 VCO 上的控制电压不为零。

2. 正弦稳态响应

正弦稳态响应是指输入为正弦信号时系统的输出响应,在锁相环路中,输入相位为正弦波(即 $\varphi_i(t) = \varphi_{im}\sin\Omega t$)的信号实际上就是单音调制的调相信号,即

$$v_i(t) = V_{im}\sin[\omega_r t + \varphi_i(t)] = V_{im}\sin(\omega_r t + \varphi_{im}\sin\Omega t)$$

因此,它的正弦稳态响应是指环路在上述 $v_i(t)$ 作用下输出调相波

$$v_o(t) = V_{om}\sin[\omega_r t + \varphi_o(t)]$$

中的附加相位值 $\varphi_o(t)$。

若令 $\dot{\varphi}_{im}$ 和 $\dot{\varphi}_{om}$ 分别为输入和输出正弦相位的复数振幅,则它们之间的关系为

$$\dot{\varphi}_{om} = H(j\Omega)\dot{\varphi}_{im} \tag{10-41}$$

式中,$H(j\Omega)$ 就是锁相环路的频率特性,表示环路对不同角频率的输入正弦相位具有的不同传输能力。据此可做出环路的波特图,求出上限频率,并判断环路的稳定性。

例如,采用简单 RC 滤波器时,环路的闭环传递函数为

$$H(s) = \frac{\varphi_o(s)}{\varphi_i(s)} = \frac{\omega_n^2}{s^2 + 2\xi\omega_n s + \omega_n^2} \tag{10-42}$$

相位的幅频特性为

$$H(\Omega) = \frac{1}{\sqrt{\left(\dfrac{1-\Omega^2}{\omega_n^2}\right)^2 + \left(\dfrac{2\xi\Omega}{\omega_n}\right)^2}} \tag{10-43}$$

取不同 ξ 时画出的闭环幅频特性曲线如图 10-23 所示。由图 10-23 可见,对于输入正弦相位来说,环路具有低通滤波特性,它的形状与 ξ 的大小有关,当 $\xi = 0.707$ 时,特性最平坦,相应的上限频率为

$$\omega_H = \omega_n = \left(\frac{A_d A_0}{\tau}\right)^{\frac{1}{2}} \tag{10-44}$$

而当 $\xi < 0.707$ 时,特性出现峰值。

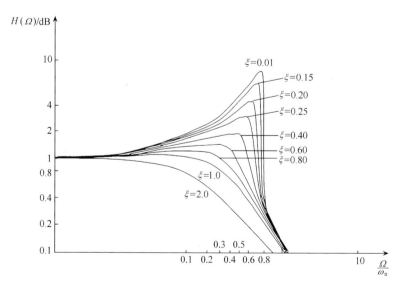

图 10-23　闭环幅频特性曲线

例　在上述环路中,已知 $A_d A_0 = 10\pi$ rad/s,$\tau = \dfrac{1}{20\pi}s$,试求该环路的上限频率。

解　根据已知数值,求得

$$\xi = \frac{1}{2}\left(\frac{1}{A_d A_0 \tau}\right)^{\frac{1}{2}} = \frac{1}{2}\left(\frac{20\pi}{10\pi}\right)^{\frac{1}{2}} = 0.707$$

因此,由式(10-44)求得

$$\omega_H = \omega_n = \left(\frac{A_d A_0}{\tau}\right)^{\frac{1}{2}} = (10\pi \times 20\pi)^{\frac{1}{2}} = 14.14\pi(\text{rad/s})$$

通过例 10-1 可见,增大环路滤波器的时间常数,减小环路的直流总增益,环路的带宽可以做得非常窄。

10.6　集成锁相环

目前,由于集成电路技术的迅速发展,锁相环路几乎已全部集成化。集成锁相环路的性能优良,价格便宜,使用方便,因而被许多电子设备所采用。可以说,集成锁相环路已成为继集成运算放大器之后,又一种具有广泛用途的集成电路。

集成锁相电路种类很多,按其内部电路结构,可分为模拟锁相环与数字锁相环两大类。按用途分,无论是模拟式还是数字式的又都可分为通用型与专用型两种。通用型是一种适用于各种用途的锁相环,其内部电路主要由鉴相器与 VCO 两部分组成,有的还附加有放大器和其他辅助电路。也有用单独的集成鉴相器的集成 VCO 连接成符合要求的锁相环路。专用型是一种专为某种功能设计的锁相环,例如,用于调频接收机中的调频多路立体声解调环,用于电视机中的正交色差信号同步检波环,用于通信和测量仪器中的频率合成环等。

无论是模拟还是数字集成锁相环,其 VCO 一般都采用射极耦合多谐振荡器或积分-施密特触发型多谐振荡器,它们的振荡频率均受电流控制,故又称为流控振荡器,其中射极耦合多谐振荡器的振荡频率较高,采用 ECL 电路时,最高振荡频率可达 155MHz。而积分-施密特触发型多谐振荡器的振荡频率较低,一般在 1MHz 以下。

鉴相器有模拟和数字两种。其中,模拟鉴相器一般都采用双差分对模拟乘法器电路,而数字鉴相器的电路形式较多,但它们都由门、触发器等数字电路组成。

10.6.1　L562 集成锁相环

图 10-24 是集成锁相环 L562 的组成框图,其中 VCO 采用射极耦合多谐振荡电路,它的最高振荡频率可达 30MHz。限幅器用来限制锁相环路的直流增益,调节限幅电平可改变直流增益,从而控制环路同步带的大小,当环路作为调频波解调电路时,A_2 为解调电压放大器。引出端⑬和⑭用来外接滤波元件。

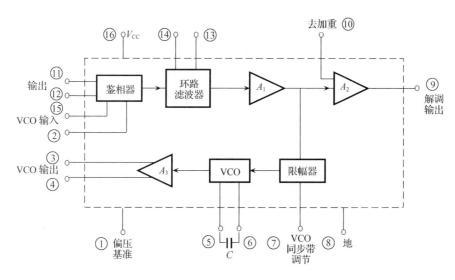

图 10-24 集成锁相环 L562 的组成框图

图 10-25 为 L562 的内部电路。图 10-25 中 $T_1 \sim T_9$ 管构成双差分对模拟乘法器电路，作为环路的锁相器，其中 T_7 管为 T_3 和 T_4 管提供合适的偏置电压。鉴相器的输出电压分两路：一路经跟随器 T_{10}、二极管 T_{11} 和电阻 R_5 加到 T_{25} 管和 T_{26} 管的基极上；一路经跟随器 T_{12}、二极管 T_{13}、电阻 R_6 和跟随器 T_{14} 加到 T_{25} 管和 T_{26} 管的发射极上。$T_{17} \sim T_{29}$ 管构成射极耦合多谐振荡电路，作为环路的 VCO。其中，T_{19} 管和 T_{22} 管为射极跟随器，接在交叉耦合通路中，起隔离、电平移位和改善振荡波形的作用；T_{23} 管、T_{24} 管和 T_{27} 管、T_{28} 管分别构成镜像恒流源，为交叉耦合正反馈放大器提供发射极恒流偏置。T_{25} 管和 T_{26} 管也为镜像恒流源，它的电流受到鉴相器输出电压的控制，因而 T_{20} 管和 T_{21} 管的发射极电流，即对外接定时电容 C 的正反向充电电流也就受到鉴相器输出电压的控制，从而达到控制 VCO 振荡频率的目的，同时 T_{25} 管和 T_{26} 管还起到限幅的作用，因为鉴相器的两个输出电压分别加在 T_{25} 管和 T_{26} 管的基极和发射极上。如果在基射极间产生的电压大于导通电压，则鉴相器的平衡输出电压即被限定。

因此，由引脚端⑦注入电流，使流过 T_{25} 管和 T_{26} 管的发射极电阻 R_{27} 的电流改变，就可控制 T_{25} 管和 T_{26} 管的发射极起始电位，从而达到控制鉴相器的最大平衡输出电压。实现调整限幅电平的作用。即可实现调节环路的同步带。VCO 的两个输出电压分别通过 T_{30} 管、T_{32} 管和 T_{31} 管、T_{33} 管输出。$T_{35} \sim T_{42}$ 管构成稳压电路，为鉴相器和 VCO 提供各管的集电极供电电压和相应的偏置，而 T_{43} 管和 T_{44} 管构成它的温度补偿电路。通过 T_{16} 管并由引出端①输出的稳定电压通过外接电阻加到输出端②和⑮上，为鉴相器中的双差分对管提供合适的基极偏置电压。

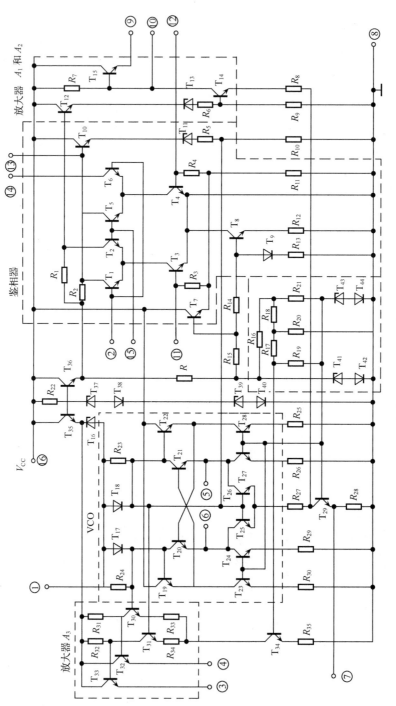

图 10-25　L562 的内部电路

10.6.2　CC4046 单片锁相环

　　CC4046 为 CMOS 单片集成锁相环,其组成框图如图 10-26 所示。它由线性压控振荡器、源极跟随器和两个不同的鉴相器组成,这两个鉴相器有两个公共的信号输入端和反馈信号输入端。为了适应不同的锁相要求,环路滤波器通过外接部件来实现。为了实现多功能的要求,压控振荡器的输出端与鉴相器 PD-I 和 PD-II 的公共反馈输入端在集成电路内部预先没有连接,以便在④、③端之间插入分频器、触发器等部件,以实现频率的倍增或频率合成。CC4046 主要用于频率调制和解调、电压与频率的转换、移频键控(FSK)信号解调、信号跟踪、时钟同步以及频率倍增及合成等方面。CMOS 锁相环的主要特点是电压范围宽、功耗低、输入阻抗高。CC4046 工作在中心频率 $f_0 = 10\text{kHz}$ 时,仅消耗 $600\mu\text{W}$ 的功率。

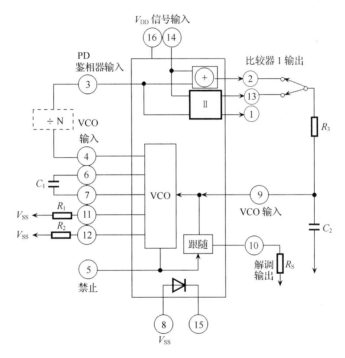

图 10-26　CC4046 电原理图

10.7　锁相环路的应用

　　锁相环路之所以获得日益广泛的应用是因为它具有如下一些重要特性。

　　1) 跟踪特性

　　一个已经锁定的环路,当输入信号稍有变化时,VCO 的频率立即发生相应的变化,最终使 $f_0 = f_i$。这种使 VCO 频率 f_0 随输入信号频率 f_i 变化而变化的性能,称为环路的跟踪特性。

　　2) 滤波特性

　　锁相环路通过环路滤波器的作用,具有窄带滤波特性,能将混进输入信号中的噪声和干扰滤除。在设计良好时,这个通带能做得极窄。例如,可以在几十兆赫兹的频率上,实现几十赫兹甚至几赫兹的窄带滤波。这种窄带滤波特性是任何 LC、RC、石英晶体、陶瓷片等滤波器所难以达到的。

3) 锁定状态无剩余频差

锁相环路是利用相位比较来产生误差电压,因而锁定时只有剩余相差,没有剩余频差。它比自动频率微调系统能实现更为理想的频率控制。因而在自动频率控制、频率合成技术等方面,获得广泛的应用。

4) 易于集成化

组成锁相环路的基本部件都易于采用模拟集成电路。环路实现数字化后,更易于采用数字集成电路。环路集成化为减小体积、降低成本、提高可靠性等提供了条件。

这里选择其主要应用进行介绍。关于锁相环在频率合成技术中的应用将在第 11 章频率合成技术中专门进行讨论。

10.7.1　锁相环路的调频与鉴频

1. 锁相环路调频

图 10-27 为锁相环路调频器的方框图。实现调制的条件是调制信号的频谱要处于低通滤波器通带之外,并且调制指数不能太大。这样调制信号不能通过低通滤波器,因而在锁相环内不能形成交流反馈,也就是调制频率对锁相环路无影响。锁相环路就只对 VCO 平均中心频率不稳定所引起的分量起作用,使它的中心频率锁定在晶振频率上。因此,输出调频波的中心频率稳定度很高。这样,用锁相环路调频器能克服直接调频的中心频率稳定度不高的缺点。

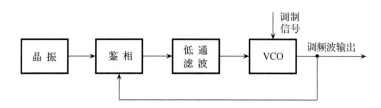

图 10-27　锁相环路调频器的方框图

2. 锁相环路鉴频

图 10-28 表示锁相环路鉴频器的方框图。根据式(10-32)所示的环路误差传递函数,有

$$\varphi_e(s) = \left[\frac{1}{s + A_d A_0 A_F(s)}\right] s \varphi_i(s) \tag{10-45}$$

式中,中括号项代表环路的等效滤波作用;$s\varphi_i(s)$ 则代表原来的调制信号。

假定输入调频信号为

$$v_i(t) = V_{im}\sin\left[\omega_r t + A_f\int v_\Omega(t)\mathrm{d}t\right]$$

$$= V_{im}\sin\left[\omega_r t + \varphi_i(t)\right] \tag{10-46}$$

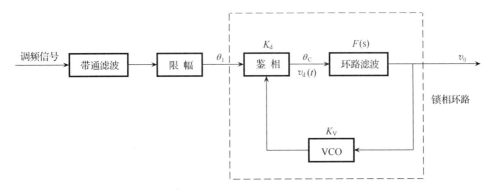

图 10-28 锁相环路鉴频器的方框图

式中，$\varphi_i(t) = A_f\int v_\Omega(t)\mathrm{d}t$；$A_f$ 为调频比例系数；$v_\Omega(t)$ 为调制信号瞬时电压。则由拉普拉斯逆变换可知

$$\varphi_e(t) \propto \frac{\mathrm{d}}{\mathrm{d}t}\varphi_i(t) \propto A_f v_\Omega(t) \tag{10-47}$$

瞬时相位误差 $\varphi_e(t)$ 与调制信号电压成正比。通过鉴相器的关系式，得

$$v_d(t) = A_d\varphi_e(t) \propto A_d A_f v_\Omega(t) \tag{10-48}$$

因此，鉴相器的输出电压 $v_d(t)$ 正比于原来的调制信号 $v_\Omega(t)$。由于直接从鉴相器输出端取出解调信号，解调输出中有较大的干扰与噪声，所以一般不采用。通常要经过环路滤波器进一步滤波后输出，如图 10-28 所示。

分析证明，这种鉴频器的输入信号噪声比的门限值比普通鉴频器有所改善。调制指数越高，门限改善的分贝值也越大，一般情况下，可改善几个分贝。调制指数高时，可改善 10dB 以上。

此外，在调频波锁相解调电路中，为了实现不失真解调，环路的捕捉带必须大于输入调频波的最大频偏，环路的带宽必须大于输入调频波中调制信号的频谱宽度。

图 10-29 给出了采用 L562 组成调频波锁相解调器的外接电路。由图 10-29 可见，输入调频信号 v_i 经耦合电容 C_B 以平衡方式加到鉴相器的一对输入端点⑪和⑫上，VCO 的输出电压从端点③取出，经耦合电容 C_B 以单端方式加到鉴相器的另一对输入端中的端点②上，而另一端点⑮则经 $0.1\mu F$ 的电容交流接地。从端点①取出的稳定基准电压经 $1k\Omega$ 电阻分别加到端点②和⑮，作为双差分对管的基极偏置电压。放大器 A_3 的输出端点④外接 $12k\Omega$ 电阻到地，其上输出 VCO 电压。放大器 A_2 的输出端点⑨外接 $15k\Omega$ 电阻到地，其上输出解调电压。端点⑦注入直流电流，用来调节环路的同步带。端点⑩外接去加重电容 C_3，提高解调电路的抗干扰特性。

10.7.2 调幅信号的解调

采用同步检波器解调调幅信号或带有导频的单边带信号时，必须从输入信号中恢复出与载波同频同相的同步信号。图 10-30 所示的载波跟踪型锁相环路，就能得到所需的同步信号。不过，在采用乘积型鉴相器时，VCO 输出电压与输入已调信号的载波电压之间有 $\pi/2$

的固定相移,用作同步信号时应考虑到这一点。

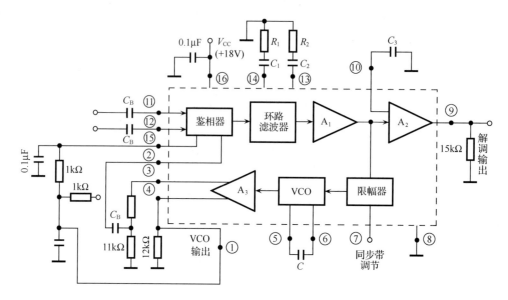

图 10-29　采用 L562 组成调频波锁相解调器的外接电路

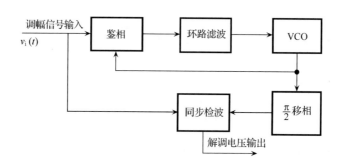

图 10-30　载波跟踪型锁相环路

10.7.3　锁相接收机

　　当地面接收站接收卫星发送来的无线信号时,由于卫星离地面距离远,再加上卫星发射设备的发射功率小,天线增益低,因此,地面接收站收到的信号是极为微弱的。此外,卫星环绕地球飞行时,由于多普勒效应,地面接收站收到的信号频率将偏离卫星发射的信号频率,并且其值往往在较大范围内变化。对于中心频率在较大范围内变化的微弱信号,若采用普通接收机,势必要求它有足够宽的频带,这样,接收机的输出信噪比就将严重下降,无法有效地检出有用信号。若采用图 10-31 所示的锁相接收机,利用环路的窄带跟踪特性,可以用来解调输入信噪比很低的单音调制的调频信号,工作过程如下。

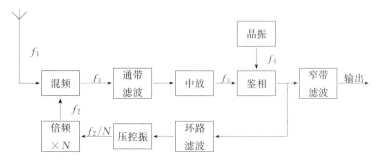

图 10-31　锁相接收机方框图

调频高频信号(中心频率为 f_1)与频率为 f_2 的外差本振信号相混频。本振信号 f_2 是由 VCO 频率 f_2/N 经 N 次倍频后所供给的。混频后,输出中心频率为 f_3 的信号,经过中频放大,在鉴相器内与一个频率稳定的参考频率 f_4 进行相位比较。经鉴相后,解调出来的单音调制信号直接通过环路输出端的窄带滤波器输出。由于环路滤波器的带宽选得很窄,因此鉴相器输出中的调制信号分量不能进入环路。但以参考频率 f_4 为基准的已调信号的载频发生漂移时,它所对应的鉴相器直流输出控制电压却能进入环路,来控制 VCO 的振荡频率,使混频后的中频已调信号的载频漂移减小,以至到零。显然,在锁定状态下,必有 $f_3=f_4$。因此窄带跟踪环路的作用就是使载频有漂移的已调信号频谱,经混频后,能准确地落在中频通频带的中央。这就实现了窄带跟踪。

这里应该指出,由于环路中采用了倍频器,所以压控振荡器的频偏在到达混频器时,增加到 N 倍,这相当于 VCO 的增益从原来的 A_0 增加到 NA_0。因此在分析这种环路时,应该用 NA_0 来代替以前各公式中的 A_0。表 10-1 为采用不同形式的环路滤波器的传递函数。

表 10-1　采用不同形式的环路滤波器的传递函数

滤波器类型	$H_0(s)$	$H(s)$	$H_c(s)$	ω_n,ξ
简单 RC 滤波器 $A_F(s)=\dfrac{1}{1+sr}$ $\tau=RC$	$\dfrac{\omega_n^2}{s^2+2\xi\omega_n s}$	$\dfrac{\omega_n^2}{s^2+2\xi\omega_n s+\omega_n^2}$	$\dfrac{s^2+2\xi\omega_n s}{s^2+2\xi\omega_n s+\omega_n^2}$	$\omega_n^2=\dfrac{A_d A_0}{\tau}$ $2\xi\omega_n=\dfrac{1}{\tau}$
理想积分滤波器 $A_F(s)=\dfrac{1+s\tau_2}{s\tau_1}$ $\tau_1=R_1C,\ \tau_2=R_2C$	$\dfrac{2\xi\omega_n s+\omega_n^2}{s^2}$	$\dfrac{2\xi\omega_n s+\omega_n^2}{s^2+2\xi\omega_n s+\omega_n^2}$	$\dfrac{s^2}{s^2+2\xi\omega_n^2+\omega_n^2}$	$\omega_n^2=\dfrac{A_d A_0}{\tau}$ $2\xi\omega_n=A_d A_0\dfrac{\tau_2}{\tau_1}$
无源比例积分滤波器 $A_F(s)=\dfrac{1+s\tau_2}{1+s(\tau_1+\tau_2)}$ $\tau_1=R_1C,\ \tau_2=R_2C$	$\dfrac{s\omega_n\left(2\xi-\dfrac{\omega_n}{A_d A_0}\right)+\omega_n^2}{s\left(s+\dfrac{\omega_n^2}{A_d A_0}\right)}$	$\dfrac{s\omega l\left(2\xi-\dfrac{\omega_n}{A_d A_0}\right)+\omega_n^2}{s^2+2\xi\omega_n s+\omega_n^2}$	$\dfrac{s\left(s+\dfrac{\omega_n^2}{A_d A_0}\right)}{s^2+2\xi\omega_n s+\omega_n^2}$	$\omega_n^2=\dfrac{A_d A_0}{\tau_1+\tau_2}$ $2\xi\omega_n=\dfrac{1+A_d A_0}{\tau_1+\tau_2}$

知识点注释

反馈控制电路:指一种自动调节系统,由反馈控制器和控制对象两部分构成,其作用是通过环路自身的调节,使输入与输出间保持某种预定的关系。根据需要比较和调节的参量不同,反馈控制电路分为以下三种:自动电平控制电路、自动频率控制电路和自动相位控制电路。反馈控制电路与反馈放大器的区别在于前者包含具有频率变换功能的非线性环节,需采用非线性电路的分析方法。

自动电平控制电路:功能是减小因各种因素引起系统输出信号电平的变化范围。其中,反馈控制器需要比较和调节的参量为电压或电流,由振幅检波器、直流放大器、比较器和低通滤波器组成;控制对象是可控增益放大器。典型应用电路为自动增益控制(AGC)电路。

延迟式 AGC 电路:指其电路中 AGC 检波器兼作比较器,比较器具有门限电压,只有当输入中频电压振幅大于门限电压时,AGC 检波器才工作。其优势是,如果 AGC 检波器不加门限电压,一有外来信号,AGC 立刻起作用,接收机的增益将因受控制而减小,这不利于提高接收机的灵敏度,延迟式 AGC 电路可以克服该缺点。

自动频率控制电路:功能是减小频率的变化,提高频率稳定度。其中,反馈控制器是由检测出频率误差的混频器、中频放大器以及将频率误差转换为相应电压的鉴频器组成的,控制对象是振荡频率受误差电压控制的压控振荡器(VCO)。典型应用电路为自动频率微调(AFC)电路。

自动相位控制(APC)电路:功能是受控振荡器的频率和相位均与输入信号保持确定的关系,典型应用电路为锁相环路。

锁相环路(PLL):是一个自动相位控制系统,它能使受控振荡器的频率和相位均与输入信号保持确定的关系,分为模拟锁相环路与数字锁相环路两大类。其中,反馈控制器由能检测出相应误差的鉴相器(PD)和低通滤波器(LPF)组成,控制对象是压控振荡器。

压控振荡器:指振荡器的频率随控制电压变化。

环路低通滤波器:作用是滤除鉴相器输出电流中的无用组合频率分量及其他干扰分量,以保证环路所要求的性能,并提高环路的稳定性。常用的环路低通滤波器包括简单 RC 滤波器、无源比例积分滤波器和有源比例积分滤波器。

锁相环路与自动频率微调电路的差别:锁相环路中采用的是鉴相器,它所输出的误差电压与两个互相比较的频率源之间的相位差成比例,因而达到最后的稳定(锁定)状态时,被稳定(锁定)的频率等于输入的标准频率,但有稳定相差(剩余相差)存在;在自动频率微调系统中,采用的是鉴频器,它所输出的误差电压与两个比较频率源之间的频率差成比例,两个频率不能完全相等,有剩余频差存在。因此利用锁相环路可以实现较为理想的频率控制。

捕捉带:环路由失锁进入锁定状态所允许的最大输入固有频差称为锁相环路的捕捉带。

同步带:能够维持环路锁定所允许的最大输入固有频差,称为锁相环路的同步带或跟踪带。一般情况下,捕捉带不等于同步带,且捕捉带小于同步带。

本 章 小 结

(1) 反馈控制电路是一种自动调节系统。其作用是通过环路自身的调节,使输入与输出间保持某种预定的关系。它由反馈控制器和控制对象两部分构成。

(2) 根据需要比较和调节的参量不同,反馈控制电路可分为自动电平控制电路、自动频率控制电路和自动相位控制电路三种。它们的被控变量分别是信号的电平、频率或相位,在组成上分别采用电平比较器、鉴频器或鉴相器取出误差信号,然后控制放大器的增益或 VCO 的振荡频率,使输出信号的电平、频率或相位稳定在一个预先规定的参量上,或者跟踪参考信号的变化。三种电路都包含低通滤波器。它们分别存在电平、频率和相位方面的剩余误差,称为稳态误差。为了减少稳态误差,可以在环路中加入直流放大器,即增大环路的直流总增益。

(3) 自动电平控制电路的典型应用是调幅接收机中的自动增益控制电路(AGC)。当输入信号很强时,AGC 电路进行控制,使接收机的增益减小;当输入信号很弱时,AGC 电路不起作用,这样可以维持接收机输出端的电压或功率几乎不变。

(4) 自动频率控制电路和自动相位控制电路的典型应用分别是自动频率微调(AFC)电路和锁相环路

（APC）。它们的工作过程十分相似:两者都是利用误差信号的反馈作用来控制被稳定的振荡器频率。但两者之间也有根本的差别:在锁相环路中,采用的是鉴相器,所输出的误差电压与两个互相比较的频率源之间的相位差成比例,因而达到最后的锁定状态时,被锁定的频率等于输入的标准频率,但有稳定相差(剩余相差)存在;而在自动频率微调系统中,采用的是鉴频器,它所输出的误差电压与两个比较频率源之间的频率差成比例,两个频率不能完全相等,有剩余频差存在。因此利用锁相环路可以实现较为理想的频率控制。

(5) 无论在 APC 还是在 AFC 中,必须区分两种不同的自动调节过程。若环路原先是锁定的,则当输入信号频率发生变化时,环路通过自身调节来维持锁定的过程称为跟踪过程,相应地,能够维持锁定所允许的输入信号频率偏离的最大值就是同步带或跟踪带;反之,若环路原先是失锁的,则当减小 $|\Delta\omega_i|$ 到某一数值时,环路就能够通过自身调节进入锁定。这种由失锁进入锁定的过程称为环路的捕捉过程,相应地,能够由失锁进入锁定所允许的最大 $|\Delta\omega_i|$ 称为环路的捕捉带。一般情况下,捕捉带不等于同步带,且前者小于后者。

(6) 锁相环路的基本方程为 $p\varphi_e(t)+A_d A_0 A_F(p)\sin\varphi_e(t)=p\varphi_i(t)$,该环路方程可以完整地描述环路闭合后所发生的控制过程。

(7) 锁相环路的捕捉带不仅取决于 A_d 和 A_0 的大小,还取决于环路滤波器的频率特性。A_d 和 A_0 增大,捕捉带也增大;滤波器的通频带越宽,捕捉带也越大。需要说明的是,捕捉带还与 VCO 频率控制范围有关,只有当 VCO 的频率控制范围大于捕捉带时,VCO 影响才可忽略。捕捉带一般大于快捕带。

(8) 在锁相环路中,当 VCO 的频率控制范围足够大时,要增大同步带,必须提高其直流总增益,而当 VCO 的频率控制范围较小时,同步带主要受到频率控制范围的限制。

(9) 集成锁相环路有两大类:模拟锁相环、数字锁相环,每一类按其用途又可分通用型和专用型。主要应用领域:锁相倍频、分频、混频、锁相频率合成、锁相调频与鉴频。

思考题与习题

10-1 在通信接收机中,为什么要采用自动增益控制?

10-2 对调幅接收机 AGC 电路的滤波器应有怎样的要求,为什么?

10-3 加上自动增益控制电路之后,接收机的输出电压能否保持绝对不变,为什么? 有些什么方法可以使输出电压的变化尽量减小?

10-4 锁相环路稳频与自动频率微调在工作原理上有哪些异同之点? 为什么说锁相环路相当于一个窄带跟踪滤波器?

10-5 某调频通信接收机的 AFC 系统如题图 10-1 所示。试说明它的组成原理,与一般调频接收机 AFC 系统相比有什么区别? 有什么优点? 若将低通滤波器省去是否可正常工作? 能否将低通滤波器的元件合并到其他元件中去?

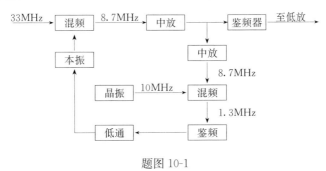

题图 10-1

10-6 已知 AFC 电路中鉴频灵敏度 $A_d=5\text{V/MHz}$,VCO 的压控灵敏度 $A_c=2\text{MHz/V}$,已知起始频差

$\Delta f_o = 10\text{MHz}$，试求稳态频率误差；又问如何减小这频率误差。

10-7 捕捉带、同步带各代表什么意义？

10-8 什么是调制跟踪型环路？什么是载波跟踪型环路？造成两者区别的原因是什么？它们分别有什么用途？

10-9 频率反馈控制环路用作调频信号的解调器，如题图 10-2 所示。忽略中频放大器对输入调频信号所带来的失真和时延的影响，低通滤波器的传输系数为 1。当环路输入为单音频调制的调频波 $v_{FM}(t) = V\cos(\omega_0 t + m_f \sin\Omega t)$ 时，要求加到中频放大器输入端的调频波的调频指数 $m_f' = \dfrac{1}{10}m_f$。试求所需的 $A_0 \cdot A_d$ 值。

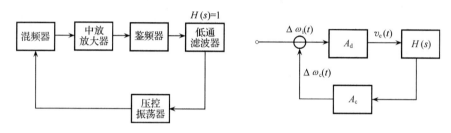

题图 10-2

10-10 题图 10-3 所示的锁相环路用作解调调频信号。设环路的输入信号为
$$v_i(t) = V_i \sin(\omega_i t + 10\sin 2\pi \times 10^3 t)$$

已知：$A_p = 250\text{mV/rad}$，$A_0 = 2\pi \times 25 \times 10^3 \text{rad/s} \cdot \text{V}$，放大器的增益 $A = 40$，有源理想积分滤波器的参数为 $R_1 = 17.7\text{k}\Omega$，$R_2 = 0.94\text{k}\Omega$，$C = 0.03\mu\text{F}$。

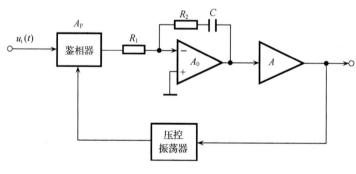

题图 10-3

试求放大器输出 1kHz 的音频电压振幅 V_Ω。

10-11 锁相环路的剩余相差和哪些因素有关？剩余相差为零的环路是如何控制 VCO 工作的？

10-12 为什么说 APC 可以实现比 AFC 更为理想的频率控制？

10-13 调频接收机 AFC 系统为什么要在鉴频器与本振之间接一个低通滤波器？

10-14 题图 10-4 为 AGC 放大器电路的组成方框图，已知 $K_d = 1$，可控增益放大器的增益控制特性为 $A_c(V_c) = V_c$，输入电压振幅 $(V_{im})_{min} = 100\mu\text{V}$，$(V_{im})_{max} = 100\text{mV}$，主放大器的增益 $A_1 = 10000$，V_R 为参考电压，要求：

(1) 推导此系统的控制特性 $V_o \sim V_R$ 的表达式。

(2) 计算 $V_R = 1$ 时 V_o 的变化范围($k = 10$)，并与开环($\eta_d = 0$)情况比较。

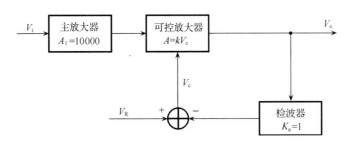

题图 10-4

10-15　锁相环路如图 10-18 所示,环路参数为 $A_d=1V/rad$,$A_F=5\times10^4\,rad/s\cdot V$。环路滤波器采用图 10-16(c)的有源比例积分滤波器,其参数为 $R_1=125k\Omega$,$R_2=1k\Omega$,$C=10\mu F$。设参考信号电压 $v_R(t)=V_{Rm}\sin(10^6t+0.5\sin2\omega t)$,VCO 的初始角频率为 $1.005\times10^6\,rad/s$,鉴相器具有正弦鉴相特性。试求:

(1) 环路锁定后的 $v_o(t)$ 表达式;

(2) 捕捉带 $\Delta\omega_P$、快捕带 $\Delta\omega_L$ 和快捕时间 τ_L。

第 11 章　频率合成技术

11.1　频率合成器的主要技术指标

由于通信技术的迅速发展,对振荡信号源的要求也在不断提高。不仅要求它的频率稳定度和准确度高,而且要求能方便地改换频率。我们知道,石英晶体振荡器的频率稳定度和准确度是很高的,可改换频率不方便,只宜用于固定频率;LC 振荡器改换频率方便,但频率稳定度和准确度又不够高。而频率合成技术则能将以上两种振荡器的优点结合起来,既有频率稳定度和准确度高,又有改换频率方便的特点。正因为如此,频率合成器成为现代通信系统中不可缺少的重要组成部分。

11.1.1　频率合成方法

实现频率合成有各种不同的方法,但基本上可以归纳为直接合成法、间接合成法(锁相环路法)和直接数字频率合成三大类。

(1) 直接合成法是利用一个或多个高稳定度石英晶体振荡器产生一系列的振荡频率作为基准频率,并由这些基准频率产生一系列的谐波,这些谐波具有与石英晶体振荡器同样的频率稳定度和准确度;然后,从这一系列的谐波中取出两个或两个以上的频率进行组合,得到这些频率的和或差,经过适当方式处理(如经过滤波)后,获得所需要的频率。直接式频率合成器的优点是频率变换速度快,相位噪声小。缺点是杂波成分多,硬件设备复杂,造价高。

(2) 间接合成法是利用锁相环的频率跟踪特性,由 VCO 产生一系列与石英晶体振荡器(作为环路的输入信号)相同频率稳定度和准确度的振荡信号。间接合成法已基本取代直接合成法。目前,已有许多频率合成器专用锁相集成电路,给我们制作性能好,价格便宜的频率合成器带来了极大方便。

(3) 直接数字频率合成是利用计算机查阅表格上所存储的正弦波取样值,再通过数模变换来产生模拟正弦信号。这种方法可称为波形合成法,除正弦信号外,任何其他波形的信号都可以产生。这种合成器体积小、功耗低,而且可以几乎是实时地以连续相位转换频率,给出非常高的频率分辨率。它的问题是受处理器和数模转换速度的限制,频率相对较低。

11.1.2　频率合成器的主要性能指标

1) 频率范围

频率范围是指频率合成器输出频率最小值 f_{omin} 和最大值 f_{omax} 之间的变化范围,也可以用频率覆盖系数 $k = f_{omax}/f_{omin}$ 来表示。

2) 波道数(频道数)与波道间隔(频率间隔)

波道数是指频率合成器所能提供的频率个数(点频数)。当然,各个频率的信号不是同时存在的,即频率合成器在某一时刻只能输出某一个波道信号。

波道间隔是指两个相邻频道之间的频率差,也可称为频率合成器的频率分辨力。对于短波通信来说,波道间隔以 100Hz 为最常见,也有 10Hz 甚至 1Hz 的。对于超短波通信来说,以 50kHz 或 25kHz 为最常见。

3) 波道(频率)转换时间

频率转换时间是指频率合成器从某一个频率转换为另一个频率所需的时间。它包括波道置定时间及环路捕捉时间(当采用锁相环时)。

4) 频率长期稳定度

长期稳定是指一天以上时间范围内的频率不稳定性,它主要是由振荡器元器件老化、环境温度变化、湿度变化等因素造成的。长期稳定度取决于所使用的标准频率源的频率稳定度。室温条件下的晶体振荡器的稳定度为 10^{-6}/月,恒温条件下的晶体振荡器的稳定度可达 10^{-9}/月。原子钟的长期稳定度可达 10^{-14}/月~10^{-10}/月。

5) 噪声性能

频率合成器的噪声性能既可用时域指标表示也可用频域指标表示。

(1) 频谱纯度。这是频域指标。理想的正弦信号的频谱只有一根谱线,但实际的正弦信号由于噪声的影响不可能只有一根谱线。实际的频谱如图 11-1 所示,在主频谱两边,有一些不需要的离散谱和连续谱。这些离散谱称为杂波,连续谱称为噪声。

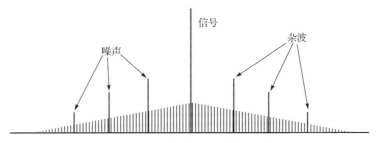

图 11-1　频率合器输出信号频谱

常用杂波抑制度和相位噪声(或频率噪声)的功率谱密度作为频域指标。

(2) 短期频率稳定度和瞬时频率稳定度。这是时域指标。短期频率稳定度是指从秒级到一天的时间间隔内的频率不稳定性。它是由温度、电源波动以及极低频的噪声所造成的,在频谱上表现为主频谱的抖动。瞬时频率稳定度指从毫秒到秒量级的时间间隔内的频率不稳定性,它是由各种噪声对压控振荡器的调制造成的,在频谱上表现为主频谱两边的噪声。

阿伦方差是最常用的时域指标。当然,频域指标和时域指标有一定的联系,也可以找到它们之间的一定关系式。本章只分析频域指标,重点是杂波抑制度。有关时域指标及其与频域指标的关系,读者可参阅相关文献。

11.2　频率直接合成法

频率直接合成法是将两个基准频率直接在混频器中进行混频,以获得所需要的新频率。这些基准频率是由石英晶体振荡器产生的。如果是用多个石英晶体产生基准频率,因而产生混频的两个基准频率相互之间是独立的,就称为非相干式直接合成。如果只用一块石英晶体作为标准频率源,因而产生混频的两个基准频率(通过倍频器产生的)彼此之间是相关的,就叫相干式直接合成。此外,还有利用外差原理来消除可变振荡器频率漂移的频率漂移抵消法(或称外差补偿法)。分述如下。

11.2.1 非相干式直接合成器

图 11-2 为非相干式直接合成器的原理图,图 11-2 中 f_1 与 f_2 为两个石英晶体振荡器的频率,并可根据需要选用。例如,图 11-2 中 f_1 可以从 5.000~5.009MHz 十个频率中任选一个,f_2 可以从 6.00~6.09MHz 十个频率中任选一个。所选出的两个频率在混频器中相加,通过带通滤波器取出合成频率。本例可以获得 11.000~11.099MHz 共 100 个频率点,每步相距 0.001MHz。要想获得更多的频率点与更宽的频率范围,可根据类似的方法多用几个石英晶体振荡器与混频器来组成(图 11-3)。

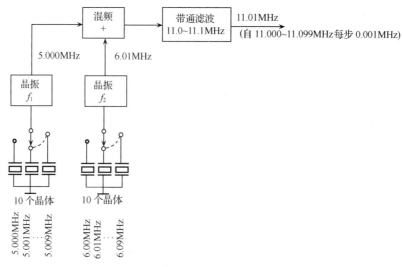

图 11-2 非相干式直接合成器的原理图(数字举例)

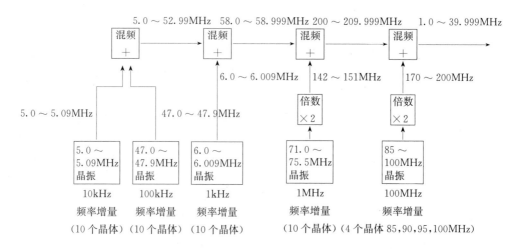

图 11-3 非相干式直接合成器方框图举例

这种合成方法所需用的石英晶体较多,可能产生某些落在频带之内的互调分量,形成杂散输出。因此,必须适当选择频率,以避免发生这种情况。

11.2.2　相干式直接合成器

这种方法常用来产生频率合成器中的辅助频率。图 11-4 是相干式直接合成器的一个实例。图 11-4 中的十个等差列数频率(2.7～3.6MHz,间隔 0.1MHz)是由石英晶体振荡器通过谐波发生器产生的多个频率。由于这些频率都来自同一标准来源,故为相干式。所需的输出频率可以通过对这十个等差列数频率的选择,经过逐次混频、滤波与分频的方式来获得。例如,若需要输出 3.4509MHz 的频率,则开关 D、C、B、A 应分别旋到 4、5、0、9 的位置上,合成过程如下。

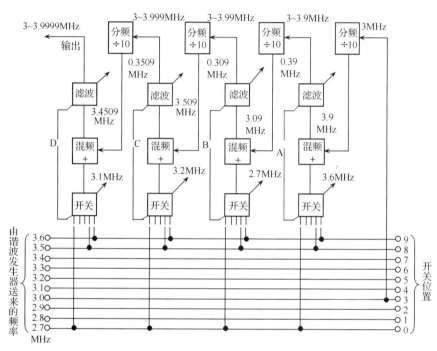

图 11-4　相干式直接合成器的一个实例

开关 A 在位置 9,选取的列数频率为 3.6MHz,它与由第一个分频器送来的固定频率 0.3MHz(将 3MHz 分频 10 次的结果)相混频,取相加项,用滤波器滤掉其余不需要的信号后,得到 3.9MHz 信号。将 3.9MHz 送至第二个分频器(分频比仍为 10),得到 0.39MHz 输出。

开关 B 在位置 0,选取的列数频率为 2.7MHz,与上面的 0.39MHz 信号混频(相加),得到 3.09MHz 的信号。然后经过滤波器及分频器,得到 0.309MHz 的输出。

开关 C 在位置 5,选取的列数频率为 3.2MHz,与上面的 0.309MHz 信号混频(相加),得到 3.509MHz 的信号。然后再经过滤波器及最后一个分频器,得到 0.3509MHz 的输出。

开关 D 在位置 4,选取的列数频率为 3.1MHz,与上面的 0.3509MHz 信号混频(相加),经过滤波,最后得到 3.4509MHz 的输出频率。

这样,开关 A、B、C、D 放在各种不同的位置上,就可以获得 3.0000～3.9999MHz 内 10000 个频率点,间隔为 0.0001MHz(即 100Hz)。这种方案能产生任意小增量的合成频率,每增加一组选择开关、混频器、滤波器、分频器,即可使信道分辨力提高 10 倍。这种方案的频率范围上限是有限度的,它受宽频带十进分频器的限制,频率不能提高,一般只能做到 10MHz 以内。

以上两种直接合成法的优点是比较稳定可靠,能做到任意小的频率增量,波道转换速度快(可小于 $0.5\mu s$)。它的缺点是要采用大量的滤波器、混频器等,成本高,体积大。又由于混频器存在谐波成分,易产生寄生调制,影响频率稳定度。为了减少滤波器与混频器,减少组合频率干扰,于是下面提出了下面所介绍的频率漂移抵消法(外差补偿法)。

11.2.3　频率漂移抵消法

频率漂移抵消法原理方框图如图 11-5 所示,图 11-5 中 $f_{01}, f_{02}, \cdots, f_{0n}$ 是由标准频率源(石英晶体振荡器)产生的一系列等间隔的标准频率点,可变振荡器的频率调整是步进的,它们的间隔和标准频率的间隔相同。通过调整可变振荡器的频率 f_L,可以做到从 $f_{01}, f_{02}, \cdots, f_{0n}$ 中选出一个频率 $f_{0m}(1 \leqslant m \leqslant n)$,使它与可变频率振荡器频率之差 $f_{i1} = f_L - f_{0m}$ 落在带通滤波器的通频带内,而其余频率(f_{0m} 以外的频率)与 f_L 的差拍落在滤波器通频带之外,不能达到第二混频器。在第二混频器中,f_{i1} 与 f_L 再一次相减,于是又得到原来的标准频率 f_{0m} 输出。由此可见,可变振荡器在系统中仅起频率转换作用,输出频率与 f_L 无关。因而 f_L 的频率不稳定度对输出频率无影响。这一点可说明如下。

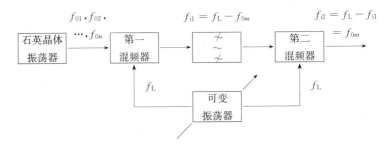

图 11-5　频率漂移抵消法原理方框图

设可变振荡器的频率误差为 Δf,则第一混频器的输出频率为
$$f_{i1} = (f_L + \Delta f) - f_{0m}$$
第二混频器的输出频率为
$$f_{i2} = (f_L + \Delta f) - f_{i1} = (f_L + \Delta f) - [(f_L + \Delta f) - f_{0m}] = f_{0m}$$
由此可见,输出频率 f_{i2} 的准确度仅取决于标准频率 f_{0m},而与可变振荡器的频率误差 Δf(不稳定度)无关。由于频率误差 Δf 在两次变频过程中被抵消,故称为频率漂移抵消法,也可称为外差补偿法。

观察图 11-5 可能会提出这样的问题。既然输出频率是晶振频率器 $f_{01}, f_{02}, \cdots, f_{0n}$ 中的一个,那么,为什么不直接取出所需要的频率,而需要经过二次混频的过程呢? 答案是如果直接取出所需的频率,则对应于每一个频率,就应该有一个滤波器,这样,势必要采用数量众多的滤波器,显然是不经济的。采用二次混频后,可节省大量的滤波器。事实上,图 11-5 中由可变振荡器、混频器与带通滤波器所组成的环路,起了可变频率滤波器的作用。要想选择

不同的 f_{0m} 输出,只要改变 f_L 就行了,带通滤波器的频率 $f_{i1}=f_L-f_{0m}$ 总是维持不变的。这里所用的带通滤波器的通频带取决于可变振荡器的频率稳定度;不稳定度一般不应大于频率间隔的 20%。这种合成法的瞬时频率稳定度高,寄生调制小,可用于快速数字通信等。

应该说明,图 11-5 只是原理方框图,实际上用频率漂移抵消法做成的频率合成器还是相当复杂的,往往需要若干个环路才能组成。因而与下面即将讨论的频率间接合成法相比,这种方法所用的混频器与滤波器较多,同时,体积大、成本高,调试也比较复杂。

11.3 频率间接合成法(锁相环路法)

由第 10 章的讨论可知,在锁相环路的鉴相器中进行相位比较的两个频率应该是相等的。但通常参考晶振频率是固定值,而频率合成器所需输出的频率(即 VCO 的频率)则是多个数值的。为了使这两者的频率在鉴相器处相等,以便比较它们的相位,大致可以有以下几种方法:脉冲控制锁相法、模拟锁相环路法与数字锁相环路法。

脉冲控制锁相法利用参考晶振频率的某次谐波(通过脉冲形成电路来获得)与 VCO 频率在鉴相器中相比较;模拟锁相环路法与数字锁相环路法则利用适当的降频电路将 VCO 的频率降低(参考晶振频率也往往需要通过适当的降频电路予以降低,因为鉴相器往往是工作于较低的频率的),然后与参考频率在鉴相器中相比较。模拟式与数字式的区别在于两者的降频方式不同:前者采用减法降频,后者采用除法降频。下面我们对这三种方法分别予以介绍。

11.3.1 脉冲控制锁相法

脉冲控制锁相法是将参考晶振频率通过脉冲形成电路,产生丰富的谐波,选出适当的谐波频率,来与 VCO 的频率在鉴相器中进行相位比较。这种方法没有采用降频电路,图 11-6 是脉冲控制锁相环路的原理方框图。用晶振频率 f_R 去激励脉冲形成电路,产生一个重复频率为 f_R 的尖脉冲序列,这脉冲序列含有丰富的谐波。对于不同的 VCO 频率 f_V,取相应的谐波 nf_R 在鉴相器中进行相位比较,通过锁相环路的作用,即可将 f_V 锁定在 nf_R 上,即 $f_V=nf_R$($n=1,2,3,\cdots$)。改变 n 值,即可在不同的 f_V 值上获得锁定。由此可见,脉冲控制锁相法实际上是一个单环(即只有一个锁相环路)多波道频率合成器。

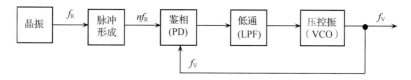

图 11-6 脉冲控制锁相环路原理方框图

脉冲控制锁相法受到 VCO 频率稳定度的限制,它的频偏必须限制在 $0.5f_R$ 以内。超过这范围就可能出现错锁现象。也就是可能锁定到邻近波道上。例如,若 VCO 的频率稳定度为 5×10^{-3},为了满足 $5\times10^{-3}f_V\leqslant0.5f_R$ 的条件,则最大可能取用的 VCO 频率 $f_V\leqslant100f_R$。为了防止错锁,还应考虑一定的富余量,一般只取 f_V 为 $(40\sim50)f_R$。由此可见,这种方法所提供的波道数是有限的。

11.3.2　模拟锁相环路法（间接合成制减法降频）

模拟锁相环路法一般又分为多环式与单环式两种，两者各有特点。下面我们依次简略介绍。

图 11-7 是多环式减法降频间接合成器示例。它共用了四个锁相环路，可以获得10000个离散频率，间隔为 100Hz。模拟锁相环路法也称为减法降频。这是与下面即将介绍的除法降频（或数字锁相环路法）相对应的。我们仍以获得 3.4509MHz 的输出频率为例，来说明它的工作原理。

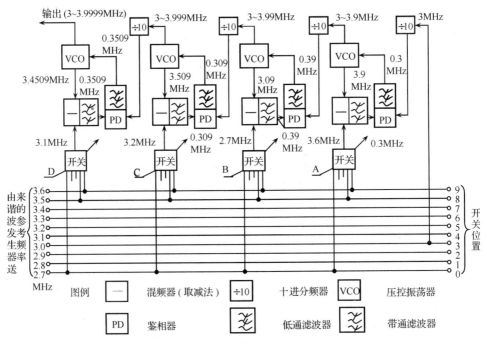

图 11-7　多环式减法降频间接合成器示例

参看图 11-7，要想到 3.4509MHz 的输出，则开关 D、C、B、A 应分别在 4、5、0、9 的位置上。

开关 A 在位置 9，从线上送入混频器的频率为 3.6MHz，而鉴相器所需频率为 0.3MHz（这是由第一个分频器 3MHz 频率分频 10 次后，所得到的固定频率），因此所需的 VCO 频率为 3.6MHz＋0.3MHz＝3.9MHz。这频率经第二个十进分频器分频后，得到 0.39MHz，送入第二环路的鉴相器。

开关 B 在位置 0，从线上送入混频器的频率为 2.7MHz，因此 VCO 频率等于 2.7MHz＋0.39MHz＝3.09MHz。这频率经第三个十进分频器分频后，得到 0.309MHz，送入第三环路的鉴相器。

开关 C 在位置 5，从线上送入混频器的频率为 3.2MHz，因此 VCO 的频率等于 3.2MHz＋0.309MHz＝3.509MHz，经第四个十进分频器分频后，得到 0.3509MHz，送入第四环路的鉴相器。

开关 D 在位置 4，从线上送入混频器频率为 3.1MHz，因此 VCO 频率等于 3.1MHz＋

0.3509MHz＝3.4509MHz。这就是所需要的频率值。

这样，只要改变 D、C、B、A 四个开关的位置，就可以得到 3.0000～3.9999MHz 的 10 000 个频率点，每二频率点的间隔为 100Hz。频率数值可由开关位置读出，如 D、C、B、A 在 2、7、8、1 位置，则输出为 3.2781MHz 等。

将图 11-7 与图 11-4 相对照，可见两者是很相似的，只不过在图 11-4 中是用频率相加的方法，而在图 11-7 中则是用频率相减的方法。

这种方案的优点如下所示。

（1）与直接合成法相似，这种方法也能得到任意小的频率间隔。例如，在本例中再加一个锁相环路，则频率间隔可降低为 10Hz；若加两个相环路，则可降低为 1Hz；最小频率间隔甚至可做到 0.1Hz。

（2）鉴相器的工作频率不高，频率变化范围也不太大（本例为 300～400kHz），比较容易实现。带内带外噪声和锁定时间等问题都易于处理好。

（3）有点类似于直接合成器，但不需要直接合成法所用的昂贵的晶体滤波器。

本法的缺点如下所示。

（1）每次循环只能分辨 10 个频率，在 1MHz 范围内辨认到 100Hz，要重复四次，电路超小型化和集成化比较复杂。

（2）与直接合成法一样，频率上限受十进分频器的限制，一般只能限制在 10MHz 以内。

下面再看看单环式减法降频。图 11-8 是这种方案的方框图示例。它的原理是将压控振荡器的频率连续与特定的等差列数频率进行若干次混频（取减法），逐步降到鉴相器的工作频率（本例为 29kHz）上，通过单一的锁相环路，获得所需的输出频率。

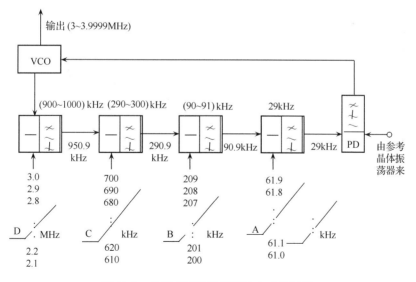

图 11-8　单环式减法降频间接合成法示例

如仍要获得 3.4509MHz 的输出频率，则 D、C、B、A 开关位置应放在 4、5、0、9 上，这分别相当于取列数频率为 2.5MHz、660MHz、200kHz 和 61.9kHz，相应的各级混频器输出频率为

D 开关处混频、滤波输出为 3.4509MHz－2.5MHz＝0.9509MHz＝950.9kHz；

C 开关处混频、滤波输出为 950.9kHz－660kHz＝290.9kHz；

B 开关处混频、滤波输出为 290.9kHz－200kHz＝90.9kHz；

A 开关处混频、滤波输出为 90.0kHz－61.9kHz＝29kHz(固定值)。

改变 D、C、B、A 的位置,即可得到 3.0000～3.9999MHz 的 10000 个频率点,频率间隔为 100Hz。

单环减法降频的优点如下所示。

(1) 由于没有用十进分频器,因而频率上限可以大大提高。本例为 3～4MHz,实际可做到几十兆赫兹。也就是说,对于短波接收机第一本振所需的频率可以做到一次合成。

(2) 同时它也具有多环减法降频的第(2)、(3)条所述的优点。

本法的缺点如下所示。

(1) 频率间隔最小值有限制,本例为 100Hz,要进一步减小频率间隔已很困难。

(2) 方案中所需的等差列数频率相互间的规律性较差,因此这些等差列数频率发生器比较复杂,生产一致性较差,造价较高。

11.3.3　数字锁相环路法(间接合成制除法降频)

这是在移动电台中广泛采用的一种频率合成方式。它的原理是应用数字逻辑电路把 VCO 频率一次或多次降低至鉴相器频率上,再与参考频率在鉴相电路中进行比较,所产生的误差信号用来控制 VCO 的频率,使之锁定在参考频率上。假定要求波道辨识能力为 100Hz,则鉴相器工作频率就取为 100Hz。图 11-9 为间接合成制除法降频基本原理图,图 11-9 中数字为举例说明。这种方案通常称为可变分频法,也习惯称为数字式频率合成器。这种方案的最大特点是便于实现集成化与超小型化,因而特别适用于对质量和体积都有严格限制(如移动电台)的设备。

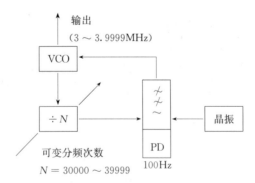

图 11-9　间接合成制除法降频基本原理图

实际上,由于分频比很大,因此它往往分为固定分频与可变分频两个部分。晶体参考振荡频率也需经过适当的分频器降至鉴相器工作频率上。因此,方框图可改为如图 11-10 的形式。图 11-10 适用于 VCO 频率高于 10MHz 的场合,图 11-10 中举例为 70～100MHz。

为了获得实际概念,图 11-11 给出某一单边带短波通信机中所用的单环式数字频率合成器的方框图。该合成器输出三组稳定的频率,34MHz 固定频率(转动面板搜索旋钮,可进行

±500Hz 的微调)、1.4MHz 固定频率和 37.000～65.399MHz 可变频率(间隔 1 kHz)。这三组频率都由一个密封的 5MHz 温度补偿晶体振荡器来稳定。

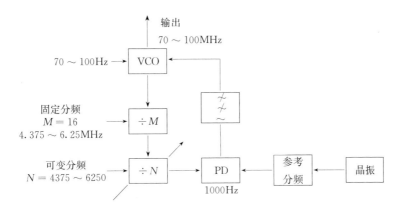

图 11-10 压控振频率大于 10MHz 时的除法降频方案(单环式)

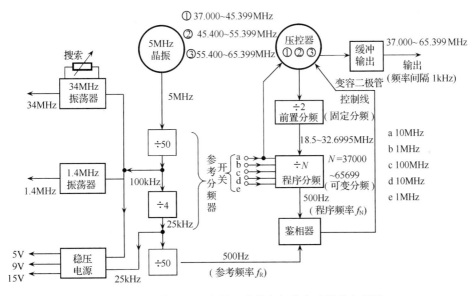

图 11-11 某通信机所用的单环式数字频率合成器的方框图

37.000～65.399MHz 的频率是采用单环式数字频率合成的方法获得的,其中 VCO 有三个,各工作于 37.000～45.399MHz、45.400～55.399MHz 与 55.400～65.399MHz。这些频率经前置分频(M=2 的固定分频)后,进入可变分频器,可变分频比 N=37000～65399。N 的数值是由面板上的五个开关位置选取的频率所决定的,其中 10MHz 开关还用来选取三个 VCO 中的一个来工作。VCO 频率经分频后,得到固定的 500Hz,送到相位比较器(鉴相器)。鉴相器的另一个输入是 5MHz 晶振经过 50×4×50 的参考分频后所获得的 500Hz 的参考频率。这两个频率(相位)相比,所产生的误差信号即用来控制 VCO 的频率,使之稳定。自 37.000～65.399MHz 共可有 284000 个频率点输出,间隔为 1kHz,其频率稳定度与 5MHz 晶振为同一数量级($\pm 2 \times 10^{-6}$)。

1.4MHz 的固定频率是由 5MHz 晶振分频后所得到的 100kHz，取其 14 次倍频后获得的。

34MHz 的固定频率是由 17MHz 晶振经倍频后产生的，这个频率也由 5MHz 晶振分频送来的 100kHz 参考频率所锁定（有锁相环路，图 11-11 中略去未绘）。

为了供给该合成器所需要的 5V、9V 与 15V 稳压电源，它采用了由 25kHz 与 100kHz 所控制的稳压电路。

单环式数字频率合成器的原理方框图初看起来好像比图 11-7 的减法降频合成器简单，但实际上单环式数字频率合成器却存在如下问题。

(1) 鉴相器频率低，一般只为 100~1000Hz，因此，环路中的低通滤波器通频带一定要做得很窄。这样，捕捉频带就很窄，有时需增设宽带范围内的搜索措施。

(2) 这里的除法降频与前面的减法降频相比，由于分频比为 N，因此环路增益下降为原来的 1/N，这就要求提高 VCO 的增益。N 越大，环路增益下降越厉害，VCO 的变换增益就要越大；这样就大大影响了 VCO 的工作稳定性。结果是电源电压和 VCO 振荡幅度等的轻微波动，都对 VCO 的正常工作产生严重的影响。它对直流电源纹波的波动要求严格到 $10\mu V$ 数量级以内，这里很难做到的。

以上这些问题如果不能很好地解决，那么，不是工作稳定性不好，就是有严重的寄生调制（或相位抖动）。寄生调制有的为 100Hz 的固定调制，有的为鸟叫声似的不规则调制。它们都会使合成器的工作受到严重影响。国内有关工厂的实践证明，在频率高、波道间隔小的情况下，单环式数字频率合成器要获得好的性能，是有一定困难的。因为在频率高，波道间隔小时，寄生调频与相位抖动问题就比较突出。当然也应该指出，单环式电路比较简单，没有采用混频器，因而不存在寄生组合干扰频率。这是它的优点。但在要求工作频率高、波道间隔小时，为了获得较好的性能，有时还是要采用多环式数字频率合成器。图 11-12 是双环数字式频率合成器方框图示例。这是一个双环数字式频率合成器，它包括两个锁相环：环路 I 称为尾数环，它决定输出频率的尾数；环路 II 称为主环，它决定输出频率的主值。每一个环路均由 VCO、可变分频器（÷N）、鉴相器（PD）与低通滤波器（LPF）所组成。在环路 I 中，VCO_1 可在 7.00~7.99MHz 内工作，频率间隔为 10kHz，N_1 值为 700~799。参考标准频率为 100kHz，经 10 进分频后得 $f_{R1}=10\text{kHz}$。f_{R1} 与 VCO_1 的 f_{V1} 经分频后所得到的 10kHz 在 PD_1 中进行相位比较。因此

$$\frac{f_{V1}}{N_1} = 10\text{kHz} = f_{R1} \quad 或 \quad f_{V1} = N_1 f_{R1} \tag{11-1}$$

经过锁相稳频后的 f_{V1} 送至固定分频器（÷10）、可变分频器（÷N_2）后，与参考频率 f_R 在混频器（一）中进行混频，经窄带滤波器取出差频。这差频再通过固定分频器（÷10）后得 f_{R2}，送入环路 II 作为参考频率，即

$$f_{R2} = \left(f_R - \frac{f_{V1}}{10N_2} \right) \cdot \frac{1}{10} = \left(10 f_{R1} - \frac{f_{V1}}{10N_2} \right) \frac{1}{10} \tag{11-2}$$

在主环路 II 中，显然有

$$f_{V2} = N_2 f_{R2} \tag{11-3}$$

将式(11-1)与式(11-2)代入式(11-3)中，并代入 $f_{R1}=10\text{kHz}$ 即得

$$f_{V2} = N_2 \times 10(\text{kHz}) - N_1 \times 0.1(\text{kHz}) \tag{11-4}$$

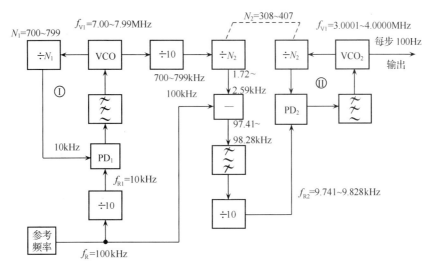

图 11-12 双环数字式频率合成器方框图示例

式中，$N_1 = 700 \sim 799$；$N_2 = 308 \sim 407$。

由式(11-4)可见，N_2 决定输出频率 f_{V2} 中的 1000kHz 位与 100kHz 位；它每变化一位，引起频率跳变为 10kHz。N_1 决定 10kHz、0.1kHz 位；它每变化一位，引起的频率跳变为 100Hz。因此，这个双环数字式频率合成器的输出频率为 3000.1～4000kHz，每步 100Hz，共 10000 个频率点。

这种双环数字式频率合成器的优点是体积小，结构简单，调试方便，同时由于分频比 N 下降，能够提高鉴相频率，环路通带被放宽，锁定时间缩短，相位抖动减小；由于振动而引起的恶化也大有改善，克服了单环的缺点。当然，它的缺点是比单环式的电路复杂些。

根据类似的方法，也可以组成三环以至三环以上的数字频率合成器。例如，图 11-13 是一个三环数字式频率合成器方框示例。

环路 I 为主环路，它比通常的锁相环路多加了一个混频器，这个混频器的作用是用环路 II 与 III 所产生的尾数频率来确定 VCO₁ 的尾数频率。环路 II 与环路 III 的输出频率稳定度也由 5MHz 参考频率所确定，它们所产生的频率间隔为 1kHz，经 ÷10 分频器后，送入主环路 I。输出频率为 220.0～299.9999MHz，共 80 万个频率点，频率间隔为 100Hz。

总起来说，应用锁相环路系统可以得到大量的稳定频率。与直接合成法相比较，数字锁相环路法能节省很多的混频器与滤波器，因此可减小体积，降低成本。而且由于减少了大量的混频器，因而减少了组合频率干扰，输出频谱纯度高。此外，锁相环路法的输出波形只取决于压控振荡器，它不像直接合成法那样，混频器的非线性使输出波形变坏。但外界干扰信号感应到鉴相器输出端时，叠加到它的直流电压上，便会引起频率误差，因此它的瞬时频率稳定度较差。同时，锁相有一定的范围。当频率漂移过大时，会使锁相环路失去控制，有发生调错频率的可能性。它进行频率捕捉也需要一定时间(一般为 ms 数量级)。

有些实用的频率合成器综合采用了直接合成与间接合成两种方法，这样便兼有两者之长。

到现在为止，我们已讨论过各种频率源。为了进行比较，列出表 11-1，作为本节的小结。

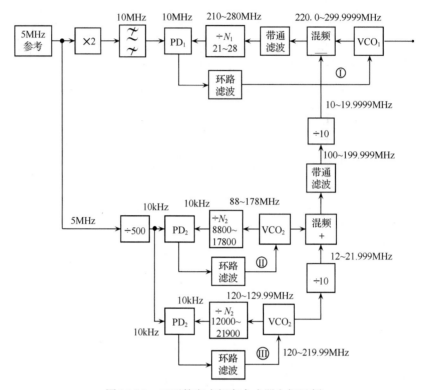

图 11-13 三环数字式频率合成器方框示例

表 11-1 各种频率源的性能对比

型式\n项目	LC 振荡器	晶体振荡器	频率直接合成器	锁相环路频率合成器	漂移抵消法合成器
频率稳定度	不优于 10^{-5}	$1 \times 10^{-7} \sim 1 \times 10^{-6}$ 有的已达 10^{-9}	同晶体振荡器	同晶体振荡器	同晶体振荡器
波道间隔	短波不小于 20kHz, 超短波不小于 50kHz	任意, 但受晶体数目的限制	可很小, 短波可达 100Hz, 但受复杂性的限制	短波 100Hz, 甚至 1Hz, 超短波 25kHz	可很小, 但也受复杂性的限制
杂波电平	较小	小	比较大, 与频率范围、波道数、滤波器有关	$-60 \sim -40$dB	带内小于 -50dB, 带外小于 -110dB
相位抖动	—	—	—	$5° \sim 15°$	—
功率消耗	小	小	小	数瓦	较大
体　积	小	小	大	集成电路化后可以小型化	较大
技术复杂程　度	简单	简单	较复杂	较复杂	复杂
附　注	波道间隔受度盘刻度与频率稳定度的限制	适用于波道数少的场合	对滤波器的要求严格	适用于数字化	适用于有冲击振动的条件下

11.4　集成频率合成器

第 10 章已介绍过集成锁相环,所举的例子 L562 是通用型的。集成频率合成器则是一种专用锁相电路,它是发展最快、采用新工艺最多的专用集成电路。它将参考分频器、参考振荡器、数字鉴相器,以及各种逻辑控制电路等部件集成在一个或几个单元中,以构成集成频率合成器的电路系统。目前,集成频率合成器按集成度可分为中规模和大规模两种;按电路速度可分为低速、中速和高速三种。随着频率合成技术和集成电路技术的迅速发展,单片集成频率合成器也正在向更大规模、更高速度方向发展。有些集成频率合成器系统中还引入微机部件,使得波道转换、频率和波段的显示实现了遥控和程控,从而使集成频率合成器逐渐地取代了分立元件组成的频率合成器,应用范围日益广泛。但目前 VCO 还没有集成到单片合成器中,主要是因为 VCO 的噪声指标不易做高。

MC145146 是个可编程锁相环频率合成器大规模集成电路,其输出频率可以在微机或 EPROM 上的软件(程序)预先设定。由于该集成块采用了 CMOS 工艺,所以功耗很小。

由 MC145146 构成的频率合成器的电路框图如图 11-14 所示。

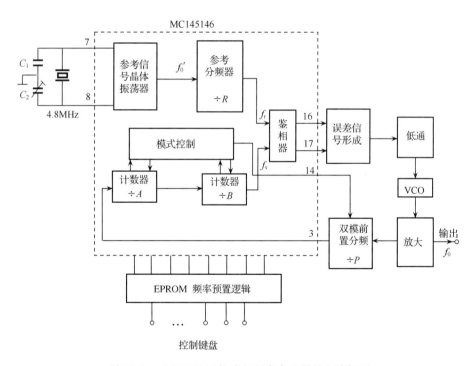

图 11-14　MC145146 构成的频率合成器的电路框图

下面对频率合成的工作过程及有关问题做几点简要说明。

(1) MC145146 集成块片内电路主要包括参考信号晶体振荡电路(本例中晶体谐振器的频率为 4.8MHz);12 位可编程 ÷R 参考分频器(分频比为 3～4095);数字鉴相器;锁定检测器;10 位可编程 ÷N 分频器(分频比为 3～1023);7 位可编程 ÷B 分频器(分频比为 3～127)以及作为分频器数据缓冲区的 8 个四位锁存器 $L_0,L_1,\cdots,L_7$ 和锁存控制电路。

（2）工作过程大致如下：由 VCO 振荡器产生的频率为 f_0 的信号经 $\div P$ 前置分频器和 $\div N$、$\div B$ 计数器组成的分频器分频后，以 f_V 频率值加至数字鉴相器；参考信号晶体振荡器输出的信号经参考分频器（$\div R$）作为参考信号频率 f_r 也加至鉴相器，在 PLL 锁定之后，鉴相器的两输入信号的频率必定相等，即

$$f_r = f_V = \frac{f_0}{\text{PNA}}$$

故

$$f_0 = \text{PNA}f_r = \frac{\text{PNA}}{R}f_0'$$

很显然，只要将分频数 A、N、R 预值成不同值，即可获得一系列所需的输出频率，而且这些频率都具有与晶体振荡器频率 f_0' 同量级的频率稳定度。A、N、R 值的预置由控制键盘按需设定。

（3）本电路中，石英晶体振荡器的振荡频率为 4.8MHz；双模前置分频器的分频比为 $P=40$；若 $f_r=5\text{kHz}$，则

$$R = \frac{4800\text{kHz}}{5\text{kHz}} = 960$$

A、N 值可根据输出信号各频道所需的频率值求得。

知识点注释

频率合成技术：将晶体振荡器和 LC 振荡器的优点结合起来，既有频率稳定度和准确度高，又具有改换频率方便的特点。主要可分为三类：直接合成法、间接合成法（锁相环路法）和直接数字频率合成（波形合成法）。

频率合成器性能指标：包括频率范围、频道数与频率间隔（频率分辨力）、频率转换时间、长期频率稳定度、频谱比较、短期频率稳定度和瞬时频率稳定度。

频率范围：指频率合成器输出频率最小值 f_{omin} 和最大值 f_{omax} 之间的变化范围，也可用频率覆盖系数 $k=f_{omax}/f_{omin}$ 来表示。

波道数：指频率合成器所能提供的频率个数（点频数）。注：频率合成器在某一时刻只能输出某一个波道信号。

波道间隔（频率分辨力）：指两个相邻波道之间的频率差。

波道（频率）转换时间：指频率合成器从某一频率转换为另一频率所需要的时间。它包括波道置定时间及环路捕捉时间（当采用锁相环时）。

频率合成器的噪声性能：包括时域指标和频域指标。常用时域指标为阿伦方差；常用频域指标为杂波抑制度和相位噪声（或频率噪声）的功率谱密度。

直接合成法：指将两个基准频率直接在混频中进行混频，以获得所需要的新频率。这些基准频率是由石英晶体振荡器产生的。包括相干式直接合成、非相干式直接合成和频率漂移抵消法（外差补偿法）。

非相干式直接合成：指直接合成法中产生混频的两个基准频率相互之间是独立的，即基准频率由多个石英晶体产生。

相干式直接合成：指直接合成法中产生混频的两个基准频率彼此之间是相关的，即仅用一块石英晶体作为标准频率源，两个基准频率通过倍频器产生。

频率漂移抵消法（外差补偿法）：指利用外差原理来消除可变振荡器频率漂移。该直接合成法的优势是瞬时频率稳定度高，寄生调制小，可用于快速数字通信等；劣势是混频器与滤波器较多，体积大、成本高，

调试较复杂。

间接合成法:包括脉冲控制锁相法、模拟锁相环法与数字锁相环路法。

脉冲控制锁相法:指利用参考晶振频率的某次谐波(通过脉冲形成电路来获得)与 VCO 频率在鉴相器中比较。该间接合成法受到 VCO 频率稳定度的限制,提供的频道数有限。

模拟锁相环路法:指利用减法降频电路将 VCO 的频率降低,然后与参考频率在鉴相器中相比较。该间接合成法分为多环式与单环式。多环式的特点是频率间隔可任意小。(与直接合成法相似),鉴相器的工作频率不高,频率变化范围不太大,易于实现,不需要昂贵的晶体滤波器。但频率上限受十进分频器的限制,每次循环只能分辨 10 个频率。单环式的特点是在多环式基础上可大大提高频率上限,但频率间隔最小值有限制,频率发生器比较复杂,造价较高。

数字锁相环路法:指利用除法降频电路将 VCO 的频率降低,然后与参考频率在鉴相器中相比较。该间接合成法的优势是便于实现集成化与超小型化,特别适用于对重量和体积都有严格要求的设备中,如移动电台;劣势是捕捉带窄,且由于 VCO 增益要求大,严重的影响 VCO 的工作稳定性,结果是电源电压和 VCO 振荡幅度等的轻微波动,都对 VCO 的正常工作产生了较大影响。

直接数字频率合成(波形合成法):利用计算机查阅表格上所存储的正弦波取样值,在通过数模变换来产生模拟正弦信号。除正弦信号外,任何其他波形的信号都可以产生。其优势是:合成器体积小、功耗低,几乎是实时地以连续相位转换频率,具有非常高的频率分辨力;劣势是受处理器和数控转换速度的限制,频率相对较低。

本 章 小 结

(1) 频率合成器既有频率稳定度和准确度高,又有改换频率方便的特点,因此成为现代通信系统中不可缺少的重要组成部分。

(2) 频率合成有各种不同的方法,大致可以归纳为直接合成法、间接合成法(锁相环路法)和直接数字频率合成三大类。

(3) 频率合成器的主要性能指标为频率范围、频道数与频率间隔、频率转换时间、频率长期稳定度、频谱比较、短期频率稳定度和瞬时频率稳定度。

(4) 直接合成法是将两个基准频率直接在混频中进行混频,以获得所需要的新频率。这些基准频率是由石英晶体振荡器产生的。如果是用多个石英晶体产生基准频率,因而产生混频的两个基准频率相互之间是独立的,就称为非相干式直接合成。如果只用一块石英晶体作为标准频率源,因而产生混频的两个基准频率(通过倍频器产生的)彼此之间是相关的,就称为相干式直接合成。此外,还有利用外差原理来消除可变振荡器频率漂移的频率漂移抵消法(或称外差补偿法)。

(5) 间接合成法大致可以有以下几种方法:脉冲控制锁相法、模拟锁相环法与数字锁相环路法。

(6) 脉冲控制锁相法是利用参考晶振频率的某次谐波(通过脉冲形成电路来获得)与 VCO 频率在鉴相器中比较。这种合成法受到 VCO 频率稳定度的限制,提供的频道数有限。

(7) 模拟锁相环路法是利用减法降频电路将 VCO 的频率降低,然后与参考频率在鉴相器中相比较。它又分为多环式与单环式。多环式的特点是频率间隔可任意小(与直接合成法相似)。鉴相器的工作频率不高,频率变化范围不太大,易于实现,不需要昂贵的晶体滤波器。但频率上限受十进分频器的限制,每次循环只能分辨十个频率。单环式的特点是在多环式基础上可以大大提高频率上限,但频率间隔最小值有限制,频率发生器比较复杂,造价较高。

(8) 数字锁相环路法是利用除法降频电路将 VCO 的频率降低,然后与参考频率在鉴相器中相比较。这种合成法的特点是便于实现集成化与超小型化,因此特别适用于对质量和体积都有严格要求的设备中,如移动电台,但也存在两个问题:一个是捕捉带窄,另一个是由于 VCO 增益要求大,严重地影响 VCO 的工作稳定性,结果是电源电压和 VCO 振荡幅度等的轻微波动,都对 VCO 的正常工作产生了严重的影响。

(9) 有些集成频率合成器中引入了微机部分,使得波道转换、频率和波段的显示实现了遥控和程控,从而使集成频率合成器逐渐取代分立元件组成的频率合成器。

思考题与习题

11-1　有一个频率合成器，其输出信号含有 50Hz 的正弦波调相信号，设测得它的频偏有效值 $\Delta f=$ 2.5Hz。试求其输出信号噪声比。

11-2　试根据图 11-4，拟定一个工作频率 4～4.999MHz 的合成器各处的频率值。

11-3　锁相电路合成法根据哪些特点分为模拟式与数字式两大类？它们各有何优缺点？

11-4　试说明图 11-11 的工作过程。

11-5　试根据图 11-13，拟定一个工作频率为 100～199.9999MHz 的合成器，写出分频器 N 值与各处的频率值。

11-6　在题图 11-1 所示的频率合成器中，若可变分频器的分频比 N 为 760～860，试求输出频率的范围及相邻频率的间隔。

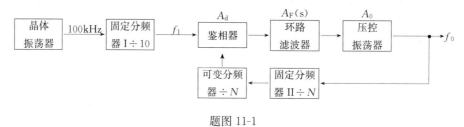

题图 11-1

11-7　在题图 11-2 所示的频率合成器中，试导出 f_0 的表达式。

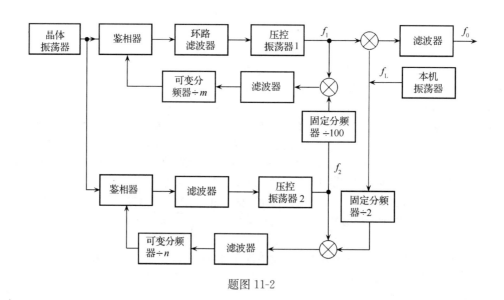

题图 11-2

第 12 章 通信系统分析与实验

12.1 通信系统中的噪声与干扰

12.1.1 概述

通信设备的性能指标在很大程度上与干扰和噪声有关,如接收机的理想灵敏度可以做得很高,但是考虑了噪声之后,实际灵敏度就下降很多。在通信系统中提高接收机的灵敏度比增加发射机的功率更为有效。

1. 噪声的分类

干扰一般指外部干扰,可分为自然干扰和人为干扰。自然干扰有天电干扰、宇宙干扰和大地干扰。人为干扰主要有工业干扰和无线电台的干扰。

噪声一般指内部噪声,也可分为自然噪声和人为噪声。自然噪声有热噪声、散粒噪声和闪烁噪声等。人为噪声有交流噪声、感应噪声、接触不良噪声等。本节主要讨论自然噪声,对工业干扰和天电干扰只简单介绍,对电台的干扰,在第 6 章 6.5.5 节中已经讨论了。

2. 信噪比

由于噪声的存在对有用信号会产生影响,而信号幅度不同时,其影响程度不一样,当信号幅度比噪声大时,两者叠加后虽然使信号受到影响,但信号的提取比较容易,而当信号幅度和噪声差不多大小,甚至更小时,信号就会被噪声淹没,辨认不出来了。为了表示噪声对信号的干扰程度和它们之间的相对强弱,常引入信噪比的概念,它表示了信号功率 P_S 与噪声功率 P_N 比值,通常表示为 P_S/P_N(或 S/N),P_S 为有用信号的平均功率,P_N 为噪声的平均功率。

3. 噪声系数

由于在实际电子通信系统中,在输入端除了信号之外总是有噪声存在的,设输入端的信噪比为 $\dfrac{P_{si}}{P_{Ni}}$,而电子通信系统内部也会产生噪声,该噪声会叠加到原输入的信号与噪声上,则电子通信系统输出的信噪比为 $\dfrac{P_{so}}{P_{no}}$。为了表示电子通信系统内部噪声的大小,引入噪声系数的概念,它可用系统输入信噪比 $\dfrac{P_{si}}{P_{ni}}$ 与输出信噪比 $\dfrac{P_{no}}{P_{no}}$ 的比值 N_F 来表示,如式(12-1)所示。

$$N_F = \frac{\text{输入端信噪比}}{\text{输出端信噪比}} = \frac{P_{si}/P_{ni}}{P_{so}/P_{no}} \tag{12-1}$$

用分贝数表示:

$$N_F(\mathrm{dB}) = 10\lg\frac{P_{\mathrm{si}}/P_{\mathrm{ni}}}{P_{\mathrm{so}}/P_{\mathrm{no}}} \tag{12-2}$$

若系统是理想无噪声的线性系统,那么,其输入端的信号与噪声得到同样放大,即输出端的信噪比与输入端的信噪比相同,于是 $N_F = 1$ 或 $N_F(\mathrm{dB}) = 0\mathrm{dB}$。若系统本身存在噪声,则噪声系数 $N_F > 1$。

在线性系统中,考虑了其功率增益 A_p 后,噪声系数可用式(12-3)表示。

$$N_F = \frac{P_{\mathrm{si}}/P_{\mathrm{ni}}}{P_{\mathrm{so}}/P_{\mathrm{no}}} = \frac{P_{\mathrm{no}}}{P_{\mathrm{ni}}P_{\mathrm{so}}/P_{\mathrm{si}}} = \frac{P_{\mathrm{no}}}{P_{\mathrm{ni}}A_p} = \frac{\text{输出总噪声功率}}{A_p \cdot \text{输入噪声功率}} \tag{12-3}$$

输出总噪声功率

$$P_{\mathrm{no}} = P_{\mathrm{ni}}A_p + P_{\mathrm{nn}} \tag{12-4}$$

将式(12-4)代入式(12-3),可得

$$N_F = \frac{P_{\mathrm{ni}}A_p + P_{\mathrm{nn}}}{P_{\mathrm{ni}}A_p} = 1 + \frac{P_{\mathrm{nn}}}{P_{\mathrm{ni}}A_p} = 1 + \frac{P_{\mathrm{nn}}}{P_{\mathrm{nio}}} \tag{12-5}$$

式中,P_{nn} 为系统内部噪声在输出端呈现的噪声功率;P_{nio} 为输入端噪声经过放大后在输出端呈现的噪声功率。

由式(12-5)可见,系统的噪声系数的大小与加至系统的有用信号的强弱无关,它只取决于系统的内部噪声,即只与 P_{nn} 有关,若放大器是理想系统,则 $P_{\mathrm{nn}} = 0$,$N_F = 1$ 在实际系统中,$P_{\mathrm{nn}} > 0$,则 $N_F > 1$。

应该指出,噪声系数的概念仅适用于线性放大电路,因此可用功率增益来描述。

12.1.2 内部噪声的来源和特点

内部噪声主要是由电阻、谐振电路和电子器件内部所具有的带电微粒无规则运动所产生的。这种无规则运动具有起伏噪声的性质,即随机特性,所以起伏噪声又称为随机噪声或白噪声。

1. 电阻的热噪声

电阻的热噪声是由电阻内部自由电子的热运动而产生的。电阻中的带电微粒(自由电子)在一定温度下受到热激发后,在导体内部做无规则的热运动而相互碰撞,两次碰撞之间行进时,就产生一个持续时间很短的脉冲电流。许多这样的随机热运动的电子所产生的这种脉冲电流的组合,就在电阻内部形成了无规律的电流。在足够长的时间内,其电流平均值等于零,而瞬时值就在平均值的上下变动,称为起伏电流。起伏电流流经电阻 R,电阻两端就会产生噪声电压和噪声功率。电阻的噪声等效电路如图 12-1 所示。一个实际电阻 R 可以分别用一个噪声电压源和一个理想无噪声的电阻串联(图 12-1(b)),或用一个噪声电流源和一个理想无噪声的电阻并联(图 12-1(c))。

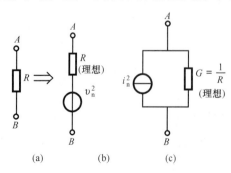

图 12-1 电阻的噪声等效电路

图 12-1 中

$$\overline{v_n^2}=4KTR\Delta f_n \tag{12-6}$$

$$\overline{i_n^2}=4KTG\Delta f_n \tag{12-7}$$

式中,K 为玻尔兹曼常量,其值为 $1.38\times10^{-23}\,\mathrm{J/K}$;$T$ 为电阻的绝对温度;Δf_n 为电阻的频带宽度或等效噪声带宽,单位为 Hz。

噪声电压或电流的有效值为

$$\sqrt{\overline{v_n^2}}=\sqrt{4KTR\Delta f_n} \tag{12-8}$$

$$\sqrt{\overline{i_n^2}}=\sqrt{4KTG\Delta f_n} \tag{12-9}$$

当实际电路中包含多个电阻时。每一个电阻都将引入一个噪声源。一般若有多个电阻并联时,总噪声电流等于各个电导所产生的噪声电流的均方值相加,如图 12-2(a)所示,若 R_1 和 R_2 两个电阻处于相同的温度,总均方值噪声电流为

$$\overline{i_n^2}=\overline{i_{n1}^2}+\overline{i_{n2}^2}=4KT(G_1+G_2)\Delta f_n \tag{12-10}$$

若有多个电阻串联时,如图 12-2(b) 所示,总噪声电压等于各个电阻所产生的噪声电压的均方值相加,即总均方值噪声电压为

$$\overline{v_n^2}=\overline{v_{n1}^2}+\overline{v_{n2}^2}=4KT(R_1+R_2)\Delta f_n \tag{12-11}$$

这是由于每个电阻的噪声都是电子的无规则热运动所产生的,任何两个噪声电压必然是独立的。

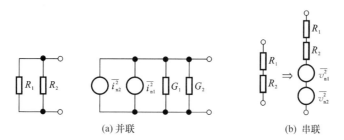

(a) 并联　　　　　　　　　　(b) 串联

图 12-2　多个电阻的噪声等效电路

理想电抗元件是不会产生噪声的,但实际电抗元件是有损耗电阻的,这些损耗电阻会产生噪声。一般对于实际电感的损耗电阻不能忽略,而对于实际电容的损耗电阻可以忽略。电抗的热噪声仍以损耗电阻 R 上产生的热噪声计算。

2. 晶体管的噪声

晶体管的噪声主要包括以下四个部分。

(1) 热噪声。和电阻一样,在晶体管中,电子不规则的热运动同样会产生热噪声。发射极和集电极电阻的热噪声一般很小,可以忽略。因此这类由电子热运动所产生的噪声,主要存在于基极电阻 $r_{\mathrm{bb'}}$,其噪声电压的均方值为

$$\overline{v_n^2}=4KTr_{\mathrm{bb'}}\Delta f_n \tag{12-12}$$

(2) 散粒噪声。散粒噪声是晶体管的主要噪声源。它是由单位时间内通过 PN 结载流子数目的随机起伏而造成的。散粒噪声的大小与晶体管的静态工作点电流有关,其功率谱密度为 $S_1=2qI_0$,式中 I_0 为流过 PN 结的电流,q 为电子电荷量,由于晶体三极管的发射结

正偏,所以散粒噪声主要取决于发射极工作电流 I_e。

$$\overline{i_{en}^2} = 2qI_e\Delta f \tag{12-13}$$

(3) 分配噪声。分配噪声只出现在晶体三极管内。分配噪声就是集电极电流随基区载流子复合数量的变化而变化所引起的噪声。即由发射极发出的载流子分配到基极和集电极的数量随机变化而引起的噪声。由于渡越时间的影响,当晶体管的工作频率高到一定值后,这类噪声的功率谱密度将随频率的增加而迅速增大。

分配噪声可用晶体管集电极电流的均方值表示为

$$\overline{i_{cn}^2} = 2qI_{cQ}\left(1 - \frac{\alpha^2}{\alpha_0^2}\right)\Delta f \tag{12-14}$$

式中,I_{cQ} 是三极管集电极静态电流;α_0 是低频时共基极电流放大系数;α 是高频时共基极电流放大系数。其值为 $\alpha = \dfrac{\alpha_0}{1 + \mathrm{j}\dfrac{f}{f_\alpha}}$,$f_\alpha$ 为共基极晶体管截止频率,f 为晶体管工作频率。显然 α 是频率的函数。所以晶体管的分配噪声不是白噪声,它的功率谱密度随工作频率的变化而变化。频率越高,噪声越大。

(4) $1/f$ 噪声(闪烁噪声)。$1/f$ 噪声产生的原因目前尚有不同见解,它与半导体材料制作时表面清洁处理和外加电压有关。这种噪声的特点是在低频段($10\sim1\mathrm{kHz}$) 区域,噪声强度显著地增加,并且随频率降低而升高。

3. 场效应管的噪声

场效应管的噪声也有四个来源。

(1) 散粒噪声。散粒噪声是由栅极内的电荷不规则起伏所引起的噪声。对结型场效应管来说,则由通过 PN 结的漏电流引起的噪声电流均方值为

$$\overline{i_{ng}^2} = 2qI_G\Delta f \tag{12-15}$$

式中,I_G 为栅极漏泄电流。

(2) 沟道内的电子不规则热运动所引起的热噪声。场效应管的沟道电阻由栅极电压控制。因此沟道电阻中载流子的热运动也会产生热噪声,它可以用一个与输出阻抗并联的噪声电流源来表示

$$\overline{i_{nd}^2} = 4KTg_m\Delta f_n \tag{12-16}$$

式中,g_m 是场效应管的转移跨导。

(3) 漏极和源极之间的等效电阻噪声。在漏极和源极之间,栅极的作用达不到的部分可用等效串联电阻 R 来表示。由此会产生电阻热噪声,其大小可以表示为

$$\overline{v_{n2}^2} = 4KTR\Delta f_n \tag{12-17}$$

(4) $1/f$ 噪声(闪烁噪声)。与晶体管一样,$1/f$ 噪声功率在低频端与频率成反比。

4. 天线噪声

天线噪声由天线本身产生的热噪声和天线接收到的各种外界环境噪声组成。天线本身的热噪声功率 $P_{NA} = 4kTR_AB_N$,R_A 为天线辐射等效电阻。天线的环境噪声是指大气电离层的衰落和天气的变化等因素引起的自然噪声,以及来自太阳、银河系和月球的无线电辐射

产生的宇宙噪声。

5. N 个噪声网络级联时总的噪声系数

若有 n 个噪声网络级联时,总的噪声系数可以用式(12-18)来表示:

$$N_F = N_{F1} + \frac{N_{F2}-1}{A_{P1}} + \frac{N_{F3}-1}{A_{P1} \cdot A_{P2}} + \cdots + \frac{N_{Fn}-1}{A_{P1} \cdot A_{P2} \wedge A_{Pn-1}} \tag{12-18}$$

式中,A_{P1} 为第一级的功率增益,$\cdots$,A_{Pn-1} 为第 $n-1$ 级功率增益;N_{F1} 为第一级的噪声系数,$\cdots$,N_{FN} 为第 n 级的噪声系数。

由此可知,线性系统总的噪声系数主要取决于前面一、二级、这是因为 A_P 的乘积很大,所以后面各级的影响很小。在多级线性网络中,最关键的是第一级,不仅要求它的噪声系数低,而且要求它的额定功率增益尽可能地高。

为了使互调分量保持在一个低电平上,一个好的接收机常使用一个低放大倍数的前置放大器,其放大量正好补偿预选滤波器和第一混频器的损耗量。图 12-3 给出了这种接收机前端电路的方框图,这个方案可提供一个 +20dBm 的三阶阻断点和一个 12dB 的典型噪声系数。从上面可知,为了达到这个指标,必须选用一个本振激励为 +27dBm 的非常高电平的混频器(典型双平衡混频器,本振激励要求 +7dBm)由于精细合理地选择了器件,电路具有高的阻断点和低的噪声系数。

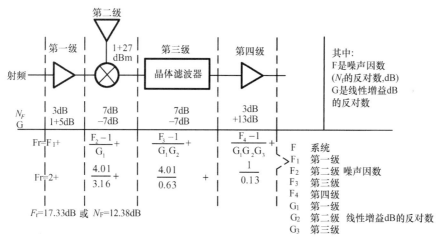

图 12-3　通信接收机的前端电路

一种较好的和较经济的电路如图 12-4 所示。通过取消前置放大器,对各级噪声系数做出重新考虑,整个前端部分信号处理能力,保持在低的本振激励上。

假若必须使用前置放大器,对于频率在 300MHz 以下的接收机,将选用典型的 JFET 电路。双极晶体管在高达 2GHz 以上的频率上,具有低的噪声系数。在更高的频率上则应用砷化镓(GaAs)FET 场效应管来

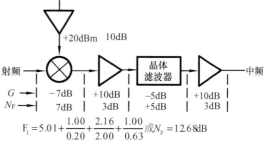

图 12-4　没有预放电路的前端电路装置

取得低的噪声系数性能。

12.1.3 工业干扰

工业干扰是由各种电气装置中发生的电流(或电压)急剧变化所形成的电磁辐射,并作用在接收机天线上所产生的。例如,电动机、电焊机、高频电气装置、电疗机、X 光机、电气开关等,它们在工作过程中或者由于产生火花放电而伴随电磁波辐射,或者本身就存在电磁波辐射。

工业干扰的强弱取决于产生干扰的电气设备的多少、性质及分布情况。当这些干扰源离接收机很近时,产生的干扰是很难消除的。工业干扰传播的途径,除直接辐射外,更主要的是沿电力线传输,并通过交流接收机的电源线与有干扰的电力线之间的分布电容耦合而进入接收机。这也是常见的干扰路径,如图 12-5 所示。

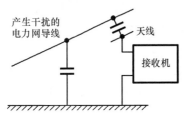

图 12-5　接收机天线与有干扰的电力线耦合

工业干扰沿电力线传播比它在相同距离的直接辐射强度大得多。在城市中的工业干扰显然比农村严重得多;电气设备越多的大城市,情况越严重。

从工业干扰的性质来看,它们大都属于脉冲干扰。

分析表明,工业干扰对中波波段的影响较大,随着接收机工作波段进入短波、超短波(一般工作频率在 20MHz 以上),这类干扰的影响就显著地下降。

为了克服工业干扰,最好在产生干扰的地方进行抑制。例如,在电气开关、电动机的火花系统的接触处并联一个电阻和电容,以减小火花作用,如图 12-6(a)所示。或在干扰源处加接防护滤波器,如图 12-6(b)所示。除此以外,还可以把产生干扰的设备,加以良好的屏蔽来减小干扰的辐射作用。

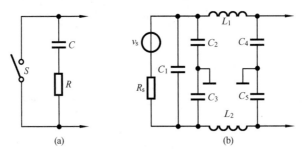

图 12-6　抑制火花作用的电路和滤波器

目前,我国对有关电气设备所产生的干扰电平都有严格的规定。

为了避免沿电力线传播的干扰进入用交流电作为电源的接收机和测量仪器,通常在这些设备的电源变压器初级加上滤波环节,如图 12-7(a)、(b)所示。

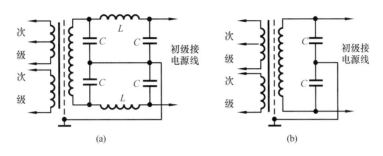

图 12-7　接收机或测量仪器电源线滤除脉冲干扰的装置

12.2　通信设备的指标与测量

12.2.1　发射机指标与测量

1. 发射机的主要指标

（1）功率与效率。无线通信中信号传输的距离决定发射机的功率，因此发射机的功率要求尽可能地大，整机效率要尽可能地高，主要决定末级功放的效率，故末级一般采用丙类或丁类放大器。

（2）发射频率与频率稳定度。发射机的中心频率即指载波频率。发射机的频率稳定度主要是指载波频率的准确性和稳定性，如广播发射机的日频率稳定度一般要求优于 1.5×10^{-5}，单边带发射机的频率稳定度要优于 10^{-6}，电视发射机的频率稳定度要优于 5×10^{-7}。

（3）发射信号频谱纯度要求，杂散及谐波要求。发射机的失真主要是指调制和传输中产生的失真，希望谐波小，频谱纯度高，要求发射机发出的已调信号必须与原调制信号有严格的线性关系。

（4）发射机频带宽度，带内功率波动。

对发射机的要求是多方面的，功率、频率是最基本的，现代通信体制对发射机提的要求侧重于高纯频谱及线性度。

发射机功率、频率的确定是总体设计的任务。频率的选择涉及的因素很多。首先是要遵循无线电管理委员会的法规，申请使用频谱的权利。然后要考虑到发射的信息的特点。

调制方式极大地影响了频谱能量利用能力。例如，对于调频与调幅体制，保证同样的输出信噪比，同样的传输距离，当调频指数等于 5 时，调频发射机的功率只需要调幅发射机功率的 1/112.5。

发射功率的大小还与天线增益、接收机灵敏度有关。天线增益越高，接收机灵敏度越高，保证相同输出信噪比的情况下发射功率越小。

无线传输不可避免地存在多径效应。普通的方式无法克服多径效应，将引起频率选择性衰减，这时需要发射机功率有裕量。恶劣的电磁传输环境也要求发射机有功率裕量。

发射机功率及频率的确定是一个复杂的问题，涉及的因素很多。具体问题应具体分析，要综合考虑各方面的影响。

发射信号的频谱纯度主要取决于本振信号。对本振信号频谱纯度的要求取决于系统的要求。第三代的 GSM、CDMA-MC、COFDM 等新体制通信系统都对本振信号的相位噪声指标提出了较高的要求。数字通信系统的发射机为了提高频谱利用率,使用高效率的QAM调制,这种调制方式对本振信号的频谱纯度提出了更高的要求。

新体制的发射机(及接收机)还对放大器的线性度及动态范围提出了更高的要求。

2. 发射机参量测量

发射机测量是相当复杂的,首先是天线馈线有关参数的测量。这个问题在此不讨论,请参阅有关书籍及文献。

发射机功率与频率的测量是常规测量,借助大功率衰减器(或大功率定向耦合器)及频谱分析仪可进行功率与频率测量。加上调制后,可测量调制谱,例如,调频频谱、调幅频谱等。如果频谱分析仪质量好,发射机频率又较高,还可利用图 12-8 直接测量发射频谱纯度(最好去掉调制)、杂散、谐波等。

图 12-8　发射机功率、频谱、调制测量

12.2.2　无线通信接收机技术指标

1. 接收机技术指标

接收机的主要技术指标包括接收机的灵敏度、通频带及各级通频带、中频频率的选择、总增益的确定及其各级增益分配等。

(1) 接收机的灵敏度。灵敏度表示接收机接收微弱信号的能力。灵敏度越高,接收的微弱信号越小。因此,灵敏度可定义为保持输出为一定功率时,接收机信号的最小值。接收机灵敏度用 P_{smin} 来表示(例如,$P_{smin}=-100\text{dBm}$),有时也用 E_{smin} 来表示(例如,$E_{smin}=10\mu\text{V}$),它们之间的变换关系为

$$P_{smin}=\frac{E_{smin}^2}{4R_A} \tag{12-19}$$

式中,R_A 为天线等效电阻。

为什么接收的信号功率小于 P_{smin} 就无法辨别呢? 这是由于外部噪声和内部噪声的干扰影响。当输入信号电平与干扰电平相近时,加大接收机的放大倍数,信号与噪声同时放大,信号还是淹没在噪声中。接收机灵敏度的极限值受噪声电平限制。要提高接收机灵敏度,必须尽力地减小进入接收机的噪声功率。而进入接收机的噪声功率还与通频带有关,换句话说,灵敏度还与接收机的通频带有关,

$$P_{smin}=kT_0BN_FD \tag{12-20}$$

式中,k 为玻尔兹曼常量;T_0 为室温;B 为通频带;N_F 为噪声系数;D 为识别系数。实验室中,通常选 $D=1$。

超外差式接收机灵敏度 P_{smin} 为 $-110\sim-90\text{dBm}$,接收机的放大量为 $10^8\sim10^6$($120\sim160\text{dB}$)。这里还要强调,接收机灵敏度与接收机放大量无关。

接收机的噪声系数是系统的噪声系数,包含天线的噪声、馈线的噪声及接收机的噪声。接收机总的等效噪声温度为

$$T_e=T_R+\frac{T_a}{L_f}+\left(1-\frac{1}{L_f}\right)T_0 \tag{12-21}$$

式中,T_R 为接收机本身的等效噪声温度;T_a 为天线等效噪声温度;L_f 为馈线损耗;T_0 为

室温。

（2）通频带及各级通频带。接收机是以接收信息为目的的电子系统。任何信息都占据一定的频带宽度。在模拟载波传输系统中，这个信息先去调制载波，调制后的载波也占据一定的频带宽度。接收机的通频带就是要保证解调后的信息波形在允许的失真范围之内有最小的频带宽度。

下面以脉冲雷达接收机为例说明接收机总通频带的选择。

脉冲雷达接收的脉宽度是 τ 一定的矩形高频脉冲信号，这种波形的频谱能量主要集中在宽度为 $2/\tau$ 的频域内。接收机的通频带不同时，信号谱分量通过的数量将不同，失真的程度就不同。通频带太窄，波形失真严重，输出脉冲的幅值减小。但是，噪声电压的均方值 $\overline{v_n}$ 与 Δf_n 越小，噪声功率也越小。

宽通频带时，输出波形失真不大，输出信号脉冲的幅度大，但噪声也大，信噪比不是很高。窄通频带时，噪声小，但输出信号幅度很小，输出信噪比也不高。通频带适中时，输出波形有适当的失真，但信噪比最高。上述讨论说明：对脉冲雷达接收机而言，存在最佳通频带 B_{opt}，可以证明：

$$B_{opt} = \frac{1.3}{\tau} \tag{12-22}$$

通信接收机的通频带选择原则类似，总存在一个最佳通频带 B_{opt}。由于信息的形式不同，无法给出一个公式来概括。例如，数字移动通信系统 GSM，传输的是数字信号，音频信号的调制体制为 PM(脉冲调制)，控制信号调制方式为 FSK，信道间隔为 25kHz，信号通频带<25kHz(有保护带)。数字通信的通频带与调制体制有关，还与系统的性能要求、接收机设计方法等因素有关。

确定接收机总的通频带后就可确定各级通频带了。各级通频带的选择原则是在确保总的频带宽度前提下，取各级通带相同，也可以不同。但是在确保通带的前提下，还要考虑每一级能否得到最大稳定增益。

可以证明，高频、中频通带相同时所需级数最小，但每级的通带要比总通频带宽。

（3）中频频率的选择。中频放大器中心频率的选择不仅影响中频放大器本身的性能，还影响整机性能。因此，它是超外差接收机的重要技术参数之一。究竟中频如何选择呢？

首先应根据基带占据的频率宽度来选择中频（或第二中频），中频要远远大于基带的最高频率，这是为了便于解调后滤去中频分量，还原基带信号。

中频选择较低时（当然需保证第 1 个原则成立），要保证前置中放的噪声系数小。选频网络的参数变化对带宽相对影响小，中频放大器工作稳定。中频较高时，解调时更容易滤去残余中频分量，可以减小镜像通道噪声和本振噪声的影响。

采用多次混频方案，有利于提高镜像抑制及中频抑制性能，但电路更复杂。应合理选择第一中频、第二中频……

从图 12-9 可明显看出，过低中频时，本振信号更多的噪声功率落入中频频带内，中频选高时对自动频率控制（AFC）系统的工作也有很多的好处。

广播接收机的中频选择还要仔细考虑各种组合干扰是否落在中频频带内，特别是当前端选择网络的特性不是很好时。

上述讨论说明，中频频率选高或选低各有利弊，需要全面地考虑。

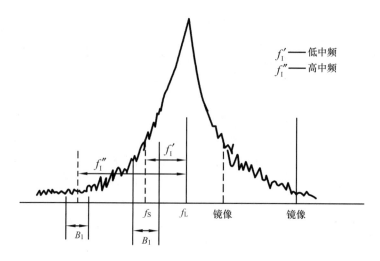

图 12-9　中频选择对本振噪声的影响

（4）总增益的确定及其各级增益分配。接收机应有的总增益 $A_{v\Sigma}$ 由接收机的灵敏度 P_{smin} 及终端设备要求的电压（V_{ov}）决定。总增益由接收机的射频部分增益 A_{VR}、混频损耗 L_m、中频放大增益 A_{vi}、检波器效率 K_d 和视频增益 A_{vv} 共同负担（图 12-10）。显然，

$$20\lg A_{v\Sigma}=20\lg\frac{V_{ov}}{E_{smin}}=A_{vR}-L_m+A_{vI}+K_d+A_{vv}(\text{dB}) \tag{12-23}$$

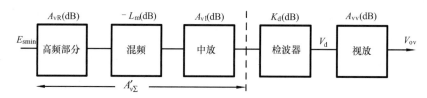

图 12-10　接收机的增益分配

怎样将总增益分配到各部分去呢？一般都以检波器分段。为防止检波器出现平方律检波，要求检波输入电压至少大于 0.5V，一般取 1～2V，这个数值是相对固定的。这样，高频、混频、中频、中放的总增益为

$$A'_{v\Sigma}=\frac{1\sim2\text{V}}{E_{smin}} \tag{12-24}$$

射频低噪声放大器增益的选择要考虑两个因素。其一，如果混频器采用二极管平衡混频器，它的高频损耗约为 8dB，为了减小对整机噪声系数的影响，要求射频低噪声放大器的增益高一些；其二，射频放大器增益过高，进入混频器的信号电平、噪声干扰电平较高，易产生严重的交调和互调。综合上述两个因素，射频低噪声放大器的增益取 20～30dB 为宜。进入平衡混频器的信号电平要小于 −5dBm。

由 $A_{v\Sigma}$ 及射频放大器增益及选定的混频器的变频增益 L_m 可确定中放增益

$$A_{vI}(\text{dB})=20\lg\frac{1\sim2\text{V}}{E_{smin}}-A_{vR}(\text{dB})+L_m(\text{dB}) \tag{12-25}$$

视放增益根据检波器的输出 V_{ov} 的要求而确定，$A_{vv} = \dfrac{V_{ov}}{V_d}$。设计视放电路时，要考虑末级视放的功率输出能力。一般按式(12-26)设定 V_d 的值，其中 K_d 为检波器检波效率。

$$V_d = (1 \sim 2\text{V}) \cdot K_d \tag{12-26}$$

2. 接收机整机参数的测量

接收机由很多部分组成，构成单元电路时对每个单元电路要进行测试。单元电路组成接收机系统后会出现很多接口问题，常见的是端口间的匹配问题。怎样知道接收机的性能呢？这就要对接收机进行整机参数测定。接收机的参数较多，这里只讨论两个整机参数——灵敏度和通频带的测量原理和方法。

1) 灵敏度的测量

(1) 直接测量法。直接测量法测量灵敏度的原理框图如图 12-11 所示。接收机输入端原来接天线，测量时改用标准信号发生器(或标量网络分析仪)代替天线信号源。为了符合实际情况，要求信号发生器输出电阻 R_o 必须等于 R_{Ao}。

测量方法如下：使信号发生器的输出信号功率为零，这时功率计指示接收机线性部分输出端的噪声功率 P_{No}，调节信号发生器输出功率(正弦等幅波)，使功率计指示为 $2P_{No}$(即 $P_{So} = P_{No}$，即输出信噪比=1)，这时标准信号发生器的额定输出功率为临界灵敏度 P_{smin}。

直接测量法的优点是测量简单，缺点是测量精度低。当接收机灵敏度很高时，要求输入的信号功率很小，这个量级处于仪器泄漏功率的范围。另外，还要指出，上述测量建立在接收机的输出信噪比为 1 的基础上。这个信噪比有时又称为识别系数。有时测量灵敏度时，定义输出信

图 12-11　直接测量法测量灵敏度的原理框图

噪比为 6dB 时的最小输入信号为 P_{smin}，显然，这时测出的 P_{smin} 与信噪比为 1 时测出的 P_{smin} 是不同的。

(2) 间接测量法。间接测量法的精度主要取决于接收机总噪声系数 $N_{F\Sigma}$ 和中频部分通频带 B 的测量精度，然后利用式(12-20)直接计算灵敏度。

2) 通频带测量

通频带测量实际上是测量电子系统的幅频特性，测量原理框图如图 12-12 所示。信号源为扫频信号源(内带频标发生器)，后跟精密衰减器。检波器后跟直流电压表或示波器。如果精密校准，还可直接测量接收机线性部分的增益。根据三分贝频带宽度定义，可测得三分贝带宽及矩形系数(选择性)。改用标量网络分析仪测量更简单，原理与上述相同。

图 12-12　幅频特性测量原理框图

12.3 模拟通信实验系统

第 1 章已对无线通信的组成原理框图进行了分析,本节主要结合前面各章内容介绍本课程组结合理论教学开发的模拟通信实验系统,包括组成系统的各功能模块的电路、整机电路分析和实验内容。

该实验系统由通信发射机和接收机两大部分组成。每部分都由单独的单元模块组合。既可根据课程内容、进度完成单元模块实验,又可进行调幅、调频两种收、发系统的联调实验。实验内容既有分立器件又有集成器件,便于循序渐进的学习。

12.3.1 实验系统组成

图 12-13(a)给出了调幅发射机实验组成原理框图,发射机系统由音频信号源电路、晶体振荡器电路、平衡调幅器电路、前置放大器电路、高频功率放大器电路、集电极调幅电路等模块组成,既可独立进行各部分功能模块实验,也可将各部分连接完成发射机整机调试和测试实验。其中既可采取低电平调幅也可用高电平调幅。图 12-13(b)给出了调频发射机实验组成原理框图,其中调频采用变容二极管直接调频电路,还有频率合成与锁相环调频电路,其他模块与调幅发射机中的各模块相同。

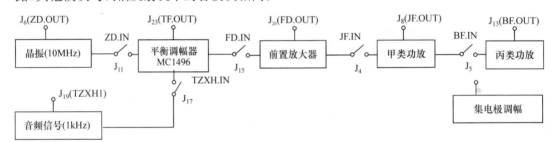

(a) 调幅发射机实验组成原理框图

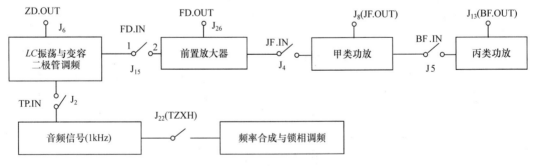

(b) 调频发射机实验组成原理框图

图 12-13 发射机实验组成原理框图

图 12-14(a)给出了调幅接收机实验组成原理框图,调幅接收系统由小信号调谐放大器、混频器、晶体本振源、二次混频、中频放大、检波(包络检波或同步检波)、低放等模块组成。混频器可以采用晶体管混频也可采用集成电路实现的平衡混频器。同样,既可独立进行各部分功能模块实验,也可将各部分级联完成接收机功能实验。图 12-14(b)给出了调频接收机实

验组成原理框图,其前端部分与调幅接收机相同,只是解调部分采用集成电路实现的鉴频。

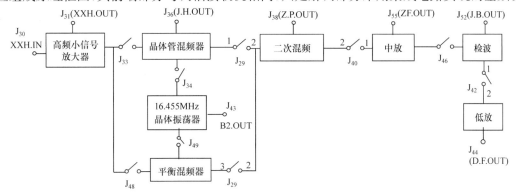

（a）调幅接收机实验组成原理框图

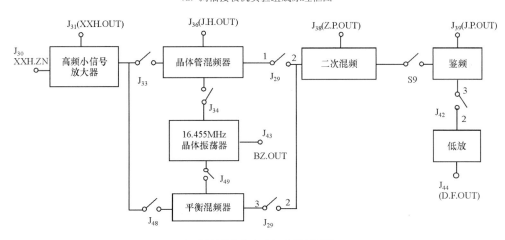

（b）调频接收机实验组成原理框图

图 12-14 接收机实验组成原理框图

该实验装置可以进行通话实验,使学生了解实际的通信系统。通过实验可进一步地消化理解理论课程内容,建立系统概念,培养实际调测的动手能力。

实际实验系统各功能模块分布图见图 12-15。

12.3.2 实验系统各功能模块电路分析

1. 高频小信号调谐放大器实验电路

小信号谐振放大器是通信机接收端的前端电路,主要用于高频小信号或微弱信号的线性放大。其实验单元电路如图 12-16 所示。该电路由晶体管 VT_7、选频回路 CP_2 两部分组成。它不仅对高频小信号放大,而且还有一定的选频作用。本实验中输入信号的频率 $f_s=$ 10MHz。R_{67}、R_{68} 和射极电阻决定晶体管的静态工作点。拨码开关 S_7 改变回路并联电阻,即改变回路 Q 值,从而改变放大器的增益和通频带。拨码开关 S_8 改变射极电阻,从而改变放大器的增益。

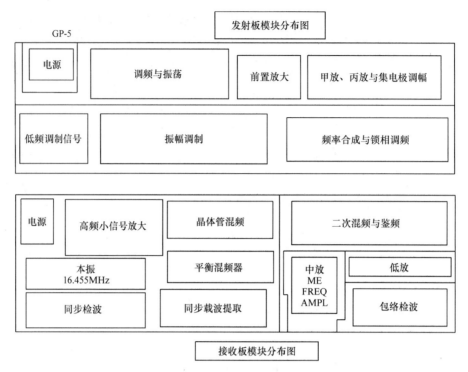

图 12-15　实际实验系统各功能模块分布图

高频小信号放大

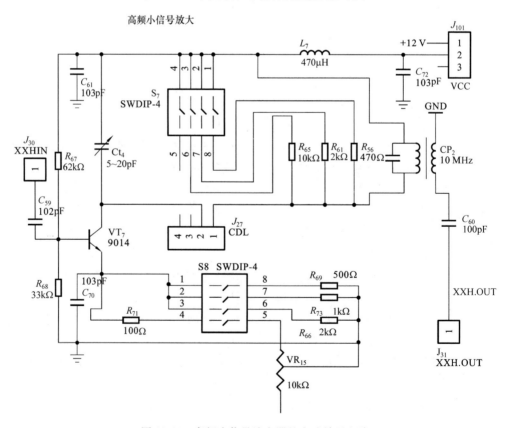

图 12-16　高频小信号放大器的实验单元电路

2. 谐振功率放大器实验电路

丙类谐振功率放大器通常作为发射机末级功放以获得较大的输出功率和较高的效率。谐振功率放大电路如图 12-17 所示。该实验电路由两级功率放大器组成。其中，VT_1（$3DG_{12}$）、XQ_1 与 C_{15} 组成甲类功率放大器，工作在线性放大状态，其中，R_2、R_{12}、R_{13} 组成静态偏置电阻。XQ_2、CT_2 与 C_6 组成的负载回路与 VT_3（$3DG_{12}$）组成丙类功率放大器。甲类功放的输出信号作为丙放的输入信号（由短路块 J_5 连通）。VR_6 为射极反馈电阻，调节 VR_6 可改变丙放增益。与拨码开关相连的电阻为负载回路外接电阻，改变 S_5 拨码开关的位置可改变并联电阻值，即改变回路 Q 值。当短路块 J_5 置于开路位置时则丙放无输入信号，此时丙放功率管 VT_3 截止，只有当甲放输出信号大于丙放管 VT_3 be 间的负偏压值时，VT_3 才导通工作。

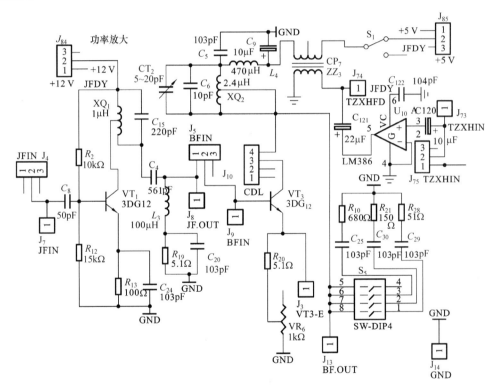

图 12-17　谐振功率放大电路

3. 正弦波振荡器实验电路

本实验中正弦波振荡器包含工作频率为 10MHz 左右的电容反馈 LC 三端振荡器和一个 10MHz 的晶体振荡器，其电路如图 12-18 所示。由拨码开关 S_2 决定是 LC 振荡器还是晶体振荡器（1 拨向 ON 为 LC 振荡器，4 拨向 ON 为晶体振荡器）。

LC 振荡器交流等效电路如图 12-19 所示。由交流等效电路图可知该电路为电容反馈 LC 三端式振荡器，其反馈系数 $F=(C_{11}+CT_3)/CAP$，CAP 可为 C_7、C_{14}、C_{23}、C_{19} 中的一个。其中，C_j 为变容二极管 2CC1B，根据所加静态电压对应其静态电容。

若将 S_2 拨向"1"通,则以晶体 J_T 代替电感 L,即晶体振荡器。

图 12-18 中电位器 VR_2 调节静态工作点。拨码开关 S_4 改变反馈电容的大小。S_3 改变负载电阻的大小。VR_1 调节变容二极管的静态偏置。

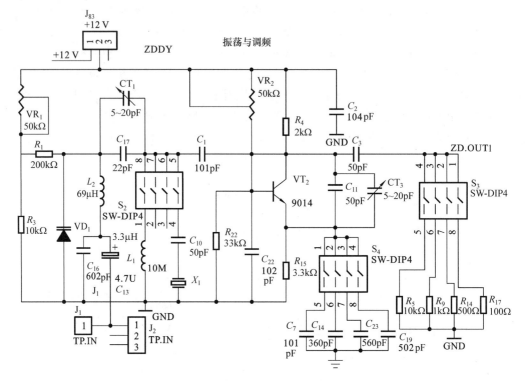

图 12-18　正弦波振荡电路

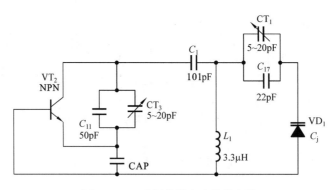

图 12-19　LC 振荡器交流等效电路

4. 幅度调制实验电路

第 6 章已经介绍幅度调制就是载波的振幅(包络)受调制信号的控制做周期性的变化,即振幅变化与调制信号的振幅成正比。通常称高频信号为载波信号。本实验中载波是由晶体振荡产生的 10MHz 高频信号。1kHz 的低频信号为调制信号。振幅调制器为产生调幅信号的装置。

在本实验中采用集成模拟乘法器 MC1496 来完成调幅作用,图 12-20 为 MC1496 芯片内部电路图,它是一个四象限模拟乘法器的基本电路,电路采用了由 $V_1 \sim V_4$ 组成的两组差动对,以反极性方式相连接,而且两组差分对的恒流源又组成一对差分电路,即 V_5 与 V_6,因此恒流源的控制电压可正可负,以此实现了四象限工作。D、V_7、V_8 为差动放大器 V_5 与 V_6 的恒流源。进行调幅时,载波信号加在 $V_1 \sim V_4$ 的输入端,即引脚的 8、10 之间;调制信号加在差动放大器 V_5、V_6 的输入端,即引脚的 1、4 之间,引脚 2、3 外接 1kΩ 电位器,以扩大调制信号动态范围,已调制信号取自双差动放大器的两个集电极(引脚 6、12 之间)输出。

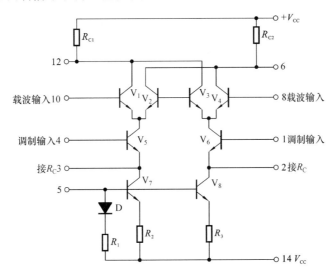

图 12-20 MC1496 芯片内部电路图

用 MC1496 构成的振幅调制电路如图 12-21 所示,图 12-21 中 VR_8 用来调节引脚①、④之间的平衡。器件采用双电源供电方式(+12V,−9V),电阻 R_{29}、R_{30}、R_{31}、R_{32}、R_{52} 为器件提供静态偏置电压,保证器件内部的各个晶体管工作在放大状态。

5. 振幅解调实验电路

前面已经介绍调幅波的解调是调幅的逆过程,即从调幅信号中取出调制信号,通常称为检波。调幅波解调方法主要有二极管峰值包络检波器与同步检波器。本实验主要介绍二极管包络检波。

二极管包络检波器主要用于解调含有较大载波分量的大信号,它具有电路简单,易于实现的优点。包络检波电路如图 12-22 所示,主要由二极管 D_7 及 RC 低通滤波器组成,利用二极管的单向导电特性和检波负载 RC 的充放电过程实现检波。所以 RC 时间常数的选择很重要,RC 时间常数过大,则会产生对角切割失真,又称为惰性失真。RC 常数太小,高频分量会滤不干净. 综合考虑要求满足:

$$RC\Omega_{max} \ll \frac{\sqrt{1-m_a^2}}{m_a}$$

式中,m 为调幅系数;Ω_{max} 为调制信号的最高角频率。

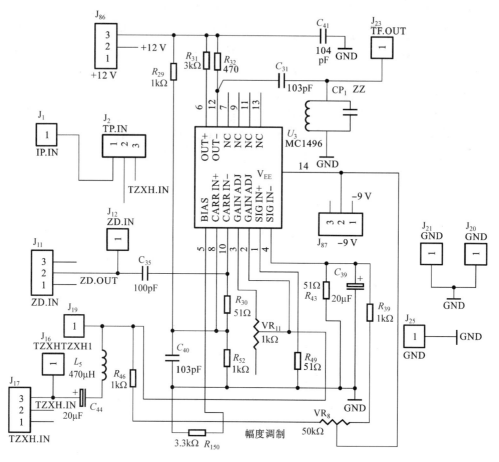

图 12-21　MC1496 构成的振幅调制电路

当检波器的直流负载电阻 R 与交流音频负载电阻 R_Ω 不相等而且调幅度 m_a 又相当大时,会产生负峰切割失真(又称为底边切割失真),为了保证不产生负峰切割失真应满足 $m_a < \dfrac{R_\Omega}{R}$。

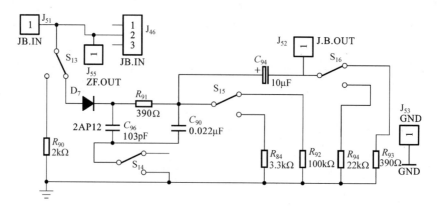

图 12-22　包络检波电路

6. 混频器实验电路

混频器常用在超外差接收机中,它的任务是将已调制(调幅或调频)的高频信号变成已调制的中频信号而保持其调制规律不变。本实验中介绍了两种常用的混频电路:晶体管混频器和平衡混频器。其实验电路分别如图 12-23 和图 12-24 所示。图 12-23 为晶体管混频器电路,主要由 VT_8(3DG6 或 9014)和 6.5MHz 选频回路(CP_3)组成。10kΩ 电位器(VR_{13})改变混频器静态工作点,从而改变混频增益。输入信号频率 $f_s = 10MHz$,本振频率 $f_o = 16.455MHz$,其选频回路 CP_3 选出差拍的中频信号频率 $f_i = 6.5MHz$,由 J_{36} 输出。

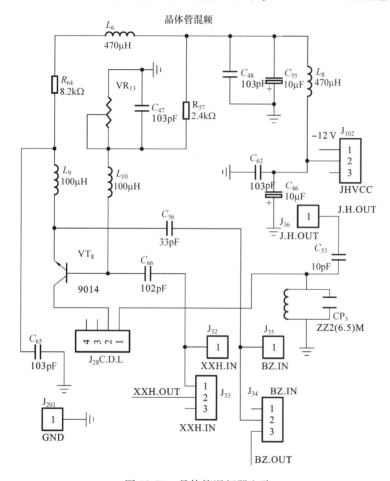

图 12-23　晶体管混频器电路

图 12-24 为平衡混频器电路,该电路由集成模拟乘法器 MC1496 完成。模拟乘法器 MC1496,其内部电路和引脚参见图 12-20,MC1496 既可以采用单电源供电,也可采用双电源供电。本实验电路中采用+12V,−9V 供电。VR_{19}(电位器)与 R_{95}(10kΩ)、R_{96}(10kΩ)组成平衡调节电路,调节 VR_{19} 可以使乘法器输出波形得到改善。CP_5 为 6.5MHz 选频回路。本实验中输入信号频率为 $f_s = 10MHz$,本振频率 $f_o = 16.455MHz$。

图 12-25 为 16.455MHz 本振振荡电路,平衡混频器和晶体管混频器的本振信号可由 J_{43} 输出。

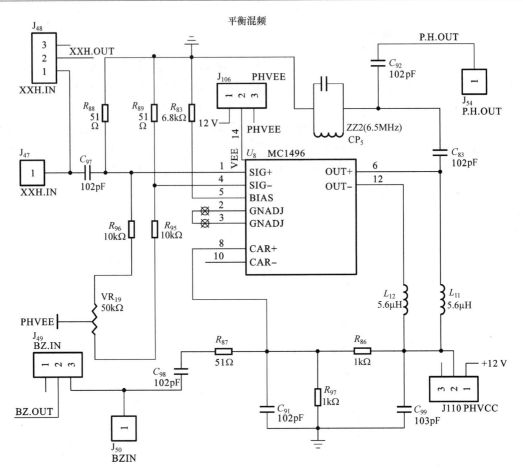

图 12-24　平衡混频器电路

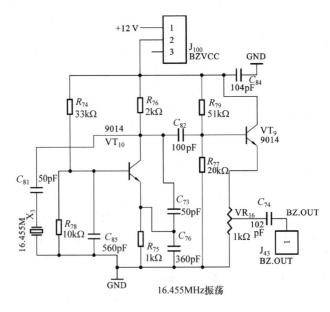

图 12-25　16.455MHz 本振振荡电路

7. 变容二极管调频实验电路

调频即载波的瞬时频率受调制信号的控制。其频率的变化量与调制信号呈线性关系，常采用变容二极管实现调频。

这里介绍的变容二极管调频电路即振荡器电路，将 S_2 置于 1 为 LC 振荡电路，从 J_1 处加入调制信号，改变变容二极管反向电压即改变变容二极管的结电容，从而改变振荡器频率。R_1、R_3 和 VR_1 为变容二极管提供静态时的反向直流偏置电压。实验电路见图 12-26。

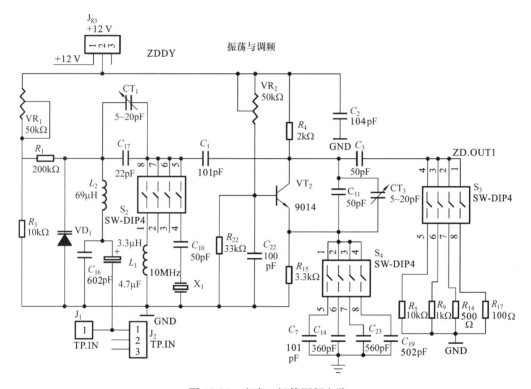

图 12-26　变容二极管调频电路

8. 调频波解调实验电路

该调频波解调实验电路采用集成电路 MC3361 实现，如图 12-27 所示，它主要完成二次混频和鉴频。MC3361 广泛地应用于通信机中完成接收功能，用于解调窄带调频信号，功耗低。它的内部包含振荡、混频、相移、鉴频、有源滤波、噪声抑制、静噪等功能电路。该电路工作电压为 +5V。通常输入信号频率为 10.7MHz，内部振荡信号为 10.245MHz。本实验电路中根据前端电路信号频率，将输入信号频率定为 6.455MHz，内部振荡频率为 6MHz，二次混频信号仍为 455kHz。集成块 16 脚为高频 6.455MHz 信号输入端。通过内部混频电路与 6.0MHz 本振信号差拍出 455kHz 中频信号由 3 脚输出，该信号经过 FL1 陶瓷滤波器 (455kHz) 输出 455kHz 中频信号并经 5 脚送到集成电路内部限幅、鉴频、滤波。

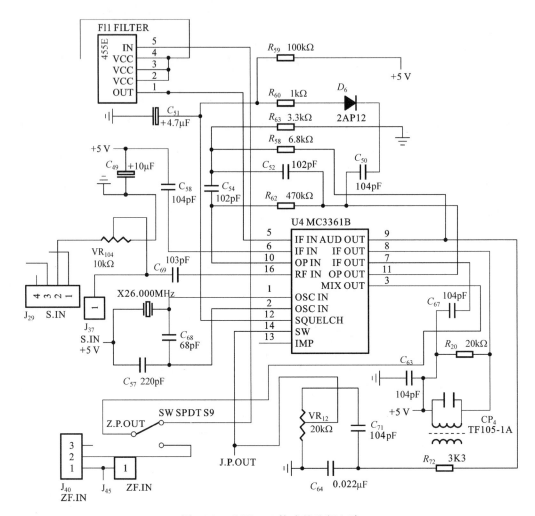

图 12-27　MC3361 构成的鉴频电路

MC3361 的鉴频采用如图 12-28 所示的乘积型相位鉴频器,其中的相移网络部分由 MC3361 的 8 脚引出在组件外部(由 CP_4 移相器)完成。

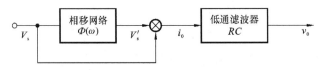

图 12-28　乘积型相位鉴频器

C_{54}、R_{62}、C_{58}、R_{63}、R_{58} 与集成电路内的运算放大器组成有源滤波器。二极管 D_2 与相关元件完成噪声检波。当 MC3361 没有输入载波信号时,鉴频器的噪声经过有源滤波器后分离出频率为 10kHz 的噪声电平。经噪声检波器变成直流电平,控制静噪触发器,使输出电压为 0V。当接收机收到一定强度的载波信号时,鉴频器的解调输出只有语音信号。此时,从静噪控制触发器给出的直流电压就由原来的 0V 增加到 1.8V 左右,低频放大器导通工作。本实验中该部分电路未用。

11、12 脚之间组成噪声检波,10、11 脚间为有源滤波,14、12 脚之间为静噪控制电路。鉴频后的低频信号由 9 脚送到片外低通滤波后由 J_{39}(JP.OUT)输出。

9. 集电极调幅实验电路

6.3.3 节中的集电极调幅电路可以看作一个电源电压随调制信号变化的调谐功率放大器。它的基本原理电路如图 6-24 所示。

集电极调幅的集电极效率高,晶体管获得充分地应用,这是它的主要优点。其缺点是已调波的边频带功率 $P_{(\omega_0 \pm \Omega)}$ 由调制信号供给,因而需要大功率的调制信号源。

图 12-29 是集电极调幅电路。功放电路同图 12-17,调制信号通过 LM386 运放加到功放的集电极回路,由于集电极电压随调制信号变化,其输出高频载波的振幅也随调制信号变化,获得调幅波。

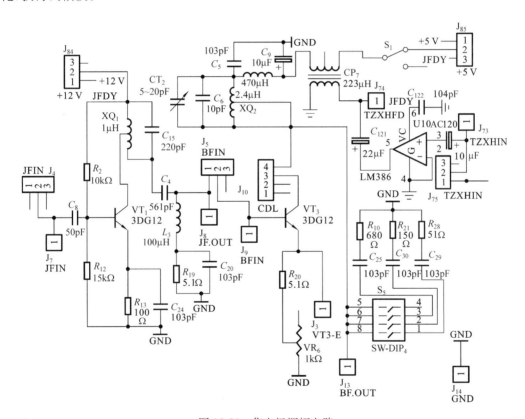

图 12-29　集电极调幅电路

10. 同步载波提取与同步检波实验电路

抑制载波的双边带信号和单边带信号,因其波形包络不直接反映调制信号的变化规律,不能用包络检波器解调,又因其频谱中不含有载频 ω_0 分量,解调时必须在检波器输入端另加一个与发射载波同频同相并保持同步变化的参考信号,此参考信号与调幅信号共同作用于非线性器件电路,经过频率变换,恢复出调制信号。这种检波方式称为同步检波。在某些应用中,为了改善性能,对普通调幅信号的解调也可以采用同步检波。外加载波信号电压加入同步检波器可以有两种方式,同步检波的两种实现模型如图 12-30 所示。

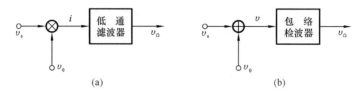

图 12-30　同步检波的两种实现模型

图 12-30 中的 v_S 为输入调幅信号,v_0 为同步参考信号。图 12-30(a)采用模拟乘法器完成相乘作用,故称为乘积检波电路;图 12-30(b)用二极管完成包络检波,称为平衡同步检波。本实验中采用的是第一种方案。本实验电路由同步载波提取电路与同步检波两部分组成。首先,中放电路输出的载波为 455kHz 的调幅信号通过同步载波提取电路提取出同频同相的 455kHz 载波。然后将提取出的同步载波与调幅信号同时输入同步检波电路来得到调制信号。同步载波提取电路如图 12-31 所示,同步检波电路如图 12-32 所示。同步载波提取电路是由锁相环 74HC4046 来实现的,载波提取电路前端通过一个 74HC04 将调幅信号变为数字脉冲信号,提高 74HC4046 的前端接收灵敏度,由于 74HC4046 的输出为方波,因此在输出部分接一个陶瓷滤波器将方波转换为正弦波,然后通过一个射极跟随器,改善输出电路与同步检波电路的阻抗匹配。同步检波电路是通过集成乘法器芯片 MC1496 实现的。

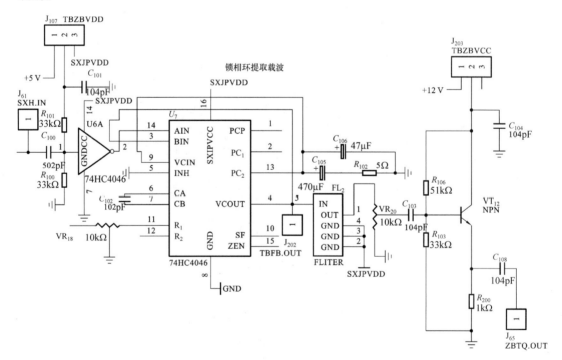

图 12-31　同步载波提取电路

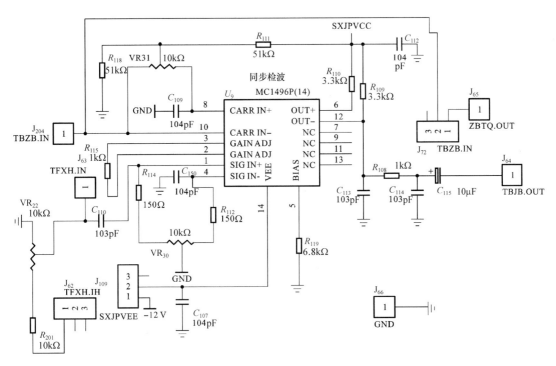

图 12-32　同步检波电路

11. 本振频率合成与锁相调频实验电路

1）本振频率合成

这里介绍的本振频率合成是采用间接合成制除法降频，它是在移动电台中广泛采用的一种频率合成方式。原理是应用数字逻辑电路把 VCO 频率一次或多次降低至鉴相器频率上，再与参考频率在鉴相电路中进行比较，所产生的误差信号用来控制 VCO 的频率，使其固定在参考频率的稳定度上。本实验中送进鉴相器里的频率是 5kHz，它是由 MC145151-2 对外部 10.240MHz 晶振进行 2048 分频得到的，这样我们要合成 16.455MHz 的本振频率则 N 应取 3291，合成 10MHz 的频率则 N 应取 2000。本振频率合成的原理框图见图 12-33。

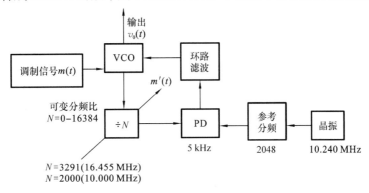

图 12-33　本振频率合成的原理框图

该实验电路图见图 12-34,可变分频、鉴相、参考分频都集成在 MC145151-2 里面, VCO 在 MC1648 上。拨动 S_{20}、S_{21} 拨码开关的各位可以改变分频比,分频比 N 是由 14 位二进制数表示的,S_{20} 的'1'是最低位,S_{20} 的'6'是最高位,$N=3291$ 对应的 14 位二进制数是 00 1100 1101 1011,$N=2000$ 对应的 14 位二进制数是 00 0111 1101 0000。VCO 的输出频率等于 N 乘以 5kHz,拨动拨码开关的各位就改变了分频比 N,也就改变了 VCO 输出的本振频率。

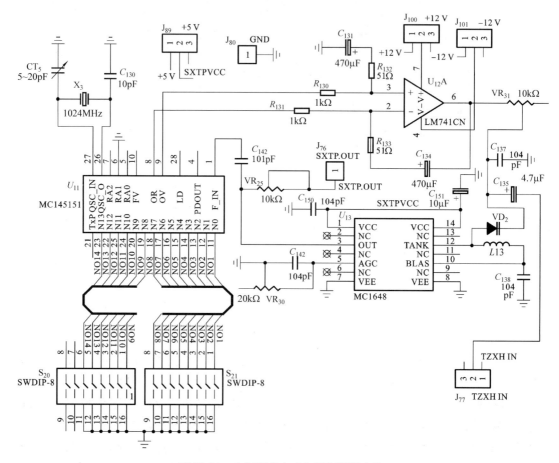

图 12-34　本振频率合成与锁相调频电路

理论上,锁相环频率合成器能够产生 5～81915kHz 范围内每隔 5kHz 的振荡频率,但是在该电路中,MC1648 具有一定的振荡频率范围,因此改变可变分频开关时,有可能超出 VCO 的振荡范围而产生失锁。VR_{31} 是环路滤波器输出端的移相网络的关键电阻,当锁相环输出锁定不太好时,可以调节 VR_{31} 使锁相环锁定。VR_{25} 是控制 VCO 输出到下一级的本振电压大小的,逆时针调节 VR_{25} 可以减小输出本振电压。VR_{30} 是控制 MC1648 的 AGC 的电阻,逆时针调节 VR_{30} 可以改变输出波形为正弦波,若是 MC1648 输出没有产生振荡,则顺时针调节 VR_{30}。

2) 锁相调频

在"变容二极管调频实验电路"中介绍了变容二极管直接调频方法,这里介绍直接用锁相环产生调制指数较大、载频很稳定的 FM 信号或 PM 信号。本电路采用的一点注入式锁相调频,见图 12-33。调制信号 $m(t)$ 仅由 LF 与 VCO 之间一点注入环路,故称为一点注入式。若 LF 输出信号 $m'(t)$ 不与 $m(t)$ 加在一起,即环路从 LF 和相加点之间断开,即普通的直接调频方式。环路闭合且锁定后,$v_0(t)$ 的载频等于参考频率的 N 倍,若 $v_0(t)$ 的频偏 $\mathrm{d}\theta_0(t)/\mathrm{d}t$ 与基带信号 $m(t)$ 成正比,即可实现调频的目的,同时又保证了载频的稳定。本振频率合成与锁相调频电路如图 12-34 所示。

通信电子线路
实验指导书

知识点注释

噪声与干扰:通信系统中的噪声一般指内部噪声,也可分为自然噪声和人为噪声。自然噪声有热噪声、散粒噪声和闪烁噪声等。人为噪声有交流噪声、感应噪声、接触不良噪声等。

干扰一般指外部干扰,可分为自然干扰和人为干扰。自然干扰有天电干扰、宇宙干扰和大地干扰。人为干扰主要有工业干扰和无线电台的干扰。

信噪比:它反映了信号功率 P_S 与噪声功率 P_N 比值,通常表示为 P_S/P_N(或 S/N),P_S 为有用信号的平均功率,P_N 为噪声的平均功率。

噪声系数 N_F:指系统输入信噪比 $\dfrac{P_{si}}{P_{ni}}$ 与输出的信噪比 $\dfrac{P_{so}}{P_{no}}$ 的比值,它表示电子通信系统内部噪声的大小。

电阻的热噪声:指由于电阻内部自由电子规则热运动产生的噪声,它与外加电势的大小无关,但与电阻值的大小、环境温度的高低、电子电路频带宽度 Δf 的宽窄有关。

晶体管的噪声:主要指四个方面的噪声,热噪声、散粒(散弹)噪声、分配噪声和 $1/f$ 噪声(闪烁噪声)。

场效应管的噪声:主要指四个方面的噪声,沟道热噪声、栅极感应噪声、栅极散粒噪声和 $1/f$ 噪声(闪烁噪声)。

天线噪声:天线噪声由天线本身产生的热噪声和天线接收到的各种外界环境噪声组成。

工业干扰:指由各种电气装置中发生的电流(或电压)急剧变化所形成的电磁辐射,并作用在接收机天线上所产生的干扰。

发射机的技术指标:主要指发射机的功率与效率、发射频率与频率稳定度、发射信号频谱纯度要求、杂散谐波要求和频带宽度、带内功率波动等。

接收机的技术指标:主要指接收机的灵敏度、选择性、输出功率、失真等要求。

接收机的灵敏度:可定义为保持输出为一定功率时,接收信号的最小值,灵敏度表示接收机接收微弱信号的能力。

接收机的选择性:指接收机对通带外信号的衰减能力,如对中频干扰信号(频率)、对镜像干扰信号(频率)、对能在混频器中产生交叉频率干扰等信号的衰减能力等。

本 章 小 结

(1) 通信系统中的噪声与干扰直接影响通信设备的性能指标,干扰一般指外部干扰,可分为自然干扰和人为干扰。噪声一般指内部噪声,也可分为自然噪声和人为噪声。

(2) 信噪比的概念反映了信号功率 P_S 与噪声功率 P_N 的比值,通常表示为 P_S/P_N(或 S/N),P_S 为有用信号的平均功率,P_N 为噪声的平均功率。

为了表示电子通信系统内部噪声的大小,引入噪声系数的概念,它可用系统输入信噪比 $\dfrac{P_{si}}{P_{ni}}$ 与输出的

信噪比 $\dfrac{P_{so}}{P_{no}}$ 的比值 N_F 来表示,即 $N_F = \dfrac{\text{输入端信噪比}}{\text{输出端信噪比}} = \dfrac{P_{si}/P_{ni}}{P_{so}/P_{no}}$。

(3)内部噪声主要由电阻、谐振电路和电子器件内部所具有的带电微粒无规则运动所产生。这种无规则运动具有起伏噪声的性质和随机特性,所以起伏噪声又称为随机噪声或白噪声。

(4)发射机的主要指标有功率与效率、发射频率与频率稳定度、发射信号频谱纯度要求、杂散及谐波要求、发射机频带宽度、带内功率波动等。

(5)接收机的主要技术指标包括灵敏度、选择性、输出功率、失真等要求。灵敏度表示接收机接收微弱信号的能力。灵敏度越高,接收的微弱信号越小。

接收机的通频带就是要保证解调后的信息波形在允许的失真范围之内有最小的频带宽度。

中频放大器中心频率的选择不仅影响中频放大器本身的性能,还影响整机性能。它是超外差接收机的重要技术参数之一,应根据基带占据的频率宽度来选择中频,中频要远远大于基带的最高频率,广播接收机的中频选择还要仔细考虑各种组合干扰是否落在中频频带内。中频频率选高或选低各有利弊,需要全面考虑。

(6)本章介绍了实际调幅和调频实验系统,给出了系统组成框图和各模块的实际电路。

思考题与习题

12-1 影响通信设备的性能指标的噪声和干扰有哪些? 分别说明。

12-2 一个 $1k\Omega$ 电阻在温度 290K 和 10MHz 频带内工作,试计算它两端产生的噪声电压和噪声电流的方均根值。

12-3 试求出两个处于相同温度的电阻 R_1、R_2 并联后,在频带 B 内的总均方值噪声电压。

12-4 晶体管和场效应管噪声的主要来源有哪些? 为什么场效应管内部噪声较小?

12-5 某接收机的前端电路由高频放大器、晶体管混频器和中频放大器组成。已知晶体管混频器的功率传输系数 $A_{pc}=0.2$,噪声温度 $T_i=60K$,中频放大器的噪声系数 $N_{Fi}=6dB$。现用噪声系数为 3dB 的高频放大器来降低接收机的总噪声系数。如果要使总噪声系数降低到 10dB,则高频放大器的功率增益至少要几分贝?

12-6 接收机前端线性系统设计时,为了减小噪声系数应采取哪些措施? 请分别进行分析说明。

12-7 无线通信发射机的主要指标有哪些? 如何保证这些指标?

12-8 无线通信接收机中灵敏度的定义是什么? 如何提高灵敏度?

12-9 有一个通信设备,接收机与发射机共用天线,发射机功率较大,当发射机电源关闭时测出接收机灵敏度为 $2\mu V$,当接收机与发射机电源同时开启时,接收机灵敏度由 $2\mu V$ 变为 $50\mu V$,此时灵敏度提高了还是下降了? 试分析其变化的原因。

12-10 当接收机线性级输出的信号功率对噪声功率的比值超过 40dB 时,则接收机会输出满意的结果。有一个接收机输入级的噪声系数是 10dB,损耗为 8dB,下一级的噪声系数为 3dB,并具有较高的增益。若输入信号功率对噪声功率的比为 1×10^5,问这样的接收机是否满足要求? 是否需要一个前置放大器? 若前置放大器增益为 10dB,则其噪声系数应为多少?

12-11 画出通信系统"高频小信号调谐放大器"实验电路(图 12-16)的交流等效电路。根据电路参数计算直流工作点;假定 CT 和回路电容 C 总和为 30pF,根据 10MHz 工作频率计算回路电感 L 值。

12-12 根据图 12-17,搭建谐振功率放大器实验电路,观察电源电压变化对丙放工作状态的影响及激励信号变化、负载变化对工作状态的影响。

12-13　用集成芯片 MC1496 和其他配件搭建一个低电平调幅电路,并用二极管峰值包络检波器恢复调制信号。改变检波器负载,观察对角切割失真和负峰切割失真波形。

12-14　分析用 MC3361 完成频率解调的工作原理,分析解调信号不失真输出与哪些因素有关。

12-15　锁相调频电路的主要优点是什么?

12-16　根据实验系统框图和各功能模块电路,实现一个模拟通信系统。

第 13 章　通信电子电路仿真

13.1　仿真软件 Multisim 12.0 简介

从 20 世纪 80 年代开始,随着计算机和软件技术的飞速发展,电子电路的分析和设计方法发生了重大变革,涌现出一大批优秀的 EDA 软件,改变了以电路定量估算和电路实验为基础的电路设计方法,Multisim 就是其中之一。

Multisim 是美国国家仪器有限公司(National Instruments,NI)推出的以 Windows 为基础的仿真工具,适用于板级的模拟/数字电路板的设计工作。Multisim 仿真和电路设计软件为工程师提供了先进的分析和设计能力,帮助他们优化性能、减少设计错误以及缩短原型开发时间。直观的 NI 工具可减少重复印刷电路板(PCB)的次数,从而显著地降低成本。它包含了电路原理图的图形输入、电路硬件描述语言 VHDL 输入方式,具有丰富的仿真分析能力。

Multisim 介绍

为了克服传统电路设计面临的许多问题,加拿大的 Interactive Image Technologies 公司于 20 世纪 90 年代初期推出了专门用于电子线路仿真的"虚拟电子工作台"EWB 软件,并于 1996 年推出 EWB5.0 版本,为了满足新的电子线路的仿真与设计要求,出现了 EWB6.0 软件,其将专门用于电路级仿真与设计的模块更名为 Multisim。

13.1.1　Multisim 软件的功能特点

(1) 增加了射频电路的仿真功能。

(2) 极大地扩充了元器件的数据库,特别是大量新增的与实际元器件对应的元器件模块,增强了电路仿真的实用性。

(3) 新增元器件编辑器,给用户提供了自行创建或修改所需要元器件模型的工具。

(4) 为了扩展电路的测试功能,用户可以根据自己的需求制造出真正属于自己的仪器。

(5) 所有的虚拟信号都可以通过计算机输出到实际的硬件电路上。

(6) 所有硬件电路产生的结果都可以输入到计算机中进行处理和分析。

13.1.2　Multisim 12.0 的基本元素

Multisim 12.0 的操作界面,按照功能可以分为菜单栏、工具栏、状态栏和工作信息窗口。其中菜单栏包含 12 个主菜单。工具栏包含系统工具栏、观察工具栏、图形注释工具栏、主工具栏、仿真运行开关、仪器工具栏、元器件库工具栏。状态栏包含运行状态指示条,工作信息窗口包含电路窗口、电子表格视窗、设计工具窗。Multisim 12.0 的操作界面如图 13-1 所示。

Multisim 12.0 的菜单栏与其他 Windows 应用程序类似,菜单中提供了本软件几乎所有的功能命令。

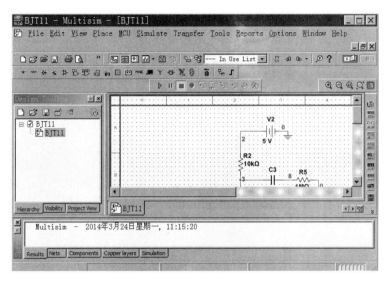

图 13-1　Multisim 12.0 的操作界面

13.1.3　Multisim12.0 的主菜单

Multisim12.0 菜单栏中包含 12 个主菜单,分别为文件(File)菜单、编辑(Edit)菜单、窗口显示(View)菜单、放置(Place)菜单、MCU(微处理器)菜单、仿真(Simulate)菜单、文件输出(Transfer)菜单、工具(Tools)菜单、Reports(报表)菜单、选项(Options)菜单、窗口(Window)菜单和帮助(Help)菜单。在每个主菜单下都有一个下拉菜单,用户可以从中找到电路文件的存取、文件的输入和输出、电路图的编辑、电路的仿真与分析以及在线帮助等功能的命令。

（1）文件(File)菜单,主要用于管理所创建的电路文件,如打开、保存和打印等。

（2）编辑(Edit)菜单,用于在电路绘制过程中,对电路和元器件进行各种技术性处理。

（3）窗口显示(View)菜单,用于确定仿真界面上显示的内容以及电路图的缩放和元器件的查找。

（4）放置(Place)菜单,提供在电路窗口内放置元器件、连接点、总线和文字等命令。

（5）微控制器(MCU)菜单,提供与微处理器的接口。

（6）仿真(Simulate)菜单,提供电路仿真设置与操作命令。

（7）文件输出(Transfer)菜单,提供将仿真结果传输给其他软件处理的命令。

（8）工具(Tools)菜单,主要用于编辑和管理元器件库和其内的元器件。

（9）报表(Reports)菜单,用于给出电路设计的有关报表。

（10）选项(Options)菜单,用于定制电路的界面和设定电路的某些功能。

（11）窗口(Windows)菜单,为用户提供了几种可供选择的窗口排列方式。

（12）帮助(Help)菜单,主要为用户提供在线技术帮助和使用指导。

13.1.4　Multisim12.0 元器件工具栏

元器件工具栏其从左到右分别为电源库、基本元器件库、二极管库、晶体管库、模拟集成器件库、TTL 元器件库、CMOS 元器件库、其他数字元器件库、混合芯片库、显示元器件库、功率元器件库、控制部件库、射频元器件库和机电类元器件库等。

1）电源库

电源库（Sources）为电路提供电能的电源，也有作为输入信号的信号源及产生电信号转变的控制电源。

2）基本器件库

基本器件库（Basic）主要包含电阻、电容、电感、开关、继电器、插座、电位器等常用的基本元件。

3）二极管库

二极管库（Diodes）主要包含整流二极管、齐纳二极管、发光二极管、开关二极管和光电二极管等。

4）晶体管库

晶体管库（Transisitors）主要包含一般 BJT 三极管、功率 BJT、一般 MOSFET 和功率 MOSFET 等。

5）模拟集成器件库

模拟集成器件库（Analog）主要包含一般运算放大器、特殊功能运算放大器和比较器等。

6）其他元件库

其他元件库主要有 TTL 元器件库、CMOS 元器件库、其他数字元器件库、混合芯片库、显示元器件库、功率元器件库、控制部件库、射频元器件库和机电类元器件库等。

13.1.5　新建仿真设计

启动安装好的 NI 软件，选择 Circuit Design Suite 12.0 中的 Multisim 12.0。启动初始画面如图 13-2 所示。

Multisim 电路
图的绘制

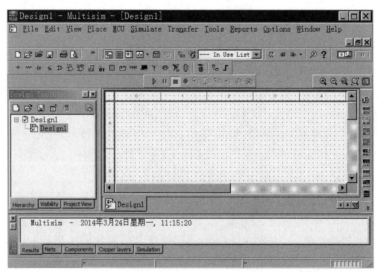

图 13-2　Multisim12.0 绘图界面

执行 File|New|Design,得到如图 13-3 所示界面。

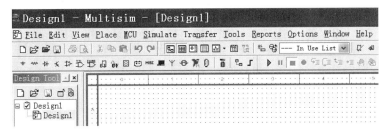

图 13-3　新建设计

执行 File|Save as,将文件取名为 test,单击保存后,可以看到原来的 Design1 变为 test。

13.1.6　绘制电路图

利用 Place 菜单下的子命令或快捷工具,绘制如图 13-4 所示的并联谐振的电路图。

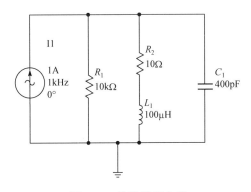

图 13-4　并联谐振电路

1. 放置元器件

(1) 打开元器件选择窗口,选择菜单 Place|Component 或相应的快捷工具图标,弹出元器件选择窗口。图 13-4 中的电阻、电容和电感在 Multisim 的 Basic 库中。

(2) 选择需要的元器件后,将需要的元器件放到工作区。

EDA 软件所能提供的元器件的多少以及元器件模型的准确性都直接决定了该 EDA 软件的质量和易用性。Multisim 为用户提供了丰富的元器件,并以开放的形式管理元器件,使得用户能够自己添加所需要的元器件。

Multisim 以库的形式管理元器件,通过菜单 Tools|Database|Database Management 打开 Database Management(数据库管理)窗口,如图 13-5 所示,对元器件库进行管理。

Multisim12.0 在 Database Management 窗口中的 Database 列表中有三个数据库:Master Database、Corporate Database 和 User Database。Master Database 用来存放软件自带的元件模型。随着版本的不同,该数据库中包含的仿真元件的数量也不一样。Corporate Database 为用于多人协同开发项目时建立的共用器件库,仅专业版有效,User Database 用来存放用户使用 Multisim 编辑器自行创建的元器件模型。

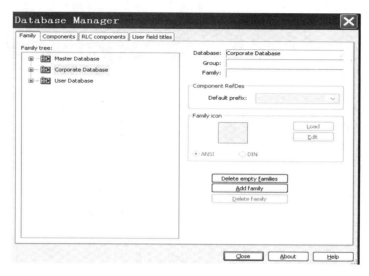

图 13-5　元器件数据库管理

Multisim12.0 的 Master Database 中含有多个器件库(即 Component Group),每个器件库中又含有数量不等的元件箱(又称为 Family),各种元器件分门别类地放在这些器件箱中供用户调用。User Database 在开始使用时是空的,只有在用户创建或修改了元件并存放于该库后才能有元件供调用。

一般情况下,如果已知元器件的所在库及其型号,就可以直接地将该器件放置到工作区,如果不知道该器件所在的库,可以在库中进行搜索,然后放置到工作区,如果库中没有该元器件,则可以采用元器件编辑器自行编辑所需器件,并加入到 User Database 中。

(3) 可以移动鼠标将元器件符号拖到合适的位置,为便于电路的合理布局和连线,经常需要对元器件进行调整,还可以进行元器件复制、删除、参数编辑等操作。

(4) 将其他的元器件,如电阻、电容和电感(Basic 库)、电源和地(Sources 库)放置到工作区,器件放置如图 13-6 所示。

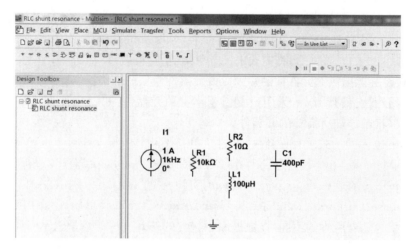

图 13-6　器件放置

2. 画电路连线

（1）以连接信号源负极和地之间的导线为例说明自动连线的方法。将鼠标指向信号源的端点时会出现十字光标，单击鼠标左键，移动十字光标，拖出一根导线，将十字光标指向地的连接端点并单击鼠标左键，即完成了信号源和地之间的导线连接，结果如图 13-7 所示。

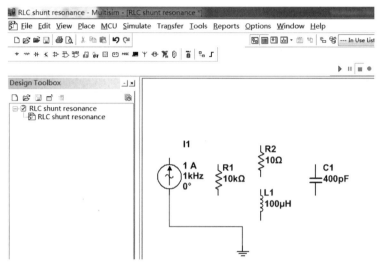

图 13-7　自动连线

（2）也可以使用 Place|Wire 或相应的快捷工具图标，此时鼠标箭头变成十字。

（3）将十字移到元器件引脚端点单击左键，再移到要连接的另一个元器件引脚端单击左键，则完成一根连线的连接。注意，连线一定要在引脚端点处连接。

（4）若应连接的线路交叉点未连上，可用菜单命令 Place｜Junction 或相应的便捷工具图标，放置连接结点。连接完成后的电路如图 13-8 所示。

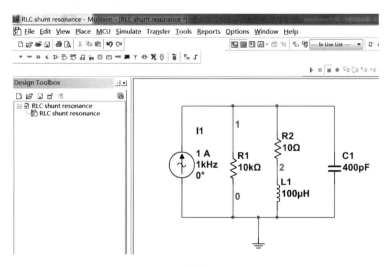

图 13-8　连接完成后的电路

13.2　Multisim 电路仿真

Multisim 12.0 提供了多种电路仿真引擎,包含 XSPICE、VHDL 和 Verilog 等。电路仿真分析的一般流程如下。

Multisim 仿真设置

(1) 设计仿真电路图。

(2) 设置分析参数。

(3) 设置输出变量的处理方式。

(4) 设置分析项目。

(5) 自定义分析选项。

13.2.1　Multisim 12.0 的仿真参数设置

在使用 Multisim12.0 进行仿真分析时,需要对各类仿真参数进行设置,包含仿真基本参数(仿真计算步长、时间、初始条件等)的设置;仿真分析参数(分析条件、分析范围、输出结点等)设置;仿真输出显示参数(数据格式、显示栅格、读数标尺等)设置。

(1) 仿真基本参数的设置。仿真基本参数的设置,可以通过执行 Simulate|Interactive Simulation Settings 命令,打开交互式仿真设置对话框,通过修改或者重设其中的参数,可以完成仿真基本参数的设置。

(2) 仿真输出显示参数的设置。仿真输出参数的设置,是通过执行 View|Grapher 命令,打开 Grapher View 仿真图形记录器。

13.2.2　Multisim 12.0 的仿真分析

Multisim 12.0 提供了多种仿真分析方法,主要包含:直流工作点分析(DC Operation Point Analysis)、交流分析(AC Analysis)、单频交流分析(Single Frequency AC Analysis)、瞬态分析(Transient Analysis)、傅里叶分析(Fourier Analysis)、噪声分析(Noise Analysis)、噪声系数分析(Noise Figure Analysis)、失真分析(Distortion Analysis)、直流扫描分析(DC Sweep Analysis)、灵敏度分析(Sensitivity Analysis)、参数扫描分析(Parameter Sweep Analysis)、温度扫描分析(Temperature Sweep Analysis)、极点-零点分析(Pole-Zero Analysis)、传递函数分析(Transfer Function Analysis)、最坏情况分析(Worst Case Analysis)、蒙特卡罗分析(Monte Carlo Analysis)、批处理分析(Batched Analysis)和用户自定义分析(User Defined Analysis)等。用户可以选取合适的仿真分析方法分析电路。

1. 直流工作点分析

直流工作点分析是在电路电感短路,电容开路的情况下,计算电路的静态工作点。直流分析的结果通常可用于电路的进一步分析,如在进行交流小信号分析前,先分析直流工作点,以确定交流小信号放大的条件是否满足。

首先在 Multisim12.0 中创建仿真电路,如图 13-9 所示的共发射极晶体管放大电路。图 13-9 中数字表示电路中的结点序号,接地点为 0,其他按照画图的先后顺序出现。

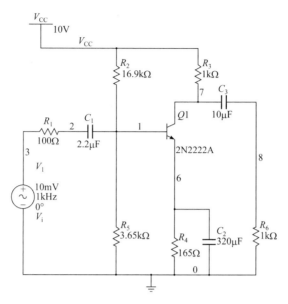

图 13-9 共发射极放大电路

选择主菜单中的 Simulate|Analysis|DC Operation Point 命令,或者单击相应的快捷按钮,就会出现直流工作点设置的对话框。对话框包含 Output、Analysis Option 和 Summary 三个选项卡,其作用为

(1) Output 选项卡:用来选定所要分析的结点。使用 Add 按钮,从 Variables in Circuit 列表框中,将需要分析的结点添加到 Selected Variables for 列表框中,同时可以使用 Remove 按钮,删除不需要分析的结点。

(2) Analysis Options 选项卡:与仿真分析有关的其他分析选项的设置。

SPICE 选项中有 User Multisim Default 和 Use Custom Setting 选项,选择前者,设定 XSPICE 仿真引擎为默认参数;选择后者,单击 Customise 按钮,可以根据要求自定义 XSPICE 仿真引擎参数。

(3) Summary 选项卡:对分析的设置进行汇总确认。

设定好相关参数后,就可以进行直流工作点仿真,执行 Simulate|Analysis|DC Operation Point,就可以得到仿真结果。

2. 交流分析

交流分析是分析小信号时的频率响应。分析程序首先对电路进行直流工作点分析,以便建立电路中非线性元件的交流小信号模型,并且将直流信号源接地,交流信号源、电容及其他器件采用交流模型分析,此处采用图 13-9 所示电路为例,说明如何进行交流分析。

执行 Simulate|Analysis|AC Analysis,进行交流分析选项卡的设置。

对话框有四个选项卡,除了 Frequency Parameter 选项卡外,其余的选项卡的操作已经在直流分析中有介绍,此处不再赘述。下面介绍 Frequency Parameter 选项卡中的内容。

Start Frequency:设置交流分析的起始频率。

Stop Frequency:设置交流分析的终止频率。

Sweep type 下拉列表框：设置交流分析的扫描方式，包含 Decade（十倍频扫描）、Octave（八倍频扫描）和 Linear（线性扫描），通常选择 Decade 选项，以对数方式显示。

Number of points per：设置每十倍频率的取样数量。

Vertical scale 下拉列表框：从该下拉列表框中选择输出波形的纵坐标刻度，其中包含 Decibel（分贝）、Octave（八倍程）、Linear（线性）以及 Logarithmic（对数）。通常选择 Logarithmic 或 Decibel。

Result to default：恢复默认设置。

在本例中，设定起始频率为 1Hz，终止频率为 1MHz，扫描方式为 Decade，取样数量为 10，纵坐标设为 Logarithmic。另外在 Output 选项卡中，设定分析结点为 7，单击 Simulate 按钮进行分析，得到幅频响应如图 13-10 所示。

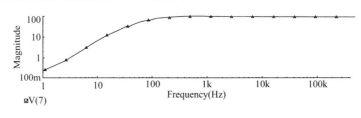

图 13-10　交流分析结果

3. 瞬态分析

瞬态分析是一种时域分析，可以在激励信号的情况下计算电路的时域响应。分析时，电路的初始状态可由用户自行指定，也可以由程序进行直流分析后解出电路初始状态。

此处以图 13-9 所示电路为例，说明如何进行瞬态分析。

执行 Simulate|Analysis|Transient Analysis，进行瞬态分析选项卡的设置。

除了 Analysis Parameter 选项卡，其余的选项卡的操作已经在直流分析中有介绍，这里介绍 Analysis Parameter 选项卡中的内容。

（1）Initial Conditions 选项组：其功能是设定初始条件，包含 Automatically determine intial conditions（由程序自动设定初始值）、Set to Zero（设定为 0）、User-define（由用户定义初始值）和 Calculate DC Operating Point（通过计算直流工作点得到初始值）。

（2）Parameter 选项组：设定时间和步长等参数。

Start time：设置瞬态分析的起始时间。

Stop time：设置瞬态分析的终止时间。

Maximum time step settings 复选框：设定最大时间步长。

本例中，Initial Conditions 选项组选择 Automatically determine intial conditions，由程序自动设定初始值，然后将开始时间设定为 0s，结束分析时间设定为 1s，选中 Maximum time step settings 复选框及 Generate time steps automatically 单选按钮。另外，在 Output 选项卡中，选择结点 3 和结点 8 作为分析变量，其瞬态分析结果如图 13-11 所示。

4. 直流扫描分析

直流扫描分析是计算电路中某一结点的直流工作点随电路中一个或两个直流电源变化

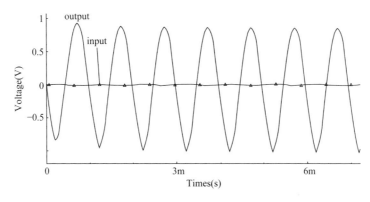

图 13-11 瞬态分析结果

的情况。利用直流扫描分析,可以优化电路的静态工作点。

此处以图 13-9 所示电路为例,说明如何进行直流扫描分析。

执行 Simulate|Analysis|DC Sweep,进行直流扫描分析选项卡的设置。

Analysis Parameter 选项卡中有 Source1 和 Source2 两个选项组,均有下拉列表菜单。

Source:选择所要扫描的直流电源。

Start value:设置开始扫描的数值。

Stop value:设定结束扫描的数值。

Increment:设定扫描的步长。

本例中,选择 V_{CC} 为扫描直流源,开始值为 0,结束值为 15V,增量为 0.5V,对结点 7 进行观察,执行 Simulate 得到扫描结果如图 13-12 所示。

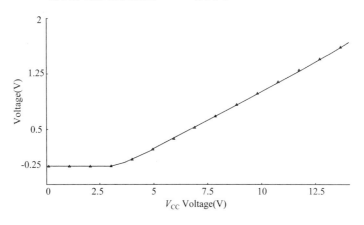

图 13-12 直流扫描结果

5. 参数扫描分析

参数扫描分析是通过改变电路中某些元件参数,在一定范围内变化时对直流工作点、瞬态特性和交流频率响应进行分析,以便优化电路参数。

此处以图 13-9 所示电路为例,说明如何进行参数扫描分析。扫描图中电阻 R_4 的值,观察其对输出波形的影响。

执行 Simulate|Analysis|Parameter Sweep,进行直流扫描分析选项卡的设置。

这里主要介绍 Analysis Parameters 选项卡中的一些项目。

Sweep Parameter 选项组:选择扫描的元件及参数。

可供选择的扫描参数类型有元件参数(Device Parameter)或模型参数(Model Parameter)。选择不同的扫描参数类型后,还需要进一步地选择下面的项目。

首先选择 Device Parameter 选项,选择电阻 R_4,扫描方式为 Linear 扫描,起始值为 0,结束值为 100,增量为 10,单击 Simulate,得到瞬态分析结果如图 13-13 所示。

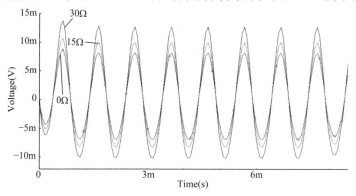

图 13-13　电阻 R_4 参数扫描结果

高频小信号
放大器仿真

13.3　高频小信号放大器仿真

1. 高频小信号放大器电路创建

在 Multisim 中创建要仿真分析的电路,如图 13-14 所示。

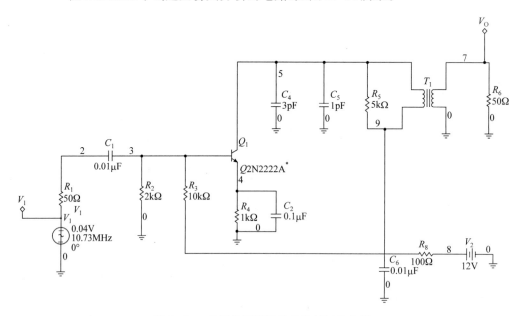

图 13-14　单级单调谐回路共发射极放大器

图 13-14 中,双极结型晶体管(BJT)采用 Q2N2222,电路连接好以后,将电路参数修改成需要的值,然后修改 BJT 的模型参数。在电路中,双击 BJT Q2N2222,出现 BJT_NPN 的编辑对话框,再单击 edit model,修改 BF 的值,将其改变为 100 倍,也就是 BJT 的电流放大系数 BETA＝100。

2. 电路直流偏置点仿真

首先进行直流偏置点的仿真,执行 Simulate→Analysis→DC operating point,将电路中 Q_1 管的发射极电流、基极电流和集电极电流,以及 Q_1 管的基极结点电压 V_3,集电极和发射极之间的结点电压差值 V_5-V_4 添加到输出,再执行 Simulate,就可以看到直流偏置点的仿真分析结果,如图 13-15 所示。

	DC Operating Point	
1	$V(3)$	1.94312
2	$V(5)-V(4)$	10.44932
3	@qq1[ic]	1.31063m
4	@qq1[ib]	11.19972u
5	@qq1[ie]	−1.32182m

图 13-15　直流偏置点仿真结果

可以看到,集电极和发射极电压之间的差值为 10.4V,三极管三个电极的电流也在正常范围,从而可以判断该 BJT 工作在正向放大区。

3. 电路时域波形仿真

再来看看时域仿真的波形。将仿真的起始时间设置为 $0.01\mu s$,仿真的终止时间设置为 $0.8\mu s$,将 V_7 电压,也就是经过变压器耦合到负载的输出信号,添加为仿真的输出。

执行 Simulate,就可以看到输出信号的波形,如图 13-16 所示。可以执行 Cursou→show cursors,将光标调出,可以看到,此时输出波形的幅度大约为 560mV,而输入信号的有效值为 0.04V,峰值大约为 56mV,也就是说放大器放大了大约 10 倍。

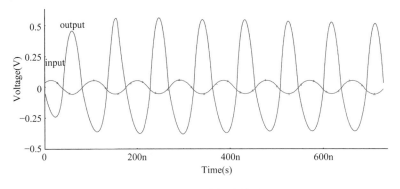

图 13-16　时域仿真结果

4. 电路交流扫描仿真

接下来进行交流扫描的分析。执行 Simulate→AC Analysis，将扫描的起始频率设置为
400kHz，扫描的终止频率设置为 100MHz，扫描的类型设置为 10 倍频，10 倍频的点数为
1000，垂直轴选择为对数分度。在输出的选项卡中，将输出信号 V(7) 作为观察目标，然后执
行 Simulate，就可以得到仿真输出的波形，如图 13-17 所示。图 13-17(a) 是仿真得到的幅频
响应，图 13-17(b) 是相频响应。

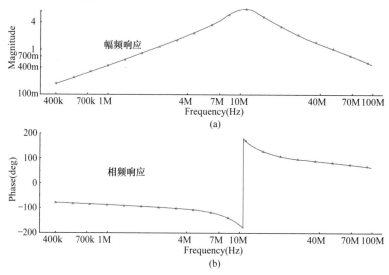

图 13-17　交流扫描仿真结果

高频谐振功率
放大器仿真

13.4　高频谐振功率放大器仿真

1. 高频谐振功率放大器电路创建

在 Multisim 中创建好要仿真分析的电路，如图 13-18 所示。

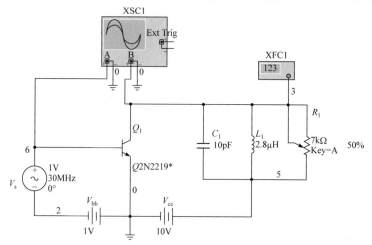

图 13-18　高频谐振功率放大器仿真电路

BJT 采用 Q2N2219,电路连接好以后,将电路参数修改成需要的值,然后修改 BF 的值为 100 倍,也就是 BJT 管的电流放大系数 β=100。

2. 电路直流偏置点仿真

首先进行直流偏置点的仿真,执行 Simulate→Analysis→DC operating point,将电路中 Q_1 管的发射极电流、基极电流和集电极电流,以及 Q_1 管的基极结点电压 V_6,集电极结点电压 V_3 添加到输出,再执行 Simulate,就可以看到直流偏置点的仿真分析结果,如图 13-19 所示。

	DC Operating Point	
1	V(3)	10.00000
2	V(6)	−1.00000
3	@qq1[ic]	136.59931p
4	@qq1[ib]	−3.15817n
5	@qq1[ie]	3.02157n

图 13-19　直流偏置点仿真结果

可以看到,由于有负向的偏置电压存在,三极管的静态工作点位于截止区。

3. 电路时域波形仿真

再来看看时域仿真的波形。执行 Simulate→Analysis→Transient analysis,将仿真的起始时间设置为 1μs,仿真的终止时间设置为 1.2μs,将三极管 Q_1 的集电极电流,添加为仿真的输出。

执行 Simulate,就可以看到输出信号的波形,如图 13-20 所示。

可以看到,当输入交流信号的幅值为 0.5V 时,集电极电流波形为尖顶脉冲,如图 13-20(a)所示,电路此时工作于欠压区,增加输入交流信号的幅值为 1V 时,调节集电极电阻的比例,集电极电流波形变为双峰凹顶信号,如图 13-20(b)所示,此时晶体管工作于过压区。

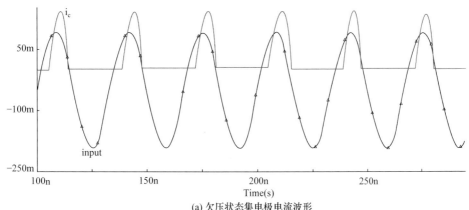

(a) 欠压状态集电极电流波形

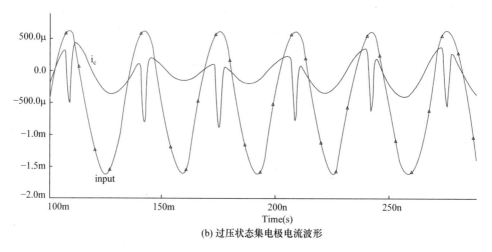

(b) 过压状态集电极电流波形

图 13-20　谐振功率放大器时域仿真波形

4. 电路交流扫描仿真

再来进行交流扫描的分析。执行 Simulate→AC Analysis,将扫描的起始频率设置为 100kHz,扫描的终止频率设置为 1GHz,扫描的类型设置为 10 倍频,10 倍频的点数为 1000,垂直轴选择为对数分度。在输出的选项卡中,将输出信号 V(3) 作为观察目标,然后执行 Simulate,就可以得到仿真输出的波形,如图 13-21 所示,图 13-21(a) 是仿真得到的幅频响应,图 13-21(b) 是相频响应。

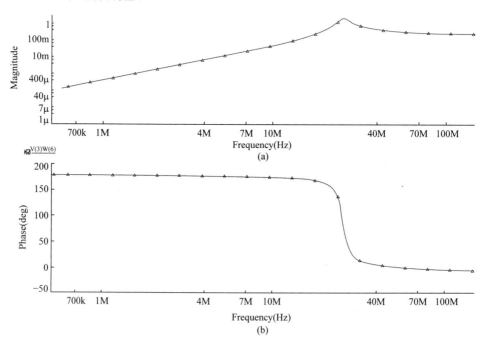

图 13-21　高频谐振功率放大器的频响

利用光标,可以看到输出电路的谐振频率点大约为 30MHz。

13.5　高频振荡器的仿真

高频振荡器仿真

1. 高频振荡器电路创建

在 Multisim 中创建好要仿真分析的哈特莱振荡器,BJT 采用 Q2N2222,如图 13-22 所示。

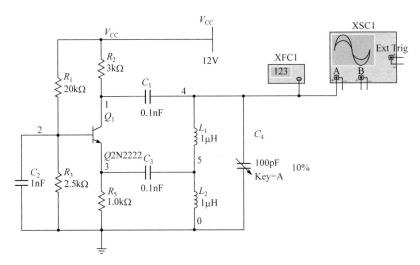

图 13-22　高频振荡器仿真电路

2. 电路时域波形仿真

执行 Simulate→Analysis→Transient analysis,将仿真的起始时间设置为 0,仿真的终止时间设置为 2μs,将振荡电路的输出 V_4 添加为仿真的输出。

执行 Simulate,就可以看到输出信号的波形,如图 13-23 所示。可以看到电路从起振到稳幅的过程,可以看到该哈特莱振荡器的起振时间大约为 5μs。单击电路中的频率计,可以看到电路输出信号的频率,拖动电路中电容 C_4 的容量调节按钮,可以看到输出波形的频率也随之变化,且输出波形的幅度也会产生变化,而且电路的输出波形可能产生失真或者停振,具体见二维码视频中波形变化。

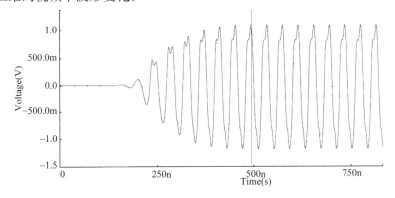

图 13-23　时域仿真波形

13.6 通信系统电路仿真

下面将在 Multisim 中创建一个通信电子线路的系统仿真实例,具体包含发射机和接收机两部分。

13.6.1 调幅发射机电路仿真

图 13-24 为调幅发射机系统框图,可以看到这个调幅发射机由四个模块组成,分别是 SC1 本地振荡器、SC2 射极跟随器、SC3 振幅调制器以及 SC4 末级放大电路,构成了一个功能完整的调幅发射机系统。

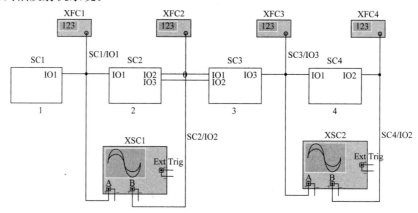

图 13-24　调幅发射机系统框图

1. 本地振荡器与射极跟随器

图 13-25 为本地振荡电路,它是一个西勒振荡器。C_2、C_5、C_1、L_1 和 C_3 构成 LC 并联谐振回路。经理论计算,它的频率大约为 6.005MHz。图 13-26 为本地振荡器时域仿真的输出波形。

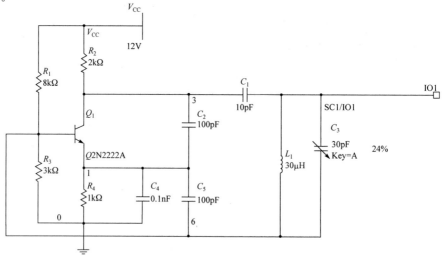

图 13-25　本地振荡器电路

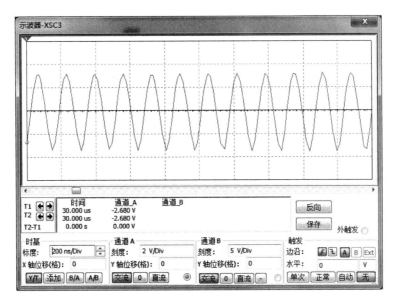

图 13-26　本地振荡器时域仿真的输出波形

图 13-25 的输出 IO1 接到图 13-27 射极跟随器的输入口 IO1 上。射极跟随器可以起到保护本地振荡器的频率隔离度和调节振荡幅度大小的作用。图 13-28 为射极跟随器的输出波形。

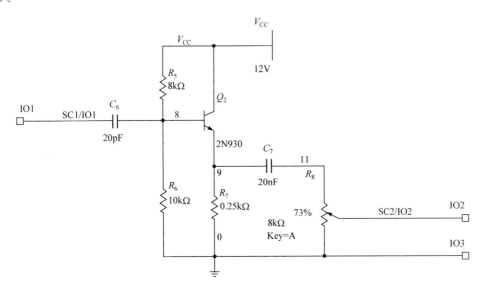

图 13-27　射极跟随器的输出波形

2. 振幅调制电路

在图 13-27 中,通过调节 8kΩ 滑动变阻器 R_8,按其 27% 比例分压得到的 6.005MHz 的载波输出信号,送入图 13-29 模拟乘法器调幅中的变压器原边输入端口 IO1 与 IO2 之间。

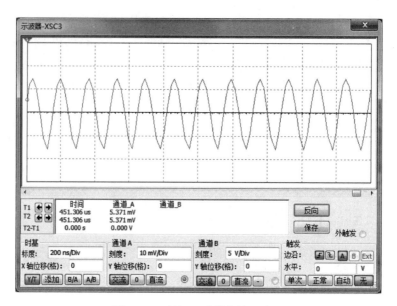

图 13-28　射极跟随器的输出波形

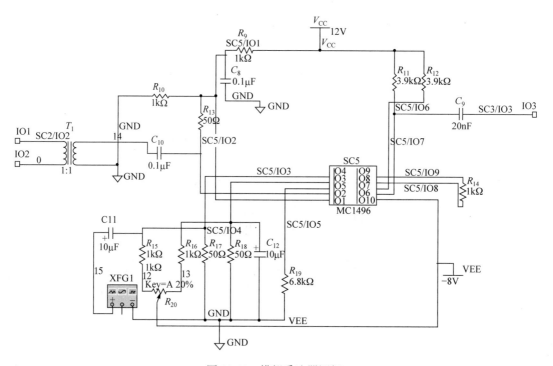

图 13-29　模拟乘法器调幅

在图 13-29 中,函数信号发生器 XFG1 产生 1kHz 的调制信号,由于仿真声频电信号不容易得到,就用 1kHz 的信号发生器来代替。

如果是抑制 6.005MHz 的载波分量的双边带信号,它是不能直接用包络检波解调的。因此为了得到普通调幅信号,在输入 1kHz 的调制信号的基础上引入一个合适的直流电压,这样再与 6.005MHz 载波相乘后,就得到普通调幅信号。具体电路的实现是在调制信号输入端之间又接入了两个 $1k\Omega$ 的电阻 R_{15} 和 R_{16}，以及一个 $1k\Omega$ 可调的滑动变阻器 R_{20}，即调零电路。调节 R_{20} 就可以使输出载波为 6.005MHz，基带为 1kHz 的普通调幅信号的调制度可控。图 13-30 为普通调幅的输出信号。

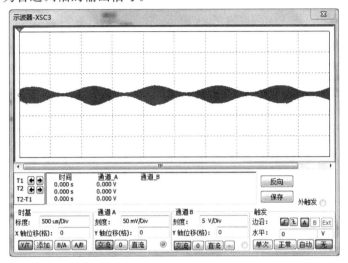

图 13-30 模拟乘法器调幅仿真波形

图 13-31 是用 Multisim12.0 搭建的，八个晶体管 Q_6-Q_{13}、一个二极管 1N1202C、三个 500Ω 的电阻 $R_{33}\sim R_{35}$。封装之后形成上面乘法振幅调制电路的子模块，它有 10 个外部引脚 IO1～IO10。

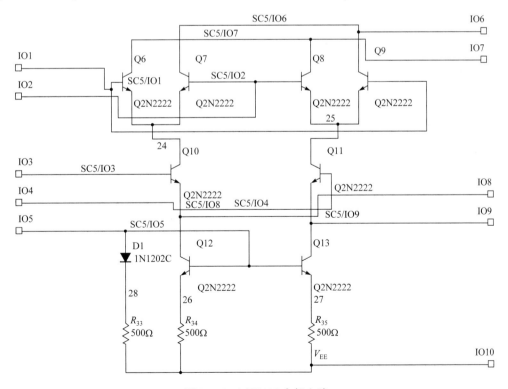

图 13-31 MC1496 内部电路

3. 末级放大电路

将上面得到的载频为 6.005MHz，调制为 1kHz 的普通调幅信号输入图 13-32 的引脚 IO1，经过三级放大后得到足够功率的调幅信号。图 13-33 为末级放大电路仿真波形。

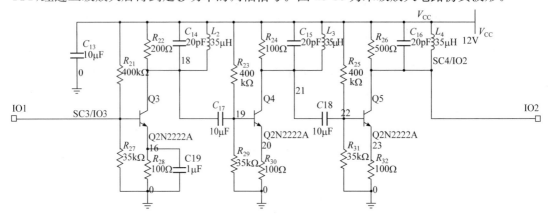

图 13-32　末级放大电路

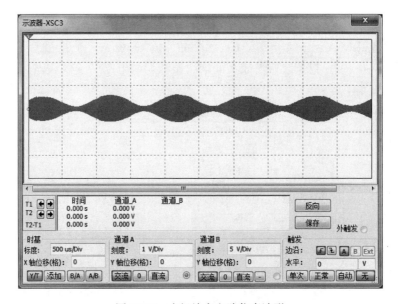

图 13-33　末级放大电路仿真波形

13.6.2 调幅接收机电路仿真

图 13-34 为调幅接收机总图，是使用 Multisim12.0 设计的六个模块的调幅接收系统。这六个模块分别是 SC1 高频小信号放大电路、SC2 本振电路、SC3 混频电路、SC4 中频放大电路、SC5 小信号峰值包络检波器以及作为末级低频放大电路的 SC6。

1. 高频小信号放大电路

如图 13-35 所示，对微弱的幅度为 5mV，载波为 6MHz，基带为 1kHz 的普通调幅信号进行第一级放大，图 13-35 中 1pF 的电容 C_1、3kΩ 的电阻 R_2 以及 0.7mH 的电感组成的谐

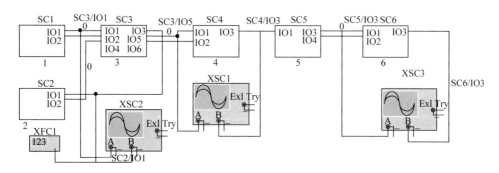

图 13-34 调幅接收机系统框图

振频率为 6MHz 的并联谐振网络，对信号起一个选频滤波降噪的作用。得到放大过的信号经过 10nF 的耦合电容 C_3 从 IO1 与 IO2 两端输出到下一级。图 13-36 为高频小信号放大电路仿真波形。

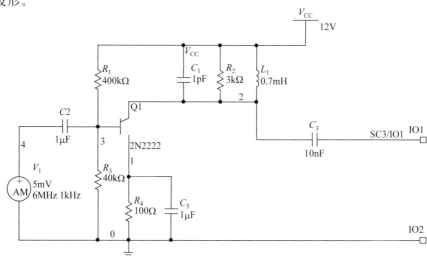

图 13-35 高频小信号放大电路

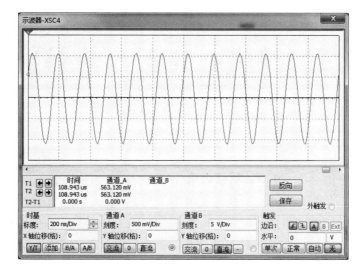

图 13-36 高频小信号放大电路仿真波形

2. 本振电路

在图 13-37 中，通过改变 LC 并联谐振回路的参数使它在 6.465MHz 处谐振，作为超外差接收的本振。图 13-38 为本振电路的时域仿真波形。

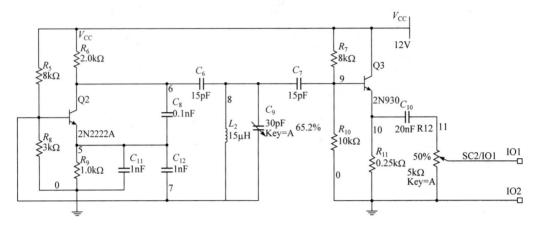

图 13-37　本振电路

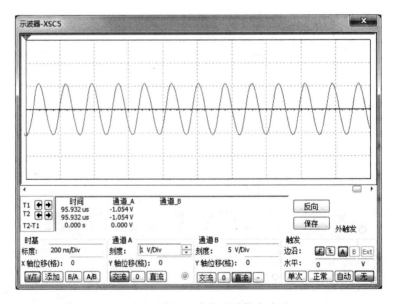

图 13-38　本振电路的时域仿真波形

3. 混频器

在 IO1 与 IO2 两端接上由高频低噪声小信号放大器处理的已调波信号，在 IO3 与 IO4 之间接上图 13-37 本振电路输出的信号。由于 IO1 与 IO2 两端的已调波从天线端来，且图 13-35 电路放大倍数不宜过大，以及变压器 T_1 的 2∶1 的匝数比抽头的作用，而图 13-37 本振电路输出信号的电压可控，能使其达到对二极管来说大信号的效果，起开关作用。因而控制 IO3 与 IO4 之间的本振电压明显大于 IO1 与 IO2 两端的电压。

当 IO3 与 IO4 之间的本振电压大于零时,二极管 D_1 与二极管 D_2 导通,二极管 D_3 与二极管 D_4 截止。IO1 与 IO2 两端的信号从 IO5 与 IO6 两端正向输出。同样,当 IO3 与 IO4 之间的本振电压小于零时,二极管 D_3 与二极管 D_4 导通,二极管 D_1 与二极管 D_2 截止。IO1 与 IO2 两端的信号从 IO5 与 IO6 两端反向输出。

最后,IO1 与 IO2 两端的电压随 IO3 与 IO4 之间本振信号双向开关函数变化。通过变压器 T_2 反映在 IO5 与 IO6 两端输出。结果是使 IO1 与 IO2 两端的已调高频信号经过乘积混频至中频 465kHz。图 13-39 为环形二极管混频电路,图 13-40 为混频器的输出波形。

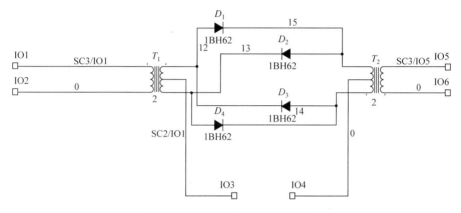

图 13-39　环形二极管混频电路

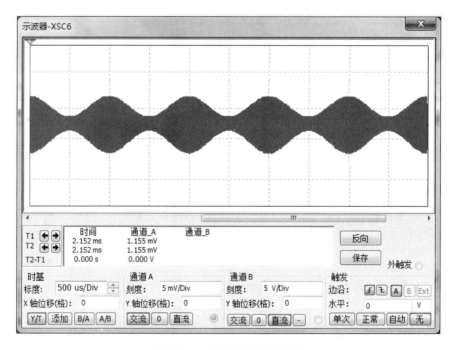

图 13-40　混频器的输出波形

4. 中频放大电路

图 13-41 使混频得到的中频信号进一步放大,以及通过 $117\mu\mathrm{H}$ 的电感 L_3、$1\mathrm{k}\Omega$ 的电阻

R_{14}和1nF的电容C_{14}组成的谐振频率为465kHz并联谐振网络进行选频滤波。因为6MHz与6.465MHz的中频混频得到的不仅有需要的465kHz的中频信号,还有12.465MHz的高频信号,需要在这里进行滤除。图13-42为中频放大后的时域波形。

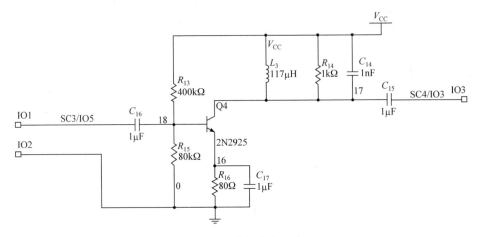

图13-41　中频放大电路

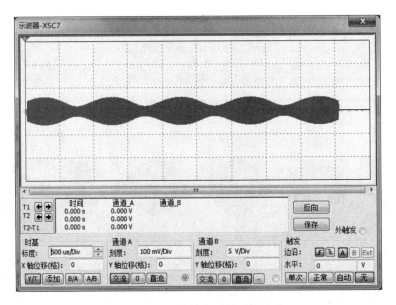

图13-42　中频放大后的时域波形

5. 二极管检波器与末级低频放大电路

图13-43为二极管检波电路,由于从IO1输入的待检波调幅信号不是很大(100mV),二极管D_5导通有一定的困难,因此通过-12V的V_{EE}、0.12Ω的电阻R_{18}、1.08Ω的电阻进行直流分压馈电,其中1μF的电容C_{19}是起隔直流的作用。

图13-44为低频放大电路,对从IO1与IO2两端输入的检波后的信号,经过变压器T_3将交流信号馈入晶体管Q_5,集电极输出回路使用12V的V_{CC}馈电,采用1.01Ω的电阻R_{21}与0.19Ω的电阻R_{22}分压,给基极直流馈电。其中1mH的电感L_5通直流隔交流,0.1μF的电

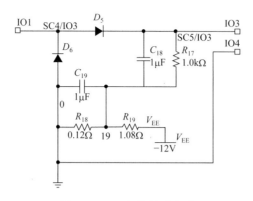

图 13-43　二极管检波电路

容 C_{21} 通交流隔直流。图 13-45 为检波与低频放大输出波形。

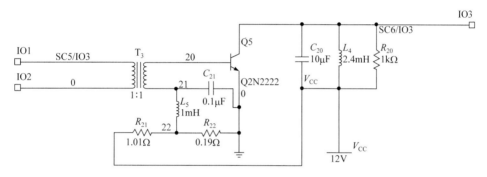

图 13-44　低频放大电路

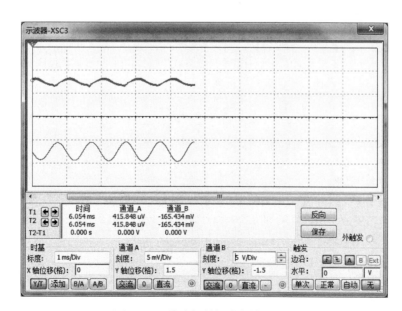

图 13-45　检波与低频放大输出波形

知识点注释

仿真软件 Multisim:Multisim 是美国国家仪器有限公司推出的以 Windows 为基础的仿真工具,适用于板级的模拟/数字电路板的设计工作。

Multisim 电路仿真:电路仿真分析的一般流程为设计仿真电路图→设置分析参数→设置输出变量的处理方式→设置分析项目→自定义分析选项。

直流工作点分析:在电路电感短路、电容开路的情况下,计算电路的静态工作点。直流分析的结果通常可用于电路的进一步分析,如在进行交流小信号分析前,先分析直流工作点,以确定交流小信号放大的条件是否满足。

交流分析:分析小信号时的频率响应。分析程序首先对电路进行直流工作点分析,以便建立电路中非线性元件的交流小信号模型,并且将直流信号源接地,交流信号源、电容及其他器件采用交流模型分析。

瞬态分析:指一种时域分析,可以在激励信号的情况下计算电路的时域响应。分析时,电路的初始状态可由用户自行指定,也可以由程序进行直流分析后解出电路初始状态。

直流扫描分析:指计算电路中某一个结点的直流工作点随电路中一个或两个直流电源变化的情况。利用直流扫描分析,可以优化电路的静态工作点。

参数扫描分析:通过改变电路中某些元件参数,在一定范围内变化时对直流工作点、瞬态特性和交流频率响应进行分析,以便优化电路参数。

本 章 小 结

(1) 本章介绍了 Multisim 仿真和电路设计软件的功能与分析、仿真过程。Multisim12.0 提供了多种仿真分析方法,主要包含:直流工作点分析、瞬态时域分析、交流扫描分析、直流扫描分析、参数扫描分析等。

(2) 创建了一个高频小信号放大器,对其进行了直流偏置点、时域波形和频率响应的仿真分析。

(3) 创建了一个高频谐振功率放大器,观察其直流工作点,并利用时域仿真分析,观察电路参数改变时,功放从欠压区到过压区集电极电流波形的变化。

(4) 创建了一个高频振荡器,观察电路从起振到稳幅的过程。

(5) 采取自顶向下的方法,设计了一个通信系统电路,并对调幅发射机和调幅接收机的各个模块进行了仿真分析。

思考题与习题

13-1　题图 13-1 为三级高频小信号放大器电路,试利用 Multisim 软件,

(1) 分析电路的直流偏置点;

(2) 各级瞬态时域波形;

(3) 电路的频率响应;

(4) 利用参数扫描分析,当电阻 R_6 的值为 0.5kΩ,1kΩ,1.5kΩ,2kΩ 时,输出波形的变化。

13-2　题图 13-2 为高频功率放大器电路,试利用 Multisim 软件,

(1) 分析电路的直流偏置点;

(2) 瞬态时域波形;

(3) 电路的频率响应。

13-3　题图 13-3 为高频功率放大器电路,试利用 Multisim 软件,分析

(1) 电路的直流偏置点;

(2) 瞬态时域波形;

(3) 电路的频率响应。

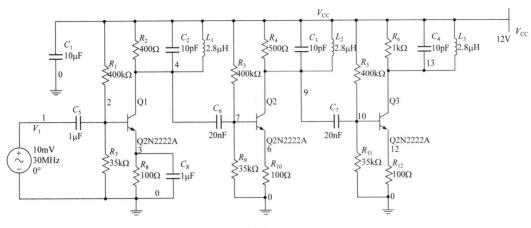

题图 13-1

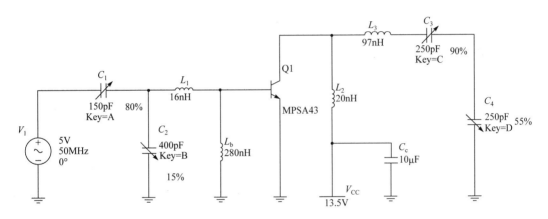

题图 13-2

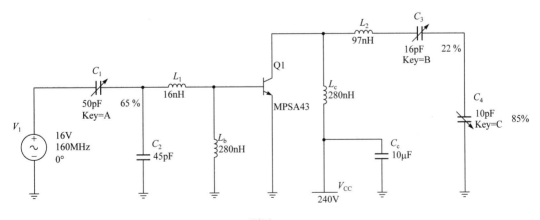

题图 13-3

13-4　题图 13-4(a)～(c)为高频振荡器电路,试利用 Multisim 软件,分析

(1) 瞬态时域波形;

(2) 电路的频率响应;

(3) 比较并说明三个电路的优缺点。

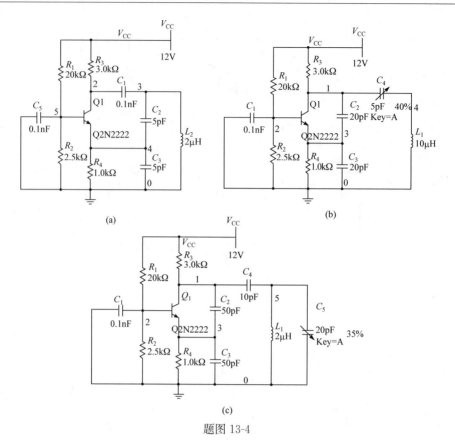

题图 13-4

13-5　试利用 Multisim 软件分析题图 13-5 所示电路

(1) 分析电路的直流偏置点；

(2) 各级瞬态时域波形；

(3) 电路的频率响应；

(4) 利用参数扫描分析，当电阻 R_7 的值为 $10\Omega, 20\Omega, 30\Omega, 40\Omega, 50\Omega$ 时，输出波形的变化。

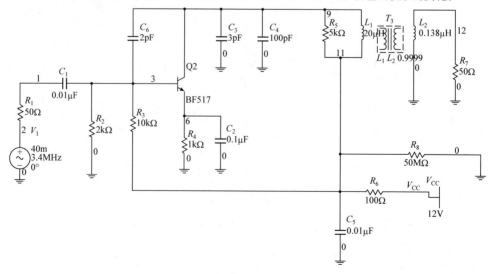

题图 13-5

参 考 文 献

董在望,肖华庭,1989. 通信电路原理. 北京:高等教育出版社.

高如云,陆曼茹,张企民,等,2015. 通信电子线路. 3版. 西安:西安电子科技大学出版社.

凌辉,赵中华,孙安青,2004. 短波调频接收机. 全国大学生电子设计竞赛获奖作品汇编. 北京:北京理工大学出版社.

罗伟雄,韩力,原东昌,等,1999. 通信原理与电路. 北京:北京理工大学出版社.

沈琴,何晶,贺涛,等,2004. 非线性电子线路. 北京:高等教育出版社.

孙景琪,1994. 通信广播电路与系统. 北京:北京工业大学出版社.

覃韦岭,张才朋,刘争红,2002. 调频收音机. 电子世界,(8):54-56.

王金龙,沈良,任国春,等,2002. 无线通信系统的DSP实现. 北京:人民邮电出版社.

吴塞燕,2015. 基于Multisim的调幅接收机的仿真研究. 信息技术与信息化,(8):178-179.

严国萍,2003. 高频电子线路学习指导与题解. 武汉:华中科技大学出版社.

严国萍,龙占超,2001. 非线性电子电路. 武汉:华中科技大学出版社.

杨小牛,楼才义,徐建良,2001. 软件无线电原理与应用. 北京:电子工业出版社.

曾兴雯,刘乃安,陈键,2004. 高频电子线路. 北京:高等教育出版社.

张肃文,陆兆雄,1993. 高频电子线路. 3版. 北京:高等教育出版社.

张玉兴,2002. 射频模拟电路. 北京:电子工业出版社.

张立立,杨华,2017. 基于Multisim的振幅调制解调系统的设计与仿真. 实验技术与管理,34(12):125-127.

附录 1　放大器稳定系数 S 表达式的推导

根据第 3 章分析,放大器产生自激的条件是

$$Y_s + y_{ie} - \frac{y_{fe} y_{re}}{y_{oe} + Y'_L} = 0 \tag{1}$$

即

$$\frac{(Y_s + y_{ie})(y_{oe} + Y'_L)}{y_{fe} y_{re}} = 1 \tag{2}$$

对式(2)复数形式的表示法做进一步推导,找出实用的稳定条件。参阅图 3-13,在式(1)与式(2)中

$$Y_s + y_{ie} = g_s + g_{ie} + j\omega C + \frac{1}{j\omega L} + j\omega C_{ie} = (g_s + g_{ie})(1 + j\xi_1)$$

式中

$$\xi_1 = Q_1 \left(\frac{f}{f_o} - \frac{f_o}{f} \right), \qquad f_o = \frac{1}{2\pi \sqrt{L(C + C_{ie})}}$$

$$Q_1 = \frac{\omega_o(C + C_{ie})}{g_s + g_{ie}}$$

若用幅值与相角形式表示,则

$$Y_s + y_{ie} = (g_s + g_{ie}) \sqrt{1 + \xi_1^2}\, e^{j\varphi_1} \tag{3}$$

式中

$$\varphi_1 = \arctan\xi_1$$

同理,输出回路部分也可求得相同形式的关系式

$$y_{oe} + Y'_L = (g_{oe} + G_L) \sqrt{1 + \xi_2^2}\, e^{j\varphi_2} \tag{4}$$

假设放大器输入、输出回路相同,即 $\xi = \xi_1 = \xi_2$,$\varphi_1 = \varphi_2 = \varphi$,并将式(3)和式(4)代入式(2),可得

$$\frac{(g_s + g_{ie})(g_{oe} + G_L)(1 + \xi^2) e^{j2\varphi}}{|y_{fe}||y_{re}| e^{j(\varphi_{fe} + \varphi_{re})}} = 1 \tag{5}$$

式中,φ_{fe} 和 φ_{re} 分别为 y_{fe} 和 y_{re} 的相角。

要满足式(5),必须分别满足幅值和相位两个条件,即

$$\frac{(g_s + g_{ie})(g_{oe} + G_L)(1 + \xi^2)}{|y_{fe}||y_{re}|} = 1 \tag{6}$$

和

$$2\varPsi = \varphi_{fe} + \varphi_{re} \tag{7}$$

设

$$\varPsi = \arctan\xi$$

由式(7)相位条件可得

$$2\arctan\xi = \varphi_{\text{fe}} + \varphi_{\text{re}}$$

于是

$$\xi = \tan\frac{\varphi_{\text{fe}} + \varphi_{\text{re}}}{2} \tag{8}$$

$$1 + \xi^2 = \frac{2}{1 + \cos(\varphi_{\text{fe}} + \varphi_{\text{re}})} \tag{9}$$

将式(9)代入式(6)得

$$\frac{2(g_{\text{s}} + g_{\text{ie}})(g_{\text{oe}} + G_{\text{L}})}{\mid y_{\text{fe}} \mid \mid y_{\text{re}} \mid [1 + \cos(\varphi_{\text{fe}} + \varphi_{\text{re}})]} = 1$$

设

$$S = \frac{2(g_{\text{s}} + g_{\text{ie}})(g_{\text{oe}} + G_{\text{L}})}{\mid y_{\text{fe}} \mid \mid y_{\text{re}} \mid [1 + \cos(\varphi_{\text{fe}} + \varphi_{\text{re}})]} \tag{10}$$

作为判断谐振放大器工作稳定性的依据，S 称为谐振放大器的稳定系数。

附录 2　余弦脉冲分解系数表

φ_0	$\cos\varphi$	α_0	α_1	α_2	g_1	φ_0	$\cos\varphi$	α_0	α_1	α_2	g_1
0	1.000	0.000	0.000	0.000	2.00	46	0.695	0.169	0.316	0.259	1.87
1	1.000	0.004	0.007	0.007	2.00	47	0.682	0.172	0.322	0.261	1.87
2	0.999	0.007	0.015	0.015	2.00	48	0.669	0.176	0.327	0.263	1.86
3	0.999	0.011	0.022	0.022	2.00	49	0.656	0.179	0.333	0.265	1.85
4	0.998	0.014	0.030	0.030	2.00	50	0.643	0.183	0.339	0.267	1.85
5	0.996	0.018	0.037	0.037	2.00	51	0.629	0.187	0.344	0.269	1.84
6	0.994	0.022	0.044	0.044	2.00	52	0.616	0.190	0.350	0.270	1.84
7	0.993	0.025	0.052	0.052	2.00	53	0.602	0.194	0.355	0.271	1.83
8	0.990	0.029	0.059	0.059	2.00	54	0.588	0.197	0.360	0.272	1.82
9	0.988	0.032	0.066	0.066	2.00	55	0.574	0.201	0.366	0.273	1.82
10	0.985	0.036	0.073	0.073	2.00	56	0.559	0.204	0.371	0.274	1.81
11	0.982	0.040	0.080	0.080	2.00	57	0.545	0.208	0.376	0.275	1.81
12	0.978	0.044	0.088	0.087	2.00	58	0.530	0.211	0.381	0.275	1.80
13	0.974	0.047	0.095	0.094	2.00	59	0.515	0.215	0.386	0.275	1.80
14	0.970	0.051	0.102	0.101	2.00	60	0.500	0.218	0.391	0.276	1.80
15	0.966	0.055	0.110	0.108	2.00	61	0.485	0.222	0.396	0.276	1.78
16	0.961	0.059	0.117	0.115	1.98	62	0.469	0.225	0.400	0.275	1.78
17	0.956	0.063	0.124	0.121	1.98	63	0.454	0.229	0.405	0.275	1.77
18	0.951	0.066	0.131	0.128	1.98	64	0.438	0.232	0.410	0.274	1.77
19	0.945	0.070	0.138	0.134	1.97	65	0.423	0.236	0.414	0.274	1.76
20	0.940	0.074	0.146	0.141	1.97	66	0.407	0.239	0.419	0.273	1.75
21	0.934	0.078	0.153	0.147	1.97	67	0.391	0.243	0.423	0.272	1.74
22	0.927	0.082	0.160	0.153	1.97	68	0.375	0.246	0.427	0.270	1.74
23	0.920	0.085	0.167	0.159	1.97	69	0.358	0.249	0.432	0.269	1.74
24	0.914	0.089	0.174	0.165	1.96	70	0.342	0.253	0.436	0.267	1.73
25	0.906	0.093	0.181	0.171	1.95	71	0.326	0.256	0.444	0.266	1.72
26	0.899	0.097	0.188	0.177	1.95	72	0.309	0.259	0.444	0.264	1.71
27	0.891	0.100	0.195	0.182	1.95	73	0.292	0.263	0.448	0.262	1.70
28	0.883	0.104	0.202	0.188	1.94	74	0.276	0.266	0.452	0.260	1.70
29	0.875	0.107	0.209	0.193	1.94	75	0.259	0.269	0.455	0.258	1.69
30	0.866	0.111	0.215	0.198	1.94	76	0.242	0.273	0.459	0.256	1.68
31	0.857	0.115	0.222	0.203	1.93	77	0.225	0.276	0.463	0.253	1.68
32	0.848	0.118	0.229	0.208	1.96	78	0.208	0.279	0.466	0.251	1.67
33	0.839	0.122	0.235	0.213	1.93	79	0.191	0.283	0.469	0.248	1.69
34	0.829	0.125	0.241	0.217	1.93	80	0.174	0.286	0.472	0.245	1.65
35	0.819	0.129	0.248	0.211	1.92	81	0.156	0.289	0.475	0.242	1.64
36	0.809	0.133	0.255	0.226	1.92	82	0.139	0.293	0.478	0.239	1.63
37	0.799	0.136	0.261	0.230	1.92	83	0.122	0.296	0.481	0.236	1.62
38	0.788	0.140	0.268	0.234	1.91	84	0.105	0.299	0.484	0.233	1.61
39	0.777	0.143	0.274	0.237	1.91	85	0.087	0.302	0.487	0.233	1.61
40	0.766	0.117	0.280	0.241	1.90	86	0.070	0.305	0.490	0.226	1.61
41	0.755	0.151	0.286	0.244	1.90	87	0.052	0.308	0.493	0.223	1.60
42	0.743	0.154	0.292	0.248	1.90	88	0.035	0.312	0.496	0.219	1.59
43	0.731	0.158	0.298	0.251	1.89	89	0.017	0.315	0.498	0.216	1.58
44	0.719	0.162	0.304	0.253	1.88	90	0.000	0.319	0.500	0.212	1.57
45	0.070	0.165	0.311	0.256	1.88	91	−0.017	0.322	0.502	0.208	1.56

续表

φ_0	$\cos\varphi$	α_0	α_1	α_2	g_1	φ_0	$\cos\varphi$	α_0	α_1	α_2	g_1
92	−0.035	0.325	0.504	0.209	1.55	137	−0.731	0.447	0.527	0.039	1.19
93	−0.052	0.328	0.506	0.201	1.54	138	−0.743	0.449	0.527	0.037	1.18
94	−0.070	0.331	0.508	0.197	1.53	139	−0.755	0.451	0.526	0.034	1.17
95	−0.087	0.334	0.510	0.193	1.53	140	−0.766	0.453	0.526	0.032	1.17
96	−0.105	0.337	0.512	0.189	1.52	141	−0.777	0.455	0.525	0.030	1.16
97	−0.122	0.340	0.514	0.185	1.51	142	−0.788	0.457	0.524	0.028	1.15
98	−0.139	0.343	0.518	0.181	1.50	143	−0.799	0.459	0.523	0.026	1.15
99	−0.156	0.347	0.519	0.177	1.49	144	−0.809	0.461	0.522	0.024	1.14
100	−0.174	0.350	0.520	0.172	1.49	145	−0.819	0.463	0.521	0.022	1.13
101	−0.191	0.353	0.521	0.168	1.48	146	−0.829	0.465	0.520	0.020	1.13
102	−0.208	0.355	0.522	0.164	1.47	147	−0.839	0.467	0.519	0.019	1.12
103	−0.225	0.358	0.524	0.160	1.46	148	−0.848	0.468	0.517	0.017	1.12
104	−0.242	0.361	0.525	0.156	1.45	149	−0.857	0.470	0.517	0.015	1.11
105	−0.259	0.364	0.526	0.152	1.45	150	−0.866	0.472	0.516	0.014	1.10
106	−0.276	0.366	0.527	0.147	1.44	151	−0.875	0.474	0.515	0.013	1.09
107	−0.292	0.369	0.528	0.143	1.43	152	−0.883	0.475	0.514	0.012	1.09
108	−0.309	0.373	0.529	0.139	1.43	153	−0.891	0.477	0.513	0.010	1.08
109	−0.326	0.376	0.530	0.135	1.41	154	−0.899	0.479	0.512	0.009	1.08
110	−0.342	0.379	0.531	0.131	1.40	155	−0.906	0.480	0.511	0.008	1.07
111	−0.358	0.382	0.532	0.127	1.39	156	−0.914	0.481	0.510	0.007	1.07
112	−0.375	0.384	0.532	0.123	1.38	157	−0.920	0.483	0.509	0.007	1.07
113	−0.391	0.387	0.533	0.119	1.37	158	−0.927	0.485	0.509	0.006	1.06
114	−0.407	0.390	0.534	0.115	1.36	159	−0.934	0.486	0.508	0.005	1.05
115	−0.423	0.392	0.534	0.111	1.35	160	−0.940	0.487	0.507	0.004	1.05
116	−0.438	0.395	0.535	0.107	1.34	161	−0.946	0.488	0.506	0.004	1.04
117	−0.454	0.398	0.535	0.103	1.33	162	−0.951	0.489	0.506	0.003	1.04
118	−0.469	0.401	0.535	0.099	1.33	163	−0.956	0.490	0.505	0.003	1.04
119	−0.485	0.404	0.536	0.092	1.32	164	−0.961	0.491	0.504	0.002	1.03
120	−0.500	0.406	0.536	0.092	1.32	165	−0.966	0.492	0.503	0.002	1.03
121	−0.515	0.408	0.536	0.088	1.31	166	−0.970	0.493	0.502	0.002	1.03
122	−0.530	0.411	0.536	0.084	1.30	167	−0.974	0.494	0.502	0.001	1.02
123	−0.545	0.413	0.536	0.081	1.30	168	−0.978	0.495	0.501	0.001	1.02
124	−0.559	0.416	0.536	0.078	1.29	169	−0.982	0.496	0.501	0.001	1.01
125	−0.574	0.419	0.536	0.074	1.28	170	−0.985	0.496	0.501	0.001	1.01
126	−0.588	0.422	0.536	0.071	1.27	171	−0.988	0.497	0.500	0.000	1.01
127	−0.602	0.424	0.535	0.068	1.26	172	−0.990	0.498	0.501	0.000	1.01
128	−0.616	0.426	0.533	0.064	1.25	173	−0.993	0.498	0.501	0.000	1.01
129	−0.629	0.428	0.533	0.061	1.25	174	−0.994	0.499	0.501	0.000	1.00
130	−0.643	0.431	0.532	0.058	1.24	175	−0.996	0.499	0.500	0.000	1.00
131	−0.656	0.433	0.532	0.055	1.23	176	−0.998	0.499	0.500	0.000	1.00
132	−0.669	0.436	0.531	0.052	1.22	177	−0.999	0.500	0.500	0.000	1.00
133	−0.682	0.438	0.530	0.049	1.22	178	−0.999	0.500	0.500	0.000	1.00
134	−0.695	0.440	0.530	0.049	1.22	179	−1.000	0.500	0.500	0.000	1.00
135	−0.707	0.443	0.529	0.044	1.20	180	−1.000	0.500	0.500	0.000	1.00
136	−0.719	0.445	0.528	0.041	1.19						

附录 3　课 程 词 典

按字母排序的"课程词典"二维码如下所示。

课程词典